用户体验简史

王祎◎著

清華大学出版社
北京

图书在版编目（CIP）数据

用户体验简史 / 王祎著. -- 北京 : 清华大学出版社, 2024. 12.

ISBN 978-7-302-67575-4

Ⅰ. TP311.1-091

中国国家版本馆CIP数据核字第2024H3A662号

责任编辑： 刘　杨
封面设计： 何凤霞
责任校对： 欧　洋
责任印制： 沈　露

出版发行： 清华大学出版社
网　　址： https://www.tup.com.cn, https://www.wqxuetang.com
地　　址： 北京清华大学学研大厦A座　　**邮　　编：** 100084
社 总 机： 010-83470000　　**邮　　购：** 010-62786544
投稿与读者服务： 010-62776969, c-service@tup.tsinghua.edu.cn
质量反馈： 010-62772015, zhiliang@tup.tsinghua.edu.cn
印 装 者： 北京联兴盛业印刷股份有限公司
经　　销： 全国新华书店
开　　本： 185mm × 260mm　　**印　　张：** 25.5　　**字　　数：** 534千字
版　　次： 2024年12月第1版　　**印　　次：** 2024年12月第1次印刷
定　　价： 128.00元

产品编号：106630-01

谨以此书献给我亲爱的爸爸妈妈！

来自学术界的序

葛列众教授（左）与本书作者（右）

一个很偶然的机会，我认识了王祎同学。我还专门抽了时间与他进行过面对面的讨论。印象中，他是一个有想法、做事认真，而且很执着的年轻人。真的对他有点喜欢，因为这样的年轻人现在确实不多。

《用户体验简史》是王祎同学的大作。这是我见到的第一本论述用户体验历史的书。我还专门检索了一下，现在国内外几乎没有同类书籍。就因为这点，我通读了这本书，还做了笔记，收获不小。通过各个历史年代不同的、和用户体验相关的大事件描述，王祎同学梳理了用户体验的整个发展脉络，而且还按照他自己的想法，对用户体验的发展历程做了划分。

《用户体验简史》是一本值得一读的书。如果你目前从事用户体验相关的工作，或者正在学习用户体验理论、研究和设计，准备从事这方面的工作，读一读这本书肯定收获不小。因为通过对整个用户体验发展历史的了解，可以帮助你更好地深入理解用户体验的精髓。

我祝贺王祎同学的大作发表。谢谢王祎同学做了件非常有益的工作。

葛列众

浙江大学心理科学研究中心教授、博导

中国心理学会工程心理学专业委员会主任委员

2024 年 9 月 17 日

来自企业界的序

在我所从事的 IT 领域，用户体验对多数的从业人员来说是一个既熟悉又陌生的词。说它熟悉，因为几乎每个人都能或多或少地说出自己所从事领域对于用户体验的一些要求。而说它陌生，因为很少有人能系统全面地解释清楚用户体验的概念与理论。记得当我第一次使用 iPad 阅读书籍时，我惊讶地发现当我用指尖滑动屏幕翻页时，书页的图像会随着指尖的滑动而展现翻页的效果，如同阅读真实的书籍一般。这就是用户体验给我带来的震撼。在数字化转型正在加速，人工智能技术正在深刻地影响我们每个人生活与工作的当下，用户会越来越多地以用户体验作为主要指标之一来评价服务质量。因此系统地了解用户体验，并将其正确地运用到平时的工作中是很有必要的。

张宇博士（右）与本书作者（左）

本书是我阅读过的第一本系统介绍用户体验发展历史，并以翔实的案例介绍用户体验概念与理论的书籍。而且本书自身的编辑设计就是用户体验的具体实践。阅读过程对我而言也是一个学习和思考的历程。本书的作者师从于国际用户体验的学术大师，并长期从事用户体验的工程实践，具有坚实的理论基础与丰富的实践经验。本书是作者学以致用精神的具体体现。

我相信本书的出版将有助于广大读者全面系统地了解用户体验，相信本书会给读者带来启发与有益的引导。

清华大学博士

英特尔中国区网络与边缘事业部首席技术官

高级首席 AI 工程师

2024 年 8 月 4 日

自 序

在现今的企业实践中，用户体验日益成为一个炙手可热的概念。很多企业都把用户体验及用户至上理念写进企业宗旨里；很多企业家在上台演说时，都会聚焦用户体验。

笔者有幸很早就接触到用户体验。那是在 2003 年，笔者正在清华大学核能与新能源技术研究院做毕业设计，导师是周志伟研究员（周老师的导师是清华大学老校长王大中院士），课题是核电站主控室人机交互程序可视化界面。虽说只是一个可视化界面，但内中自有乾坤。因为该界面用于核电站主控室这样一个敏感而复杂的地方，任何微小的差错都可能酿成大祸，所以笔者第一次感到避免人为错误——用户体验的一个主流研究分支的重要性。

在此后的学习中，笔者逐渐了解到这是一个复杂的交叉学科领域，涉及人因与工效学、心理学、社会学、计算机（人机交互）、电子工程、工业工程、工业设计等多个学科，而这个交叉学科领域映射到企业（尤其是 IT 与互联网企业）中的主要应用就是用户体验。

后来，笔者拿到全额奖学金，在用户体验主要发源地美国伊利诺伊大学厄巴纳 – 香槟分校攻读人因学硕士学位，师从用户体验理论体系主要奠基人之一——克里斯托弗・D. 威肯斯（Christopher D. Wickens）大师（威肯斯大师是中国心理学泰斗张侃院士的导师）等学界巨擘，科班学习了用户体验、人因与工效学、工程心理学、人机交互等知识，打下了比较坚实的学术基础。

笔者认为，用户体验依托人因与工效学、心理学、社会学等学科的研究方法，洞察用户心理，追踪用户行为轨迹，揭示用户行为背后的深层次逻辑，然后再通过计算机、电子工程、工业工程、工业设计等学科的实践方法，把研究成果落地转化为企业价值。这是一个比较普适的方法论和工作流程。一方面，既可以在各大 IT（信息技术）与互联网垂直行业得到施展；另一方面，在一家 IT 与互联网企业内部，也可以广泛赋能产品、运营、增长、市场、客服等部门。

基于这种认知，作为用户体验“布道者”、多家世界 500 强企业的用户体验总监及资深专家，笔者已经在美国和中国持续进行了 20 多年的用户体验实践，把用户体验思想理念和工作方法传播到了咨询、即时通信、视频（长视频、短视频、点播、直播）、新能源汽车（车联网、车载软件、车载智能硬件、车机）、IT 制造（芯片、计算机、手机、智能硬件）、电商、实体商业零售（shopping mall）、证券等 IT 与互联网界几乎所有具有代表性的垂直行业领域，积累了丰富的与用户体验相关的带团队、造产品、抓运营、盯增长、做咨询的经验。

工作之余，笔者发现关于用户体验的历史，在各种中外文献中已有一些散落的记述，但这些记述还处于不完善、不详尽的状态，且存在很多值得商榷的地方，因此笔者萌生了给用户体验撰写一本简史的念头。具体来说，笔者基于搜寻到的各种文献记载，加上自身认知，按时间顺序，把各个领域与用户体验相关的内容都整合到一起，从人类发展的大背景下审视用户体验学科的发展历程，撰写了一部比较详尽而又重点突出的简要通史，并原创性地对用户体验发展历程进行了划代，分界点选取的是深刻影响用户体验发展的标志性理论进展、科学实践或发明创造等，每代的时间跨度都大约为 25 年。当本书完稿后，笔者赫然发现，不知不觉地竟写完了一本从用户体验视角出发的人类历史发展的“大百科全书”，书中共收录了 182 个“段子”。排版时，每个“段子”都正好占据两页的篇幅，而且起始页面都被安排在了左手边，便于大家查找定位内容。希望大家拿到本书后，能够时常翻阅，把它当作一本用户体验工具书。

本书适合的主要读者群，包括企业界（尤其是 IT 与互联网企业）的用户体验研究员、用户体验设计师（包括信息架构设计师、交互设计师、视觉设计师）、产品经理、运营专员（面向存量用户）、增长专员（面向增量用户）、数据分析师、前端工程师、市场专员、客服专员等，还包括各大高校心理学、人因与工效学、计算机科学、电子工程学、机械工程学、工业设计、产品设计等专业的在读本科生、硕士生和博士生。

在本书的著述及出版过程中，笔者得到了很多人的帮助。在此，笔者要致以衷心的感谢！感谢我的爸爸妈妈、二姨和三姨，给我很多鼓励，还帮我绘制插图；感谢我的岳父岳母，给我打气加油；感谢我的夫人郎爽，在内容和版式上给我很多建议。感谢我的老学长、国际心理科学联合会原副主席、中国心理学会原理事长、中国科学院心理研究所原所长张侃院士，为本书提出专业的指导意见并嘱托葛列众教授为本书作序；感谢浙江大学葛列众教授当面为本书提出专业的改进建议并热情作序；感谢我曾任职的英特尔中国区网络与边缘事业部的首席技术官、高级首席 AI 工程师、清华学长张宇博士为本书慷慨作序。感谢我的老同学和老同事茅宇、赵艳兵、王海清、李辰越、李浩、王一之、朱济、魏一帆、高雪飞、马娜、杨秀斌、吴伟刚在撰稿、封面设计、排版、出版方面给予我莫大的帮助。尤其还要感谢责任编辑刘杨老师，您对本书文稿质量的悉心把关和对出版进度的高效推进，都令我印象深刻、感激备至！

“闲言少叙，书归正传”，下面就请各位亲爱的读者正式开始阅读吧！

王祎
2024 年 12 月 23 日

前　言

一、用户体验定义

在国际标准化组织的《人－系统交互工效学　第 210 部分：以人为中心的交互系统设计》（*Ergonomics of human-system interaction — Part 210: Human-centred design for interactive systems*，ISO 9241-210:2019）中，用户体验被定义为：用户在使用和 / 或预期使用系统、产品或服务时产生的感知和反应。紧随该定义有两条注释：①用户的感知和反应包括用户在使用前、使用中和使用后的情绪、信念、偏好、看法、舒适度、行为和成就。②用户体验是系统、产品或服务的品牌形象、表现形式、功能、系统性能、交互行为和辅助能力的结果。用户体验还来自于用户的内部和生理状态，包括先前的经验、态度、技能、能力和个性，以及使用环境。

定义中的“预期”指人们基于经验，会对有些事情的发生过程和结果有一定的预期，这种预期当然也可能给用户带来某些主观上的感觉。

定义中的“系统”指物品和环境所构成的体系，如一台笔记本电脑、放置电脑的桌子以及旁边的椅子，就构成了一个简易办公系统。而如果一个系统包含人、机器及环境，那就构成了一个人机环境系统。定义中的“产品”既包括实物，如桌子、椅子等；又包括虚拟物品，如计算机软件、手机 App 等。定义中的“服务”指不以实物形式而是以提供劳动的形式满足他人某种需要的活动。系统、产品或服务都可能涉及用户体验，用户体验可通过系统、产品或服务触达用户，反过来说，用户可通过系统、产品或服务感受到用户体验的存在及优劣。

定义中提到的“反应”指用户体尝了系统、产品或服务后的反馈，这个反馈的过程和反馈时的感受也属于用户体验的一部分。

用户体验包括了用户对使用特定系统、产品或服务的情感和态度，也包括了用户对该系统、产品或服务各方面的感知，如效用、效率和易用性。用户体验是主观的，因为它主要是人对系统的感受、知觉和思考。用户体验是动态的，因为随着时间推移，它会不断变化，这是由于各个系统、产品或服务的细节在不断变化；同时系统、产品或服务所处的情境也在不断变化。

二、用户体验名称规范

笔者觉得对于“用户体验”或“user experience”这样的中英文全称无需赘述，而对于相应的英文缩写，却值得详细讲讲。

笔者发现在中国，“user experience”经常被缩写成“UE”，即取 user 和 experience 两个英文单词的首字母拼在一起，这样缩写虽然算不上错误，但却与国际惯例不符——国际上更普遍使用的缩写是“UX”。

这里涉及一个有趣的英文缩写规则：当一个英文单词以“ex”开头时，一般会用“X”而非“E”作为这个单词的缩写字母。比如，标示衣服尺码特大号的 XL（见图 0-1）就是“extra large”的缩写，注意这里把 extra 这个“ex”开头的单词缩写成了字母“X”而非“E”；再如，可扩展标记语言 XML 就是“extensive markup language”的缩写，注意这里把 extensive 这个“ex”开头的单词也缩写成了字母“X”而非“E”。

图 0-1 标示衣服尺码特大号的 XL

所以，笔者建议大家用“UX”作为“user experience”的缩写，从而与国际惯例接轨。

三、用户体验相关学科领域

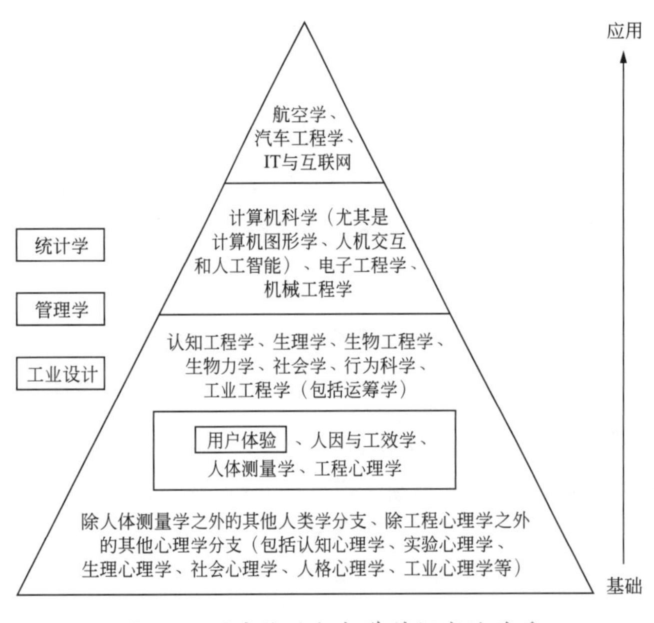

图 0-2 用户体验与各学科领域的关系

用户体验是横跨理科、工科和文科三大门类的综合性交叉学科领域，主要涉及人因与工效学、人类学（尤其是人体测量学）、心理学（尤其是工程心理学）、认知工程学、生理学、生物工程学、生物力学、社会学、行为科学、工业工程学（包括运筹学）、计算机科学（尤其是计算机图形学、人机交互和人工智能）、电子工程学、机械工程学、航空学、汽车工程学、IT 与互联网，以及统计学、管理学、工业设计等学科及领域，如图 0-2 所示。

其中，人因与工效学、人类学（尤其是人体测量学）、心理学（尤其是工程心理学）是用户体验的理论基础。认知工程学、生理学、生物工程学、生物力学、社会学、行为科学、工业工程学（包括运筹学）与用户体验关系紧密。计算机科学（尤其是计算机图形学、人机交互和人工智能）、电子工程学、机械工程学涉及用户体验的落地实现。航空学、汽车工程学、IT 与互联网是用户体验的具体应用领域。统计学、管理学、工业设计与用户体验的某些方面密切相关。

四、用户体验基石学科

笔者认为，人因与工效学、人体测量学（人类学的一个分支）、工程心理学（心理学的一个分支）这三门学科堪称用户体验的基石学科。

1. 人因与工效学

人因与工效学（human factors and ergonomics）的中文全称是“人的因素与人体工效学”，也被称为人体工程学（human engineering）、人体工学或人机工程学。因为人因学（human factors）和工效学（ergonomics）是同义词，所以“人因与工效学”也经常被简称为“人因学”或“工效学”。其中，“ergonomics”一词由两个希腊词根组成，“ergo”是“工作、劳动”的意思，“nomics”是“规律、法则”的意思，因此“ergonomics”指的是工作的规律，即工作效果、效能的规律性。

其实，英文里的“human factors”和“ergonomics”还是有所不同的——前者侧重于“头”，后者侧重于“头以下部分”。“human factors”更注重于研究人的认知、人和复杂系统交互及相关安全问题，而“ergonomics”更注重于人体工程，研究人体的运动技能，以及人体与器械、工作场所之间的物理性交互。

简而言之，人因与工效学是研究人在不同情境、系统、产品或服务影响下的不同身体和心理状态的学科。人因与工效学研究人和复杂系统的交互，目标是了解人的局限性和行为模式，并据此构建、设计、改善复杂系统或工具，使之更适合人操作、操作更简单、效率更高、安全性更高。

人因与工效学根据人的心理、生理和身体结构等因素，研究系统中人与工具、机器及环境之间的合理关系和相互作用，从而获得改进产品功能或生产生活流程的建议，以提升人机系统的总体效率，同时提高人的健康、安全和生产生活质量。换言之，人因与工效学研究的是人如何在生产生活中舒适、高效、安全地劳动的问题。

关于人因与工效学，还有一点值得说明。笔者认为，人为差错（human errors）分为两种：人为错误（human mistakes）和人为失误（human slips）。人为错误源于产品设计环节，是由产品设计与用户心智模型不匹配、产品的用户体验水平差、构建与设计差强人意，不符合用户生理特点及使用习惯导致的，因而人为错误的出现是事先可以控制的、有意识的、大概率的、高复现性的、必然性的，“人为错误”中的“人为”指的是产品设计师的设计行为，而“错误”指的是用户的误操作；而人为失误源于用户使用环节，不是由产品设计与用户心智模型的匹配情况、产品的用户体验水平、构建与设计导致的，与用户的生理特点及使用习惯关系不大，只是用户自身没注意操作细节、注意力不集中或者单纯就是用户随机误操作导致的，因而人为失误的出现是无法事先控制的、无意识的、小概率的、低复现性的、偶发性的，“人为失误”中的“人为”指的是用户的使用行为，而“失误”指的是用户的误操作。

2. 人体测量学

人体测量学（anthropometry）是人类学的一个分支学科，主要研究人体测量和观察方法，并通过人体整体测量与局部测量来探讨人体的特征、类型、变异和发展。

人体测量主要包括骨骼测量（颅骨、体骨的测量和观察方法）、活体测量（头面部、体部的测量和观察方法）、关节活动度测量、皮褶厚度测量、体力测定、生理测定，以及人在各种活动状态下身体各部位活动范围的动态测量。

人体测量学以对人类大量个体各部位的测量、记录和描述为基础，研究人类个体发育和体质特征，进而通过测量所得到的各种数据资料，对个人与个人之间、群体与群体之间进行对比研究。人体测量学要求建立标准化的方法和技术，并对资料进行统计学处理，从而使解释和检验成为可能。

人体测量学不仅对人类学的理论研究具有重要意义，而且在国防工业、轻工业、安全生产、医疗体育等方面都有很大实用价值和商业价值。人们可以使用人体测量数据来设计服装，并对汽车座位、飞机驾驶员座舱和太空囊等进行规划。

3. 工程心理学

工程心理学（engineering psychology）是心理学的一个分支学科，主要研究人与机器、环境相互作用中人的心理活动及其规律。

工程心理学的目的是使机器设备和工作环境的设计适合人体的各种要求，从而实现人、机、环境三者之间的合理配合，使处于不同条件下的人能高效、安全、健康、舒适地工作和生活。

20 世纪 40 年代以前，使人适应机器是人机关系研究的基本特点。工程师在设计机器时，往往只着眼于机械力学性能的改进，很少考虑使用者的要求；心理学家的工作也局限于为现成的机器选拔和训练操作人员。

然而，在第二次世界大战期间，由于武器性能和复杂性大大提高，即使是经过选拔和训练的操作人员也很难适应，由此引发了许多机毁人亡或误击目标的事故。这迫使人们去重新审视装备的设计，并促使人们认识到机器和操作者是一个整体，武器只有与使用者的身心特点匹配才能安全而有效地发挥作用。

由这种认识出发，人机系统的概念被提了出来。人们研究的重点也发生了很大转变：从使人适应机器转向使机器适应人，由此形成了工程心理学这门学科。

4. 各学科的相互关系

用户体验、人因与工效学、人体测量学及工程心理学可谓交集颇多、差异微妙、边界模糊。

笔者认为，在各学科中，人因与工效学是与用户体验关系最为密切的学科，二者涵盖的范围基本重叠，几乎可以把二者等同看待。“用户体验”与“人因与工效学”的关系有点类似于“水”与“一氧化二氢”的关系，即前者更加生活化、通俗化，后者更加学术化、理论化，但二者基本上指同一事物。对此，可用性先驱、尼尔森十大可用性原则的提出者雅各布·尼尔森（Jakob Nielsen）也持同样的观点，他认为，“传统的人的因素和我们所说的用户体验之间很难划清界限”[1]。

人体测量学侧重于研究人的身体特征并记录数据；工程心理学侧重于研究人的心理特征并记录数据；而用户体验及人因与工效学则侧重于研究如何把人的身体特征与心理特征数据用于人－机－环境系统的构建中。用户体验与其基石学科的关系，如图 0-3 所示。

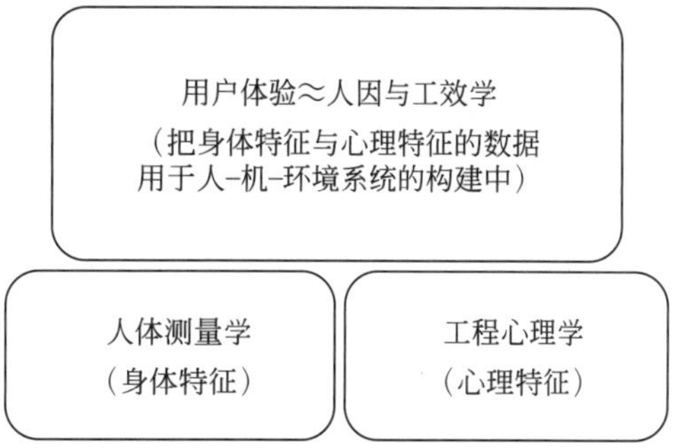

用户体验≈人因与工效学
（把身体特征与心理特征的数据
用于人–机–环境系统的构建中）

人体测量学
（身体特征）

工程心理学
（心理特征）

图 0-3　用户体验与其基石学科的关系

人体测量学输出的人的身体特征数据和工程心理学输出的人的心理特征数据都给用户体验及人因与工效学相关研究与实践提供了坚实的基础。所以说，相对于用户体验及人因与工效学来说，人体测量学和工程心理学是更加基础的学科。

五、狭义用户体验

狭义用户体验主要是指 IT 与互联网产品（及服务）在信息架构设计、交互设计和视觉设计方面给用户带来的主观感知和反应。它关注的只是用户体验的一个环节，即产品（及服务）设计环节，对于 IT 与互联网产品（及服务）来说，该环节主要涉及软件、App 和网站的页面美观程度、页面打开速度、交互反应速度、按钮可否被轻松准确地点击、误操作的概率等。

产品（及服务）设计环节的用户体验关乎产品（及服务）的成败。好的 UX（用户体验）和 UI（用户界面）设计，往往会带来卓越的可用性，让用户能流畅地、不假思索地、毫无违和感地进行操作，同时还能大大降低用户误操作的概率。注意不能将 UX 和 UI 混为一谈。诚然，IT 与互联网产品（及服务）带给用户最直观的 UX 感受就来自于 UI。但 UX 并不等同于 UI，在整个 UX 设计中，UI 设计只占了一部分。

狭义用户体验的发展始于第二次世界大战时期，最早见于西欧和北欧斯堪的纳维亚的研究联盟发表的关于人机交互工程学的研究报告，其中给出了用户体验的具体定义，认为用户体验是工业设计的衍生学科，专注于更加简易流畅的人机交互。

经过此后几十年的发展，1993 年美国认知心理学家、可用性工程师和设计师唐纳德·阿瑟·诺曼（Donald Arthur Norman）创造了“用户体验”（user experience）一词[1-3]，并于 1995 年将其公开发表在《CHI'95 创意马赛克 – 计算机系统中人的因素会议指南》中[4]，以涵盖人们对系统进行体验的所有方面，包括工业设计、图形、界面和物理交互等。自此狭义用户体验逐渐被各界广泛接受。

随着个人计算机的普及和互联网的发展，以用户为中心的设计和用户体验越来越受到关注，众多与狭义用户体验相关的理论和书籍都涌现出来。比较有代表性的有雅各布·尼尔森（Jakob Nielsen）提出的《尼尔森十大可用性原则》（*Jakob Nielsen's 10 Usability Heuristics for User Interface Design*）、杰西·詹姆斯·加勒特（Jesse James Garrett）撰写的《用户体验的要素：以用户为中心的网络设计》（*The Elements of User Experience: User-Centered Design for the Web*）、唐纳德·阿瑟·诺曼撰写的《设计心理学（1988 年第 1 版）》（*The Design of Everyday Things*）和《情感化设计（2004 年第 1 版）》（*Emotional Design: Why We Love（Or Hate）Everyday*）。

这些理论和书籍让人们对狭义用户体验的认识达到了前所未有的高度，“用户体验”一词开始越来越多地出现在公众面前。

六、广义用户体验

广义用户体验的“广义”二字主要体现在时间和空间两个维度上。

时间上，广义用户体验的起源甚至可以上溯至最早期的直立人和智人时期，当他们迫于生计而建设家园、制造原始工具时，广义用户体验就已悄然存在了。

从粗糙的石器、简易的木制工具到用青铜及金银制作的金属工具和生活器皿，这一过程既体现了人们制造工艺水平的提升，又体现了人们对生产生活工具的可操作性能的不断完善，而这就是广义用户体验在人类社会早期存在的实证。

随着广义用户体验的不断提升，人类完成了从茹毛饮血、钻木取火到使用电饭锅、不粘锅烹饪美食的蜕变，这是一个漫长而伟大的过程，见证了人类为适应环境、生产劳作、提高生活水平，最终实现人与环境和谐相处而付出的艰辛努力。

空间上，广义用户体验涉及的绝不只是 UX 设计（包括 UI 设计）这点范围，而是要广得多。可以说，所有与人类改善生产生活环境、实现人与自然和谐共处、构建人 – 机 – 环境系统、提高生产生活效率、降低人为差错（包括人为错误和人为失误）出现的概率、避免人类劳作时受到伤害的学科、领域、概念、理论及实践都属于广义用户体验的范畴。

而且，笔者认为，生产生活中的很多事例都可以用广义用户体验的思维方式去考量。比如，当前出版的这本书，笔者就可以被看作是打造这个产品（这本书）的用户体验专家，而各位读者就是这本书的用户。要想获得用户认可，笔者就需要用心揣摩用户心理、运用平生所学去精心表述，使书稿言简意赅、通俗易懂。

类似的事例在生产生活中比比皆是，建议大家都能树立广义用户体验的观念，当好生产生活中的用户体验专家，把与你产生交集的人都当作你的用户，努力给他们提供具有卓越用户体验的系统、产品或服务——哪怕只是日常交流中的一句话，你也可以把它当成是一款产品，以简洁清晰、没有歧义、饱含情感并颇具情绪感染力的方式传达给你的用户（与你交流的对象）。

“用户体验”这一术语，可以指代一门学科、一个概念、一整套理论、一系列方法论，以及一种思维方式。笔者认为，要想通盘审视用户体验的前世今生和实践案例，就要一方面在时间上，从人类社会发展的早期开始看起；另一方面在空间上，从各行各业与用户体验发展相关的事件、案例中追寻线索。

在漫长的历史长河中，用户体验完成了孕育、诞生、发展、成熟等各个阶段，也逐步开启了与各行各业相融合的进程。笔者认为，应该把用户体验发展历史放到人类社会历史进程的大背景中去全面审视，只有这样，才能让大家感受到用户体验发展的丰富性、立体性、系统性；也只有这样，才能让大家理解用户体验发展的前因后果、逻辑源流，并据此展望未来。

笔者从广义用户体验的角度组织本书内容，按时间顺序，从古代一直写到现今，把人类历史进程中与用户体验相关的战争疾病影响、科学技术突破、概念理论更迭、各行各业进展都尽收其中。笔者希望通过本书，像讲故事一样，把用户体验的简要发展历程娓娓道来，带大家饶有兴趣地走进异彩纷呈的用户体验世界。

七、笔者的三点考量

在正式讲述用户体验简史之前，笔者还有三点考量要说。

第一，依笔者看来，本书的著述如果只局限于用户体验自身的发展脉络，就会显得片面、单薄、僵硬，因此笔者在著述时努力把用户体验发展历程还原到整个人类社会人的历史与时代变迁中，以用户体验的视角审视这一宏大叙事中的战争疾病、社会思潮、技术变革、发明创造、学术理论、重要人物、重要事件、代表性实践案例及古代文献著述，并以这些内容作为对用户体验发展历程进行划代的依据和标志，力求给读者呈现一部全面、厚重、生动的简史。

具体来说，战争主要包括两次世界大战，疾病主要包括新型冠状病毒感染疫情；社会思潮主要涉及文艺复兴、进步时代等；技术变革主要涉及四次工业革命、互联网时代等；发明创造主要包括交流电的发明、飞机的发明等；学术理论主要包括格式塔心理学、分析心理学等；重要人物与重要事件主要包括弗雷德里克·泰勒提出科学管理理论、亨利·福特推出T型车并引入流水线、吉尔布雷斯夫妇进行动作研究等；代表性实践案例包括中国古代家具设计、秦始皇陵兵马俑的塑造等；古代文献著述主要包括《考工记》《王祯农书》等。

第二，虽然“用户体验”这一术语在1993年才被创造出来、1995年才被公开发表，但很多相关理论其实早已存在，如可用性、人机交互。正因如此，才使“用户体验”一经提出，就在各界产生广泛共鸣，得到燎原般的推广与应用。而且，用户体验所涵盖的研究方向、研究方法、实践领域跟人因与工效学、工程心理学、计算机科学等诸多学科都有交集，人类先驱早已在这些学科的研究与实践中渗透了对用户体验的理论归集与实践总结。

所以，在笔者看来，这部简史不能仅从“用户体验”这一术语的诞生年代讲起，还要追溯到它所涵盖的研究方向和实践方法所产生的年代。换言之，人因与工效学、工程心理学、计算机科学等学科与用户体验在理论与实践方面相重叠的部分都应被视为用户体验的历史先导。因此，笔者广泛查阅了与用户体验密切相关的各学科历史，将其中涉及用户体验的部分都写入了本书。

第三，用户体验作为一个单独完整的学术概念从提出至今只有短短二十几年，其研究重点、应用范围、实践方法，甚至概念定义等方面都还有很多学术争论，处于百家争鸣的开放状态。鉴于此，在本书中笔者对用户体验简史所做的分期划代、事件描述和归纳总结，肯定会有不完善、偏主观之处，希望广大读者都能抱着批判的态度来阅读，一起为用户体验的理论归集与实践创新贡献力量！

基于上述三点考量，笔者原创性地把用户体验简史划分为6个时期：

① 朴素期（远古时期—1911年）；

② 开端期（1911年—1945年），共34年；

③ 演进期（1945年—1971年），共26年；

④ 壮大期（1971年—1995年），共24年；

⑤ 成熟期（1995年—2019年），共24年；

⑥ 普适期（2019年至今）。

其中，朴素期与开端期交界于1911年，在这一年，弗雷德里克·泰勒出版了经典著作《科学管理原理》，这既标志着管理学新时代的到来，也开启了用户体验这一崭新的学科。开端期与演进期交界于 1945 年，在这一年，第二次世界大战结束。演进期与壮大期交界于 1971 年，在这一年，个人计算机时代来临，以英特尔 4004 的诞生和 Kenbak-1 的发布为标志。壮大期与成熟期交界于 1995 年，在这一年，“用户体验”一词被首次公开发表。成熟期与普适期交界于 2019 年，在这一年，新型冠状病毒感染疫情暴发，对世界产生了深刻的影响。下面，笔者就将按时间顺序，给大家详细讲述用户体验简史的这 6 个时期。

目　录

第二章　开端期（1911 年—1945 年）// 078

第一章

朴素期

（远古时期—1911 年）

从远古时期一直到 1911 年的漫漫历史长河中，世界范围内的古代先贤在用户体验方面进行了很多朴素、自发、本能、有意无意、“隐性”地探索与尝试，在本书中笔者原创性地用“朴素期”来描述用户体验的这一发展时期。

笔者认为，弗雷德里克·泰勒提出科学管理原理（1911 年）、亨利·福特引入 T 型车流水线（1913 年）和吉尔布雷斯夫妇提出动素概念（1915 年）是昭示着用户体验开端的三大标志，标志着用户体验“显性”地初登历史舞台。因为这三大标志中最早的一件发生于 1911 年——在这一年里，弗雷德里克·泰勒出版了名著《科学管理原理》，据此提出了对用户体验的发展影响至深的科学管理理论，所以笔者就将 1911 年选为朴素期与开端期的交界。从远古时期一直到 1911 年被作者命名为用户体验简史的“朴素期”，而 1911 年之后的一段时期被作者命名为用户体验简史的“开端期”。

在用户体验发展的朴素期中，有一些“闪光点”值得给大家重点介绍，包括中国古代家具设计中体现的用户体验思想、商代青铜爵的朴素用户体验设计实践、古希腊希波克拉底饱含用户体验思想的医学实践、战国赵武灵王推行的“胡服骑射”、秦始皇陵兵马俑的塑造、奥卡姆剃刀原理的提出、达·芬奇的探索、第一次工业革命和第二次工业革命的深远影响、人体测量学的创立、问卷的发明、特斯拉发明的交流电与输电技术、艾宾浩斯发现的遗忘曲线和学习曲线、弗洛伊德创立的精神分析学、莱特兄弟发明的飞机、二八法则的提出等，下面给大家详细介绍。

1.1
中国古代家具
（公元前 21 世纪）

中国古人虽然不懂现今的用户体验理论，但早已对这些理论进行了实际应用，中国古代家具的设计就是很好的例子。中国古代家具的高度、大小等数据反映出中国古代工匠在设计家具时一方面充分考虑了用户的身体特征，比如自然身高、坐卧时的高度、手臂与腿的长度等，另一方面还考虑了人体在一定动作姿态（比如立、坐、卧、蹲、跪、跳、转、走等）下的肌肉与骨骼结构以及空间需求，以减少用户使用家具时的体力损耗和肌肉疲劳，提高家具的实用性和舒适性。显然，这些考虑都属于用户体验、人因与工效学的范畴。

中国古代家具可分为三种：矮型家具、过渡时期家具、高型家具[1]。

矮型家具的使用从原始社会开始，后经夏朝（约始于公元前 21 世纪①）、商朝、西周、东周（春秋、战国）、秦朝、西汉，至新朝为止。矮型家具包括坐卧类的席褥、床（数量较少）等；凭承类的几、俎、案、禁等；贮藏类的盒、箱、柜、橱等；屏蔽类的斧依（现称屏风）、步障等。在矮型家具时期，人们习惯“跽坐”——双膝着地，臀部抵住脚跟，上身挺直。这时出现了家具的雏形：席褥。工匠们根据用户坐、卧在席褥时的视线和身体高度，设计出了 10 ~ 20 厘米高的漆案、30 ~ 40 厘米高的漆几，以及短足仅 2 厘米高的食案。工匠们还设计出了与席褥配套的凭几——跽坐时的凭靠用具，用于缓解跽坐姿势的疲劳感，减轻腰部损伤。这些设计都体现了中国古代工匠对用户体验思想的朴素运用。

过渡时期家具的使用始于玄汉，后经东汉、三国、西晋、东晋、南北朝、隋朝、唐朝，至五代十国为止。过渡时期家具包括坐卧类的胡床、床榻等；凭承类的几、案、隐囊等；贮藏类的柜、箱等；架具类的衣架、镜架等；屏蔽类的屏风、幄帐等。在过渡时期，北方少数民族的“胡床”等坐具传入中原，人们的跽坐观念开始转变，席地而坐的生活习惯受到强烈冲击，为矮型家具向高型家具的过渡奠定了基础。

高型家具的使用从北宋开始，后经元朝、明朝，至清朝为止。高型家具包括坐卧类的凳、椅、墩、床、榻等；凭承类的几、案、桌等；贮藏类的柜、箱、笥、书架等；架具类的衣架、镜架、巾架等；屏蔽装饰类的屏风、宫扇等。在高型家具时期，人们的坐姿已与现今无异，生活方式

① 所加横线指以此为本节的时间节点，后文同此。

由以床为中心转变为以桌椅为中心，此时家具的设计更加符合用户体验、人因与工效学原理。比如，明代黄花梨官帽椅，如图 1-1 所示，从正面看，扶手和靠背弯曲弧度大，扩大了起坐空间，满足了人体坐姿和起坐需要；从侧面看，靠背的弯曲弧线与人体生理弯曲相吻合，使人坐着更舒服；而且棱角部位都设计得圆润柔和、简约舒适[2]。

图 1-1 明代黄花梨官帽椅

除了上文提到的舒适性外，中国古代家具设计还从以下五个方面体现了朴素的用户体验、人因与工效学思想。

第一个方面是“返朴求素”。中国古代家具不用铆钉、螺丝，而是根据不同部位设计相应的榫卯结构，既规整大气又清新素雅。

第二个方面是“致用利人”。春秋战国时期诸子百家，学术争鸣，对中国传统文化影响至深。其中法家和墨家的思想中有着“致用”“实用”的功利观。受此影响，中国古代家具体现出重视实用功能、反对累赘装饰、有利于用户使用（“利人”）的特点[3]。

第三个方面是“重己役物”。“重己”是指中国古代工匠会积极处理“人－物”关系，重视人在使用家具时的主体地位[3]，力求设计出来的家具适合人的各方面因素，让家具适应人，而不是让人来适应家具。“役物”是指让人能得心应手地“役使”家具，以较少的代价（疲劳感、操作难度等）换取较高的使用效率，同时获得舒适感和安全感。

第四个方面是“情感诉求”。中国古代工匠试图通过家具上纹饰、色彩、材料的不同搭配，使用户产生心理共鸣。比如，商代青铜家具造型质朴、纹饰原始、观感浑厚，其表面刻画的饕餮纹和龙纹体现了古人对鬼神的尊崇，折射出恐惧、敬畏、祈求的复杂情感。

第五个方面是“和谐观”。中国古代家具设计讲求“人－物－天（即环境）”整体和谐，这与用户体验所倡导的“人－机－环境”系统和谐运转正好契合[4]。中国古代工匠在设计家具时重视人的造物活动与使用活动对环境的影响，比如屏风既可以挡风，又可以分割室内空间，屏风与周围环境构成一个和谐的整体。

1.2 商代青铜爵（公元前 16 世纪）

爵是中国古代的一种酒器——可以说是最早的酒器，用于饮酒或温酒。除了作为酒器外，爵也是一种重要的礼器，跟鼎类似，常用于宗庙祭祀活动。爵是天子分封诸侯时赏赐给诸侯的。关于爵的记载，始见于商代甲骨文及商代金文，其多为青铜材质。爵在商代和西周的考古发现中是比较常见的。在这里笔者就以商代（约始于公元前 16 世纪）青铜爵为例，探讨一下中国古代器具设计中蕴含的朴素用户体验思想。

图 1-2　商代青铜爵

最为大众所熟知的商代青铜爵被称为“三足爵”，如图 1-2 所示。造型上，三足爵前有流（即倒酒用的流槽），后有尾（尖锐状），中为杯，杯口有二柱，一侧有鋬，下有三足。除了三足爵，还有瓒型爵和鸟型爵传世。瓒型爵与三足爵最大的不同是没有足的结构，而有握柄，用以抓持。最早的青铜爵是从鸟形陶器演化而来的，爵形似雀，而古代“爵”与“雀”同音，所以在古书中“爵”也被通假作“雀”[1]。

关于商代青铜爵是否有实用价值，在学术界尚存争议。一些专家认为商代青铜爵（包括三足爵、瓒型爵、鸟型爵）并不适合饮酒；而另一些专家则认为从商代青铜爵的外观上看，其设计充分考虑到了使用时的便利性和舒适度，符合用户体验、人因与工效学原理，因而它是适合饮酒的实用器具[2]。笔者比较认同后一种观点，即认为商代青铜爵是适合饮酒的，其设计蕴含了朴素的用户体验思想。

以三足爵为例，首先，它的造型考虑到了爵与人嘴的“交互”——三足爵的前端（流槽部分）与人嘴唇接触的地方被设计成了能兜住酒液的向下弯的弧形曲面；前突的流部边缘可以被人嘴轻微含住，当用手控制爵倾斜时，酒液就能顺势流入嘴中，而不易滴洒。杯口二柱的作用是当爵被大角度倾倒时，二柱正好可以抵住饮酒者的鼻翼和迎香穴附近，这样就能让人更好地控制爵倾斜的角度，不至于因角度过大而使酒液流洒到外面，从而使每次饮用的量更容易把控，饮用时的姿态也更优雅。从这些细节不难看出，商代时虽然没有用户体验、人因与工效学的理论，但当时的工匠已经能把用户体验思想以朴素的方式自如运用了。

其次，三足爵的造型也考虑到了饮酒人的持握方式。持握方式在中国传统文化中属于一种礼仪，在不同社交与祭祀场合下，持握方式是不同的。三足爵的造型就考虑到了不同场合的需要，既适合双手抓持向前作敬酒状，又适合单手（右手）以拇指入鋬定位、其余四指环绕爵身做高举状。由此可见，三足爵的设计者深谙用户体验之道，能充分考虑其目标用户——饮酒者和祭祀者的各种实际使用情况。

再次，三足爵只有一侧有鋬——其流部正对着人时，是右侧有鋬，这正好适合人群中大部分人用右手抓持的操作习惯（“右撇子”）。可见，商代工匠对用户行为习惯的观察细入毫芒，能充分运用朴素的用户体验思想。

让我们再进一步细看三足爵的三足、腹、鋬。当三足爵作为温酒器使用的时候，三足从腹向下伸展，略向外撇，使其支撑得更牢固，腹和三足之间的架空部分易于加热。从纤细的杯身到骤然变粗的腹部，造型上显得大方而有气势，也使得三足爵的重心变低从而放置时能更加稳固，而且变粗的腹部也增大了温酒时的受热面积，具有很强的实用功效。鋬在其中一足的上方，跟该足在一条直线上，一方面整齐美观，另一方面也会让放置三足爵时动作更加顺手而平稳，不易流洒酒液。这一系列的精妙设计让我们不得不赞叹中国商代工匠对朴素用户体验思想的高超驾驭能力。

最后，让我们从“人 – 机（器物）– 环境 – 文化（宗教）”的综合视角对商代青铜爵进行解读。中国古代器物的形象大都源于自然界，含有文化（宗教）的因素。三足爵就是这样一个例子，它的造型跟鸟相似，很可能源自富于宗教色彩的图腾崇拜。三足爵上的兽纹装饰表现了人们对自然环境的敬畏，也体现了“辟邪消灾”的传统文化（宗教）色彩。三足爵的各部分在造型和体量上疏密有致——鼎立的三足给人稳重之感，而较高的足部，又使爵从整体上显得比较轻盈，爵颈内敛地向腹部过渡又显露出峭拔生长的动势，这种稳重、轻盈、峭拔的和谐统一使爵显得落落大方、慷慨有度，颇具人文气息。其实，中国古人早就提出了与用户体验、人因与工效学理论相通的“人 – 机（器物）– 环境”系统的观念，比西方早了上千年，这在商代青铜爵（以三足爵为例）上得到了很好的印证。

1.3
《考工记》
（公元前 476 年）

在搜集中国古代与用户体验相关的资料时，笔者发现《考工记》这部先秦典籍中的很多内容都与用户体验相关，在此给大家介绍一下。

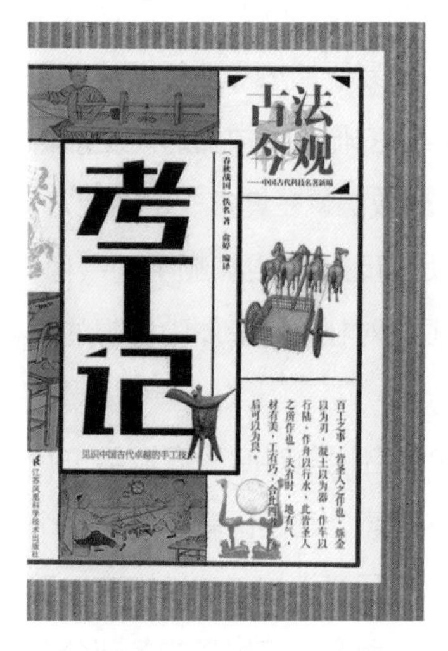

图 1-3 《考工记》封面

《考工记》是中国现存最早的手工业技术文献，该书主体内容编纂于春秋末至战国初（约公元前 476 年），部分内容补于战国中晚期。现今所见的《考工记》是《周礼》的一部分，《考工记》封面如图 1-3 所示。《周礼》原名《周官》，由《天官》《地官》《春官》《夏官》《秋官》《冬官》六篇组成。西汉时，《冬官》篇佚缺，河间献王刘德便取《考工记》补入。刘歆校书编排时改《周官》为《周礼》，故《考工记》又称《周礼·考工记》或《周礼 · 冬官考工记》[1]。

据郭沫若考证，《考工记》是齐国官书，记述了齐国官营手工业各工种规范和制造工艺，书中用的是齐国度量衡、地名和方言[2]。《考工记》撰写的虽是理工领域的内容，但因其作者为齐国稷下学宫（战国中后期诸子百家争鸣的重要场所）的士人学者，所以该书文字雅致、语句通顺、含义丰富，既有科技文献的严谨性和条理性，又有人文典籍的文化底蕴和文学气息。

《考工记》记载了一系列先秦手工业生产技术资料、工艺美术资料、生产管理制度和营建制度，充分反映了春秋战国时期的思想观念、科技和工艺水平，以及社会生产力发展情况。全书共 7000 余字，记述了木工、金工、皮革、染色、刮磨、陶瓷等 6 大类、30 个工种的内容，包含制车、乐器、兵器、礼器、钟磬、洗染、水利、建筑等方面的工艺技术，涉及数学、化学、物理学（含力学、声学）、生物学、天文学、地理学、建筑学、冶金学等方面的知识和经验总结。可以说，《考工记》是一部集理、工于一体的著作，不但在中国文化史、科技史、工艺美术史上都有着重要地位，而且在世界范围内也是独一无二的。

《考工记》通篇都在记述各种器物的设计与制造方法，是中国现存最早的设计类文献，对现今的用户体验设计有重要的启蒙作用。《考工记》是田齐变法、富国强兵的产物，因而注重功利性、务实性，是后世中国务实设计思想的开端。这种务实设计思想构建于齐国法家思想基础之上，因而《考工记》所描述的设计体现了严格的法度：选材以法、制作以法和检验以法，全程对设计水平严格把控。除了法家思想外，《考工记》还融合了其他学派的理论，通篇既有对器物功能的强调，又有对礼制缛节的注重，将严格明确的“法”与温和宽松的“和”并重，这些都成为了中国设计思想的源头。

《考工记》还对从事设计与制造的工匠（现代用户体验设计师的“祖师爷”）进行了高度评价，把他们誉为“圣人所创造之物的记录者和传承者”——“知得创物，巧者述之守之，世谓之工[3]。百工之事，皆圣人之作也。烁金以为刃，凝土以为器，作车以行陆，作舟行水，此皆圣人之所作也。”

《考工记》对车舆制造的记述非常详尽，充分体现了“人 – 机 – 环境”相匹配的用户体验、人因与工效学观点。书中提到“故兵车之轮六尺有六寸，田车之轮六尺有三寸，乘车之轮六尺有六寸。六尺有六寸之轮，轵崇三尺有三寸也；加轸与轐焉，四尺也；人长八尺，登下以为节”。大意是说兵车轮子高度为六尺六寸，田车轮子高度为六尺三寸，乘车轮子高度为六尺六寸，以六尺六寸高的轮子为标准，它的轵崇高度为三尺三寸，加上轸（车厢底部四周的横木）与轐（车厢与车轴间的木块），高度为四尺；而人的高度为八尺，所以车的高度正好便于乘车人上下车。这里的详尽描述体现了要使机械尺寸与人体特征相适应从而便于人们使用的观点，与现今的用户体验、人因与工效学思想相合。

《考工记》认为只有主观因素和客观因素完美结合，才能设计和制作出好的作品，这也与现今的用户体验设计思想相通[4]。《考工记》指出，“天有时，地有气，材有美，工有巧，合此四者，然后可以为良”。其中，“天有时”是指设计作品会有时效性，要踏准时代审美的节拍。“地有气”是指设计作品要与当地环境相符。“材有美”是说只有使用了优质的材料才能做出优良的设计。“工有巧”是说设计作品的优劣很大程度上取决于构思与制作是否巧妙。“合此四者，然后可以为良”是说把这四点都做到位，才能设计出精良的作品。笔者认为“天时”“地气”是源于大自然的客观因素；而“材美”“工巧”则是源于工匠自主选择和自我努力的主观因素。《考工记》这段著述意思是说只有把主观和客观的这四点因素都做到位，才能设计制造出“良”品。这在设计思想源头上对现今的用户体验设计师提出了很高的要求。

1.4
希波克拉底的手术室
（公元前 460 年—公元前 370 年）

大量证据表明，在西方世界，用户体验、人因与工效学的科学基础是在古希腊文化背景下奠定的[1]。公元前 5 世纪的古希腊文明在工具和工作场所的设计中大量运用了用户体验、人因与工效学原理。希波克拉底在医学领域的实践就是一个著名的例子。

图 1-4 希波克拉底雕像（1638 年鲁本斯制）

希波克拉底（Hippocrates，公元前 460 年—公元前 370 年）是古希腊伯里克利时代的医师，是西方医学奠基人，被西方尊为“医学之父”，更被亚里士多德誉为“伟大的希波克拉底”。希波克拉底雕像，如图 1-4 所示。希波克拉底对临床医学贡献良多，而其订立的医师誓言，更成为后世医师的道德纲领。传统上，西医行医前，会先以此立誓[2-3]。希波克拉底使医学与哲学、神学及巫术相分离[2,4]，促使医学发展成为专业学科，并创立希波克拉底医学学派，对古希腊乃至整个西方世界的医学发展做出了巨大贡献。

希波克拉底以其专业精神、修养及严格训练与实践见称[5]，在其作品《医师之路》（*On the Physician*）中，他指出医师必须时刻保持整洁、诚实、冷静、明理及严肃的态度。希波克拉底对其手术室内的灯光、人事、仪器、病人定位、包扎与夹板方法均有详尽规定[6]，甚至对医师手指甲长度都有所规定[7]。这种严谨的工作态度和对细节一丝不苟的把控，体现出了朴素的用户体验、人因与工效学思想。

希波克拉底详细描述了一位外科医生的工作场所应该如何设计，以及他使用的手术工具的形状、大小、重量、结构等应该如何设计、如何摆放[8]。希波克拉底的描述实际上就是指手术室内的照明、医疗器械的放置位置、手术工具的摆放顺序，等等。希波克拉底使用的古希腊外科手术用具，如图 1-5 所示。外科医生施行手术时可以采用自己觉得舒适、能正常进行手术操作的站姿或坐姿，精心布置灯光以避免眩光，仔细调整医疗器械与手术工具的位置与角度，力求做到整齐有序，既能在需要时随手触及，又不妨碍手术操作的实际开展。

希波克拉底所描述的方法一直延续到了现代外科手术中，对后世外科医生更好地实现手术效果产生了积极而深远的影响。比如，手术室内的无影灯安装、外科医生进行手术操作时与患者的相对位置、手术刀等工具的成排摆放顺序等，都体现了希波克拉底的理念。

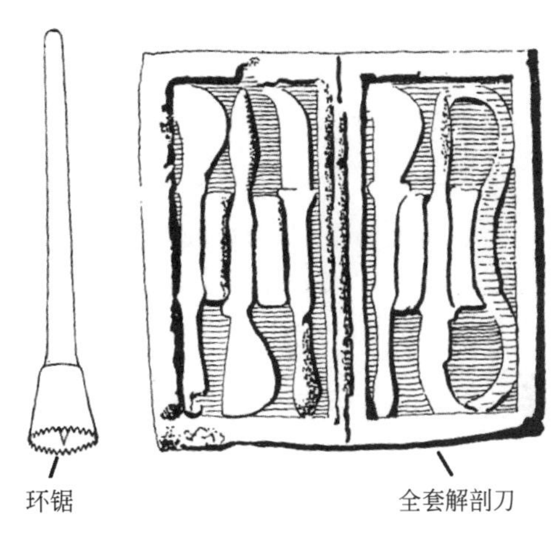

图 1-5 希波克拉底使用的古希腊外科手术用具

从古希腊希波克拉底的例子可以看出，用户体验、人因与工效学、人机交互的发展，并不完全是现代社会的产物，而是从古代的工具打造与使用，以及工作场所设计等实践中自然而然地发展起来的。因为要满足和适合人体（包括医师和患者双方）的要求，在设计手术工具、操作台及整个工作场所时就必须充分进行用户体验、人因与工效学方面的考量——大小要合适，高低要合适，呈现角度也要合适，从而便于医师使用。同时，在打造手术工具时，还要考虑到医师使用时的操作效率与安全性。

除了对工作场所（手术室）的设计之外，希波克拉底的医学思想与实践准则也与用户体验、人因与工效学相通。希波克拉底找准了行医的目标——把疾病看作是发展着的现象，认为虽然医师的关注点是疾病，但是真正所应医治的目标却是病人，从而改变了当时西方医学中以宗教和巫术为根据的观念。

希波克拉底专门写了一本名为《论风、水和地方》的医学著作，来论证自然环境对人体健康的影响。他指出当医生进入一座城市的时候，首先要注意到这座城市的方向、土壤、气候、风向、水源、水质、饮食习惯、生活方式，等等，因为这些都会对人体健康产生影响。希波克拉底主张在治疗上注意病人的个性特征、环境因素和生活方式对患病的影响，可以说他注重的是医学版的“人 – 环境”系统——类似于用户体验、人因与工效学的实践与观点，即不是孤立地看待人和环境，而是把人还原到所处的环境中，从整体上进行审视。

1.5 胡服骑射

（公元前 307 年）

胡服骑射是中国战国中后期赵武灵王赵雍（战国时期赵国第六代君主）所采取的军事和服饰改革措施。其中蕴含了对现今称为用户体验、人因与工效学、人体测量学的各种学科理论的自发、朴素运用。

关于胡服骑射，多部史书都有所记载。西汉刘向编订的《战国策·赵策二》记载："今吾（赵武灵王）将胡服骑射以教百姓。"西汉司马迁撰写的《史记》卷四十三《赵世家》记载："十九年正月，大朝信宫，召肥义与议天下，五日而毕，遂下令易胡服，改兵制，习骑射。"北宋司马光主编的《资治通鉴·周纪·胡服骑射》记载："周赧王八年（甲寅，公元前 307 年），赵武灵王北略中山之地，至房子，遂至代，北至无穷，西至河，登黄华之上。与肥义谋胡服骑射以教百姓，曰：'愚者所笑，贤者察焉。虽驱世以笑我，胡地、中山，吾必有之！'遂胡服。"

战国后期，中原华夏民族的地位崇高，而周边（主要是北方和西方）游牧民族大多被称为蛮夷、胡人，赵国（其国人属于中原华夏民族）与东胡、楼烦等诸胡长期对峙，虽然赵国的军事实力强于诸胡[1]，但是赵武灵王意识到在机动性和灵活性方面，华夏民族骑兵远不如诸胡骑兵，而这种差距正是源于双方服饰的迥异。所以，赵武灵王对本国骑兵的服饰进行了"胡服骑射"改革，大胆借鉴胡人服饰，使得改革后，华夏民族骑兵的服饰更适合骑马打仗，军力得到显著提升。

在赵武灵王进行军队服饰改革前，华夏民族服饰主要特征为：上衣下裳，腰间束带，裳穿在襦（指短衣、短袄）、裤、深衣之外。宽衣博带，拖沓笨拙。看起来烦琐，穿起来费劲，动起来不便，严重影响军队战斗力的发挥。而且，当时华夏民族的军队即使是骑兵也都穿着铜铁材质的重铠甲，骑射时非常不方便。

同中原华夏族人的宽衣博带长袖大不相同，当时北方和西方游牧民族所穿的服饰主要是衣裤式服装，上衣下裤，窄袖短袄，长裤穿靴，裤子为前后裆，裤管连为一体，显得简单便捷，俗称"胡服"。而且，他们穿着皮革做成的轻铠甲，轻便灵活，适于骑射——"骑射"指周边游牧部族的"马射"（骑在马上射箭），有别于中原地区传统的"步射"（徒步射箭）。

于是，赵武灵王在赵国都城邯郸下令"着胡服，习骑射"，在军队、官吏中推广短衣、长裤、皮靴的胡服着装。废除上衣下裳形制，改为上衣下裤，衣的形制为短而广袖的外衣，也就是一种左衽的短袍。左衽的式样常见于胡人服饰，广袖是模仿胡人的窄袖，并为适应华夏民族服饰而逐渐演变来的。下着裤，裤直接外穿，不用衣遮蔽，以更好地适应作战。

同时，为方便骑马和在草地上行走，赵武灵王把鞋履改为黄皮短靴，后来发展为长靴，规定文武百官都必须穿靴。以往军队作战时穿的鞋履过于繁琐，不便于跋山涉水、行军打仗，改为靴子后，便捷性显著提升。并且，赵武灵王还把原来军队的重铠甲改为轻铠甲，以适应实战的需要。

赵武灵王的"胡服骑射"改革使军队中宽袖长衣的正规军装，逐渐改进为后来的窄袖短衣的装备，如图 1-6 所示，从而顺应了战争方式由"步战"向"骑战"发展的趋势，为国家的稳固和发展奠定了基础。见此情景，赵国百姓也纷纷效仿，使服饰的民间实用功能也逐渐显现。

图 1-6　胡服骑射

"胡服骑射"改革是在原有服饰的基础上依据人体生理曲线、运动（作战）特征做出的重大变革，是中国古代统治者有意识地根据实际情况进行的务实变革，客观上对现今称为用户体验、人因与工效学、人体测量学的诸多理论进行了朴素的运用，其结果大大增强了服饰的实用性、便捷性和舒适性，对后世服饰的变化产生了极大的影响。

"胡服骑射"这种对用户体验相关思想的自发、朴素运用，帮助当时的赵国建立起一支实力强大的骑兵部队，在后来的多次战争中发挥出巨大威力，为攻取中山、收服林胡、北拓塞外千里、南下逐鹿中原创造了有利的军事条件。同时，"胡服骑射"还推动了中原华夏民族与周边游牧民族的服饰融合，缩短了二者之间的心理距离，进而推动了民族融合，促进了其后的秦汉时期中国各民族大一统局面的形成。

1.6
秦始皇陵兵马俑
（公元前 247 年）

黄河流域、尼罗河流域、印度河流域和两河（幼发拉底河和底格里斯河）流域被誉为世界四大文明发源地[1]，孕育了世界四大文明古国——中国、古埃及、古印度和古巴比伦。中国是其中唯一一个文明延续至今而没有中断的国家。

中国古人虽然没有明确的用户体验、人因与工效学、工程心理学等学科理论去指导生产生活实践，但却以令人叹服的智慧、细入毫芒的洞察，以及巧夺天工的手艺，从朴素的操作逻辑和使用便利性出发，打造出了许多令今人赞不绝口的符合用户体验相关原理的艺术作品和生活用品。

在这方面，古人没有学术理论，却胜似有学术理论。而秦始皇陵兵马俑的塑造（大致始于秦始皇登基的公元前 247 年）就是这样一个杰出范例。

图 1-7　跪射俑

让我们来看一下现今展示于秦始皇帝陵博物院二号坑大厅走廊玻璃展柜中的跪射俑（见图 1-7）。该俑出土于二号坑东端的弩兵阵中心，外披铠甲，内着战袍，发髻绾于头顶左侧，足蹬方口齐头翘尖履，左腿曲蹲，右膝跪地，上身微朝右，双手在身体右侧作握弓弩状，与众立射俑一起组成弩兵军阵。

这尊跪射俑被誉为秦陵博物院的“镇院之宝”，因为在至今已出土的 1000 多尊兵马俑中，唯有这尊俑，出土时完好无损，无须人工修复。

之所以能完好无损，一方面，是因为坑道顶部木制横梁腐朽坍塌时会首先砸毁高大的站立俑，从而使高度较矮的跪射俑幸免于难。另一方面，就跟人因与工效学、几何学、力学息息相关了——跪射俑的左脚、右膝盖、右脚尖着地，这三个支点形成了稳定的三角形结构，很好地支撑住了整个身体，而且与站立俑相比，跪射俑的重心更低，从而稳定性更高，更不容易倒塌破损。

面对这尊跪射俑，我们不禁要叹服秦朝工匠对作品的精益求精。仔细看跪射俑翘起的右脚鞋底，这是用雕刻技法生动展现了给兵俑纳的“千层底”鞋底。工匠不仅雕刻了纳线孔，而且纳线孔有粗有细、疏密有致，前脚掌、后脚跟的纳线孔细而密集，脚心的纳线孔却粗而稀疏，如图 1-8 所示。

图 1-8 跪射俑的鞋底

如此精细的雕刻，反映出秦朝工匠一丝不苟的写实风格，让今天的参观者能够感受到秦朝兵士身上浓郁的生活气息，同时也体现了当时的工匠具备了朴素的用户体验、人因与工效学思想，并且能在艺术塑造中熟练地运用这些思想。前脚掌、后脚跟着力比较重，走路时紧贴地面，容易磨损，所以纳线孔要细一些密一些，同时这样也能让兵士穿着更舒服；而脚心的足弓结构使此处着力较轻，走路时不会像前脚掌和后脚跟那样紧贴地面，因而磨损没有那么严重，所以纳线孔可以粗一些疏一些。

再看发髻，对比大多数兵俑绾在右侧的发髻，可以发现跪射俑与众不同，他的发髻绾在左侧（见图 1-9）。对此，有一些专家认为，跪射俑出身高贵，故而发髻在左侧。而更多专家的解读是，跪射俑主要作战任务是射箭，对于人群中占大多数的“右撇子”来说，跪射俑的姿势就是实际操练时的姿势，发髻在左侧可以让抽弓搭箭、瞄准击发更舒服顺手。如果这种解读是正确的，那么无疑说明秦朝工匠的构思体现了朴素的用户体验、人因与工效学思想，充分考虑到了射箭操作时的便利性。

最后，仔细看跪射俑的铠甲。肩部一排排甲片都是“下压上”的结构，这能使穿上铠甲的兵士肩部活动自如，试想如果是“上压下”，那么甲片向内凹压，就会使肩部活动受限。而跪射俑身上的铠甲，腰部以上的甲片是“上压下”结构，腰部以下的甲片是“下压上”结构。这样巧妙的设计使兵士腰部活动自如，弯曲与扭转不受限，否则弯腰、转身、下蹲的动作做起来都会很困难（见图 1-10）。

以跪射俑为代表的秦始皇陵兵马俑的塑造，显示出秦朝工匠贴近生活，能够从实际使用角度出发对作品进行精雕细琢，也从一个侧面体现出秦朝工匠的智慧中包含了朴素的用户体验、人因与工效学思想。

图 1-9 发髻朝向对比

图 1-10 跪射俑的铠甲

1.7 《王祯农书》（1313 年）

“民以食为天”，在古代中国，盛行以农业为立国之本的“农本”思想，农业生产关乎国家富强和社会稳定，是“三百六十行”中的重中之重，所以中国历朝历代都对农业生产非常重视。为了总结农业生产中的经验和教训，对后世进行指导和传承，中国古人编写了大量农学书籍，其中最具代表性的是四大农书，包括西汉晚期氾胜之的《氾胜之书》、北魏贾思勰的《齐民要术》、元代王祯的《王祯农书》和明代徐光启的《农政全书》。

在四大农书中，《王祯农书》记载了元代的农业发展实际状况，反映了元代的农业生产技术，总结了元代的农业生产经验，提出了中国农学的传统体系，在农书编纂、农学理论、农具制作等方面都有很多突破性创新，因而被中外农学专家誉为“中国古代最有魅力的一部农书”。

《王祯农书》成书于 1313 年，以作者王祯命名。王祯（1271 年—1368 年），字伯善，元初东平路泰安州（今山东泰安）人，元世祖至元年间任泰安州教授，元成宗元贞元年（1295 年）任旌德（今安徽旌德）县尹，大德四年（1300 年）任永丰（今江西广丰）县尹，其间完成了《王祯农书》的创作。

《王祯农书》以前的综合性农书，如《氾胜之书》《齐民要术》《农桑辑要》等，都只记述了北方的农业技术，并未谈及南方。而王祯兼有北方的生活阅历和南方的工作经历，所以著述时无论谈及耕作技术、农具使用，还是种桑养蚕，他总能兼论南北方，对比南北差异，重视南北农事经验的交流互通。从用户体验的角度来看，王祯充分考虑到了北方和南方读者群体的人物画像和实际需求，对用户体验思想进行了朴素的运用。

王祯热爱从事农耕生产，喜欢研究农业器具，他不仅复原了一批古代农业生产工具，还改造了很多农业器械，并将使用方法传授给民众。据此，他完成了《王祯农书》这部不朽之作。王祯的实践轨迹很符合用户体验方法论——以用户体验思想打造生产生活中的产品，不能照搬书本、推崇教条，而应从现有理论出发，在实践中进行审视，以田野调查和第一手信息，来检验理论的真伪和适用性，并总结经验、进行创新，进而升华出新的理论，再普及推广、造福大众。

《王祯农书》由《农桑通诀》《百谷谱》《农器图谱》三部分组成。其中，《农器图谱》堪称精华——以文字和 306 幅图画介绍了 105 种农具的实体构造、运行原理和使用方法，极大地便利了读者，为农学史上之首创。王祯创造性地采用的这种图文并茂的讲解方式，极富朴素的用户体验思想（见图 1-11）。从广义用户体验的视角来看，在著书立说时，作者就是用户体验专家，而读者就是用户。作者应以能让读者看懂书的内容为己任，为此，作者著述时应使用通俗易懂的文字，并辅以简洁生动的图画。在这一点上，王祯的著述实践堪称典范。

图 1-11 《王祯农书》卷十九水磨插图

王祯在《王祯农书》中提出了“工役俱省、简易捷利”的观点[1]。在《农器图谱》中强调翻车的设计时，他就谈到“俱省工力”的原则[2]。书中他还提出：“夫一机三事，始终俱备，变而能通，兼而不乏，省而有要，诚便民之活法，造物之潜机。”[2] 从中可见，王祯倡导“工役俱省、一机多事”，兼顾提高效率、节省工力、增加效益，而这些都是现今的用户体验、人因与工效学所追求的目标。

王祯在《王祯农书》中介绍农业机具时有一个特色，就是会详细描述该农业机具由人力操作时的效率和消耗，以及由畜力或水力操作时的效率和消耗，并进行对比。可见，王祯的记述不仅体现了“工役俱省”的朴素用户体验、人因与工效学思想，希望实现“人无灌溉之劳，田有常熟之利”[2] 的“致用厚生”的愿望，还从人力驱动到畜力驱动，再到水力驱动，希望既提高效率，又减少人工劳作损耗，这一理念与逐步迭代、递进优化、精益探索的用户体验优化迭代思想和实践方法相契合。

王祯在《农器图谱》中述及两边无刃的“镫锄”时，形容它“非耘耙、耘爪所能去者……特为捷利”。对此，后世也有所提及，如明代陈仁锡在《经世八编类纂》中评价犁和耒耜：“今易耒耜而为犁，不问地之坚强轻弱，莫不任使……然则犁之为器，岂不简易而利用哉。”可见，作为中国古代农业器械设计的一大原则，“简易捷利”源于劳动生产的实际需要，它和“工役俱省”一起成为“实用功利”“崇实黜虚”的实学思想在农业器械设计上的集中写照，这种思想具有积极的一面，提倡农业生产要达到简易、快捷、省工的目标。而这种改进农具使操作更简单便捷的观点，也折射出中国古人的朴素用户体验、人因与工效学思想。

1.8 奥卡姆剃刀原理（1285 年—1349 年）

在用户体验设计领域经常会提到奥卡姆剃刀（Occam's razor）原理，它由 14 世纪英格兰逻辑学家、哲学家、神学家奥卡姆的威廉（William of Ockham，约 1285 年—1349 年，见图 1-12）提出[1]。其中的“剃刀”用来比喻剃除不必要的假设，或者切分开两个类似的结论。14 世纪时，威廉厌倦了关于“共相”“本质”之类的无休止争吵，故而著书立说，宣传“那些空洞无物的普遍性要领都是无用的累赘，应当被无情地剃除”。威廉主张的“思维经济原则”（即奥卡姆剃刀原理），概括起来就是“如无必要，勿增实体”（Entities should not be multiplied unnecessarily）。因为他叫威廉，来自名为奥卡姆的小村庄[2]，人们为了纪念他就把这一原理称为“奥卡姆剃刀原理”。

图 1-12　奥卡姆的威廉

奥卡姆剃刀原理“剃秃”了西方世界几百年间争论不休的经院哲学和基督神学，促使科学、哲学从宗教中彻底分离出来，时至今日这把“剃刀”依然锋利无比，早已超越了原本狭窄的领域，在更广阔的范围内发挥着广泛、丰富、深刻的作用。

奥卡姆剃刀原理常用于两种或多种假说的取舍：如果对同一现象有两种或多种假说，那么我们应采用比较简单或可证伪的那一种。对于科学家而言，奥卡姆剃刀原理还有一种更常见的表述形式：如果你有两个或多个理论都能得出同样的结论，那么简单或可证伪的那个更好。这一表述还可变为：如果你有两个或多个原理都能解释观测到的现象，那么你应选用简单或可证伪的那个，直到发现更多的证据。或者简述为：如果你有两个或多个解决方案，那么你应选用最简单的那个[3]。

奥卡姆剃刀原理认为：简单的解释往往比复杂的解释更正确；需要最少假设的解释最有可能是正确的。所以，相信奥卡姆剃刀原理的人往往有强烈的信念：让事情保持简单！奥卡姆剃刀原理以结果为导向，始终追寻高效简洁的方法，几百年来，这一原理在科学上得到了广泛的应用，从牛顿的万有引力到爱因斯坦的相对论，奥卡姆剃刀原理已经成为重要的科学思维理念与社会实践指引[4]。

但奥卡姆剃刀原理并不是一味地追求极简，而是在能够达到同样效果的多种方案中，选择最简洁的。在运用奥卡姆剃刀原理时应牢记爱因斯坦的一句著名格言："凡事力求简单，但不要过于简单。"（Everything should be made as simple as possible，but not simpler.）

在用户体验设计中，奥卡姆剃刀原理的应用比较常见，毕竟用户的时间、精力、思维、记忆力、注意力等心智资源都是有限的，使产品或服务在这个信息错综复杂的社会中脱颖而出的最好方式便是简单化。简单化的信息传播得更快，简单化的设计更能为用户所接受。用户体验设计师应舍弃复杂的表象，抓住问题的本质，删繁就简，返璞归真，将用户与产品或服务之间的交互变得更为简单高效。

奥卡姆剃刀原理告诫用户体验设计师："不要浪费较多资源去做用较少资源同样能做好的事情"，即如果两个设计方案功能相同，那么应选择相对简单的那个方案。比如，设计电商页面时，如果一个简洁的页面能让用户快速找到想买的东西并下单支付，那么就不要把这个页面设计得花里胡哨，不要在页面上充斥各种没用的文字段落、图标、颜色区块、控件等。再如，在搜索引擎首页上，除了输入框和常用网址入口外，应剔除一切扰乱用户思维的功能，让用户专心于搜索任务本身。

在进行用户体验设计时，设计师经常会陷入误区，认为只要给产品或服务提供更多功能，用户就会满意；反之，当产品或服务的功能不够多时，用户就会不满意。因此，许多产品或服务都向着"瑞士军刀"迈进，不断添加功能，力求"三头六臂"。但事实上，并非所有新添的功能对用户满意度的影响都是正向的，有时提供或不提供某个功能，对用户而言并无差异；甚至有时，新添的功能反而会让用户觉得选择起来更头疼、使用起来更复杂，从而降低了用户满意度。

贾尔斯·科尔伯恩（Giles Colborne）在《简约至上：交互式设计四策略》（*Simple and Usable: Web，Mobile，and Interaction Design*）一书中指出[5]：用户一般分为专家型用户、随意型用户和主流用户三类，应把主流用户作为目标用户，为主流用户而设计。主流用户在现实生活中作为"沉默的大多数"，或许很少提出明确的改进建议，但他们的核心观点很明确——简单快捷地达成使用目标，他们根本不想看说明书，他们只想拿来就用。主流用户人数众多，经验能力参差不齐，且在压力下容易遗忘已有经验，回到初学者层次，因此在进行用户体验设计时应牢记奥卡姆剃刀原理，"剃秃"与目标用户（主流用户）核心目标无关的产品或服务功能，降低复杂度，以简单的设计让目标用户快捷高效地达成使用目标。

1.9 古腾堡图
（1398 年—1468 年）

提到产品的用户体验，人们经常想到的维度有交互逻辑和视觉元素，其实信息架构也是一个不容忽视的用户体验维度，它关系到产品内容的组织方式和布局形式，在这方面，特别值得一提的是古腾堡图（Gutenberg Diagram）——一种经典的用户体验信息架构及设计布局形式。

古腾堡图由德国发明家古腾堡提出。约翰内斯·古腾堡（Johannes Gutenberg，约 1398 年—1468 年）是德国铅活字印刷术发明人，将凸版印刷引入了欧洲[1]。虽然早在约 400 年前，中国北宋庆历年间的毕昇（970 年—1051 年）就已经发明了泥活字印刷术，标志着活字印刷术在世界范围内的诞生，但真正让活字印刷术在西方世界得到广泛普及的却是古腾堡。古腾堡发明的铅活字印刷术在欧洲引发了一场信息革命，使文学作品得以大规模传播，对文艺复兴、宗教改革和人文主义运动的发展产生了直接影响[2]。因此，古腾堡被西方世界誉为“千年之人”，经常被认为是人类历史上最具影响力的人物之一，古腾堡画像如图 1-13 所示。

图 1-13　古腾堡画像

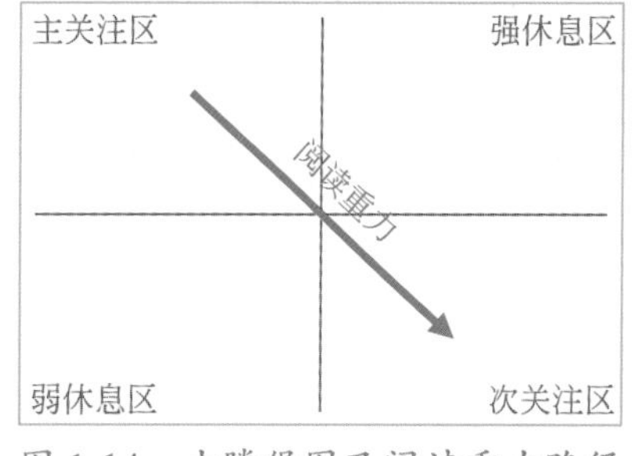

图 1-14　古腾堡图及阅读重力路径

古腾堡图又称对角线平衡（diagonal balance）法则，描述了具有从左到右阅读习惯的读者在浏览信息均匀分布的页面时的阅读规律（视觉焦点移动轨迹）。古腾堡图分为四个象限，左上为主关注区，是用户最先注意到的地方；右上为强休息区，较少被用户注意到；左下是弱休息区，最少被用户注意到；右下是次关注区，是用户视觉轨迹的终点。阅读时，人们的视觉轨迹会遵循从左上到右下的“阅读重力”路径，如图 1-14 所示。

遵循古腾堡图的“阅读重力”路径来进行界面设计，可以使界面上的信息呈现节奏与用户的自然阅读节奏相协调，提高用户对界面信息的识读理解效率。

根据古腾堡图，在设计页面时，我们可以有意识地将重要的文字内容或视觉效果移到“阅读重力”路径上：在最受用户关注的左上区域（“阅读重力”路径的起点区域）放置网站徽标和品牌口号等突出品牌形象的元素；在“阅读重力”路径中间区域放置图片或一些重要内容；在右下区域（“阅读重力”路径的终点，用户视觉焦点移动轨迹的终点）放置最重要的联系信息或操作控件，如确认按钮。

古腾堡图表明，强休息区和弱休息区处于“阅读重力”路径之外，仅会受到用户较少和最少的关注，除非以某种方式突出强调以吸引用户的注意力。因此，我们可以在这些区域放置不太重要的元素，如二级导航链接、RSS 订阅等。这样，一方面可以把“阅读重力”路径上的“黄金位置”省出来给更重要的信息来用，另一方面可以让正在寻找二级导航链接等不太重要信息的用户仍然能找到信息并使用。

实际上，从左上到右下的古腾堡图“阅读重力”路径是一种综合效果，可以拆分为两条路径：从左到右的路径、从上到下的路径。在日常工作中，用户体验设计师经常会遇到“从左到右型界面”（单纯从左到右展示信息的界面）和“从上到下型界面”（单纯从上到下展示信息的界面）。具体来说，对于前者，设计师应把浏览类元素（如图片和文字）放置在界面左手边，而把操作类元素（如滑动控件和按钮）放置在界面右手边。对于后者，设计师应把浏览类元素放置在界面靠上区域，而把操作类元素放置在界面靠下区域。只有这样布局，才能降低用户的认知成本，提高用户对界面上内容的识读理解效率，并加快用户对界面上控件的操作速度。

当然，古腾堡图并不是万能的，而是有着其自身的适用范围。对于只由大的文本块构成、只有很少的排版层次、信息均匀分布的界面，用户的视觉移动轨迹才会遵循古腾堡图的“阅读重力”路径，而如果界面中有视觉重量更大的图片或文字，那么这些视觉重量更大的元素就可能会首先吸引眼球而打乱阅读路径。此外，用户的阅读习惯也会产生重要的影响。古腾堡图描述的是具有从左到右阅读习惯的情况，对于阿拉伯语这样从右到左阅读的情况，古腾堡图并不适用。再者，对于用户已然熟悉并养成独特浏览习惯的界面，古腾堡图也可能失效，比如用户会熟练地跳过网页轮播图广告的“轮播图盲视”现象就是一个很好的例子。

古腾堡图让我们能更好地了解用户将如何浏览、阅读、理解我们设计的界面并与之交互，从而帮助我们改进信息布局，最大限度地提高设计效能，使信息呈现更简洁、更有效率，也更有效果。

1.10 达·芬奇的探索（1452 年—1519 年）

当时光来到 14—17 世纪，一场改变人类历史进程的思想文化运动在意大利各城邦兴起，之后扩展到欧洲各国，揭开了近代欧洲历史的序幕，被认为是中古时代和近代的分界，这场思想文化运动就是文艺复兴（Renaissance）[1]。西方学者认为，文艺在希腊、罗马古典时代曾高度繁荣，但在“黑暗的”中世纪却衰败湮没，直到 14 世纪后才获得“复兴”“再生”，因此称之为“文艺复兴”。

文艺复兴被誉为西欧近代三大思想解放运动之一（另外两个是宗教改革与启蒙运动）。在文艺复兴时期，人类在艺术、建筑、哲学、文学、音乐、科学技术、政治、宗教等领域都取得了空前的发展。而这些领域与生活相结合，就擦出了用户体验早期实践的火花。文艺复兴三杰之一（另外两位是米开朗琪罗和拉斐尔）、意大利博学家与艺术巨匠列奥纳多·达·芬奇（Leonardo da Vinci，1452 年—1519 年）的很多生活点滴与实践探索就与用户体验有关。

达·芬奇（其自画像请见图 1-15）是一位左撇子（左利手），一生以独特的镜像反写字进行书写。对左撇子来说，将羽毛笔从右向左拉过来写要比从左向右推过去写更容易，整行方向感更强（不容易把整行写歪），力道更好把握，而且不会将刚写好的字弄糊。从这个细节，可以看出达·芬奇在生活中对用户体验、人因与工效学思想进行了朴素、大胆地运用，使自身书写更舒适顺手。

图 1-15　达·芬奇自画像（背面有镜像反写拉丁文“我所绘的”）

达·芬奇在师从意大利画家和雕塑家安德烈·德尔·韦罗基奥（Andrea del Verrocchio，约 1435 年—1488 年）时学习了与用户体验、人因与工效学相关的人体解剖学。达·芬奇堪称局部解剖图宗师，他既关心身体结构，又关心生理功能，先后绘制了 200 多幅相关画作，其中包括许多人体骨骼的图形。他是第一个具体描绘人体脊骨双 S 形态的人，还研究了骨盆和骶骨的倾斜度，强调骶骨不是单一形态，而是由 5 个椎骨组成的。达·芬奇绘制了人类颅骨的形态以及脑部不同的交叉截面图，如横断面、纵切面、正切面。此外，他还经常描绘颈部和肩膀的肌肉和肌腱。基于这些研究，达・芬奇甚至设计了史上第一个机器人（约于 1495 年完成草稿）。

达・芬奇一向以画家身份闻名，并以其画作写实性和影响力著称。在他的作品中，《蒙娜丽莎》是久负盛名且最常被模仿的肖像画，《最后的晚餐》被认为是所有时期中最多被复制的宗教绘画，而他用钢笔和墨水绘制的关于人体比例（与用户体验、人因与工效学密切相关）的作品《维特鲁威人》也被认为是一个历史文化的象征——艺术史学家卡门・班巴赫（Carmen Bambach）将其描述为“在西方文明的历史标志性图像中名列前茅”[2]，如图 1-16 所示。

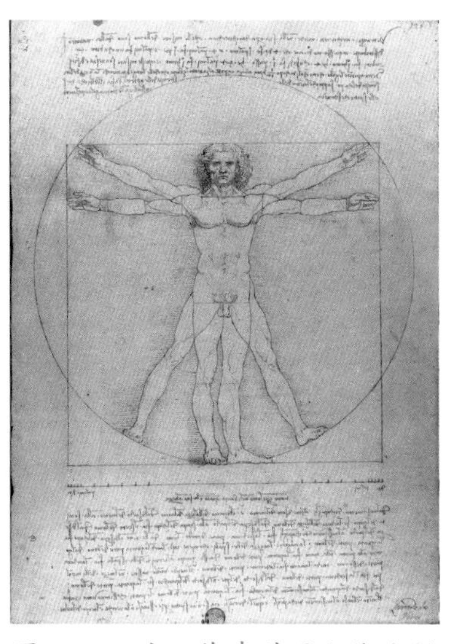

图 1-16　达・芬奇关于人体比例之作《维特鲁威人》

在搜集资料时，笔者还发现了一个达・芬奇进行用户体验相关探索的精彩例子——美国作家迈克尔・盖博（Michael Gelb）在他的著作《如何像达・芬奇一样思考》[3]中讲述了达・芬奇接受米兰公爵邀请为高端宴会设计厨房的故事。

要想设计出美观、实用的高端厨房，设计师不仅需要有艺术、美学修养，还需要在建筑学、工程学（机械工程、土木工程）、物理学（力学）等领域拥有扎实的功底。好在达・芬奇正是这样一位博学多通的旷世奇才。据文献记载[4]，达・芬奇是人类历史长河中难得的通才，他不仅在绘画等艺术领域才华卓绝，而且在机械工程、土木工程和力学领域也颇有建树，他还手绘了飞机和直升机的草图，充分考虑了力学、空气动力学因素，堪称人类航空史上的科技先驱。

在这次高端厨房设计中，达・芬奇将机械工程、土木工程、力学原理都考虑进来，充分思考各个环节的使用场景，力求让用户使用时舒适、开心，比如他创造性地设计出一套传送带，用来从厨房向餐厅传送食物和美酒。同时，思虑周全的达・芬奇还专门为厨房设计了喷水灭火系统，希望在厨房失火时，能够很容易地把火扑灭。尽管那时还没有用户体验的概念，但达・芬奇的一系列思考和设计都体现出他在用户体验、以用户为中心方面的匠心独运。

达・芬奇的一系列天才设计，给前来赴宴的王公贵族们带来耳目一新的感觉，他们对达・芬奇的奇思妙想赞不绝口。但美中不足的是，那个年代还没有改良蒸汽机，更没有交流电，在“人拉肩扛”的大环境下只能让达・芬奇设计的食物与美酒传送带采用纯人工操作、纯人力驱动。而且，喷水灭火系统由于设计比较复杂，导致故障率和操作人员的人为错误率也比较高。最后，意外开启的喷水灭火系统失控地喷洒到食物和美酒上，造成了一定的损失。虽然达・芬奇这次颇具灵感的设计最后让厨房变得“一团糟”，但是作为把用户体验因素考虑进去的人类早期用户体验实践案例，却有着非同凡响的意义。

1.11
拉马慈尼与职业医学
（1633 年—1714 年）

职业医学的发展对用户体验及相关的人因与工效学、工程心理学、人体测量学等学科的发展产生了一定的影响。而且，在某些领域，职业医学跟用户体验、人因与工效学等学科还有一定的交集，在这些交集中，职业医学取得的进展也可以被认为是用户体验、人因与工效学取得的进展。因此，笔者打算在本文中给大家简要介绍一下职业医学以及“职业医学之父”拉马慈尼的贡献。

职业医学（occupational medicine）以个体为主要关注对象，旨在对受到职业危害因素损害或存在潜在健康危险的个体进行早期检测、诊断、治疗和康复处理。职业医学既是预防医学的一个分支，又属于临床医学的范畴。简而言之，职业医学是研究职业病的学科。职业医学与医学的各个学科都有交集。比如，生物因素所致的职业病，以微生物学（属于医学）与寄生虫学（属于医学）为基础，而物理及化学因素所致的职业病，以毒理学（属于医学）为基础。

劳动和健康之间的关系，换句话说，由工作引起的各种疾病和健康问题（职业病），在古埃及、古希腊和古罗马时期就经常被提及，但直到 17 世纪，才出现了第一批系统研究职业病的学者，其中最著名的当属拉马慈尼。

图 1-17　拉马慈尼

伯纳迪诺·拉马慈尼（Bernardino Ramazzini，1633 年—1714 年，见图 1-17）是意大利医学家。因为他对医学、职业医学领域做出了巨大贡献，尤其是撰写并出版了《工人的疾病》这部职业医学的奠基性和开创性文献，拉马慈尼被后世尊称为“职业医学之父”[1-2]。

在医学领域，拉马慈尼是使用金鸡纳树皮（奎宁就是从金鸡纳树皮中提取的）治疗疟疾的早期倡导者。当时许多人错误地声称奎宁有毒且无效，但拉马兹尼认识到了奎宁的重要性，他说：“奎宁对医学的作用就像火药对战争的作用一样。”[3] 拉马慈尼还建议医生们在“医学之父”希波克拉底（Hippocrates）所建议的询问病人的问题清单上再加上一句：“您的职业是什么？”[1]——类似地，在现今的用户体验调研问卷中，也经常会有一道题目询问受访者的职业。

在职业医学领域，拉马慈尼认为预防胜于治疗。他在 1711 年发表的《奥拉西奥》（“Oratio”）中提出：“预防比治疗要好得多，预见未来的伤害并避免它，比在遭受伤害后再摆脱它要容易得多。”

1682 年，拉马慈尼被任命为摩德纳大学（University of Modena）医学理论教授，1700 年起担任帕多瓦大学（University of Padua）医学教授，直至去世。17 世纪末至 18 世纪初，拉马慈尼走访了许多工地，记录下工人们的活动，并向工人们详细询问了他们的疾病。

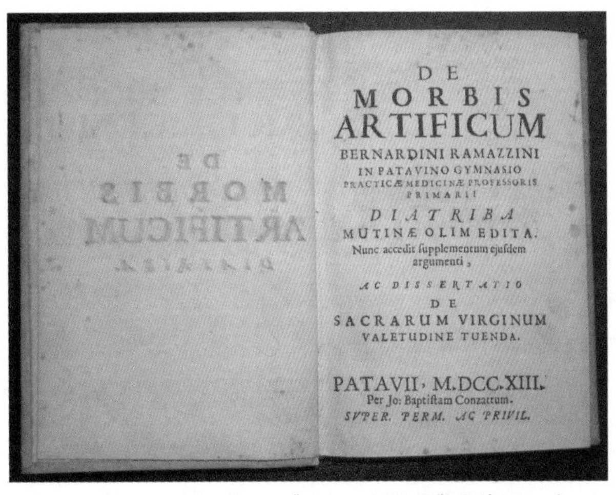
DE
MORBIS
ARTIFICUM
BERNARDINI RAMAZZINI
IN PATAVINO GYMNASIO
PRACTICÆ MEDICINÆ PROFESSORIS
PRIMARII
DIATRIBA
MUTINÆ OLIM EDITA.
Nunc accedit ſupplementum ejuſdem argumenti,
AC DISSERTATIO
DE
SACRARUM VIRGINUM
VALETUDINE TUENDA.
PATAVII, M.DCC.XIII.
Per Jo: Baptiſtam Conzattum.
SVPER. PERM. AC PRIVIL.

图 1-18　1713 年版《工人的疾病》（第二版）

1700 年在摩德纳（Modena），拉马慈尼把这些实地考察成果结集出版，该书成了职业医学（职业病）领域的经典开山之作——《工人的疾病》（意大利文名称为 *De Morbis Artificum Diatriba*，英文名称为 *Diseases of Workers*）的第一版，首次从职业健康的角度系统地阐述了工作条件和病理之间的关系，在职业医学的发展历程中起到了重要的作用[1-2]。该书第二版（见图 1-18）于 1713 年在帕多瓦（Padua）出版。

在《工人的疾病》一书中，拉马慈尼详述了职业、常见职业病及补救措施，概述了 50 多种职业的工人所遇到的化学品、粉尘、金属、重复或剧烈运动、怪异姿势和其他致病因素对健康的危害[4]。书中不仅提到糟糕的工作环境可以引起呼吸系统疾病，如细小颗粒引起的哮喘和肺结核，而且还提到笨拙的工作姿势也会严重影响工人的身体健康（显然，这也是用户体验、人因与工效学研究的范畴，或者说，这是职业医学、用户体验、人因与工效学的交集之所在），如金属采矿工人常患某些疾病。

基于拉马慈尼的研究成果，在后世由第一次工业革命所推动的工业化时代里，人们开始进一步厘清劳动与健康之间的关系。然而，基于用户体验，人因与工效学观点、方法和途径的与职业病预防措施相关的研究，如对职业疲劳的测量和对劳动科学管理原则的探究，要一直等到 20 世纪初才开始开展起来。

1.12 第一次工业革命（1760 年—1840 年）

世界范围内的大量考古成果显示，古人虽然不懂用户体验、人因与工效学、人机交互等理论，但他们所制造的各种工具、器械，其实都是适合人体特点、让人们使用起来得心应手的。这种实际存在的“人 - 机”关系持续了几千年，可以说是古人在用户体验相关领域所做的自发、朴素的实践，而这种实践一直延续到两次工业革命时期。在此，笔者打算从用户体验的视角，给大家简要介绍一下对人类社会产生深远影响的第一次工业革命。

第一次工业革命（First Industrial Revolution）又被称为“第一次科技革命”（First Revolution in Science and Technology）、“产业革命”。它始于英国，随后蔓延到欧洲大陆和美国，发生在 1760 年—1840 年[1]，是继农业革命（agricultural revolution）之后，人类经济向更广泛、更高效和更稳定的制造工艺转变的一个全球性时期。这种转变包括从手工生产方式向机器生产方式的转变、新的化学制造和炼铁工艺、水力和蒸汽动力的日益使用、机床的发展，以及机械化工厂系统的兴起。第一次工业革命使工业品产量大大增加，促使人口、人口增长率和平均收入出现前所未有的持续增长。

第一次工业革命是世界历史的一个重大转折点，也是一般革命无法比拟的巨大变革，与一万年前的农业革命一样，其影响涉及人类社会生产与生活的方方面面[2]，对推动人类的现代化进程起到了不可替代的作用，使人类社会进入崭新的“蒸汽时代”（Age of Steam）。在第一次工业革命和现代资本主义经济出现之前，人均国内生产总值（GDP per capita）基本稳定[3]，而第一次工业革命则开启了资本主义经济体人均经济增长的时代[4]。经济史学家一致认为，第一次工业革命是自动植物驯化以来人类历史上最重要的事件。

第一次工业革命首先从英国开始——英国纺织业最早采用了机械化纺织的现代生产方法[5]，在就业、产值和资本投入方面，英国纺织业成为主导产业。1800 年后英国的蒸汽动力和钢铁生产出现高速增长。19 世纪初，机械化纺织品生产从英国扩展到欧洲大陆和美国，比利时和美国出现了重要的纺织品、钢铁和煤炭中心，后来法国也出现了纺织品中心[6]。

第一次工业革命在重要技术的应用和推广上硕果累累：①纺织业：以水和蒸汽为动力的机械化棉纺技术使工人的产量提高了约 500 倍；动力织布机使工人的产量提高了 40 多倍[7]；轧棉机使棉花脱籽的生产率提高了 50 倍[8]。②蒸汽动力：蒸汽机的效率提高了，燃料消耗减至原来的 1/10 ~ 1/5。固定式蒸汽机对旋转运动的适应使其适于工业用途[9]。高压发动机的功率重量比很高，使其适于运输[10]。③炼铁：用焦炭代替木炭大大降低了生铁和熟铁生产的燃料成本[11]，使用焦炭还可以扩大高炉[12-13]，实现规模经济。④机床：最早发明的机床是螺纹切削车床、圆筒镗床和铣床，机床使精密金属零件的经济制造成为可能[14]。

在第一次工业革命期间，产生了许多影响世界的重大发明。1776 年，詹姆斯·瓦特（James Watt，见图 1-19）改良出第一台具有实用价值的蒸汽机，1785 年正式投入使用[15]，为人类提供了更加便利的动力，这项技术迅速得到推广，大大推动了机器的普及和发展。1807 年，美国工程师罗伯特·富尔顿（Robert Fulton）制造的“蒸汽轮船”试航成功[16]。1814 年，被誉为“铁路机车之父”的英国工程师乔治·斯蒂芬森（George Stephenson）发明了“蒸汽机车”[17]。

图 1-19 詹姆斯·瓦特

在“蒸汽时代”之前，人类社会生产主要依靠人力、畜力、水力、风力。伴随着蒸汽机的发明和改良，人类生产与制造方式逐渐由纯人工、纯人力转变为机械化，出现了以机器取代人力、畜力的趋势。临近河流或溪水已不再是建立工厂的必选项，很多以前需要依赖人力与手工完成的工作，逐渐被机器生产所取代。

第一次工业革命是一场以大规模的工厂生产取代手工作坊劳作、动力机器运转取代人力劳动的革命。它对用户体验、人因与工效学、人机交互的发展有着显而易见的影响。在此之前，人类需要使用工具、依靠自身体力去完成生产与生活实践；在此之后，人类可以操控机器、依靠由能源转化而来的动力去完成这些实践。“人 – 机”交互行为也由之前的人类肢体握持、推拉工具器械并手动作用于劳作对象，转变为由人类操控机器，自动或半自动作用于劳作对象。

第一次工业革命使人们所从事的劳动在复杂程度上和负荷量上都有了很大变化。因此，改造工具器械、优化工作流程、改善劳动条件、提高劳动效率就成了迫切要达成的目标。而这一系列目标的实现，都与用户体验、人因与工效学、人机交互密切相关。

1.13
色彩心理学
（1810 年）

色彩心理学（color psychology）是一门研究色彩如何影响人类行为的学科。色彩会影响一些不明显的感知，比如食物的味道；色彩能唤起人们的某些情绪[1]；色彩还有增强安慰剂的效果[2]，比如兴奋剂药丸一般选用红色或橙色[2]。色彩影响个人的程度会因年龄、性别和文化而不同，比如男性认为红色服装能增加女性吸引力，而女性则认为男性吸引力与穿何种颜色的衣服无关[3]。虽然不同文化背景下的色彩偏好可能有所不同，但不同性别和种族对色彩的偏好可能相对一致[4]。

图 1-20　以粉红色为标志色

色彩心理学适用于医疗、运动、游戏设计等领域，还被广泛用于市场营销和品牌推广中——色彩能影响消费者对商品和服务的情绪和看法[5]。当公司的标志色与其商品和服务气质吻合时，就能吸引更多顾客[6]，比如内衣品牌维多利亚的秘密（Victoria's Secret）就选粉红色作为其标志色[7]（见图 1-20）。研究表明，蓝色广受青睐，但红色也往往能吸引顾客[8]，而红色和黄色的组合能刺激饥饿感——这就是麦当劳、汉堡王的配色秘诀[9]，又被称为“番茄酱和芥末酱理论”（the ketchup and mustard theory）[6]。

其实，在色彩心理学出现之前，色彩就已经被用作一种治疗方法了。古埃及人就记录了使用彩色房间或通过水晶照射阳光进行治疗的色彩疗法。世界上最早的医学文献之一、中国最早的医学典籍、传统医学四大经典著作之一、始作于战国终成书于西汉（“作者非一人、成书亦非一时”）的《黄帝内经》也记录了与色彩治疗相关的色彩诊断[10]。

1810 年，德国伟大诗人、作家、思想家、科学家约翰·沃尔夫冈·冯·歌德（Johann Wolfgang von Goethe，1749 年—1832 年）出版了世界上第一本关于色彩心理学的书籍——《色彩理论》（*Theory of Colors*），解释了他对色彩心理本质的看法[11]。歌德相信色彩可以引发某种情绪，不同色彩会有不同含义，如黄色表示“宁静”，蓝色意味着“兴奋与平静”的混合[12]。

瑞士心理学家、精神病学家、分析心理学创始人、心理学鼻祖之一卡尔·古斯塔夫·荣格（Carl Gustav Jung，1875 年—1961 年）是色彩心理学先驱之一，他研究了生活中色彩的特性和意义，以及艺术作为心理治疗工具的潜力。荣格认为“色彩是潜意识的母语”[5]，他对色彩象征主义的研究和著作涵盖了广泛的主题。

1942 年，德国神经学家库尔特·戈尔茨坦（Kurt Goldstein，1878 年—1965 年）试图通过实验确定色彩对运动功能的影响。他发现患脑疾的女性穿红色衣服时摔倒的概率高，穿绿色或蓝色衣服时摔倒的概率低[13]。这一发现虽未被其他研究人员证实[13]，但却鼓励了人们对色彩生理效应及色彩心理学的进一步研究[13]。

从用户体验角度来说，色彩心理学是一个相对复杂的领域，主要因为以下 4 点：

（1）色彩有明显的情感联想。比如，红色对应着力量、危险、兴奋、饥饿；黄色对应着积极、快乐、阳光、友好；蓝色对应着信任、稳定、镇定、宁静；绿色对应着自然、和谐、新鲜、舒缓，等等。因此，用户体验设计师应根据产品所要表达的情感来选用色彩。

（2）色彩深受文化差异的影响。不同文化对色彩会有不同理解。红色在东方象征着喜庆、财富和爱情，而在西方却意味着流血、暴力和激进；白色在东方代表了死亡、恐怖和反动，以白色为主的设计会被认为太素、不吉利，而西方却认为白色高雅、纯洁和幸运。在中国，红色象征财富，绿色象征亏损，所以中国股票 K 线是红涨绿跌；而在美国，红色代表财政赤字，绿色象征财富，所以美国股票 K 线是绿涨红跌。可见，用户体验设计师应根据目标用户所在国家的文化特点来为产品选用色彩。

（3）色彩会受历史沿袭的影响。比如，中国和日本在色彩使用上就有很大差异，这是因为日本曾长期作为中国的藩属国，要定期向中国进贡，这使得中国自古以来崇尚饱和度较高的正色，而日本则大多使用饱和度偏低的间色。所以，用户体验设计师应根据目标用户所在国家的历史背景来为产品选用色彩。

（4）色彩还受性别的影响。一般而言，女性喜欢蓝色、紫色和绿色，不喜欢灰色、棕色和橙色；而男性喜欢蓝色、绿色和黑色，不喜欢紫色、棕色和橙色。所以，用户体验设计师应根据目标用户的性别来为产品选用色彩。

了解到色彩心理学的复杂性，人们或许想问：“有没有哪种色彩让各种性别文化的人都喜欢呢？”答案是肯定的——2017 年英国的一项全球性调研，收到来自 100 多个国家的 3 万份意见书，将马尔斯绿（Marrs green）评为“世界上最受欢迎的颜色”。马尔斯绿由来自苏格兰邓迪（Dundee）的联合国教科文组织工作人员安妮·马尔斯（Annie Marrs）提交，她的灵感来自于泰河（River Tay）。马尔斯绿在用户体验设计中应用广泛，因其有着自然、平静的感觉，所以常被用于产品和品牌的标识，特别是那些与自然、环保、可持续性发展有关的品牌。

1.14
成本效益原则
（1848 年）

在搜集本书的资料时，笔者发现虽然有很多经济学理论本身谈的不是用户体验问题，但是人们在做与用户体验相关的实际决策、选择解决方案时，往往需要把这些经济学理论考虑进来，以更宽泛的视角判断用户体验工作的可行性与合理性。在历史上，这些经济学理论对现今的用户体验理论概念与实践方法的形成产生了一定的影响。在指导实践时，这些经济学理论会与用户体验理论形成合力，一起推动产品与服务的用户体验优化决策的制定。所以本书收录了这样一些与用户体验实践密切相关的经济学理论，而本文要给大家介绍的成本效益原则就是其中之一。

成本效益原则（cost-benefit principle）是指在进行财务决策时，效益要大于成本的原则，即当某一项目的预期总效益大于预期总成本时，在财务上可行，可以立项；否则，则应放弃立项。成本效益原则由法国土木工程师、经济学家朱尔斯·杜普伊特（Jules Dupuit，1804 年—1866 年）于 1848 年提出，并由英国经济学家阿尔弗雷德·马歇尔（Alfred Marshall，1842 年—1924 年）在后续著作中进行了完善与普及[1]，最初用于桥梁、道路或运河等公共设施的修建领域，一方面计算出修建这些公共设施所产生的社会效益，另一方面计算出相应的成本，再将二者对比，以制定决策。

成本效益原则是所有经济学概念的源头，其他系统原则（控制原则、相关性原则、适应性原则以及灵活性原则等）方面的决策都会受到成本效益原则的影响。基于成本效益原则而进行的分析被称为成本效益分析（CBA，即 cost-benefit analysis）。成本效益分析是一种比较已完成的行动方案或潜在备选的行动方案的优缺点的系统方法。通过成本效益分析，可以估算或评价某项决策、项目或政策的价值与成本，可以确定在交易、活动和功能性业务要求等方面既能实现效益，又能节省开支的最佳方案[2]。成本效益分析通常用于评估商业或政策决策（尤其是公共政策）、商业交易和项目投资。例如，美国证券交易委员会在制定法规或放松管制之前就一定会进行成本效益分析。

成本效益原则有两个主要应用领域：①确定一项投资（或决策）是否合理，确定其收益是否大于成本，以及在多大程度上大于成本；②为比较投资（或决策）提供依据，将每种方案的预期总收益与预期总成本进行比较。在基于成本效益原则，进行成本效益分析时，效益和成本均以货币形式表示，并根据货币的时间价值进行调整；无论效益和成本是否在同一时间产生，所有效益和成本在一段时间内的流动均以共同的净现值表示。这样就可以根据“成本效益比”对可供选择的方案进行排序[3]。一般来说，准确的成本效益分析可以从经济角度确定最优的备选方案。如果成本效益分析准确，那么就可以通过选择“成本效益比”最低的备选方案来改变现状，以提高帕累托效率（pareto efficiency）。

成本效益原则是企业规划产品与服务、进行用户体验设计时，需要用到的经典原则。当企业计划通过新项目全新打造产品或服务时，应根据成本效益原则，比较该新项目的预期总成本与预期总效益，只有当预期总效益大于预期总成本时，该新项目才可以考虑立项。而当企业计划通过新项目给现有产品或服务增设新的产品功能或服务细项时，就应考虑得更多。一方面，新项目自身所能带来的预期总效益须大于预期总成本；另一方面，新项目在成本效益上须比维持现状更优。只有同时满足了这两条，才可以考虑立项。

成本效益原则在日常生活中，常常会与用户体验擦出火花。比如，大家是否想过：女士们穿高跟鞋会有很多不舒适之处，那为什么还乐意穿呢？这是因为穿高跟鞋能让女性显得更美、更有吸引力，美带来的效益超过了不舒适的成本。

再如，在康奈尔大学（Cornell University）管理学院教授罗伯特·弗兰克（Robert Frank）的畅销书《牛奶可乐经济学》（*The Economic Naturalist: In Search of Explanations for Everyday Enigmas*）中，弗兰克教授问道：“为什么牛奶装在方盒子里卖，而可乐却装在圆瓶子里卖？”用成本效益原则来解释，就是可乐不易变质，所以常放在存放成本低的开放货架上；而牛奶容易变质，所以常放在存放成本高的冰柜中。圆瓶子比方盒子浪费的存放（空间）成本多，但饮用体验好——圆瓶子比方盒子更容易抓握与饮用。圆瓶子可乐浪费的存放成本小于饮用体验好而多带来的销售效益，因此把可乐装在圆瓶子里卖；而方盒子牛奶节省下来的存放成本大于饮用体验好所能多带来的销售效益，因此把牛奶装在方盒子里卖（见图 1-21）。这个将成本效益原则与用户体验相结合的经典案例告诉我们，进行用户体验设计时既要考虑用户的使用体验，也要考虑这样设计的成本，要在“讨好”用户的同时，兼顾企业效益，这中间要有一个精打细算的权衡。

图 1-21 方盒牛奶与圆瓶可乐

1.15
韦伯 – 费希纳定律
（1860 年）

韦伯 – 费希纳定律（Weber-Fechner law）是表明心理量和物理量之间关系的定律，是心理学历史上第一个数量法则，使心理物理学作为一门新兴学科建立起来，对冯特创立实验心理学起到了启迪激励作用，对用户体验的发展也起到了推动作用。韦伯 – 费希纳定律包含了两个心理物理学假设——韦伯定律和费希纳定律，都与人类的感知有关，都描述了物理刺激的变化与感知的变化之间的关系，都适用于对所有感官（包括眼、耳、鼻、舌、身）的刺激。

韦伯 – 费希纳定律涉及韦伯和费希纳两个人。恩斯特·海因里希·韦伯（Ernst Heinrich Weber，1795 年—1878 年）是德国医生、生理学家、实验心理学先驱，是最早以定量方式研究人类对物理刺激的反应的学者之一，是费希纳的导师。韦伯对感觉和触觉的研究，以及对良好实验技术的强调，为未来的心理学家、生理学家和解剖学家带来了新的研究方向和领域。古斯塔夫·西奥多·费希纳（Gustav Theodor Fechner，1801 年—1887 年）是德国哲学家、物理学家、实验心理学先驱、心理物理学创始人和实验美学创始人。费希纳领悟到身与心的联系法则可以用物质刺激与心理感觉之间的数量关系来说明。韦伯定律和费希纳定律（合称韦伯 – 费希纳定律）其实都是由费希纳提出的，但为了纪念导师韦伯，费希纳将自己的第一个定律命名为“韦伯定律”，因为正是韦伯进行了提出该定律所需的实验[1]。韦伯 – 费希纳定律的公式如图 1-22 所示。

$\Delta p=k\dfrac{\Delta S}{S}$（韦伯定律）

ΔS 为某量实质变化而Δp 为某量的主观的感觉变化
用 $\mathrm{d}p$, $\mathrm{d}S$ 取代Δp，ΔS，作积分：

$$\mathrm{d}p=k\frac{\mathrm{d}S}{S}$$

$$\int_0^p \mathrm{d}p=k\int_{S_0}^{S}\frac{\mathrm{d}S}{S}$$

$p=k\ln\left(\dfrac{S}{S_0}\right)$（费希纳定律）

图 1-22　韦伯 – 费希纳定律的公式

费希纳分别用公式表述了韦伯定律和费希纳定律，并于 1860 年将其首次发表在心理物理学开山之作《心理物理学纲要》（*Elements of Psychophysics*）一书中，同时创造了术语“psychophysics”来描述心理物理学这个研究人类如何感知物理量的跨学科领域[2]。《心理物理学纲要》对心理学的发展具有开创性贡献，后来把心理物理学发展为实验心理学的冯特就承认这部著作对他工作的重要性，艾宾浩斯也承认受这部著作启发，把数学方法用于记忆和学习领域，才取得了成功。19 世纪初，康德曾预言心理学绝不可能成为科学，因为不可能通过实验测量心理过程。而费希纳的成果打破了康德的预言，使心理学的发展逐渐走上科学的轨道。

韦伯－费希纳定律涉及 3 个概念：阈限（threshold 或 sensory threshold）、绝对阈限（absolute threshold）、差异阈限（differential threshold 或 just-noticeable-difference）。阈限指物理刺激量可以被个人觉察的临界点。绝对阈限指个体能察觉到单一物理刺激时，所需的最低刺激强度，分为上绝对阈与下绝对阈。差异阈限指辨别两个刺激的差异时，这两个刺激强度最低的差异量。韦伯定律描述的是在同类刺激下，差异阈限的大小与初始刺激强度成一定比例，若物理刺激超过一定强度，人的感觉就会越来越麻木。费希纳定律（是韦伯定律的推论，有额外的假设）描述的是在绝对阈限之上，主观感觉强度与刺激强度之间呈对数关系，即当刺激强度按几何级数增加时，引起的感觉强度只按算术级数增加。

举例说明韦伯定律，假设手里拿着一个 10 克的物体，增加 1 克能让你恰好察觉到其重量发生了变化（增加不到 1 克你就不能察觉到其重量的变化），那么要是手里拿着一个 20 克的物体，则需要增加 2 克才能让你恰好察觉到其重量发生了变化。费希纳定律则在韦伯定律基础上假设：恰好引起感觉变化的刺激强度变化所引起的感觉变化是相等的。例如，对于给 10 克物体增加 1 克所引起你的感觉变化与给 20 克物体增加 2 克所引起你的感觉变化是一样的。换言之，你左手拿 10 克物体，右手拿 11 克物体，感觉右手边重“一些”；你左手拿 20 克物体，右手拿 22 克物体，也感觉右手边重“一些”，这两个“一些”的程度是一样的。韦伯－费希纳定律指出，对于同一刺激源，人们开始受的刺激越强，对以后的刺激就越迟钝，反之，开始刺激不太强烈，后面稍有波动，就会引起比较强烈的反应，这是“心理阈限”在起作用。

韦伯－费希纳定律在与用户体验相关的许多生产生活领域中都有施展的空间。例如，在市场营销领域，购买者对降价促销的感觉取决于基数。20 元降 3 元和 100 元降 3 元，同样都是降 3 元，但人们对前者会更有感觉。商家打折时，往往也会标注商品原价，如折扣价 39.9 元，原价 399 元，因为这样会使购买者的消费冲动显著增加。再如，根据韦伯－费希纳定律，如果持续加强产品的某个方面，即不断加大同一形式的刺激，就会使用户的感觉越来越迟钝。正确做法是：避开同一形式的刺激，增加不同形式的刺激。比如，一开始投放优惠券以提升用户满意度，但随着优惠券额度增大，用户变得对此越来越麻木，这时要想进一步提升用户满意度，就应考虑在其他方面下功夫，比如增加操作过程中的娱乐性。此外，韦伯－费希纳定律在用户体验质量的测试与评价[3]、用户体验质量模型[4]、语音类业务的用户体验评价方法[5]、网页访问质量评价[6]、提升触觉交互设备的性能和丰富用户触觉交互体验[7]等方面也得到了具体应用。

1.16
倒金字塔结构
（1861 年—1865 年）

产品或服务的用户体验是由多个维度共同构成的，在这其中，大家往往最先想到的就是交互逻辑和视觉呈现。但其实，要想使用户开始体验产品功能或服务细项、进行操作互动，就必须先让用户看懂当前产品或服务所表达的信息内容，让用户知晓当前这步需要做什么，这就涉及用户体验的一个重要维度——信息架构，也就是产品或服务所蕴含的信息会以什么样的架构顺序、内在逻辑、外在形式存在并展示给用户。

关于信息架构设计，有一个重要原则——倒金字塔结构，值得介绍给大家。倒金字塔结构（inverted pyramid）是指在展现一则信息时，先将最重要、最新鲜、最吸引人的内容以精简的形式放在最前头，然后再按重要程度递减的顺序依次描述其他内容。以这种信息架构呈现的信息，重要性递减，犹如倒置的金字塔，上面（前面）大而重，下面（后面）小而轻[1]，如图 1-23 所示。

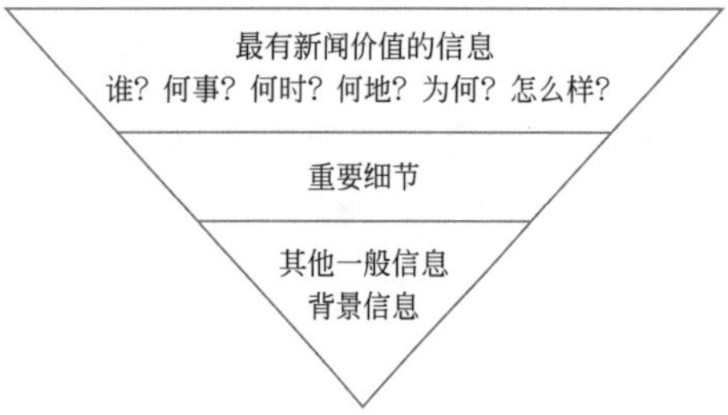

图 1-23　倒金字塔结构的信息

倒金字塔结构是绝大多数客观新闻报道的写作规则，也被广泛运用到严肃期刊的写作中，同时也是最为常见和最为短小的新闻写作叙事结构[2]。倒金字塔结构的版面编排在实践中几乎被绝大多数报纸所采用。

普遍认为，倒金字塔结构起源于美国南北战争时期（1861 年—1865 年）。当时，电报业务刚开始投入使用，记者的稿件通过电报传送，但由于电报技术上不成熟和军事临时征用等原因，稿件的传送时常会中断而导致重要信息遗漏。基于此，记者们想出一种新的发稿方法：把最重要的战况信息写在开头，然后按信息重要性递减的顺序继续往下写，使接收方能够尽可能利用有限的时机先接收到最重要的信息，这种战时应急措施催生了倒金字塔结构的信息编排原则。

路透社 1963 年 11 月 22 日达拉斯电，报道肯尼迪遇刺的消息堪称倒金字塔结构的范例：

> 肯尼迪总统今天在这里遭到刺客枪击身亡。
>
> 总统与夫人同乘一辆车中，刺客开 3 枪，命中总统头部。
>
> 总统被紧急送往医院，经大量输血，不久后身亡。

官方消息称，总统下午 1 点逝世。

副总统林登·约翰逊将继任总统。

在进行用户体验设计、构建产品或服务的信息架构时，倒金字塔结构应该引起重视并被合理使用。我们来看一条某银行登录验证码短信，如图 1-24 所示。最重要的信息——6 位数字的验证码在短信的第一行就展示了，后面又陆续显示用户登录设备的信息，以及提醒用户不要泄露验证码，最后用黑体方括号注明银行名称，整条信息很好地使用了倒金字塔结构。

目前大部分手机屏幕都可以用浮层显示短信，但为了不占用太多屏幕空间，浮层往往只显示短信的第一行内容。在这种情况下，该银行的登录验证码短信也是可以顺畅使用的。用户看到第一行内容中的 6 位数字验证码后，就可以直接填写到 App 的输入框里了，而不用先点击短信图标去短信信箱里查看短信内容，再唤醒 App 进行 6 位数字验证码的输入，所以该银行这样的短信信息架构设计使用户操作起来便捷流畅，值得肯定。

我们再来看一条某云域名验证码短信，如图 1-25 所示。第一行完全没有出现本条短信最重要的信息——6 位数字的验证码，直到第二行后半行才出现验证码。第一行先是把最黄金位置的开头浪费掉了——用黑体方括号写上了本条短信的次要信息某云，而没有像上述银行短信那样把发信人信息写在整条短信的最后。而且还浪费第一行大部分空间和第二行前半行空间写了另一句次要信息“您正在进行域名 DNS 修改”。再者，考虑到手机屏幕浮层显示短信往往只显示一行的情况，某云这条域名验证码短信将使用户不得不离开当前 App 操作页面，跳转到短信信箱去读取短信第二行的 6 位数字验证码，然后再跳回 App 操作页面，这使得用户的思路被打断，操作很不流畅。

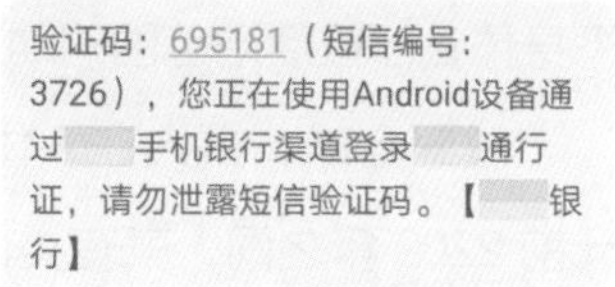

验证码：695181（短信编号：3726），您正在使用Android设备通过 手机银行渠道登录 通行证，请勿泄露短信验证码。【 银行】

图 1-24 某银行登录验证码短信

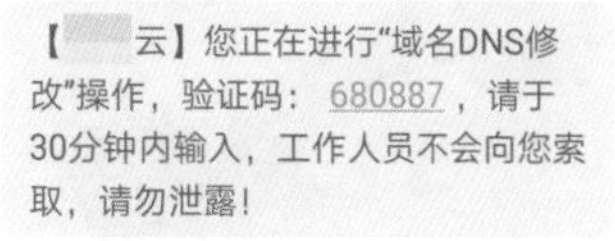

【 云】您正在进行“域名DNS修改”操作，验证码：680887，请于30分钟内输入，工作人员不会向您索取，请勿泄露！

图 1-25 某云域名验证码短信

当然，在运用倒金字塔结构进行信息架构设计时，也要充分考虑到信息安全性，往往需要在安全性与便捷性之间仔细权衡。我们来看一条某银行汇款验证码短信，如图 1-26 所示。因为当前汇款诈骗案件高发，所以该短信用倒金字塔结构中最宝贵的前两行位置对用户进行防诈骗提示，然后在第三行才出现验证码的 6 位数字，而发信人信息仍然以黑体方括号的形式写在短信的最后，说明这条短信内容的编辑人员在信息安全性与便捷性之间做了认真的思考，整条短信的信息呈现顺序与内容组织还是比较合理的。

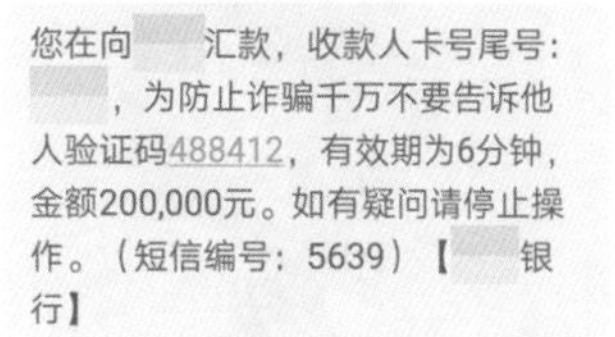

您在向 汇款，收款人卡号尾号： ，为防止诈骗千万不要告诉他人验证码488412，有效期为6分钟，金额200,000元。如有疑问请停止操作。（短信编号：5639）【 银行】

图 1-26 某银行汇款验证码短信

1.17
人体测量学的创立
（1870 年）

在众多学科中，笔者认为人因与工效学、人体测量学、工程心理学这三门学科与用户体验的关系最为紧密，堪称用户体验的基石学科。在本文中，笔者打算给大家介绍一下人体测量学的创立，然后会在后续章节中给大家介绍工程心理学的发端及人因与工效学的建立。

人体测量学（anthropometry）是用测量和观察的方法描述人类体质特征的人类学（anthropology）分支学科。人体测量学涉及对人体物理特性的系统测量，主要包括对身体尺寸和形状的描述。它通过人体整体测量与局部测量来探讨人体的特征、类型、变异和发展。人体测量主要包括骨骼测量（颅骨、体骨的测量和观察方法）、活体测量（头面部、体部的测量和观察方法）、关节活动度测量、皮褶厚度测量、体力测定、生理测定，以及人在各种活动状态下身体各部位活动范围的动态测量。

放眼全球，古人在人体测量学领域进行了广泛的探索。在古埃及，公元前 3500 年至公元前 2200 年之间，就有类似人体测量的方法存在，并提出人体可分为 19 个部位。在古希腊，雕塑家米隆的代表作《掷铁饼者》（见图 1-27）成品于古典时期（公元前 510 年—公元前 323 年），是古典艺术的象征。该作品描绘了古希腊奥林匹克赛会中参赛选手将铁饼举至最高点即将抛出的时刻，将完美的人体造型和强烈的动态感表现得淋漓尽致。从这件写实作品上，可以看出那时的人们已经可以将人体测量技术朴素地运用于生产与生活中了。在中国，始作于战国（公元前 476 年—公元前 221 年）、终成书于西汉的世界上最早的医学文献之一、中国最早的医学典籍《黄帝内经·灵枢》第十四篇《骨度》中，也有着对人体测量较为详细而科学的阐述。

图 1-27　米隆雕塑《掷铁饼者》复制品

系统的人体测量方法是 18 世纪末由西欧一些国家的科学家创立的，最早从事人体测量研究的有法国博物学家路易·让-马里·道本顿（Louis Jean-Marie Daubenton，1716 年—1800 年）和荷兰启蒙运动时期的人类学家和博物学家佩特鲁斯·康珀（Petrus Camper，1722 年—1789 年）——康珀是最早对面部角度感兴趣的学者之一[1]。

1870 年，比利时天文学家、数学家、统计学家和社会学家兰伯特·阿道夫·雅克·奎特里特（Lambert Adolphe Jacques Quetelet，1796 年—1874 年）出版了《人体测量学》一书[2]，正式创立了人体测量学这门学科。奎特里特还制定了最初被称为奎特里特指数（quetelet index）的身体质量指数（BMI，即 body mass index，也称为体质指数或体重指数）[3]。他还通过测量人体特征来确定理想的“普通人”（the average man），这在优生学的起源中发挥了关键作用[4-5]。

19 世纪末至 20 世纪初，各国人类学家开始研究人体测量方面的国际标准，以便统一人体测量方法。瑞士人类学家（主要研究体质人类学）鲁道夫·马丁（Rudolf Martin，1864 年—1925 年）在这方面做出了卓越的贡献，他于 1914 年编著的《体质人类学教科书》（*Physical Anthropology Textbook*），评述了人体测量方法，至今仍为各国人类学家所采用。作为体质人类学（physical anthropology）的早期工具，人体测量学在古人类学（paleoanthropology）中被用于识别，以理解人类的身体变化，并在各种尝试中将身体与种族和心理特征联系起来。人体测量学的发展历史包括并跨越了各种科学和伪科学概念，如头颅测量学、古人类学、生物人类学、颅相学、面相学、法医学、犯罪学、系统地理学、人类起源和颅面描述，以及个人身份、心理类型学、人格、颅顶、脑容量及其他因素与人体测量学之间的相关性。早期的头部测量仪，如图 1-28 所示。

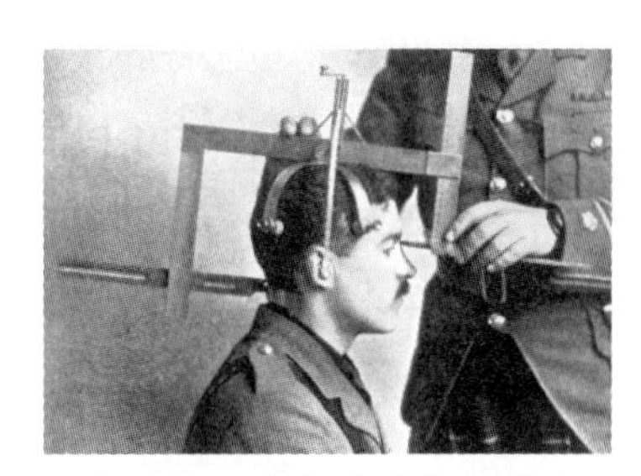

图 1-28　早期的头部测量仪

人体测量学以对人类个体各部位的测量、记录和描述为基础，研究人类个体发育和体质特征，进而通过各种测得的数据资料，对个人与个人之间、群体与群体之间进行对比研究。人体测量学要求建立标准化的方法和技术，并对资料进行统计学处理，从而使解释和检验成为可能。人体测量学不仅对人类学的理论研究具有重要意义，而且在国防工业、轻工业、安全生产、医疗体育等关系国计民生的诸多方面，都有着很大的实用价值和商业价值。人们可以使用人体测量数据来设计服装，以及对汽车座位、飞机驾驶员座舱和太空囊等进行规划。

近年来，电子仪器及计算机的普遍应用，促进了人体测量及数据分析的发展。应用人体测量数据与资料科学地构建产品，一是可以确定人们使用机器设备的大小和形状；二是可以确定使用该机器设备进行工作时所需空间的大小和形状。这样，就能使产品更切合实际需求，也更符合安全要求，同时提高生产效益。现今，人体测量学在工业设计、服装设计、人体工程学和建筑学中发挥着越来越重要的作用，在这些领域中，有关人体测量的统计数据已被广泛用于产品优化与服务提升中。

1.18 边际效用理论（1870 年）

边际效用（marginal utility），也称为边际效应（marginal effect）、边际效益、边际贡献，是微观经济学中的一个术语[1]。基于此的边际效用理论是现代经济学尤其是微观经济学中的一套重要理论。这套理论除了能解释很多经济现象外，对用户体验也有很强的指导意义，所以笔者打算在这里占用一定篇幅给大家介绍一下。

边际效用指的是在当前情况下，再增加一单位的消费品（产品或服务），给消费者所带来的额外效用（满意度或收益）。如果新增加的这一单位消费品所带来的额外效用比之前增加一单位消费品所带来的额外效用大，就是边际效用递增，反之则为边际效用递减。这个概念从 19 世纪经济学家们解决价格的基本经济意义发展而来。奥地利社会学家、经济学家、奥地利经济学派代表人物之一弗里德里希·冯·维塞尔（Friedrich von Wieser，1851 年—1926 年）在其《经济价值的起源及主要规律》一书中定义了“边际效用”这个术语，阐明了“边际效用”决定价值。

边际效用的应用范围非常广泛，比如经济学里的需求法则就是以此为依据的，即在其他条件不变的情况下，某种商品的需求量与价格成反方向变化，也就是说商品的价格越低，需求量越大，而商品的价格越高，需求量越小。换句话说就是：用户购买商品的数量越多，愿意为单位商品支付的价钱就越低。这是因为，后购买的商品给用户带来的效用降低了。当然也有少数例外，比如纪念币藏家想要收藏一大套纪念币，那么这一大套中最后被购买到的那枚纪念币带给藏家的边际效用（边际收藏满足感）是最大的。

边际效用理论是在 1870 年前后，由英国经济学家威廉姆·斯坦利·杰文斯（William Stanley Jevons，1835 年—1882 年）、奥地利经济学家卡尔·门格尔（Carl Menger，1840 年—1921 年，奥地利经济学派的创始人，弗里德里希·冯·维塞尔的岳父）和法国经济学家里昂·瓦尔拉斯（Léon Walras，1834 年—1910 年，瑞士洛桑学派的创始人，发现二八法则的意大利经济学家维尔弗雷多·帕累托的老师）这三个居住在不同国家的人（见图 1-29），各自独立发展起来的。他们三人几乎同时提出了边际效用理论，因而成为这次经济学思想变革（被称作新古典主义革命或边际革命）的三位领导人。在他们的努力下，由边际效用理论和边际成本理论发展而来的经济学理论——边际主义得以广泛传播。

图 1-29 威廉姆·斯坦利·杰文斯（左）、卡尔·门格尔（中）、里昂·瓦尔拉斯（右）

尽管看表面意思，边际效用有递增的，也有递减的，但实际上在经济学中边际效用只有递减一条路，这是经济学中的一条基本假设，即在当前情况下，再增加一单位的消费品（产品或服务），所带来的额外效用比之前增加一单位消费品所带来的额外效用小[2-3]。提出“边际效用”这一术语的弗里德里希·冯·维塞尔就指出“边际效用”就是人们在消费某一消费品时，随着消费数量的增加而递减的一系列效用中最后一个单位的消费品的效用，即最小效用。

经济学里把边际效用递减作为基本假设，是有现实意义的，在用户体验相关领域，边际效用递减的例子就比比皆是。比如，在行业与业务日趋成熟、从增量蓝海进入存量红海的阶段，比拼用户体验就变得尤为关键，但当产品或服务的用户体验优化已取得显著成果、用户满意度达到 90% 以上时，再进一步进行用户体验优化就会举步维艰，尽显边际效用递减的态势。

再如，在进行用户体验定性研究确定样本量时，一般单个群体定性研究的样本量选取 6~8 个为宜，不应再继续增加样本量。这是因为，当样本量为 6 ～ 8 个时，就已经能发现现有问题的约 95% 了，如果在此基础上继续调研至 12 个样本（比 6 个样本翻了一倍，从而成本也会翻倍），也就只能把发现现有问题的百分比从约 95% 提高至约 98%，这里面的边际效用递减是非常显著的，这导致从 6 个样本增加到 12 个样本会得不偿失。

类似地，在进行用户体验定量研究确定样本量时，一般单个群体定量研究的样本量选取 200 个为宜。这是因为样本量为 196（取整 200）时，可以做到在置信水平为 95% 时，允许误差为 7%；而把样本量从 200 大致翻一倍至 384（取整 400），仅能做到在相同置信水平（仍为 95%）时，把允许误差降低 2 个百分点至 5%；而进一步加大样本量至初始 200 的 3 倍即 600，仅能做到在相同置信水平（仍为 95%）时，把允许误差继续降低 1 个百分点至 4%。误差只降低了 1、2 个百分点，而样本量（成本）却增加了两三倍，这显然又印证了边际效用递减的规律。

本书中有些章节，乍看起来并不属于用户体验发展历史的核心内容，但却对发展至今的用户体验实践起到了切实作用，就比如这里讲的边际效用理论。笔者经过仔细斟酌，决定把边际效用理论之类的内容写入本书中，力求全方位、立体化地从综合视角给大家展示用户体验发展至今的历程，尤其展示各种思想与理论所形成的历史合力对用户体验发展的推进作用。

1.19 问卷 （1870 年）

问卷（questionnaire）是一种常用的用户体验研究与设计工具，由一系列问题组成，旨在通过被调查者的回答来收集信息。与其他类型的调查相比，问卷调查的优势在于其成本低廉，不像口头询问或电话调查那样需要提问者花费大量精力，而且问卷调查通常有标准答案，这使数据汇总与统计分析变得简单[1]。不过，这种标准答案可能无法准确概括用户所想的答案[2]。问卷调查的局限性比较明显——它要求受访者能阅读问题并做出回答。因此，对于某些特殊人群，无法通过问卷进行调查[3]。

关于问卷的起源和发明，主要有 3 种说法。第一种说法认为，1753 年迪恩·米勒（Dean Milles）的问卷是最早的问卷之一[4]。第二种说法认为，问卷是由伦敦统计学会（Statistical Society of London）于 1838 年开发的[5-6]。第三种说法（支持这种说法的人比较多）认为，问卷由心理测量学（psychometrics）、微分心理学（differential psychology）及科学气象学（scientific meteorology）的创立者、优生学（Eugenics）的鼻祖（于 1883 年创造了“优生学”一词）、英国人类学家、统计学家和探险家弗朗西斯·高尔顿爵士（Sir Francis Galton，1822 年—1911 年，见图 1-30）于 1870 年前后发明。当时，高尔顿请一批知名科学家填写问卷，并以此为基础编写了《英国科学人物》（*English Men of Science*）一书。麦克斯韦方程组的提出者、物理学家詹姆斯·克拉克·麦克斯韦（James Clerk Maxwell，1831 年—1879 年）就亲自填写了高尔顿的问卷。从那时起，高尔顿开始使用问卷来收集人类群体的数据，以编写家谱和传记并进行人体测量研究。

图 1-30　弗朗西斯·高尔顿

问卷通常由若干道封闭式问题（close-ended questions）和开放式问题（open-ended questions）组成，答题者须按既定格式进行回答。封闭式问题要求答题者从给定的几个回答选项（回答选项应详尽无遗且相互排斥）中选出一个答案。而开放式问题则要求答题者自己拟定答案，然后，答题者对开放式问题的回答会被编码成一个回答量表。开放式问题的一个例子是要求答题者完成一个句子，即把题目中句子的空当处补全[7]。

封闭式问题的回答量表（response scales）可分为 4 种类型：

（1）二分法量表（dichotomous scale），指该题有两个选项供答题者选择，一般是一种“是 / 否”的封闭式问题，通常用于需要进行必要验证的情况，这是最自然的问卷形式。

（2）无序多分法量表（nominal-polytomous scale），也称为分类变量量表（categorical variable scale），有两个以上无序选项，将变量划分为不同类别，不涉及定量值或顺序。

（3）有序多分法量表（ordinal-polytomous scale），该量表有两个以上的有序选项。

（4）有界连续量表（bounded continuous scale），该量表呈现出有边界的连续数值。

问卷中的问题应该有逻辑地从一个问题到下一个问题。为达到最佳回复率，问卷中的问题应该被设置为从最不敏感的问题到最敏感的问题，从事实和行为问题到态度问题，从较笼统的问题到较具体的问题。构建问卷时，各类问题的放置应遵循筛选题、热身题、过渡题、跳过题、困难题、分类或人口统计学问题的顺序：

（1）筛选题（screen questions），用来及早发现某人是否应该填写问卷。

（2）热身题（warm-up questions），简单易答，有助于引起答题者对调查的兴趣，可以与研究目标无关。

（3）过渡题（transition questions），用于使不同的领域衔接起来。

（4）跳过题（skip questions），是形如“若本题（第 2 题）回答‘是’，则下面请继续回答第 3 题；若本题（第 2 题）回答‘否’，则下面请跳到第 5 题继续回答”的问题。

（5）困难题（difficult questions），难度较大的问题应该放在问卷中比较靠后的位置，因为答到这里时答题者处于“回答模式”。此外，这时的进度条会让答题者知道他们即将答完问卷，这样答题者就更愿意回答比较难答的问题，而不愿意中途弃答、放弃提交。

（6）分类或人口统计学问题（classification or demographic questions），应放在最后，因为这类问题通常会让答题者觉得是个人问题，从而感到不舒服，不愿意完成调查[8]。

此外，当把问卷从一种源语言翻译成一种或多种目标语言（例如从汉语翻译成英语和西班牙语）时，不应机械地进行单词翻译，而应采用平行翻译（parallel translation）、团队讨论（team discussions）以及预测试（pretest）[9-10] 等方法。社会语言学（sociolinguistics）也提供了一个理论框架，指出要达到与源语言同等的交际效果，翻译在语言上必须恰当，同时结合目标语言的社会实践和文化规范[11]。除了翻译人员外，在问卷翻译过程中应采用团队合作的方式，让专业领域专家（subject-matter experts）和对翻译过程有帮助的人员参与进来[12]。例如，虽然项目经理和研究人员不懂翻译，但他们对研究目标和问题背后的意图了如指掌，对改进问卷翻译可起到关键作用[13]，所以也应该请他们参与进来。

1.20 第二次工业革命（1870年—1914年）

在第一次工业革命完成后仅过了大约30年，从1870年前后开始，一直到第一次世界大战开始的1914年为止（1870年—1914年），人类社会科技水平又一次发生了革命性跃升，这被称作人类历史上的“第二次工业革命”（Second Industrial Revolution），又称为“第二次科技革命”（Second Revolution in Science and Technology）[1]。按照本书对用户体验简史中朴素期和开端期的划代，实际上第二次工业革命横跨朴素期与开端期，其主体发生在朴素期中，其尾声发生在开端期中。为了对比两次工业革命，笔者特意把第二次工业革命这部分也放在了朴素期中进行介绍。

第二次工业革命追随着第一次工业革命的脚步，从英国向其他西欧国家（法国、德国、丹麦等国）以及美国和日本蔓延，使这些国家的工业得到了飞速发展。第二次工业革命以电力的大规模应用为代表，以电灯的发明为标志。在第二次工业革命期间，很多科学研究成果都被应用于生产和生活中，各种新发明和新技术层出不穷，主要取得了以下4项成就：

1. 电力的广泛使用

1866年，德国电气工程师西门子成功研制了发电机。1870年代，实际可用的发电机问世。与此同时，电动机也被制造出来。从此电力开始成为影响人类社会的一种品质优良而价格低廉的新能源——强电能够作为绝大部分生产和生活的能源，而弱电能够提供主要的通信手段，如电报和电话等。电力的广泛使用，推动了电力工业和电器制造业等一系列新兴工业的迅速发展，电灯、电车、电话、电影放映机等新生事物如雨后春笋般地涌现出来。人们以电器设备代替了蒸汽机器，以电力为动力取代了以蒸汽机为动力。人类社会从“蒸汽时代”（Age of Steam）跨入了“电气时代”（Age of Electricity）[2]。

2. 内燃机的发明和使用

1862年，法国工程师德罗夏提出了四冲程理论，这一理论成为了内燃机发明的科学基础。19世纪七八十年代，以煤气、汽油为燃料的内燃机相继问世，不久以柴油为燃料的内燃机也研制成功。内燃机的工作效率远远高于蒸汽机，大大提高了工业部门的生产力，特别是迅速推进了交通运输领域的革新——将内燃机作为发动机用于驱动汽车、摩托车、飞机。人类开始使用石油作为能源——汽油和柴油都是从石油中提炼出来的。

3. 化学工业的发展

内燃机的发明推动了石油开采业的发展和石油化学工业的产生。人们从煤和石油等原材料中，提炼出多种化学物质，并以此为工业原料，制成燃料、塑料、药品、炸药和人造纤维等多种化学合成材料，推动了化学工业的迅猛发展，也大大丰富了人们的生活。德国路德维希港的巴斯夫化工厂，如图 1-31 所示。

图 1-31 德国路德维希港的巴斯夫化工厂（1881 年）

4. 钢铁工业的发展

炼钢技术的改进使钢材的产量大幅提升，人们越来越多地使用钢材取代原来的木材和铁。

除了上述成就外，在第二次工业革命期间新发展起来的交通工具和通信手段，进一步加强了世界各地之间商业信息的交流与传播。在第二次工业革命的推动下，国际分工日益明确，世界市场最终形成。

第二次工业革命极大地推动了社会生产力的发展，对人类社会的政治、经济、文化、科技、军事都产生了深远的影响，对用户体验、人因与工效学、人机交互的发展也有着显而易见的影响。第二次工业革命后，社会生产被集中到单独特定的区域——工厂里进行，而工厂里专业化的劳动分工使工人们能够更加熟练地驾驭机器以完成各种“人－机”操作，从而极大地提升了生产效率。

两次工业革命中产生了大量过去从未有过的新器械、新机器、新产品，在对新器械的操作、新机器的控制、新产品的使用过程中，产生了很多以往面对传统器械、机器、产品时从未出现过的问题。所以，在打造新器械、新机器、新产品的时候，应该如何处理人（包含高矮、胖瘦、轻重等因素）与器械、机器、产品（包含高度、宽度、重量、表面温度、粗糙度等因素）进行交互时的物理因素就成为工程师们必须考虑的重要问题。而这一问题正好是用户体验、人因与工效学、人机交互的研究范畴。

对比两次工业革命，可以发现在第一次工业革命时期，许多技术发明都来源于工匠的实践经验，科学与技术尚未真正结合。而在第二次工业革命时期，科学与技术得到了密切结合，自然科学成果开始指导工业生产，极大地推动了生产力向前发展，从而使第二次工业革命取得巨大的成果。两次工业革命使人类社会在短短一百多年的时间里，实现了从“人力驱动”到“蒸汽驱动”，再到“电力与石油（汽油、柴油）驱动”的划时代跃升，也使用户体验、人因与工效学、人机交互等学科领域得到长足的发展。

1.21 QWERTY 键盘
（1873 年）

产品的用户体验在很大程度上跟用户业已养成的使用习惯有关。符合用户使用习惯的产品会被认为用户体验好，反之会被认为用户体验差。但由于种种原因，用户的某些使用习惯跟人因与工效学原理相悖，这时如果打造相关的新产品，就只得遵从用户已经养成的使用习惯，而忽略人因与工效学原理。QWERTY 键盘就是这样一个令人无奈的例子。

1868 年，克里斯托弗・莱瑟姆・肖尔斯（Christopher Latham Sholes，1819 年—1890 年）、卡洛斯・格利登（Carlos Glidden，1834 年—1877 年）、塞缪尔・索尔（Samuel Soule，1830 年—1875 年）获得了美国第一台商用打字机发明专利[1]。当时的打字机是全机械结构的，其键盘按字母顺序布局，一旦打字速度过快，就会出现卡键问题。为此，肖尔斯根据詹姆斯・登斯莫尔（James Densmore）的建议，将最常用的几个字母安放在相距较远的位置，从而减慢击键速度以避免卡键，由此发明了四行排列的 QWERTY 键盘雏形。1873 年，肖尔斯将他获得专利的这种打字机的制造权连同 QWERTY 键盘雏形一起转让给了雷明顿与桑斯公司（E. Remington and Sons），在雷明顿的工程师的改进下最终形成了 QWERTY 键盘（见图 1-32）。

1888 年夏天，在美国辛辛那提举行的一场打字比赛中，来自盐湖城法庭的速记员弗兰克・爱德华・麦克格林（Frank Edward McGurrin，1861 年—1933 年），运用自己摸索出来的盲打（touch typing 或 blind typing）技法敲击 QWERTY 键盘，以绝对优势获得冠军。麦克格林选择带有 QWERTY 键盘的雷明顿打字机来参加比赛可能是随意的举动，但在这次比赛之后，美国的打字机产业迅速倒向 QWERTY 键盘，使其成为打字机的“通用键盘”。

QWERTY 键盘通过调整按键布局减慢打字员的打字速度以避免卡键，进而减少遇到卡键后打字员的烦躁与不满，客观上稍稍提升了操作时的用户体验。这可以算是一个“古怪”的用户体验案例——通过牺牲操作效率来提升操作感受。1986 年，布鲁斯・伯里文爵士曾在《奇妙的书写机器》一文中表示:“QWERTY 的布局方式非常没效率，比如大多数打字员惯用右手，但 QWERTY 却使左手负担了 57% 的工作。两小指及左无名指是最没力气的指头，却频频要使用它们。排在中列的字母，其使用率仅占整个打字工作的 30% 左右，因此，为了打一个字，时常要上上下下移动指头。”尽管长期以来人们对 QWERTY 键盘频频吐槽，但讽刺的是，这种一百多年前发明的、以放慢击键速度为目的的键盘却一直被“顽固”地沿用至今。

在 QWERTY 键盘被投入市场 63 年之后的 1936 年，美国西雅图华盛顿大学的教育心理学家、教育学教授奥古斯特·德沃夏克（August Dvorak，1894 年—1975 年）与他的妹夫威廉·迪利（William Dealey，1891 年—1986 年）联合发明了 Dvorak 键盘并申请了专利，作为 QWERTY 键盘的更快和更符合人因与工效学的替代方案[2]（见图 1-32）。其原则是：使打字者都尽可能左右手交替击键，避免单手连击；越排击键平均移动距离最小；排在导键位置的应是最常用的字母。相较于 QWERTY 键盘，Dvorak 键盘需要较少的手指运动，因此可以把平均打字速度提高 35%，并且可以减少错误以及重复性劳损[3]，使操作起来更舒服。而且，Dvorak 键盘可把训练周期缩短一半。

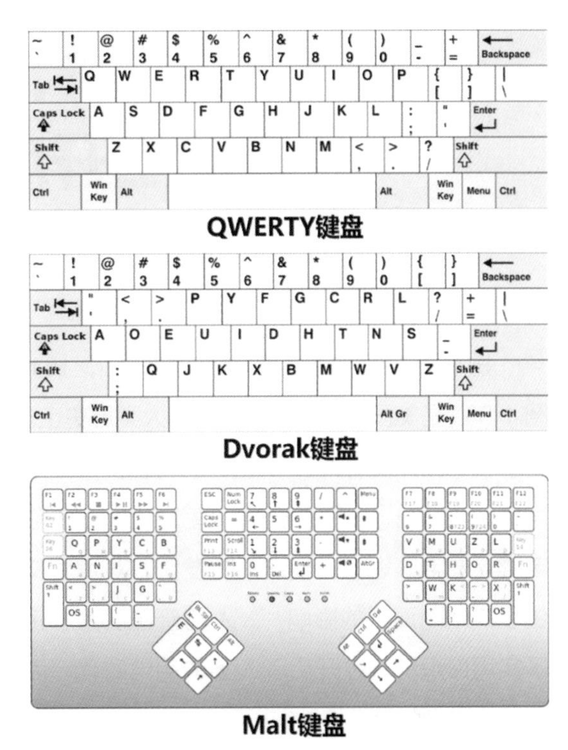

图 1-32　三种键盘

20 世纪 70 年代，在南非出生的发明家莉莲·莫尔特（Lillian Malt）设计出了 Malt 键盘（见图 1-32），这是另一种非 QWERTY 键盘。它被认为比 Dvorak 键盘更合理高效，它改变了原本交错的字键行列，使后退键及其他原本远离键盘中心的键更容易被触到，提高了打字时拇指的使用频率[4]。

三种键盘对决的结果是：尽管 QWERTY 键盘违背了人因与工效学原理，但 Dvorak 键盘和 Malt 键盘却都始终没能打败 QWERTY 键盘。这一方面是因为 Dvorak 键盘、Malt 键盘相对于 QWERTY 键盘的优势不够大；另一方面，也是更主要的原因，是 QWERTY 键盘早推出几十年，人们已经养成使用习惯，大多数厂商也已根据 QWERTY 键盘建立起了生产线。

由此可见，要想改变用户的使用习惯，往往是非常困难的，这不仅需要在用户体验、人因与工效学方面站得住脚，还需要进行大范围、长时间的商业推广。如果推广失败，那么旧的使用习惯就得以保留，后续再打造产品时还是不得不遵从旧的使用习惯。产品构建者不应强迫用户改变使用习惯，而应巧妙构建产品功能以适应、迎合用户的使用习惯。

时至今日，计算机和手机继承了打字机的键盘布局，成为 QWERTY 键盘继续“肆意展示自我”的新舞台。可以说，QWERTY 键盘战胜 Dvorak 键盘和 Malt 键盘，被人们长期广泛使用，这是一个典型的、影响深远的在用户体验、人因与工效学、人机交互等方面“劣币驱逐良币”，实现逆淘汰（即劣胜优汰）的“古怪”案例。

1.22 爱迪生开启用电时代

（1878 年）

图 1-33 爱迪生

托马斯·爱迪生（Thomas Edison，1847 年—1931 年，见图 1-33）是美国科学家、企业家和人类历史上最著名的发明家[1-2]，他享有“世界发明大王”的美誉，拥有 1093 项美国专利，包括留声机、电灯泡、电影摄影机、直流电力系统等，涉及录音、照明、电影、发电等领域。爱迪生的发明，对世界文明和现代工业化产生了广泛而深远的影响[3]。人们普遍认为，正是由于爱迪生发明了实用白炽灯，才开启了人类的用电时代，而现今针对各种用电设备的用户体验工作才得以开展。

1847 年，爱迪生出生于美国俄亥俄州米兰市（Milan），1854 年全家搬到美国密歇根州休伦港（Port Huron）后在那里长大[4]。他是家里的第七个孩子，也是最后一个孩子[5-6]。爱迪生的母亲曾是一名学校教师，她教爱迪生阅读、写作和算术。爱迪生只上过几个月的学，但他好奇心很强，通过自学掌握了大部分知识[7]。孩提时代的爱迪生就对科技着了迷，花了很多时间在家做实验[8]。因猩红热和中耳感染，爱迪生在 12 岁时一只耳朵完全失聪，另一只耳朵也几乎听不见声音。随着年龄增长，爱迪生相信他的听力损失使他能够避免分心，更容易集中精力工作。

爱迪生的职业生涯是从做小生意开始的，他在从休伦港到底特律的火车上卖报纸、糖果和蔬菜。到 13 岁时，他每周能赚 50 美元，其中大部分用来购买电气和化学实验设备[9]。1862 年，15 岁的他从一列失控的火车前救出了 3 岁的吉米。吉米的父亲、密歇根州克莱门斯山站的站务员麦肯齐非常感激爱迪生，他将爱迪生培训成了一名电报员。后来，爱迪生离开休伦港，在大干线铁路（Grand Trunk Railway）上找到一份电报工作，他还学习了定性分析，并进行了化学实验[10-12]。后来，爱迪生获得了在公路上销售报纸的专有权，排版并印刷了《大干线先驱报》（*Grand Trunk Herald*），并将其与其他报纸一起出售[12]。这开启了爱迪生长期的创业之路，因为他发现了自己作为商人的天赋。爱迪生最终促成了约 14 家公司的成立，其中包括通用电气公司——曾是世界上最大的上市公司之一[13]。

1876 年，爱迪生在美国新泽西州门洛·帕克（Menlo Park）建立了第一个工业研究实验室——门洛帕克实验室（Menlo Park Laboratory）[14]，资金来自于他出售的四路电报机（quadruplex telegraph），这是他在经济上的第一个巨大成功。门洛帕克实验室成为了第一个专门为不断创新和改进技术而设立的机构。爱迪生的大部分发明都是在那里产生的，他将有组织的科学和团队合作原则应用于发明过程，许多员工在他的指导下进行研究和开发。

爱迪生一生最伟大的两项发明是留声机和电灯泡（白炽灯）。1877 年，留声机的发明让爱迪生第一次获得广泛关注[15]。这一成就出乎公众的意料，被认为是不可思议的，爱迪生被称为“门洛帕克的奇才”[16]。他的第一部留声机是在带槽的圆筒周围的锡纸上录制的，尽管音质有限，录音只能播放几次，但足以让爱迪生名垂青史。1878 年 4 月，爱迪生前往华盛顿，在美国国家科学院、国会议员、参议员和美国总统拉瑟福德·伯查德·海斯（Rutherford Birchard Hayes）面前演示留声机，被《华盛顿邮报》称为“载入史册的天才”[17-18]。

1878 年，爱迪生使用碳化纤维细丝作为发光材料，发明了寿命比较长久的耐用白炽灯（见图 1-34）。其实，爱迪生并没有发明第一个电灯泡，而是发明了第一个能实际用于商业的电灯泡——白炽灯。几个先驱发明者的电灯泡设计方案都有显著缺点，如寿命极短、需要很大的电流才能工作、生产费用高等，仅适于实验室测试。爱迪生一方面从亨利·伍德沃德、马修·埃文斯、摩西·法默等人手里买来专利，另一方面搭建实验室，组织实验人员大量尝试，终有所成。

图 1-34 爱迪生第一个成功的灯泡模型，1879 年 12 月在门洛帕克的公开演示中使用

爱迪生尝试了不同的草和藤条，最后确定竹子是最好的灯丝材料[19]。他继续改进设计，并于 1879 年 11 月 4 日申请美国专利，1880 年 1 月 27 日该专利获批，涉及一种使用“碳丝或碳条卷绕并连接到镀金接触线”的电灯。直到专利授予几个月后，爱迪生及其团队才发现碳化竹丝可以持续使用 1200 多个小时[20]。1879 年 12 月 31 日，爱迪生在门洛帕克首次公开演示了他的白炽灯，这使俄勒冈铁路和航海公司总裁亨利·维拉德印象深刻，他请爱迪生在维拉德公司的新汽船哥伦比亚号上安装电力照明系统，大部分工作于 1880 年 5 月完成，这是爱迪生白炽灯的首次商业应用。

爱迪生带领人类步入了用电时代。空调、电动洗衣机、家用电冰箱、电视机等家用电器被陆续发明出来，大大改善了人们的生活。现今很多用户体验研究、设计、优化工作，都是针对这些家用电器的，所以笔者将在后续章节里陆续给大家介绍它们的发明始末。

1.23
冯特创立实验心理学
（1879 年）

用户体验是理科与工科的交叉学科，这里面的理科主要指的是心理学，尤其是工程心理学、认知心理学、实验心理学。用户体验依托于心理学，其很多研究思想、分析思路和解决方法都来自于心理学，要讲述用户体验的发展简史，就绕不开心理学的发展历程。所以笔者打算在本章节中简要介绍一下心理学的开端以及对心理学创立贡献卓著的冯特。

图 1-35 冯特

威廉·马克西米利安·冯特（Wilhelm Maximilian Wundt，1832 年—1920 年）是德国著名心理学家、生理学家和哲学家[1]（见图 1-35）。他是心理学发展史上的开创性人物，被广泛认为是“心理学之父”“实验心理学之父”和第一个心理学实验室的创建人[2-3]。冯特对心理学作为一门学科的发展产生了巨大影响。1991 年，《美国心理学家》上的一项调查显示，根据 29 位美国心理学历史学家的评分，冯特的声誉在心理学历史上的杰出人物中排名第一，力压“美国心理学之父”威廉·詹姆斯（William James，1842 年—1910 年）和奥地利神经学家、精神分析创始人西格蒙德·弗洛伊德（Sigmund Freud，1856 年—1939 年）[4]。

1832 年，冯特出生在德国巴登的内卡劳（Neckarau），是父母的第四个孩子。1851 年—1856 年，冯特在图宾根大学、海德堡大学和柏林大学学习。1856 年，他获得海德堡大学医学博士学位。1857 年，他在海德堡大学担任生理学讲师。1858 年，他担任物理学家和生理学家赫尔曼·冯·亥姆霍兹在海德堡大学生理学研究院的实验室助手，教授生理学的实验课程。

1858 年—1862 年，冯特在海德堡大学撰写了《对感官知觉理论的贡献》（*Contributions to the Theory of Sense Perception*）一书，首次提出了“实验心理学”的概念。这本书和费希纳的《心理物理学纲要》一起推动了实验心理学的诞生。正是在这一时期，冯特开辟了第一个教授科学心理学的课程，起初称为“自然科学的心理学”，后来改称为“生理心理学”。在课程中他开始把自然科学的实验方法和神经生理学的研究成果用于心理学。1863 年，冯特出版了心理学讲义《人类与动物心理学讲座》（*Lectures on Human and Animal Psychology*），该书被评价为“生理学家的朴素心理学”。1864 年，冯特成为人类学和医学心理学副教授。

1874 年，冯特出版了心理学历史上最重要的著作之一——《生理心理学原理》，这是第一本与实验心理学相关的教科书。书中，他把关于心理实验的结果整理成一个系统，着手将心理学从哲学中独立出来，发展成一门系统的科学，来研究人的各种心理活动：感觉、情感、意志、知觉和思维。这本书的出版是冯特由生理学家转变为心理学家的标志，也拉开了心理学成为新的独立学科的序幕，它开始把心理学树立为有自己的实验课题与实验方法的实验科学。因此，该书被后世心理学界认为是科学心理学史上最伟大的著作，是科学心理学的独立宣言。这本书使冯特得到了苏黎世大学的教授职位。

1875 年，冯特被莱比锡大学聘为哲学教授。莱布尼茨曾在莱比锡大学发展哲学和理论心理学，韦伯和费希纳曾在莱比锡大学发起感官心理学和精神物理学的研究，这些都对冯特产生了强烈影响。1879 年，冯特在莱比锡大学建立了世界上第一个心理学实验室，标志着心理学正式从哲学中分离出来，成为一门独立的学科。在冯特之前，没有专业的心理学学者和专门的心理学学派。第一个心理学实验室的建立，吸引了世界各地的青年，使莱比锡大学成为培养出世界上第一批职业心理学工作者的学府和摇篮。

1889 年—1890 年，冯特担任莱比锡大学校长。他建立了最早的心理学期刊《哲学研究》（1883 年—1903 年）和《心理学研究》（1905 年—1917 年）。1896 年，冯特出版了《心理学大纲》，提出“感情三度说”，引发了大量的实验研究。1901 年，冯特出版了《语言史与语言心理学》，总结了他早年的语言学研究成果，也概括了心理语言学理论。冯特晚年一直住在莱比锡，85 岁高龄才从莱比锡大学退休，于 1920 年去世，享年 88 岁，在那一年出版了他用人生最后 20 年时间完成的十卷巨著《民族心理学》，这是用历史法研究人类高级心理过程的社会心理学专著。

冯特认为心理学和自然科学都以经验为研究对象，但是，它们是从不同的角度去研究的。从经验的主体来看，感觉、感情、意志等心理过程是主体直接经历与体验到的，是直接经验，这是心理学的研究对象。从经验的客体来看，人对于外部世界的经验是通过间接推论而认知的，是间接经验，它是自然科学的对象。因此，冯特把心理学称为“直接经验的学科”。在冯特的心理学体系中，实验心理学的研究对象是个体的直接经验，而人类的高级心理过程，如观念、情绪、意志等，则需要在民族心理学的体系中进行研究[5]。

心理学虽然有很长的历史，但是由于其研究对象的复杂性和不易确定性，长期以来一直没有独立的地位。冯特运用实验内省法、反应时法等研究方法，对人的感知觉、反应速度、注意分配、感情以及字词联想的分析等进行了研究，取得了大量重要成就，建立了新的实验心理学体系，从而使心理学从生理学、哲学中独立出来，正式宣告了心理学的创立[5]。

1.24 特斯拉与交流电（1885 年）

在当今世界上，每个人，每时每刻，每个角落，从经贸来往到文艺交流，从科研开展到日常生活，可以说人类社会的方方面面都离不开交流电。在人类历史上的众多发明家中，最惠及大众的莫过于交流发电机及交流输电技术的改良与发明者特斯拉了。正是由于他的努力，才使日常大规模生产与生活用电成为可能，才使构建于各种用电场景之上的用户体验研究、设计、优化工作得以进行。

图 1-36　特斯拉

尼古拉·特斯拉（Nikola Tesla，1856 年—1943 年，见图 1-36）是塞尔维亚裔美籍发明家、科学家、物理学家、电机工程学先驱、电气工程师和机械工程师，是电力商业化的重要推动者，因发明交流供电系统而闻名于世[1]。他在电磁场领域的多项发明以及他的电磁学理论是无线通信和无线电的基石。1943 年，美国最高法院撤销马可尼胜诉的原判，裁定特斯拉为无线电的发明人。1960 年，在巴黎召开的国际计量大会将磁通量密度（磁感应强度）的 SI 单位命名为特斯拉，以纪念这位科学巨匠[2]。

特斯拉是一位具有开拓精神的科学超人、发明天才，一生致力于各种惊世骇俗的科学实践，在全球范围内获得了约 300 项发明专利[3]。他拥有“照相式记忆力”，不用记忆技巧、只看一次，就能在短时间内以高精度从记忆中“召回”图像。他能运用“图片思维”在脑海中极其精确地想象一项发明，包括所有尺寸。他通常不用手画图，而是凭记忆工作[4-5]。

特斯拉于 1856 年出生在奥地利帝国斯米尔扬村（Village of Smiljan，今属克罗地亚），父母都是塞尔维亚人，他是家里五个孩子中的老四[6]。1861 年，特斯拉在斯米尔扬村上小学。1862 年，举家搬到附近的戈斯皮奇，在那里特斯拉完成了小学和初中教育。1870 年，特斯拉搬到了卡罗瓦茨上高中。1875 年，特斯拉到奥地利的格拉茨理工大学学习物理学、数学和机械学。但他在大学只上了一年的课，就因交不起学费而退学了。1877 年—1879 年，特斯拉到布拉格一边旁听大学课程，一边在图书馆学习。

1882 年，特斯拉到爱迪生电灯公司巴黎分公司当工程师，发明了高频交流电机。1884 年，他前往美国，在爱迪生实验室工作，从此留在美国[7]。1885 年，特斯拉发明多相电机和多相输电技术，并离开爱迪生公司。1886 年，他成立了自己的公司，负责安装弧光照明系统，并设计了发电机电力系统整流器，这是特斯拉取得的第一个专利。爱迪生发明直流电后，电器得到广泛应用，但电价昂贵。1887 年，特斯拉发明了高频率交流电系统，完美弥补了爱迪生直流电机供电效能低、电价贵的缺陷。特斯拉的交流电异步电动机和相关的多相交流电专利于 1888 年被授权给西屋电气公司，成为该公司销售的多相系统的基石。1891 年，特斯拉在成功试验了把电力以无线能量传输的形式送到目标用电器之后，开始致力于商业化的洲际电力无线输送，并以此为设想建造了沃登克里弗塔。同年，特斯拉取得了特斯拉线圈的专利，并成为美国公民。

1893 年，在芝加哥世界博览会上，特斯拉用交流电同时点亮 9 万盏灯泡，这是交流电发展史上的一件大事，这种大规模供电能力震惊全场，因为直流电根本达不到这种效果。此后交流电取代直流电成为供电的主流。1897 年，著名的尼亚加拉水电站的 10 多座发电站相继建成，运用了交流发电机和交流输电技术等 9 项特斯拉的发明专利，用高压电解决了远距离供电难题，也让用电更方便、更便宜。至此，特斯拉战胜爱迪生，成为“电流之战”的赢家。

特斯拉本可拥有数不清的财富，因为他有着交流电的专利权，在当时每销售 1 马力交流电就必须向特斯拉缴纳 2.5 美元的版税[8]。然而，在强大的利益驱动下，美国多股财团联合起来，要挟特斯拉放弃此项专利权，并意图独占牟利。经过多番交涉后，特斯拉决定放弃交流电的专利权，条件是交流电的专利将永久公开。从此他撕掉了交流电的专利，失去了收取版税的权利。也正因如此，交流电再没有专利，成为一项免费的发明，令全人类受益至今。

1943 年，终生未娶的特斯拉在纽约人旅馆因心脏衰竭辞世，享年 86 岁。在去世后的很长一段时间内，特斯拉这位超前高产的天才发明家和科学家被世界所遗忘，有人认为这是由于他和爱迪生的行事风格迥异所致——爱迪生善于商业运作，有经营头脑，而特斯拉只顾埋头发明，从不考虑用自己的专利发财。

特斯拉被他的敌人称作疯子，被钦服他的人称为天才，被世人公认为一个谜。但毫无疑问，特斯拉是一位开拓性的发明家，他创造了一系列令人惊叹，甚至是让世界改头换面的装置。特斯拉不仅发现了旋转磁场——这是大多数交流电机的基础，更将我们带进了机器人、计算机以及导弹科学的世界。正是因为有了特斯拉改良与发明的交流发电机及交流输电技术，人类的大规模用电才成为可能，各种依托于交流电的电器设备才得以问世，而基于其上的用户体验、人因与工效学、人机交互等学科的研究才得以广泛开展。

1.25
艾宾浩斯的记忆研究
（1885 年）

赫尔曼·艾宾浩斯（Hermann Ebbinghaus，1850 年—1909 年）是德国心理学家，是对人类记忆进行实验研究的先驱，以发现并描述遗忘曲线、学习曲线和间隔效应而闻名。

1850 年，艾宾浩斯生于普鲁士王国莱茵省的巴门（Barmen）。1870 年，他随普鲁士军队参加了普法战争。1873 年，他 23 岁时完成了关于爱德华·冯·哈特曼（Eduard von Hartmann，1842 年—1906 年）的《无意识哲学》的论文，获德国波恩大学博士学位。而后他辗转于英法两国，以辅导学生为生。在伦敦的一家旧书店里，他看到了古斯塔夫·西奥多·费希纳（Gustav Theodor Fechner，1801 年—1887 年）的《心理物理学纲要》，这促使他开始进行著名的记忆实验。1885 年，艾宾浩斯被柏林大学聘为教授。1890 年，他和阿瑟·彼得·柯尼希（Arthur Peter König，1856 年—1901 年）一起创办了《感官心理学和生理学》（*The Psychology and Physiology of the Sensory Organs*）杂志。1902 年，他发表了《心理学基础》（“Fundamentals of Psychology”）。1908 年，艾宾浩斯出版了其最后一部作品《心理学纲要》（*Outline of Psychology*）。

艾宾浩斯一生中最大的闪光点在于他对记忆的研究。1880 年—1885 年，艾宾浩斯以自己为唯一的被试者，进行了一系列有限的、不完整的实验研究，并于 1885 年将成果以《记忆：对实验心理学的贡献》（“Memory: A Contribution to Experimental Psychology”）为名正式发表[1-2]。他在这部巨著中提出的遗忘曲线、学习曲线、间隔效应，都是至今仍能指导我们生产与生活实践的经典理论。

1. 遗忘曲线（forgetting curve）

遗忘曲线是艾宾浩斯在《记忆：对实验心理学的贡献》一书中提出的最著名的发现。艾宾浩斯研究了对无意义音节如“WID 和 ZOF”的记忆，方法是在不同时间段后反复测试自己的记忆程度并记录结果，他将这些结果绘制在图表上，形成了“遗忘曲线”[2]，如图 1-37 所示，描述了记忆保持率随时间推移而下降的情况，展现了所学信息的指数型损失[3]。遗忘曲线显示，最急剧的记忆下

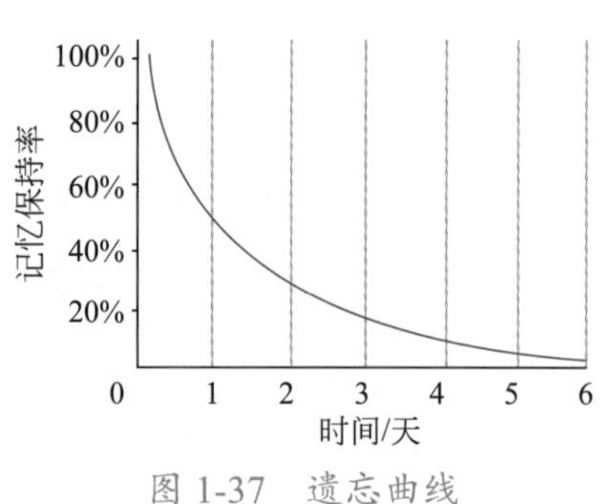

图 1-37　遗忘曲线

降发生在前 20 分钟，并且在第一个小时内衰减明显，在大约一天后趋于平稳。这表明，除非有意识地复习所学材料，否则人类对新学知识的记忆往往会在几天或几周内减半。遗忘曲线支持 7 种记忆失败中的一种：短暂性，即随着时间的流逝而发生的遗忘过程 [4]。艾宾浩斯对实验心理学做出了重大贡献，他是第一个以遗忘为主题进行一系列精心设计的实验的人，也是最早在实验心理学研究中选择人工刺激（artificial stimuli）的学者之一。自从他引入无意义音节以来，实验心理学中的大量实验都基于高度控制的人工刺激 [5]。

2. 学习曲线（learning curve）

在《记忆：对实验心理学的贡献》一书中，艾宾浩斯在世界上首次描述了学习曲线。这是人们对某项任务的熟练程度与经验多少之间关系的图形表示，展示了人们学习信息的速度。人们在第一次尝试之后，学习曲线会急剧上升，然后逐渐趋于平稳，这意味着在每次重复之后，所保留的新信息会越来越少。与遗忘曲线一样，学习曲线也是指数型的。学习曲线表明熟练程度通常随着经验的增加而提高，也就是说，一个人、一个团体、一家公司或一个行业执行一项任务的次数越多，他们在这项任务中的表现就越好 [6]。事实上，学习曲线的梯度与任务的整体难度无关，它表示的是学习速度随时间推移的预期变化率。如果一项任务的基础知识很容易掌握，但要熟练驾驭却很困难，那么这项任务就可以被描述为具有“陡峭的学习曲线”。

3. 间隔效应（spacing effect）

间隔效应最早由艾宾浩斯发现，在《记忆：对实验心理学的贡献》一书中，艾宾浩斯发表了他对间隔效应的详细研究。间隔效应是指如果把学习过程间隔开来，学习效果会更好。间隔效应表明，间隔学习（spaced study，也称为间隔重复，spaced repetition，或间隔呈现，spaced presentation）比大量呈现式（massed presentation，即“填鸭式”，cramming）学习能将更多信息编码到长期记忆中，从而实现更好的记忆效果。许多显性记忆任务的研究，如自由回忆（free recall）、识别（recognition）、提示回忆（cued recall）和频率估计（frequency estimation），都支持间隔效应这一结论。

艾宾浩斯的记忆研究有一个显而易见的局限性：艾宾浩斯本人是他研究中的唯一对象。虽然他试图调节自己的日常生活，以保持对结果的更多控制，但他避免使用其他被试者的决定牺牲了研究的外部效度，尽管内部效度良好。虽然他试图考虑个人的影响，但当一个人既是研究者又是被试者时，就会产生固有的偏见。此外，艾宾浩斯的记忆研究停留在比较简单的层面，没有对其他更复杂的记忆问题展开研究，如语义记忆、程序记忆和记忆术等 [7]。

尽管艾宾浩斯的记忆研究具有局限性，但我们仍然不能否认它的巨大历史影响力和实践指导价值，其理论要点已经作为人类知识宝库中的经典而广为传播，作为一名用户体验专业人员，应该熟悉艾宾浩斯的记忆理论，并将其潜移默化地运用于日常的产品与服务设计中。

1.26 干扰理论（1892 年）

艾宾浩斯的遗忘曲线表明，记忆会随时间而衰退，而衰退的速度会越来越慢。这不禁让心理学家们联想到原子的衰变，从而产生了对遗忘进行解释的衰退理论（decay theory）。该理论将时间作为记忆衰退的唯一变量，虽然在短时间内的记忆衰退上得到了一定的数据支撑，但仍存在一些问题。于是心理学家们又在衰退理论基础上提出了干扰理论。

干扰理论（interference theory）是关于人类记忆的一种理论，也是用户体验专业人员应该了解的心理学知识。干扰理论认为，存储在长时记忆（LTM，即 long-term memory）中的一些记忆有着相同的提示，所以在被提取到短时记忆（STM，即 short-term memory）中时，会产生彼此干扰、相互抑制的干扰效应（interference effect），导致它们不能被有效提取，从而形成遗忘[1]。将记忆编码到长时记忆的相关时间信息会影响干扰强度[1]。在长时记忆中有大量编码记忆，记忆提取的难点在于回忆起特定记忆并在短时记忆的临时工作区中工作[1]。干扰理论还认为，遗忘不是记忆痕迹的衰退，而是新旧记忆相互干扰的结果，当干扰抑制记忆的提取而导致遗忘时，记忆并未消失，一旦消除了干扰或得到适当线索，记忆就能恢复。

1892 年，瑞典裔美国实验心理学家约翰·安德鲁·伯格斯特姆（John Andrew Bergström，1867 年—1910 年）进行了世界上第一个关于干扰的研究。他的实验要求被试者把两副写有单词的扑克牌通过排序分成两堆。他发现，当第二堆的位置发生改变时，排序速度就会变慢，这表明第一套排序规则干扰了新规则的学习[2]。1900 年，德国实验心理学家乔治·埃利亚斯·缪勒（Georg Elias Müller，1850 年—1934 年）和阿方斯·皮尔泽克（Alfons Pilzecker）继续在这一领域进行探索，他们研究了后摄干扰[2]。

1924 年，心理学家约翰·G. 詹金斯（John G. Jenkins）和卡尔·达伦巴赫（Karl Dallenbach）用实验证明，睡眠时记忆保持的效果要好于在相同时长内进行活动时记忆保持的效果[3]。1932 年，美国心理学家约翰·A. 麦克吉奥赫（John A. McGeoch）建议用干扰理论取代衰退理论[3]。1957 年，美国心理学家本顿·J. 安德伍德（Benton J. Underwood，1915 年—1994 年）重新研究了艾宾浩斯遗忘曲线，发现大多数遗忘是由先前所学材料的干扰造成的[4]。后来，安德伍德又提出，在解释遗忘时，前摄抑制比后摄抑制更重要、更有意义[5]。2010 年，清华大学钟毅实验室在《细胞》（*Cell*）期刊上发表了《果蝇的遗忘受 Rac 活性调控》（“Forgetting Is Regulated through

Rac Activity in Drosophila"）一文，证实了新记忆是通过激活蛋白质分子 Rac 来影响原有记忆的，从神经生物学角度给干扰理论提供了新的证据。

干扰共有 4 种类型：前摄干扰、后摄干扰、斯特鲁普干扰和加纳干扰。其中，前摄干扰和后摄干扰是造成遗忘的主要干扰类型。

（1）前摄干扰（proactive interference），也称为前摄抑制（proactive inhibition）、顺摄干扰（proactive interference）、顺摄抑制（proactive inhibition），指先前的记忆对后来的记忆产生干扰的倾向。比如，人们换了新手机号码（后来的记忆）后，可能受旧手机号码（先前的记忆）干扰而记不起新号码。再如，人们学习英语单词时，以前学习过的汉语拼音可能对英语单词的记忆有所干扰。

（2）后摄干扰（retroactive interference），也称为后摄抑制（retroactive inhibition）、倒摄干扰（retroactive interference）、倒摄抑制（retroactive inhibition），指后来的记忆对先前的记忆产生干扰的倾向。干扰的大小取决于新记忆的数量和强度以及新旧记忆的相似度。比如，会骑自行车（既要管方向，又要管平衡）的人，骑了一段时间三轮车（只用管方向，不用管平衡）后，再来骑自行车时就会觉得非常别扭甚至不会骑了，就是因为后来学到的三轮车骑行技巧对记忆中先前学到的自行车骑行技巧有所干扰。再如，人们学习后做些活动跟学习后马上睡觉相比，记忆效果会差很多，就是因为学习后的活动会影响学习记忆的留存。

（3）斯特鲁普干扰（Stroop interference），是指刺激物不相干的一面引发了思考过程，而干扰了对刺激物相关方面的思考。笔者会在后续的《斯特鲁普效应》一文中专门介绍。

（4）加纳干扰（Garner interference），是指刺激物一个无关的变化，引发了思考过程，干扰到跟刺激物相关的思考过程。例如，指出单独一列的形状，比指出两列其中一列的形状要简单，因为两列形状紧靠一起，会激发想说出旁边形状的思考程序，造成干扰（见图 1-38）。

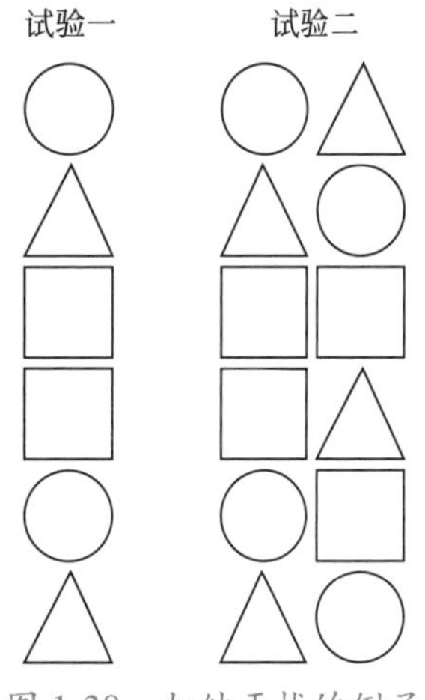

图 1-38　加纳干扰的例子

在做用户体验设计时，要想预防干扰，就要避免输出可能使用户在思考过程中产生相互冲突的设计。干扰的产生通常是因为信息传达时有歧义，或是因为把相互干扰的元素结合在了一起。要想把干扰效应降到最低，用户体验设计师就需要用准确的设计语言传达信息，并利用文字或引导来告知用户、帮助用户进行理解。

1.27
形式追随功能法则
（1896 年）

建筑设计和工业设计的很多理论对用户体验的发展影响至深。在此，笔者打算给大家介绍一下形式追随功能法则。这是一条 19 世纪末至 20 世纪初从建筑设计和工业设计领域发端的实践法则，它意味着建筑物或产品的形式（形状、外观）应该遵从其预期的功能（目的）。这条法则对现今的用户体验设计、产品设计仍有着很强的指导意义。

形式追随功能法则的形成可以上溯到古罗马时期。古罗马作家、建筑师和工程师马尔库斯·维特鲁威·波利奥（Marcus Vitruvius Pollio，公元前 80 年或公元前 70 年—约公元前 25 年）在《建筑十书》（这是西方古代唯一一部建筑著作，用拉丁文写成）中就为建筑制定了 3 个主要标准：坚固、实用、美观（拉丁文：firmitas，utilitas，venustas）[1]。他认为人类建造建筑物供自己栖息是对自然的模仿，与鸟和蜜蜂的筑巢行为类似。为了建筑物美观，人们先后发明了多立克（Doric）柱式、爱奥尼克（Ionic）柱式和科林斯（Corinthian）柱式，其中的比例都依照了最美的比例——人体比例。后来达·芬奇根据维特鲁威在《建筑十书》中的描述绘制了《维特鲁威人》，在代表宇宙秩序的方和圆中，嵌入了一个具有完美比例的人体。

当时间来到 1896 年，美国芝加哥建筑学派代表人物、功能主义设计先驱、“沙利文式”建筑外观风格开创者、被誉为“摩天大楼之父”“现代主义之父”“美国第一位真正的现代建筑师”[2-4] 的建筑大师路易斯·亨利·沙利文（Louis Henri Sullivan，1856 年—1924 年）在《高层办公楼艺术思考》（“The Tall Office Building Artistically Considered”）一文中正式提出了形式追随功能法则（the law that form follows function[5]）。沙利文强调“形式永远追随功能”，认为这是一条“没有例外的规则”，尽管他的表述有些绝对化，但是比较简洁、突出主旨，仍不失为一种精练的智慧、一个美学的信条。

19 世纪后期，沙利文在芝加哥设计了高层钢架结构摩天大楼的形状。当时技术、品位和经济力量的交融，要求打破既定建筑风格，那么应遵循什么法则去设计新的建筑物形态呢？沙利文给出的答案是：应力求“形式（建筑物的形状、外观）追随功能（建造目的）”，而不是“形式追随先例”或“形式追随艺术”。他认为高层建筑的外观设计（形式）需要反映内部设施、商业空间和办公空间等活动（功能）。他设计的钢架结构摩天大楼温莱特大厦便是其哲学和设计原则的代表性展示。该大厦采用三段式设计——作为办公空间的中部七层以及顶端屋顶部分与大楼基部相比，配置了不同的采光窗，类似于沙利文参与设计、于 1896 年完工的纽约布法罗担保大厦。这些建筑具有相似的功能，因而被设计成相似的形式。在 20 世纪 30 年代之后，“形式（永远）追随功能”成为了现代主义建筑师的“战斗口号”。

其实，形式追随功能法则本身是有其固有矛盾的。在 20 世纪三四十年代，雷蒙德·罗维（Raymond Loewy，1893 年—1986 年）等美国工业设计师，在重新设计搅拌机、火车头、复印机以满足大众市场消费时，就在克服“形式追随功能法则”固有矛盾上进行了先驱性探索。罗维制定了他的“最先进但可接受”（MAYA，即 most advanced yet acceptable）原则来表达产品设计受到数学、材料和逻辑的功能约束，但它们的接受度则受社会期望的约束。他的建议是，对于非常新的技术，应以尽可能熟悉的形式呈现，但对于熟悉的技术，则应做到令人眼前一亮。这些思想对现今的用户体验设计产生了深远而具体的影响。

形式追随功能法则关键在于形式不能独立于功能存在，但该法则并没有否定古典建筑的装饰价值，而只是说古典建筑有其局限性，需要在新时代对应新功能，重新进行形式上的设计。有些人认为形式追随功能法则暗示了装饰性元素在现代建筑中是多余的，这明显是误解，沙利文本人在职业生涯中就经常在平整的建筑物表面上点缀花哨的新艺术风格和凯尔特复兴装饰，覆盖了沙利文中心入口檐篷的曲折的绿色铁艺就是一个著名的例子。

现今应用形式追随功能法则取得成功的例子比比皆是。比如，销售火爆的洞洞鞋，如图 1-39 所示，其外观设计（形式）就很好地追随了凉鞋的主要功能：舒适、透气、防水、易清理、易穿脱、穿着时不易脱落。其鞋内宽大的空间和表面的网孔（形式），会让穿者觉得既宽松又透气（功能）；鞋底采用特殊材质（形式），会让鞋子很轻便，脚踩上去受力均匀因而很舒适（功能）。

图 1-39 洞洞鞋

最后，笔者想要强调应用形式追随功能法则时，有两点值得注意。第一，不应绝对化地执行该法则，否则用户体验设计师有可能使企业陷入销售被动的局面。因为，一些简单的单用途物品，如螺丝刀和铅笔，可被简化为单一的最佳形式，但缺乏个性化装饰的单一形式产品，可能会失去差异化特质，从而在市场销售中处于被动。第二，比起被装饰得花里胡哨的产品，形式简洁的产品往往更经久耐用，反而会影响复购，使企业业绩承压。所以，用户体验设计师在应用形式追随功能法则时，应该有一个综合的考量。

1.28 弗洛伊德创立精神分析学

（1899 年）

用户体验依托于心理学，在用户体验的发展历程中，渗透着心理学的轨迹，经典的心理学原理、学说、方法对用户体验的发展影响至深，也是用户体验专业人员需要学习的必修课，其中就包括一代心理学宗师弗洛伊德创立的精神分析学。

图 1-40　弗洛伊德

西格蒙德・弗洛伊德（Sigmund Freud，1856 年—1939 年，见图 1-40）是奥地利心理学家、精神分析学（psychoanalysis）及其学派的创始人，被誉为“精神分析之父”。同时他还是哲学家以及 20 世纪最有影响力的思想家之一。弗洛伊德开创了对潜意识的研究，促进了动力心理学、人格心理学和变态心理学的发展，奠定了现代医学模式的新基础，为 20 世纪西方人文学科的发展提供了重要理论支柱[1]。

弗洛伊德 1856 年生于奥匈帝国一个犹太家庭[2]，1881 年获维也纳大学医学博士学位，1885 年拜精神及人脑科学家、“法国神经病学之父”让－马丹・沙尔科（Jean-Martin Charcot，1825 年—1893 年）为师，开始关于早期或童年创伤经历和情绪病的研究。弗洛伊德 1895 年提出精神分析（指一种临床技术，通过释梦和自由联想等手段，发现病人潜在动机，使其精神得以宣泄，达到治病目的）的概念，1899 年出版《梦的解析》（*The Interpretation of Dreams*），标志着精神分析学正式形成。1910 年，国际精神分析学会成立，标志着精神分析学派形成。

弗洛伊德提出了一系列对后世影响至深的概念，主要包括潜意识、本我（完全潜意识，不受主观意识的控制，代表欲望，受意识遏抑）、自我（大部分有意识，负责处理现实世界的事情）、超我（部分有意识，是良知或内在的道德判断）、伊底帕斯情结（即恋母情结）、性冲动、性心理发展、心理防卫机制、移情和反移情。

弗洛伊德的著作主要有：1895 年与约瑟夫・布鲁尔（Josef Breuer）合著的《歇斯底里研究》、1899 年的《梦的解析》、1901 年的《日常生活的精神病学》、1905 年的《性学三论》、1905 年的《诙谐及其与潜意识的关系》、1913 年的《图腾与禁忌》、1914 年的《论自恋》、1920 年的《超越快乐原则》、1923 年的《自我与本我》、1927 年的《幻象之未来》、1929 年的

《文明及其不满》、1939 年的《摩西与一神教》、1940 年的《精神分析概要》[3]。

弗洛伊德的著名病例分析主要有：1902 年的《论女性：女同性恋案例的心理成因及其他》、1905 年的《朵拉：歇斯底里案例分析的片断》、1909 年的《小汉斯：畏惧症案例的分析》、1909 年的《鼠人：强迫官能症案例之摘录》、1911 年的《史瑞伯：妄想症案例的精神分析》、1918 年的《狼人：孩童期精神官能症案例的病史》。

弗洛伊德的精神分析学理论的影响力已超出了心理学范畴，是现代心理学中影响最大的理论之一，其对人格和人性的解释主要有 3 点。①人格动力观：用潜意识、性冲动、生之本能、死之本能等概念，解释人类行为内在动力。②人格发展观：以口腔期、肛门期、性器期、潜伏期、性征期以及认同、恋母情结等概念，解释个体心理发展历程。③人格结构观：用本我、自我、超我来解释个体的人格结构，又用冲突、焦虑以及各种防卫作用等概念，解释人格结构中三个我之间的复杂关系。

精神分析学理论源于治疗精神病的临床经验。如果说构造心理学、机能心理学和格式塔心理学重视对意识经验的研究，行为主义心理学重视对正常行为的分析，那么精神分析学则重视对异常行为的分析，并强调心理学应研究无意识现象。精神分析学认为，人类的一切个体和社会行为，都根源于心灵深处的某种动机，特别是性欲的冲动，以无意识的形式支配人，并表现在人的正常和异常行为中。这种欲望或动机受到压抑，是导致精神病的重要原因。

弗洛伊德的精神分析学理论深刻影响了西方的心理学、伦理学、哲学等领域，各国纷纷开始了对心理现象的多方面研究。弗洛伊德还将对艺术的观点也寓于精神分析中，认为潜意识是违反道德和伦理的，想象的王国只是一个避难所，应从享乐主义原则回到现实主义原则；艺术家就像精神病人，从不满的现实中退缩回来，钻进想象中的世界里；艺术作品，像梦一样，是潜意识愿望获得的一种假想的满足。尽管这些思想同精神分析大厦一样缺乏坚实基础，没有充足严密的科学证明，但却受到众多文学家、艺术家的盛赞。翻开西方文艺评论书籍，我们经常能找到弗洛伊德的名字或影子，因为许多艺术家正是以他的理论去指导创作实践的。

弗洛伊德的精神分析学理论对用户体验的发展起到了潜移默化的作用，潜意识、本我、自我、超我、移情等概念现在看起来平淡无奇，其实是因为它们早已融入每位用户体验专业人员的思维模式和知识体系中了。笔者在撰写本书时特意包含了心理学、社会学、经济学等领域中的一些重要理论，就是希望大家能从人类社会发展的综合视角去审视用户体验的发展历程，以更广阔的视野去拥抱对用户体验有着深刻影响的各种知识和能力体系。

1.29 序列位置效应

（19 世纪末）

图 1-41　艾宾浩斯

19 世纪末，德国心理学家赫尔曼·艾宾浩斯（Hermann Ebbinghaus，1850 年—1909 年，见图 1-41）最早研究、命名并记录了序列位置效应（serial position effect）。它指的是记忆项目在序列中所处的位置会对记忆准确性发生影响的现象，包括首因效应和近因效应。在用户体验设计实践中，这一理论可以为我们确定设计目的提供依据，还可以指导我们对产品或服务的用户体验做进一步优化。

序列位置效应表明，人们对序列中的第一个项目和最后一个项目的记忆效果最好，而对中间项目的记忆效果最差[1]。序列位置效应一般在自由回忆（free recall）中出现，是双重记忆理论（dual memory theory，亦称“两过程理论”“双重贮存理论”，是把记忆区分为长时记忆和短时记忆两种贮存系统的理论）的重要证据。如果将首因效应和近因效应一起考虑，就会发现一条 U 形的序列位置曲线（serial position curve），如图 1-42 所示。

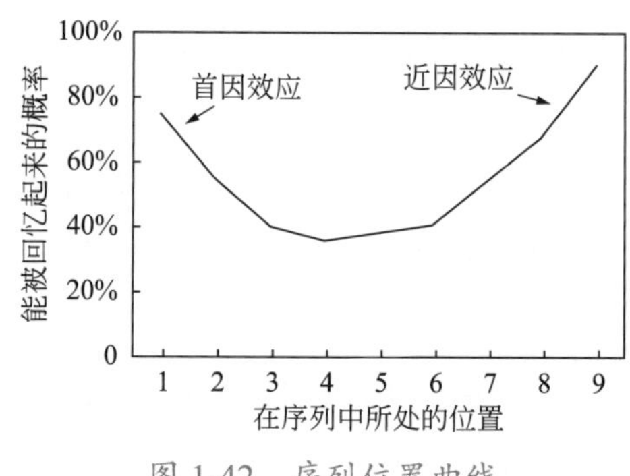

图 1-42　序列位置曲线

1. 首因效应（primacy effect）

在一个序列中，靠前的项目比中间的项目更容易被回忆起来，这就是首因效应[2-3]。首因效应是一种认知偏差，它会导致被试者倾向于回忆起最初呈现的信息，而不是后来呈现的信息。例如，一个阅读足够长的单词列表的被试者更有可能记住开头的单词，而不是中间的单词。因此，在用户体验设计中我们应该将重要性较高的项目放在靠前（即靠上或靠左）的位置。

产生首因效应的一个原因是，短时记忆在一个序列的开头时远没有在中段和尾端时那么“繁忙”，故而在开头能有更多的时间给短时记忆去处理信息，使其转换进入长时记忆，以保存更长时间。另一个原因是，最靠前呈现的项目经过了较多的演练，因此能最有效地储存在长时记忆中——序列中的第一个项目可以单独演练；第二个项目必须与第一个项目一起演练；第三个项目必须与第一个项目和第二个项目一起演练，以此类推。

当序列被快速呈现时，首因效应就会减弱，而当序列被缓慢呈现时，首因效应就会增强。这是因为快速或缓慢呈现会减少或增强对每个项目的处理时间，从而减少或增强该项目被储存在长时记忆中的可能性。研究还发现，呈现的序列较长时会降低首因效应[3]。

2. 近因效应（recency effect）

近因效应也是一种认知偏差。与首因效应相反，近因效应指的是人们倾向于更容易回忆起序列中最后出现的项目。例如，一位司机在高速公路上实际看到了同样多的红色轿车和黑色轿车，但如果在下高速的时候他看到的是一辆红色轿车，那么他就会觉得在这段高速公路上见到的轿车以红色居多。由此可见，在用户体验设计中把重要信息放在序列的尾端也是可以的。这在电商 App 中比较常见——为了避免用户忘记把商品放入购物车，电商 App 往往会把“加入购物车”的按钮设计在 App 界面的右下角，因为这是用户最近能够看到的地方。

产生近因效应的一个原因是，当被试者进行回忆时，因为这些项目是最近刚出现的，尚存于被试者的工作记忆（working memory，即短时记忆）中，所以回忆效果较好。另一个原因是，如果在演练后立即测试，那么当前时间情境就可作为检索线索，这预示着较近的项目比在不同时间情境下（序列中靠前的位置）的项目有更高的回忆可能性[4]。

人们对艾宾浩斯的研究（包括前文介绍的遗忘曲线、学习曲线、间隔效应和本文介绍的序列位置效应）大多持肯定态度。“美国心理学之父”、最早在美国开设心理学课程的心理学家和教育家威廉·詹姆斯（William James，1842 年—1910 年）称艾宾浩斯的研究为“英雄之作”，并称它们是“心理学史上最杰出的研究”。英国心理学家、构造心理学创始人爱德华·布拉德福德·铁钦纳（Edward Bradford Titchener，1867 年—1927 年）也提到，艾宾浩斯的研究是自亚里士多德以来记忆领域最伟大的研究。

艾宾浩斯的研究成果对现今的用户体验工作有着很强的指导意义。例如，学习了本章节的序列位置效应，了解到人们对处于序列中不同位置的信息有着不同记忆效果后，再进行用户体验设计时，我们就可以有意识地将重要信息放在序列的首尾——对喜欢在手机横向和纵向阅读模式间无缝切换的中国用户来说，“首”通常指左上，“尾”通常指右下。而对于实在无法放在序列首尾的信息，则可以从大小、颜色、标识等方面着手，对其进行充分的强调。

1.30
指差确认
（20 世纪初）

用户体验除了信息架构、交互逻辑、视觉呈现等容易刺激用户感官的维度之外，还有一对维度也不容忽视——人为错误与人为失误。笔者已在前言中介绍过这二者的区别，这里不再赘述。这二者在普通家用产品中较少被关注，因为家用产品，尤其是小型家用产品，即使出现问题，一般也不会上升到重大人身伤害的程度，但在核电站、铁路、地铁、轻轨、机电工程等领域中，这二者以及规避的方法就必须被重视起来了，以免给人们的生产生活带来巨大隐患，甚至威胁生命安全。在此，笔者给大家介绍一种规避人为失误的有效方法——指差确认。

指差确认（pointing and calling，即指向和呼叫）是一种通过用手指向重要目标，并用口呼唤其状态来集中注意力、避免人为失误的方法。指差确认需要脑、眼、手、口、耳协同并用，集中操控设备时的注意力，提高职业安全性。其动作主要包括以下 4 点。①眼：坚定注视要确认的目标；②臂及手指：伸展手臂，用食指（或同时使用食指和中指）指向要确认的目标；③口：高声清楚地呼唤“正常！”；④耳：聆听自己的呼唤。日本铁路技术研究所 1994 年的一项研究表明，在完成一项简单任务时，指差确认可将人为失误减少近 85%[1]。指差确认是日本工业安全与健康协会[1-2]推荐的，也是中国铁路管理条例的一部分[3]。如图 1-43 所示，火车司机正在进行指差确认。

图 1-43 火车司机正在进行指差确认

指差确认在铁路业及机电工程业中应用广泛。在铁路业中，当车门开 / 关、开 / 停车、通过车站、遇到速度限制和识别不同铁路信号时，司机都要进行指差确认：用手指着相关物件或标志，大声说出该物件或标志的状况或信息。在机电工程业（如电梯维护）中，当操作员精神低迷或忙乱时，指着需加强警觉的工序（如正要切断电源，便指向开关），高呼“小心触电，正常！”等口号，可将安全意识水准，提升至极清醒的状态，减少发生意外的可能性。

指差确认起源于20 世纪初的日本，被称为“指差唤呼”“指差确认唤呼”或“指差呼称”。在那个年代，蒸汽机车的巨大噪声、蒸汽和烟雾使火车司机之间的合作变得困难，司机们必须大声呼叫、大声报出信号状态，才能让对方听到。几十年后，又增加了用手指向的动作 [1]。后来，在日本所有铁路系统中，司机均要进行指差确认。这已成为日本铁路文化的一部分，在新铁路公司开业等许多活动中都会出现，如大阪地铁发车仪式。日本的部分汽车客运业者也要求巴士司机进行指差确认，如神奈川中央交通。

指差确认在中国大陆被称为“指差呼唤”“手指口呼”，包括指法（用食指和中指，而不是日本的只用食指，检查信号、门和速度等方面）和警戒法（右肘弯曲 90 度，前臂直立抬起，检查程序结束或发出警戒信号）[3]。指差确认在中国大陆的铁路、地铁、轻轨、民航中使用广泛，如中国民航南航新疆维修基地航线部门就于 2014 年引入了指差确认。

在中国香港，两铁合并前，九铁规定，列车司机需要进行指差确认；两铁合并后，所有列车司机都需要学习及实行指差确认程序。此外，中国香港的机电工程业中也在使用指差确认，如一家在香港的日资电梯公司从 20 世纪 80 年代就引入指差确认，并一直沿用至今 [4]。

在中国台湾，铁路业也使用指差确认。例如，台湾高铁公司、台北捷运列车与高雄捷运列车都使用了指差确认。中国台湾的汽车客运业也使用了指差确认。例如，在台北市及新北市几个重要路口驾车转弯时，都要做指差确认。中国台湾四座核电厂也都引入指差确认作为工作必备程序，另搭配双重确认、三向沟通等人因防误措施以加强核电厂营运安全。

在印度尼西亚（简称印尼），国家铁路运营商印尼铁路（Kereta Api Indonesia）及其子公司在 2015 年进行改革后采用了指差确认，雅加达地铁（Jakarta MRT）和雅加达轻轨（Jakarta LRT）等较新的区域铁路运营商也采用了该方法 [5]。KCIC 的 WHOOSH 列车也采用了指差确认。

在美国，纽约市 MTA 地铁列车每次进站时，列车长在打开车门前，都必须指着窗口对面、位于站台中央的一块黑白条纹板。这时列车两端已经到达站台，可以安全地打开车门 [6]。该程序是在 1996 年地铁隧道内发生一系列车门打开事故后才开始实施的。

在加拿大，在多伦多市 TTC 地铁列车每次进站时，列车长在打开车门前，都必须指着窗口对面站台墙上安装的一个绿色三角形。这是在发生了一系列在错误一侧开门的事故后实施的，以集中列车长的注意力 [7]。多伦多市有轨电车操作员在确认轨道开关排列时，必须停车指着开关，然后再继续前进，以确保不会驶错路线 [7]。多伦多市的 GO Transit 铁路系统自 2021 年开始也采用了指差确认 [8]：打开车门前，客服大使必须指向列车两端，并宣布站台已清空，以确认列车正常停靠。关闭车门后，要重复同样的过程，以确认没有人被车门夹住 [8]。

1.31 学习迁移（1901 年）

学习心理学是教育心理学的一个重要分支，是专门研究人们尤其是学生群体学习的一门学科，是通过研究人和动物在后天经验或练习的影响下，心理和行为变化的过程和条件的心理学分支学科。学习心理学中的学习迁移理论与用户体验、产品设计密切相关。

学习迁移（transfer of learning）是指一种学习对另一种学习的影响。学习迁移不仅发生在知识和技能的学习中，还能体现在态度与行为规范的形成中（例如，在家爱做家务的学生，在学校里也比较勤快）；既可表现为先前学习对后继学习的影响（顺向迁移），又可表现为后继学习对先前学习的影响（逆向迁移）；这种影响可以是积极的促进（前摄易化及后摄易化），也可以是消极的干扰（前摄干扰及后摄干扰）或抑制（前摄抑制及后摄抑制）。所以有人认为，学习迁移是在一种情境中获得的知识、技能或态度对另一种情境中获得的知识、技能或态度的影响。而建构主义者认为，学习迁移是认知结构在新条件下的重新建构。

根据不同标准，可以对学习迁移作 5 种分类：①正迁移、负迁移与零迁移；②顺向迁移与逆向迁移；③水平迁移与垂直迁移；④一般迁移与具体迁移；⑤同化性迁移、顺应性迁移与重组性迁移。在这 5 种分类中，前两种比较常用，其中，正迁移指一种学习对另一种学习起到积极的促进作用，如方程式知识的学习有助于不等式知识的学习。负迁移指一种学习对另一种学习起到消极的干扰或抑制作用，如学会汉语拼音对学习英语音标会有所干扰。零迁移指一种学习对另一种学习毫无作用。顺向迁移指先前学习对后继学习的影响，如棒球队员学打高尔夫球会比较容易。逆向迁移指后继学习对先前学习的影响，如会骑自行车的人，去学习骑三轮车后，再回来骑自行车就会感到别扭甚至不会骑了。

早期解释学习迁移的主要有形式训练、共同要素、经验类化、关系转换 4 种理论。

形式训练理论以 18 世纪德国数学家、莱布尼茨唯心论哲学继承人、“官能心理学（faculty psychology）之父”克里斯蒂安・沃尔夫（Christian Wolff，1679 年—1754 年）为代表。16 世纪“心理学”一词出现后，沃尔夫是真正以“心理学”为名著书立说的第一人，是他使“心理学”一词流行起来。他用拉丁文写成《经验心理学》《理性心理学》，用德文写成哲学心理学教本《关于人类理解能力的理性思想》。沃尔夫提出的形式训练理论认为学习迁移是人的心灵官能（即注意、知觉、记忆、思维、想象等心理能力）受到“形式训练”而自动发展的结果，即通过某种学习使某种心灵官能得到训练，从而转移到其他学习上去，使其他学习更加容易。

共同要素理论由美国心理学家爱德华・李・桑代克（Edward Lee Thorndike，1874 年—1949 年）和罗伯特・塞申斯・伍德沃斯（Robert Sessions Woodworth，1869 年—1962 年，见图 1-44）于 1901 年提出，认为只有当两种学习具有共同要素（相同或相似之处）时，才会产生迁移[1]。桑代克和伍德沃斯以大学生为被试者，首先训练大学生对平行四边形的面积进行估计，然后对他们进行两种测验，发现被试者对矩形面积的判断成绩提高了，但对三角形、圆形和不规则图形面积的判断成绩并没有提高。据此，桑代克和伍德沃斯提出了共同要素理论。

图 1-44　伍德沃斯

经验类化理论又称为概括化理论，由美国教育心理学家查尔斯・哈伯德・贾德（Charles Hubbard Judd，1873 年—1946 年）在 1908 年水下打靶实验的基础上提出，该理论认为只要一个人对其经验进行概括，就可以完成从一个情境到另一个情境的迁移，概括力越高，迁移效应就越大。

关系转换理论以德裔美国心理学家、格式塔心理学派创始人之一沃尔夫冈・苛勒（Wolfgang Kohler，1887 年—1967 年）为代表，认为迁移产生的实质是个体对事物间关系的理解，即迁移的产生有两个条件：一是两种学习之间存在一定关系；二是学习者对这一关系的理解和顿悟。后者比前者重要。苛勒在 1919 年所做的小鸡觅食实验就是支持关系转换理论的经典实验。

以上 4 种理论从不同角度对学习迁移进行了解释。随着认知科学与信息加工理论的产生与发展，研究者又试图用认知的观点与术语来解释、研究学习迁移，提出了认知结构迁移理论、产生式迁移理论等现代学习迁移理论。

学习迁移理论在现今的用户体验、产品设计中有着广泛的应用。《俞军产品方法论》一书给出了一个公式：用户价值（用户所能获得的价值）= 新体验 − 旧体验 − 迁移成本。从这个公式中可以看出，当产品从旧体验方式切换到新体验方式时，最关键的一点就是要让新体验方式带给用户的价值能足够覆盖旧体验方式带给用户的价值和用户使用习惯的迁移成本。这启发我们：一方面，应尽可能根据用户现有的使用习惯去设计新体验方式，尽可能让新体验方式贴近用户、简单易学，从而降低迁移成本；另一方面，应尽可能提高新体验方式所能带给用户的价值。只有这样的新旧体验切换，才能切实提高用户价值，从而提升用户满意度。

1.32
开利发明空调
（1902 年）

空调是“空气调节器”（air conditioner）的简称，是包含温度、湿度、空气清净度以及空气循环的控制系统。大部分空调利用冷媒在压缩机的作用下所发生的蒸发或凝结，引发周遭空气的蒸发或凝结，以达到改变温度、湿度的目的。空调在中国台湾、中国香港、马来西亚、新加坡等地被通称为“冷气”，因为上述地区处于热带及亚热带，气候潮湿炎热，空调的绝大部分作用只是制造冷气，鲜见制造暖气，但也有冷暖气合一的机种，通常都安装在汽车内。

在漫长的历史长河中，每一款满足人类需求的产品，都经历了漫长的演变过程，伴随着生产力水平的提高、科技的创新和用户体验的提升。空调的发明，亦是如此。

公元前 1000 多年，波斯人利用安装在屋顶的风杆，使室外的自然风穿过凉水进入室内，达到降温目的，这是有史料记载以来最早的空气调节系统。中国先秦时代，富人在地下窟室内储存冰块，以降温纳凉。唐代出现了直接用水冷系统对整个宫殿进行制冷的“含凉殿”。到了宋代，通过风吹水来降温的风扇车出现了，成为那个没有电的年代最高效的空调机。在古代，人们没有电力，只能依靠风力、凉水和冰块进行通风降温，那时的空气调节系统搭建比较繁琐，使用时多有不便，只能说是在用户体验方面进行了简单的探索。

当时光来到 19 世纪，英国科学家和发明家迈克尔·法拉第发现压缩及液化氨可以冷却空气。1842 年，美国佛罗里达州医生约翰·戈里（John Gorrie）利用压缩机技术制造冰，用来为他的病人提供凉爽的空气[1]。他曾想利用这种制冰技术来调节建筑物的温度，甚至考虑用中央空调机组系统来冷却整个城市，但因缺乏资金，未能付诸实现。美国新泽西州工程师阿尔弗雷德·沃尔夫（Alfred Wolff）协助设计了商业大厦的空气调节系统，起到了先驱作用，但并不著名。1878 年，爱迪生发明了耐用白炽灯，带领人类进入了用电时代。

图 1-45　开利

1902 年，美国工程师威利斯·哈维兰·开利（Willis Haviland Carrier，1876 年—1950 年，见图 1-45）设计出了为纽约布鲁克林 Sackett-Wilhelms 印刷出版公司控制温度和湿度的系统，这是世界上第一个现代化、电力驱动的空气调节系统[2]。因此，开利被认为是现代空调系统的发明人。开利的设计与沃尔夫的设计差别在于并非只控制空气的温度，而是也控制空气的湿度。1906 年，开利得到了此方法的专利。开利发明的空调系统，采用电力驱动，使用起来也更便捷，在用户体验方面做了显著的提升。

后来在众多发明家、工程师的不懈努力下，日趋完善的空气调节系统被逐渐应用于家居和汽车驾驶环境中，以提升用户舒适度。其中，1906 年建于北爱尔兰贝尔法斯特的皇家维多利亚医院，在历史上具有特别意义，被称为世界首座设有空气调节系统的大厦。

1906 年，美国北卡罗来纳州工程师斯图尔特・沃伦・克拉默（Stuart Warren Cramer，1868 年—1940 年）找到方法以增加其南方纺织厂的空气湿度。克拉默把该技术命名为“空气调节”（air conditioning）[3]，并在同年将其用于专利申请中，作为水调节（water conditioning）的替代品。他把水气与通风系统结合以“调节”工厂里的空气，控制纺织厂生产环境中极为重要的空气湿度。开利认同克拉默对“空气调节”的命名，并用这一词语命名了自己于 1907 年创办的美国加利亚空气调节公司（今开利公司）。该公司最初的几个客户包括了麦迪逊广场花园、美国国会的会议厅和美国众议院，第一台家用空调则安装在明尼苏达州的明尼阿波利斯。

关于空调，特别值得一提的是它的制冷剂。最初的空调使用氨、氯甲烷之类的有毒气体，美国机械工程师、化学家小托马斯・米基利（Thomas Midgley Jr.，1889 年—1944 年）在 1928 年发明了一种对人类比较安全，但是对大气臭氧层有害的制冷剂——氟利昂（Freon）[4]。尽管 1974 年时科学家们发现了氟利昂对臭氧层的破坏作用，且 1987 年签署的《蒙特利尔议定书》限制了氟利昂的使用，但时至今日，新型技术仍不够成熟，氟利昂依旧被广泛用于空调、电冰箱的制冷中。

近年来，空调的功能日益完善，环游导风、一键舒风、新风、除菌等功能让用户感到实用和舒适。但是，普通的空调需要使用遥控器来手动操控，比较烦琐。随着万物互联、人工智能时代的到来，语音智能空调开始流行，令人耳目一新。尤其是有些厂商还专门为不同地区的用户研发了可以识别方言的空调，极大地便利了用户的使用。

空调的发明，使人们不再受制于夏日的酷热和冬日的严寒，能够根据自己的喜好来调节空气温度与湿度，在舒适惬意的环境下进行工作、学习、睡眠，有效改善了人们的生产生活环境。现今的空调已经成为家用电器的一大门类，各大厂商不断推陈出新、进行基于空调的用户体验研究、设计、优化，持续提升空调的用户体验水平，给广大用户带来更便捷和舒适的体验。

1.33 莱特兄弟发明飞机（1903 年）

飞机、汽车、火车、轮船是现代社会的主要交通工具。特别是飞机，不同于其他地面和水上交通工具，它承载着千百年来人类飞上天空、遨游云端的梦想。而第二次工业革命时期内燃机的发明（1876 年，德国工程师尼古拉·奥托制造出第一台煤气内燃机；1883 年，德国工程师戈特利布·戴姆勒研制出第一台汽油内燃机），最终促使人类的航空梦想成真。

1903 年 12 月 17 日，美国莱特兄弟（Wright Brothers），即威尔伯·莱特（Wilbur Wright，1867 年—1912 年）和奥维尔·莱特（Orville Wright，1871 年—1948 年），在美国北卡罗来纳州基蒂霍克（Kitty Hawk）以南约 6 公里处驾驶由一台 12 马力四缸汽油发动机驱动的木架双层飞机"莱特飞行者号"（Wright Flyer，也被称为飞行者 1 号，Flyer I），首次试飞成功（见图 1-46）。这是人类历史上首次重于空气的载人航空器持续且受控的动力飞行。尽管这架飞机在当天第四次也是最长一次仅飞行了 59 秒时长、3 米高度、260 米航程，但它却标志了人类飞行时代的开始[1]。

此后，航空工业逐渐兴起，用户体验、人因与工效学、人机交互被逐渐应用于航空领域，在飞机驾驶舱用户体验设计、"人－机－环境系统"构建、人为错误控制等方面得到了实质性运用。以波音 747 飞机（Boeing 747）——一种目前世界上主要的宽体客机为例，其驾驶舱约有 1 万个控件，包括仪表盘（dial）、开关（switch）、按钮（button）和旋钮（knob）等。飞行员需要经常且重复性地操作这些控件（如打开空调或调整机翼上的襟翼）。所以，这些控件

图 1-46　莱特兄弟：威尔伯·莱特（左）和奥维尔·莱特（中），以及莱特飞行者号（右）

应被设计得简单明了、易于触及和操作，无须过多思考。

具体来说，飞机驾驶舱中的每个控件都有不同的用途，因此应确保每个控件都有自己独特的外观样式，便于识别和操控。设计师应该了解每个控件的操作特点和使用情境，并把人因与工效学因素考虑进来，进行有针对性地设计，使各个控件在大小、颜色、字体、形状、表面触感等方面有所区别，让飞行员在操作之前无须过多查阅说明文档，仅凭扫视控件就能清楚地理解每个控件的作用。同时还应注意，虽然具有不同用途和功能的控件应该有不同的设计，但它们需要协同工作，以确保在紧急情况下一切都能顺利进行。这就要求设计师在设计多个具有不同用途的按钮时，要确保它们的设计风格是兼容的。这样构建的“人 – 机 – 环境系统”才能让飞行员获得流畅的操作体验，并最大程度地减少人为错误发生的概率，确保飞行安全。

飞机驾驶舱用户体验设计的难点在于复杂性。有太多不同的功能需要随时使用，这对于刚刚了解所有功能如何工作的新手飞行员来说会很困难，而当他们试图执行一些关键任务（比如飞机着陆或穿越乱流飞行）时，就难上加难了。尽管这项设计本身很复杂，但设计师应该力求把复杂问题简单化，让那些不太熟悉驾驶舱的新手飞行员都能感到简单，让飞行员无须浪费时间寻找紧急按钮或指示灯——因为这对许多飞行员来说可能意味着飞行事故。

飞机驾驶舱用户体验设计不应导致错误的飞行决策和操作。仪表盘上按钮的位置会影响飞行中的决策。考虑两个按钮的位置：一个用于调节机舱压力，另一个用于降低襟翼（飞机机翼两侧的水平面板，用于增加升力）。通常这两个按钮会被放在一起，因为它们都与降低着陆速度和增加滑行过程中的稳定性有关。但如果将这两个按钮放得很近，且没有任何视觉提示来区分它们的用途，那么飞行员在试图按下一个按钮时误按另一个按钮的风险就会增加。

在设计飞机驾驶舱时，设计师还需要考虑很多事情。例如，驾驶舱的各个控件应该足够紧凑，这样它们就不会占用面板上太多的空间，也不会让操作人员难以触及它们。此外，还要考虑语言和习惯等用户体验因素的影响。例如，在美国、英国和德国之间飞行时，飞行员需要切换语言和计量体系。因为美国使用英寸和英尺，英国使用厘米和米，而德国仍在使用自己的度量衡。所以，在设计这种国际航班驾驶舱时，要充分考虑语言切换、数值换算的便利性，并加强飞行员培训，以减少人为错误发生的概率。

总之，飞机驾驶舱用户体验设计是一种综合性设计，不仅包括对外观的设计，还应包括对飞行员驾驶时感受的设计，设计师应充分考虑其作品对飞行员身心的综合影响，努力打造一个和谐的“人 – 机 – 环境系统”，让置身其中的飞行员获得温馨、轻松、愉悦的体验。

1.34
二八法则
（1906 年）

二八法则，也称为帕累托法则（Pareto principle）、80/20 法则、关键少数法则、因素稀疏法则[1-2]，指出仅有约 20% 的因素影响 80% 的结果，也就是说：所有变因中，最重要的仅有 20%，虽然剩余的 80% 占了多数，但影响的幅度却远低于“关键的少数”[1]。二八法则具有广泛的普适性，对用户体验工作具有很强的指导意义。

图 1-47　维尔弗雷多·帕累托

二八法则是意大利经济学家、社会学家、洛桑学派代表人物维尔弗雷多·帕累托（Vilfredo Pareto，1848 年—1923 年，见图 1-47）在瑞士洛桑大学执教时发现的[3]。1906 年，帕累托在《政治经济学》一文中描述了“意大利大约 80% 的土地由 20% 的人口所有，80% 的豌豆产量来自 20% 的植株”的现象，他发现其他国家也同样存在这种 80/20 现象。

1941 年，在罗马尼亚出生的美国工程师、管理顾问和作家约瑟夫·摩西·朱兰（Joseph Moses Juran，1904 年—2008 年）根据帕累托的文章，概括出以帕累托名字命名的“帕累托法则”（即二八法则），并将其用于质量控制和改进中，例如，80% 的问题是由 20% 的原因造成的。后来，朱兰更倾向于把二八法则描述为“重要的少数和有用的多数”，以提醒人们其余 80% 的原因不应被完全忽视。

二八法则可以用帕累托分布（一组具有特定参数的幂定律分布）来描述，许多自然现象也呈现这种分布[4]。80/20 其实是帕累托分布函数在特定常数时的一个特定值，其他极端的还有 64/4（即 64%/4%，其中 64% 来自于 80% 乘以 80%；4% 来自于 20% 乘以 20%），在社会财富分配方面，这意味着 80% 的财富被 20% 的人口所拥有，同时 64% 的财富被 4% 的人口所拥有。其实，80/20 只是一个概数和基准，真实比例未必正好是 80/20，而是接近于 80/20。比如，《联合国开发计划署报告》描述的 1989 年世界 GDP 分布，就呈现了 80/20 现象（即“香槟杯效应”）——全球收入的分配是非常不均衡的，全球最富有的 20% 人口获得了世界收入的 82.7%[5]，如图 1-48 所示。

帕累托和朱兰给人类打开了二八法则的大门，之后这一法则被应用到不同领域，经过大量的试验检验，被证明在大部分情况下，都是适用的。在企业管理、市场营销领域，一家公司 80% 的销售额（或利润）来自于 20% 的客户。在投资领域，20% 的投资项目吸收了 80% 的资金，20% 的资本带来了 80% 的利润。在医疗健康领域，20% 的病人因慢性病而产生了 80% 的医疗费用。

五分之一人口	收入
最富有 20%	82.70%
第二 20%	11.75%
第三 20%	2.30%
第四 20%	1.85%
第五 20%	1.40%

图 1-48 1989 年世界 GDP 分布

二八法则因提倡“有所为，有所不为”的方略而广受推崇。它意味着在任何特定群体中，重要因子只占少数，而不重要因子则占多数，所以控制住“重要的少数”就能掌控全局。那么在产品和服务的构建过程中，如何确定关乎全局的 20% 目标用户呢？其用户画像是怎样的呢？如何为其打造适宜的产品和服务呢？显然，这就需要用户体验专家上场了。比如，在啤酒市场中，“大量使用者”喝掉了啤酒总量的 87%——一个“大量使用者”带来的销售量比多个“少量使用者”带来的销售量总和还要多，所以啤酒商就应该以“大量使用者”作为“重要的少数”，进行深入的用户体验研究，描绘其画像，掌握其饮食喜好、购买数量和频率，据此改进啤酒口味，并设专门部门制定促销方案对其进行营销。

二八法则适用于产品的用户体验设计。20% 的产品功能提供了 80% 的产品价值，20% 的产品功能解决了 80% 的用户需求。这 20% 的产品功能通常叫作产品核心功能。二八法则告诉我们，做产品不应一味地在功能上做加法。张小龙在 2021 年微信十周年回顾演讲中就嘲讽道：“一个产品，要加多少功能，才能成为一个垃圾产品啊！”根据二八法则，突出产品核心功能，可以帮助我们优化产品线上的资源配置，还可以使最终打造出来的产品简洁易用，把用户从一堆“花里胡哨”、庞杂冗余的功能中“解救”出来，在短时间内找到想要的核心功能。

二八法则在质量控制环节与用户体验优化环节都能派上用场。微软公司就指出，通过修复报告中最多的 20% 错误，一个特定系统中的 80% 相关问题将被消除[6]。因此，与其费力地处理每个错误，不如努力找出导致最多问题的错误并修复它们，这样大部分（大约 80%）的问题都会得到解决。产品的用户体验优化也是如此，优化 20% 用户体验问题，可以将 80% 的相关问题都消除。所以，对产品的各种用户体验问题不应平均发力，而应先根据重要性和紧急性排出优先级，再优先优化排在优先级中前 20% 的用户体验问题，这样可以从全局角度达到最优效果。

二八法则对企业进行产品或服务的用户体验满意度及净推荐值（NPS，即 net promoter score）追踪也具有指导意义。企业往往把营销重点集中在争夺新用户上。其实，与新用户相比，老用户往往属于“重要的少数”，有潜力给企业带来更多收益，所以应该在努力获得新用户的同时，想方设法提高老用户的满意度及 NPS，像对待新用户一样重视老用户，把与老用户建立长期双赢关系作为目标。

1.35 主试者期望效应（1907 年）

对用户体验专业人员，尤其是用户体验研究员来说，主试者期望效应是与日常工作息息相关的心理学效应，在此笔者给大家介绍一下。

主试者期望效应（也经常被翻译成“实验者期望效应”，experimenter-expectancy effect），又称作观察者期望效应（observer-expectancy effect）、期望偏差（expectancy bias）、实验者偏差（experimenter bias）、观察者效应（observer effect）、实验者效应（experimenter effect）、聪明的汉斯效应（Clever Hans effect），是认知偏差（cognitive bias）的一种，是指在科学实验中，由于主试者（即实验者、观察者）期望得到某些实验结果，于是有意识或无意识地以某种形式影响被试者行为、操纵实验步骤、改变或选择性地记录实验结果本身[1]、错误地解释实验结果（主试者错误地解释实验结果是由确认偏差，即 confirmation bias 导致的，因为主试者倾向于寻找与假设相符的信息，而忽略与假设相悖的信息[2]）的一种反应形式。

在主试者期望效应中，主试者（即实验者、观察者）可能会巧妙地将自己对研究结果的期望传达给被试者，从而使他们改变自己的行为以符合这些期望。这种效应几乎普遍存在于人类对预期结果的数据解释中，而且存在着不完善的文化和方法规范来促进或加强客观性[3]。

人们可能会认为，根据统计学的中心极限定理，收集更多独立的测量数据将提高估算的精确度，从而减少偏差。然而，这需要假定测量结果在统计上是独立的。在主试者期望效应发生的情况下，测量结果都存在相关偏差，简单地将这些数据进行平均并不能带来更好的统计结果，而可能仅仅反映了各个测量结果之间的相关性及其非独立性。

图 1-49　奥斯腾和汉斯

主试者期望效应的典型例子是“聪明的汉斯”（Clever Hans，约 1895 年—1916 年），它是一匹奥尔洛夫特罗特马，它的主人是业余驯马师威廉・冯・奥斯腾（Wilhelm von Osten），声称汉斯能做算术和其他智力工作——通过敲击地面而给出答案。奥斯腾和汉斯，如图 1-49 所示。由于公众对“聪明的汉斯”产生了浓厚的兴趣，德国哲学家、心理学家和音乐学家、柏林实验心理学派创立者卡尔·斯通普夫（Carl Stumpf，1848 年—1936 年）和他的助手、德国比较生物学家和心理学家奥斯卡·普丰斯特（Oskar Pfungst，1874 年—1932 年）在 1907 年对汉斯进行了一项正式研究。

普丰斯特排除了简单的欺诈行为，认定即使奥斯腾没有提问，汉斯也能正确回答问题。但是，如果汉斯看不到提问者（在这里指驯兽师、主试者，下同），或者提问者自己不知道正确答案，它就无法正确回答。当奥斯腾知道问题的答案时，汉斯有 89% 的概率回答正确，而当奥斯腾不知道答案时，汉斯只回答对了 6% 的问题。

普丰斯特接着详细研究了提问者的行为，结果表明，当汉斯的敲击声接近正确答案时，提问者的姿势和面部表情都会发生变化，这与紧张情绪的增加是一致的；而当汉斯最后敲击正确答案时，提问者的紧张情绪就会释然。这为汉斯提供了一种提示，使它学会将这种提示作为停止敲击的强化提示。

根据这些研究，普丰斯特揭开了“聪明的汉斯”的“谜底”：汉斯实际上并不会做算术，而只是对驯兽师无意识给予的暗示（包括表情、姿势等肢体语言）做出反应，而驯兽师完全没有意识到他正在发出这样的暗示。为了纪念普丰斯特的研究，这种异常现象也被称为“聪明的汉斯效应”。

主试者期望效应能严重歪曲实验结果，这对研究的内部有效性是一个重大威胁，因此通常需要使用双盲实验设计（double-blind experimental design），使主试者和被试者不知道数据来自哪种条件，以此来规避主试者期望效应的影响。

最后，笔者有一点要说明：本章节介绍的“主试者期望效应”在大多数文献中都被称为“观察者期望效应”，但笔者觉得“观察者”这个称谓并不确切，无法突出主持实验、控制实验进程的人的形象，还是选用与试验、实验相关人士的称谓更确切一些，如主试者、实验者。而把“主试者”与“实验者”相比，“实验者”听起来也可能引得人一头雾水，因为并不知道这个实验者是主持实验的人（即主试者）还是参与实验的人（即被试者），而“主试者”这个称谓清晰而无歧义，而且“主试者期望效应”正好可以与“被试者期望效应”相对应，所以最后笔者把本效应的名称定为“主试者期望效应”，英文翻译依旧选用“experimenter-expectancy effect”。

1.36
鸟笼效应
（1907 年）

鸟笼效应（birdcage effect）是一个有趣的心理现象，在用户体验设计、产品设计中有着广泛而实际的应用空间。鸟笼效应是在 1907 年由哈佛大学退休教授詹姆斯提出的（见图 1-50）。它说的是人们在获得一件因为觉得有点儿价值而不舍得丢弃的物品后，会继续购买更多与之相关、相配套的物品，使得整体上看起来更协调。

图 1-50　鸟笼效应

1907 年，心理学家詹姆斯（James）和他的好友物理学家卡尔森（Carlson）一起从哈佛大学退休。詹姆斯跟卡尔森打赌说一定会让卡尔森不久后就养上一只鸟。卡尔森根本不信，因为他从来就没有想过要养一只鸟。没过几天，詹姆斯送给卡尔森一只精致的鸟笼作为礼物。从此以后，每位来访的客人看见空荡荡的鸟笼都不禁要问卡尔森："教授，你养的鸟什么时候死了？"卡尔森只好一次又一次地跟客人解释："我从来就没有养过鸟。"而这种回答每每换来的却是客人困惑而有些不相信的目光。无奈之下，卡尔森只好买了一只鸟养在詹姆斯送的鸟笼里，于是乎詹姆斯的"鸟笼效应"奏效了。

类似的例子还有很多。比如，女孩买了一只漂亮的花瓶，为了不让这只花瓶空着，她的男友每隔几天就会送鲜花给她；同时，为了匹配花瓶，可能还要买一块花色和质地更合适的新桌布；而为了匹配新桌布，可能还要换掉窗帘。女孩和男友最初可能并没有想要买这么多东西，但是为了与花瓶相匹配，使整体环境看起来更协调，他们不得不"被动"地添购了鲜花、桌布、窗帘，这都是"鸟笼效应"在起作用。

对于鸟笼效应，经济学家解释说，买一只鸟远比频繁解释为什么有一只空鸟笼要简便得多。即使没有人来问，或者不需要加以解释，"鸟笼效应"也会给人造成一种无形的心理压力，使其主动去买一只鸟与鸟笼相配套。我们心中往往都有一个看不见的"鸟笼"，象征着不可预知的情境。为了让鸟笼的存在看起来合乎逻辑，我们宁愿束缚自己的生活。但这种做法无异于饮鸩止渴，它不仅不能消除恐惧，还迫使我们买越来越多的鸟，装进我们不喜欢的鸟笼，彻底扰乱了我们的生活。那么我们应该怎样做才能避免鸟笼效应的束缚呢？有 4 点建议。

第一，避免直线思维。认知心理学研究表明，人类大脑很难理解非线性关系，而是倾向于线性关系，也就是直线思维。直线思维是我们大多数人最擅长的，因为它是最简单、最本能的。但人们在直线思维中往往容易受到情绪的影响，而忽略了自己真正想要的是什么、是否适合自己。

第二，以结果为导向。我们不应该盲目地寻找方法，而应该优先考虑当前任务的结果，让我们的思考有一个明确的方向。

第三，勇于丢掉“鸟笼”。当别人给我们一个空“鸟笼”时，我们有两种选择：一是丢掉“鸟笼”；二是买一只“鸟”装进“鸟笼”。相信大多数人会选择买一只“鸟”装进“鸟笼”，因为丢掉“鸟笼”会在心理上觉得自己失去了一些东西。但实际上，丢掉空“鸟笼”才是最快、最简单、最直接，也最合理的解决方法。遇到不需要、不适合自己的“鸟笼”时，就该果断割舍。

第四，拒绝买“鸟”。我们的生活需要理性对待，只有去掉不必要的“枝叶”，才能享受到生活本原的快乐。因此，我们应该简化思维和生活方式，勇于拒绝为不需要的东西买单。增加有效，减少不必要，才是鸟笼效应的真正启示。

在进行产品设计、用户体验设计时，经常可以发现产品当前功能中有“鸟笼”存在，因为这些功能“貌似”有些价值，往往使产品经理和用户体验设计师犹豫不决，不忍心将其“砍掉”，其结果是不得不“买鸟”——又添加几项与之配套的功能和设计，以使得这项“没有什么大用”的“鸟笼”功能看起来与产品的整体更协调。所以，鸟笼效应值得产品经理和用户体验设计师深思，对于现有产品中价值不大的“鸟笼”功能应该尽早割舍。

当然，巧用鸟笼效应也可以取得良好的效果。例如，在网站、App、小程序中对即将上线的产品功能或者商业活动进行预告宣传，这时预告宣传的页面以及在用户脑海中形成的概念，就构成了一个“鸟笼”，送给了用户，让用户期待着看到即将“填进鸟笼的鸟”——新的产品功能或商业活动到底是什么。所以，产品经理和用户体验设计师应该对预告宣传页面进行精心的构思，编写精彩的文案，设计精美的海报，选择醒目的页面位置，以合适的曝光频率进行预告内容的投放，从而利用“鸟笼效应”把用户的胃口吊得足足的。这样，“备受瞩目”的新产品功能或商业活动一旦上线，就必将收获用户十足的关注，获得良好的商业效果。

1.37 费希尔与电动洗衣机（1907 年）

家用电器是指在家庭及类似场所中使用的各种用电器具。门类繁多的家用电器把我们从繁重、琐碎、费时的劳作中解放出来，为我们创造了舒适便捷的环境，还给我们提供了丰富多彩的文娱条件，已成为现代家庭与办公环境的必需品。家用电器是用户体验的重要“用武之地”，通过对家用电器的功能、外观、操作、使用说明进行持续的用户体验研究、设计与优化，可以让我们过上更幸福的生活。所以在本书中，笔者介绍了几种主要家用电器的发明始末，并从用户体验的角度对其优化历程进行了评述。在此，笔者将给大家介绍电动洗衣机的情况。

1691 年，第一个洗衣机类的英国专利被颁发[1]。1782 年，亨利·西吉尔（Henry Sidgier）获得了旋转滚筒洗衣机的英国专利。1858 年，美国发明家汉密尔顿·史密斯（Hamilton Smith）在美国匹茨堡制成了世界上第一台洗衣机，其主件是一只圆桶，内装一根带有桨状叶子的直轴，直轴是通过摇动和它相连的曲柄转动的。同年史密斯取得了该洗衣机的专利权。由于该洗衣机使用费力，且损伤衣服，因而没被广泛使用，但这却标志了使用机器洗衣的开端。

1874 年，美国人比尔·布莱克斯发明了木制手摇洗衣机，其构造极为简单，在木筒里装上 6 个叶片，用手柄和齿轮传动，使衣服在筒内翻转以达到洗涤目的。该装置让那些为提高生活效率而冥思苦想的人士大受启发，洗衣机的改进速度开始大大加快。尽管改进后的洗衣机仍为人力驱动，但简化了人工操作步骤，向着省时省力、用户体验提升的方向前进了。1880 年，美国出现了蒸汽洗衣机，蒸汽动力开始取代人力。之后，水力洗衣机、内燃机洗衣机也相继出现。

1907 年，美国芝加哥赫尔利（Hurley）电动洗衣设备公司的工程师阿尔瓦·约翰·费希尔（Alva John Fisher,1862 年—1947 年）发明了世界上第一台实现量产销售的电动洗衣机——“雷神洗衣机”（Thor washing machine），从 1908 年开始在全美进行大规模销售。1910 年，雷神洗衣机专利申请获批[2]。该专利由小型电动机驱动，用“有孔圆筒可旋转地安装在盛有洗涤水的桶内”。当圆筒旋转时，一系列刀片将衣服提升。朝一个方向旋转 8 圈后，会反向旋转，以防衣服堆积成一团。雷神洗衣机的问世，使洗衣设备向着用户体验水平更高、更能让人类过上幸福生活的方向前进了一大步。1920 年雷神电动洗衣机的广告，如图 1-51 所示。

1922 年，美国玛塔依格公司发明了世界上第一台搅拌式洗衣机，改造了洗涤结构，把拖动式改为了搅拌式，在筒中心装一立轴，立轴下端装搅拌翼，电动机带动立轴，进行周期性正反摆动，使衣物和水流不断翻滚、相互摩擦，以涤荡污垢。搅拌式洗衣机结构合理，站在用户体验角度来看，既安全又易用，所以受到人们的普遍欢迎。

1937 年，美国阿维科（Avco）公司的子公司班迪克斯（Bendix）家用电器公司推出了世界上第一台家用自动洗衣机，同年申请了专利[3]。它靠一根水平轴带动注满水的缸，衣服在缸内上下翻滚，以去污除垢。其外观和机械细节与现今的前置式自动洗衣机基本相同。自动洗衣机的发明简化了洗衣设备的操作步骤，将人们从烦琐的劳作中进一步解放出来。

图 1-51 1920 年雷神电动洗衣机的广告

二战期间，美国的洗衣机生产被暂停，但许多厂商被允许继续进行洗衣机研发。20 世纪 40 年代末至 50 年代初，大量美国厂商推出了具有竞争力的自动洗衣机（主要是上装式），如通用电气公司就在 1947 年推出了其首款上装式自动洗衣机。尽管在朝鲜战争期间出现了材料短缺的情况，导致自动洗衣机价格昂贵，但到了 1953 年，自动洗衣机在美国的销量仍超过了拧干式电动洗衣机。这说明用户体验好的产品，即使价格贵一些，也仍能受到消费者的加倍青睐。

20 世纪 60 年代，英国劳斯剃刀（Rolls Razor）公司生产的低价洗衣机使双桶洗衣机短暂地变得非常流行。双桶洗衣机有一大一小两个桶，较小的桶是用于离心干燥的旋转滚筒，而较大的桶底部有一个搅拌器。20 世纪 70 年代，波轮式套桶全自动洗衣机问世。20 世纪 70 年代后期，以计算机控制的全自动洗衣机在日本问世，开创了洗衣机发展的新阶段。用户体验再一次发挥了作用，人们开始拥抱“全自动”这种几乎不用人工的操作方式。

20 世纪 80 年代，“模糊控制”的应用使洗衣机操作更简便，功能更完备。20 世纪 90 年代初，高档自动洗衣机在计时过程中采用了微控制器。这被证明是可靠并具有成本效益可行性的，所以后续许多便宜机型也都采用了微控制器，而不是机电式定时器。自 2010 年代以来，一些电动洗衣机有了触摸屏显示器、彩色显示器，或对触摸敏感的控制面板。这些改进越来越贴近用户，使用户的操作更便捷、更简单，用户体验性能更好。

纵观几百年来的洗衣机发展史，从人力洗衣机、蒸汽洗衣机、电动洗衣机到自动洗衣机、全自动洗衣机，再到有计时控制器和触摸屏显示器的洗衣机，这是一个从用户体验的角度，不断解放人力、简化操作、提高效率的过程；而且，在满足成本效益原则的基础上，厂商是有动力从用户体验方面优化产品的，因为这种优化往往能带来销售提升和利润增长。

1.38
《装饰与罪恶》
（1908 年）

《装饰与罪恶》（“Ornament and Crime”）是奥地利和捷克斯洛伐克现代主义建筑师、功能主义设计的代表人物之一、颇具影响力的欧洲理论家、现代建筑辩论家（polemicist）阿道夫・路斯（Adolf Loos，1870 年—1933 年，见图 1-52）发表的一篇论文兼演讲稿，其批判了日常实用物品上的装饰，对世界建筑审美以及现今的用户体验设计审美产生了深远的影响[1]。

图 1-52　阿道夫・路斯

1870 年，路斯出生于布尔诺（Brno，以前也是属于捷克共和国）的一个雕塑家和石匠家庭。随着兴趣的变化，路斯上了多所大学，事实证明，这些大学为他提供了多样化的建筑技能。离开最后一所大学后，路斯访问了美国，受到芝加哥建筑学派（Chicago School of Architecture）的强烈影响，并受到建筑大师路易斯・亨利・沙利文（Louis Henri Sullivan，1856 年—1924 年）及其形式追随功能法则的启发。随后，路斯创作了许多作品，包括讽刺文章《一个穷富翁的故事》（“The Story of a Poor Rich Man”）和他最受欢迎的宣言《装饰与罪恶》。在路斯的文章中，使用了一些挑衅性的词语，令人们印象深刻。

路斯是现代建筑学的先驱，为建筑和设计领域的现代主义贡献了大量理论和批评，并提出了“raumplan”（字面意思为空间规划）室内空间布置方法，布拉格（Prague）的米勒别墅（Villa Müller）就是一个例子。路斯受到现代主义的启发，是广为人知的新艺术运动（Art Nouveau，一种 19 世纪末期的设计风格，以蜿蜒的线条和叶状形式为特征）批评家。他的争议性观点和文章引发了维也纳分离派运动和后现代主义（Vienna Secession Movement and Postmodernism）的建立[1-2]。

虽然人们普遍认为路斯的《装饰与罪恶》创作于 1908 年，但实际上，路斯于 1910 年在维也纳文学与音乐学会（德语：Akademischer Verband für Literatur und Musik）上才首次发表了该演讲。之后的 1913 年，该论文以“Ornement et Crime”为题在法文期刊上发表。直到 1929 年，该论文才在德国《法兰克福报》上以德文发表，题为“Ornament und Verbrechen”[3-4]。

被人们称为宣言的《装饰与罪恶》主张光滑清晰的表面，与 19 世纪末期的奢华装饰形成鲜明对比，并主张维也纳分离派（Vienna Secession）更现代的美学原则，维也纳卢斯豪斯（Looshaus，Vienna）的设计就是一个例子。《装饰与罪恶》创作于新艺术运动——在奥地利被称为分离派（Secession），路斯甚至在 1900 年新艺术运动鼎盛时期就对其大加挞伐，为现代艺术指明新的前进方向。这篇文章在阐明从工艺美术运动（Arts and Crafts Movement）继承下来的一些道德观点方面具有重要意义，这些观点后来成为包豪斯设计工作室（Bauhaus design studio）的基础，并有助于界定建筑中的现代主义意识形态。

路斯创作《装饰与罪恶》的灵感源于他在设计一座宫殿对面的无装饰建筑时遇到的一些规定，他当时不得不屈从于那些规定，在窗户上增加了花箱（flower boxes）[5]。后来，路斯将文化的线性和向上发展的乐观意识与将演进应用于文化语境的当代时尚联系在了一起[1]。他宣称："文化的演进（evolution）是随着日常实用物品上的装饰的消除而进行的"，并断言："文化的演进与日常实用物品上装饰的去除是同义词。"[6]

因此，路斯认为强迫工匠或建筑师把时间浪费在装饰上是一种犯罪，因为装饰会使物品很快过时。路斯提出了装饰的"不道德"感的观点，称其为"堕落"，认为抑制装饰是规范现代社会所必需的。路斯得出结论："任何生活在我们这个文化水平的人都再也造不出装饰来了……摆脱装饰是精神力量的标志。"[7] 路斯的精简（stripped-down）建筑影响了现代建筑的最小体量（minimal massing of modern architecture），同时也引发了争议。

虽然路斯的许多建筑以外观缺乏装饰而闻名，但其内部都采用了丰富且昂贵的材料，尤其是石材（大理石和普通石头）和木材，以一流的工艺在平面上展现出自然的图案和纹理——路斯从未主张完全不使用装饰，而是主张装饰必须适合材料的类型。路斯认为，区别不在于繁复和简单，而在于"有机"装饰（比如，由本土文化创造的装饰，路斯提到了非洲纺织品和波斯地毯）和多余的装饰[6]。

路斯提倡的这种新式的、精简的、"有机"的装饰风格使人们从文化演进的高度去审视装饰等视觉元素存在的合理性，对后世的建筑设计产生了巨大的影响，也对现今的用户体验、交互设计、视觉设计产生了广泛而深刻的影响。

第二章 开端期

（1911 年—1945 年）

笔者把 1911 年至 1945 年这 34 年命名为用户体验简史的“开端期”。

开端期开始于 1911 年，这是弗雷德里克・泰勒出版《科学管理原理》的年份。此后，1913 年亨利・福特引入 T 型车流水线，1915 年吉尔布雷斯夫妇在进行动作研究时首次提出“动素”的概念。笔者认为，弗雷德里克・泰勒提出科学管理原理、亨利・福特引入 T 型车流水线和吉尔布雷斯夫妇提出“动素”概念是昭示着用户体验开端的三大标志性科学实践成果。泰勒、福特和吉尔布雷斯夫妇的研究与实践开始将用户体验相关理论从人们朴素、自发、本能、有意无意、“隐性”地运用中提炼出来，这标志着用户体验的开端，也标志着用户体验“显性”地初登历史舞台。

开端期结束于 1945 年，这是第二次世界大战结束的年份。两次世界大战是残酷的，但也在客观上促进了各学科的快速发展。开端期与此后的演进期交界于 1945 年。这是因为在 1945 年二战结束之前，各军事强国醉心于通过两次世界大战来瓜分世界，使整个人类社会都被动地卷入其中，这时人们关注的重点是打仗，科技发展以军用为导向，用户体验的初步发展围绕着战争展开；而在 1945 年二战结束之后，世界各国纷纷在满目疮痍的战争废墟上重建家园、发展经济，面貌为之一新，心态为之一变，这时人们关注的重点不再是打仗，而是经济建设，科技发展以民用为导向，用户体验的演进发展围绕着战后各国风风火火的经济建设而展开。所以，笔者认为，以 1945 年为界，将用户体验简史划分为开端期和演进期是符合客观历史事实的。

在用户体验发展的开端期中，有很多重要内容值得大家关注，包括弗雷德里克・泰勒的科学管理实践、格式塔心理学派的创立、卡尔・荣格创立的分析心理学、亨利・福特引入的 T 型车流水线、吉尔布雷斯夫妇的动作研究、两次世界大战对人类社会的深刻影响、工程心理学的发端、工业设计诞生地包豪斯学校的成立、霍桑实验的开展、电视机和飞行模拟器的发明、流线型设计的“走红”、深度访谈和焦点小组的广泛使用、海因里希法则的提出、李克特量表的发明、图灵的贡献、马斯洛需求层次理论的提出、心智模型的提出，以及蔡格尼克效应、雷斯多夫效应和斯特鲁普效应等心理学效应的提出，等等。下面，笔者为大家详细介绍。

2.1 泰勒的科学管理（1911年）

图 2-1 弗雷德里克·温斯洛·泰勒

弗雷德里克·温斯洛·泰勒（Frederick Winslow Taylor，1856年—1915年）是美国机械工程师、管理学家、最早的管理顾问之一[1]，被誉为“科学管理（scientific management）之父”[2]（见图2-1）。其工业管理制度被称为泰勒主义（Taylorism），极大地影响了全世界工业工程和生产管理的发展。他的金属切削试验、搬运生铁块试验、铁锹试验等三项著名科学管理试验[3]是人类步入工业社会以来进行的跟用户体验、人因与工效学密切相关的早期实践，影响深远。

1856年，泰勒生于美国费城一个富有的律师家庭，他从母亲那里接受过早期教育，又在法国和德国学习两年，还周游欧洲18个月。中学后，他进入美国新罕布什尔州的菲利普斯埃克塞特学院，后考入哈佛大学法律系，不久因眼疾辍学[4]。1875年，他进入费城恩特普里斯水压工厂当模具工和机工学徒，后转入费城米德维尔钢铁公司（Midvale Steel Works）工作。1893年，他开始独立从事工厂管理咨询工作，对科学管理方式进行了深刻的探索[5]。

1881年，泰勒在费城米德维尔钢铁公司开始进行金属切削试验，以解决工人怠工问题并深入研究机床效率——要确定在使用车床、钻床、刨床时，选用何种刀具和速度来获取最佳加工效率。该试验预期耗时6个月，却实际耗时26年，在用掉了80多万吨钢材以及约15万美元的经费后，终获重大进展，发现了能大大提高产量的高速工具钢，并取得了各种机床的适当转速、进刀量和切削用量标准等数据。泰勒通过金属切削试验，基于对劳动时间和工作方法的研究，给工人制定了一套工作量标准。这既是工时研究的开端，为科学管理理论奠定了基础，又是第二次工业革命时期跟用户体验、人因与工效学相关的早期探索。

1898年，泰勒在伯利恒钢铁公司开始了搬运生铁块试验。他挑选了一些工人，每天给更高的报酬，让他们通过改变弯腰搬运、直腰搬运、行走速度、持握位置等因素，来产生不同的生产效率。通过长时间试验，合理搭配劳动时间与休息时间，泰勒发现工人们的搬运量可从每人每天12吨提升至47.5吨，工资从每人每天1.15美元提升至3.85美元。泰勒不仅改进了劳动时的操作方法，训练了工人，使搬运效率成倍提高，还研究了每一套操作动作的精确时间，得出了一位“一流工人”每天应完成的工作量。通过搬运生铁块试验，泰勒研究了时间、动作、劳动和休息，探索了完成既定工作的最佳方式，进一步奠定了科学管理理论基础，同时这也成为第二次工业革命时期对用户体验、人因与工效学所作的另一项重要探索。

泰勒还在伯利恒钢铁公司进行了铁锹试验。原先工人们自带铁锹，用相同的铁锹铲掘堆料场的铁砂、煤粉、焦炭等不同物料，导致铲掘铁砂时平均每锹的重量（约 38 磅，1 磅 ≈0.454 千克）远高于铲掘煤粉时平均每锹的重量（约 3.5 磅）。反复试验后泰勒发现每锹铲掘 21 磅最合理。据此，泰勒针对不同物料特制出 12 种不同形状和规格的铁锹，载荷都是 21 磅。此后，他不再让工人们自带铁锹，而是根据物料情况给工人们分发相应的特制铁锹，从而大大提高了铲掘效率。泰勒还设计了两张卡片，一张说明铁锹的情况和干活的地点，另一张记录着该工人前一天的表现——良好或亟须加油。经此变革，堆料场工人从 400 ~ 600 人降至 140 人，每人每天铲掘量从 16 吨提至 59 吨，日工资从 1.15 美元提至 1.88 美元，物料浪费的减少可为堆料场每年节约 8 万美元。泰勒的铁锹试验研究了劳动生产率与工具规格的关系，是对工具标准化的早期尝试，这种标准化结合了两次工业革命以来的机械化，使劳动生产率大幅提高，同时减弱了劳动复杂度，降低了对工人的技能要求，使培训工人从新手到熟手的周期缩短。该试验进一步夯实了科学管理理论的基础，也是第二次工业革命时期跟用户体验、人因与工效学相关的另一项重要探索。

通过多年来在生产一线的一系列实践与试验，泰勒的科学管理理论日臻成熟，包含了很多在用户体验、人因与工效学方面的早期思考。泰勒将其结集成书，陆续出版了《计件工资制度》（1895 年）、《车间管理》（1903 年）、《科学管理原理》（1911 年）等专著[6]。其中，《科学管理原理》是提升工作效率方面的经典之作，泰勒在书中断言系统管理是解决效率低下的方法，这深刻地影响了后世在工程效率领域的研究。

泰勒提出的科学管理理论作为美国进步时代（Progressive Era，1896 年—1916 年，是美国历史上一个大幅进行社会和政治改革的时期[7]）和效率运动（efficiency movement）的核心精神，有力推动了当时社会上的一系列改革。泰勒对工作人员和工具器械之间交互行为的开创性研究，以及对提高劳动效率的极致追求使他走在了探索新方法、提高生产率的前沿，极大地推动了人类社会进步，同时作为与用户体验、人因与工效学密切相关的早期探索，也给后世的用户体验专业人员提供了理论参考、思考方向与实践经验。

2.2 格式塔心理学派的创立

（1912 年）

用户体验是用户主观感受的“集合”，反映了用户的主观意向，涉及情感、偏好、感知等。而格式塔心理学（gestalt psychology）揭示了图形图像的版式、色彩、位置、边界等因素如何影响用户的主观意向，所以值得给大家介绍一下。

“格式塔”音译自德文“gestalt”，意为完形（configuration）或模式（pattern），指具有不同部分分离特性的有机整体、动态整体。通俗地说，格式塔就是一个完整的形体，由各个分离的部分组成，这些部分又各有特点。格式塔不是孤立不变的现象，而是通体相关的完整现象，具有完整特性，不能被割裂看成简单元素，其特性不包含于任何元素之内[1]。

秉持格式塔理念的心理学被称为格式塔心理学，于 20 世纪初出现在奥地利和德国，是西方现代主流心理学之一[2-3]。它诞生于威廉·冯特和爱德华·铁钦纳的结构主义心理学盛行之时。结构主义心理学扎根于英国经验主义[4-5]，基于三种理论：一是“原子主义”或“元素主义”[5]，认为所有知识都由简单基本的成分构成；二是“感觉主义”，认为思想的原子（最简单的成分）是基本的感官印象；三是“联想主义”，认为复杂思想来自于简单思想的联想[5-6]。格式塔心理学家反对结构主义元素学说，强调经验和行为的整体性，认为人们倾向于将物体理解为一个整体，而不是其各部分的总和[7]；整体具有优先权，部分由整体的结构决定，而非反之；整体不等于且大于部分之和，意识不等于感觉元素的集合，行为不等于反射弧的循环，应以整体的动力结构观来研究心理现象；把心理现象分解成更小的部分，并不能理解心理现象，看待心理现象的最有效方式是将其视为有组织、有结构的整体[8]。

提倡格式塔心理学的学派被称为格式塔心理学派（gestalt school of psychology），是心理学的重要流派之一[9]，其理论核心是整体决定部分的性质，部分依从整体。该学派将人的思想和行为视为一个整体，认为人的心理活动都是先验的完形。例如，我们对一朵花的感知，并非单纯来自这朵花的形状、颜色、大小等信息，还包括我们对花这种事物过去的经验和印象，加起来才是我们对这朵花的感知[10]。该学派认为，任何一种经验的现象，其中的每个成分都牵连到其他成分，每个成分之所以有其特性，是因为它与其他部分具有联系。由此构成的整体，并不决定于其个别的元素，而局部过程却取决于整体的内在特性。格式塔心理学派的创始人是三位德国心理学家：韦特海默、考夫卡和苛勒（见图 2-2）。

1910 年夏天，马克斯·韦特海默（Max Wertheimer，1880 年—1943 年）在从维也纳到

图 2-2 格式塔心理学派的三位创始人：马克斯·韦特海默（左）、科特·考夫卡（中）、沃尔夫冈·苛勒（右）

莱茵兰的火车上，对由窗外风景导致的视错觉——似动现象（phi phenomenon，指当两个静止对象相继在不同地方出现时，看起来就像在活动的现象）产生了一种解释，于是中途留在法兰克福大学进行深入研究。他对知觉产生了兴趣，与两位年轻助教考夫卡和苛勒合作，用速示器（tachistoscope）研究活动图像的效果。1912 年，韦特海默发表了《似动现象实验研究》一文，标志着格式塔心理学派的创立 [11]。1943 年，他完成了《创造性思维》。韦特海默热情幽默、才思泉涌，爱好作诗作曲，擅长演讲和热情鼓动，但著述极少。

1911 年—1924 年，科特·考夫卡（Kurt Koffka，1886 年—1941 年）一直任职于吉森大学，并进行了题为“对格式塔心理学的贡献”的系列实验研究。1922 年，考夫卡发表于《心理学期刊》的《知觉——完形说引论》引起了强烈反响 [12]。1935 年，考夫卡出版了其代表作《格式塔心理学原理》，这是格式塔心理学派将自己的学说加以系统化的第一部著作。

1913 年—1920 年，沃尔夫冈·苛勒（Wolfgang Köhler，1887 年—1967 年）任普鲁士科学院设在西班牙特内里费岛（Tenerife）的猩猩研究站站长，进行了猩猩实验，写成了《猩猩的智力》一书。苛勒对猩猩如何拿到天花板上的香蕉很感兴趣，发现它们将箱子叠放，并使用木棒。他认为猩猩的突破源于“顿悟”，而非爱德华·李·桑代克解释动物学习时所宣称的试误学习。

1921 年，韦特海默、考夫卡和苛勒联合精神病理学家库特·戈尔茨坦和汉斯·格鲁尔一起创办了格式塔心理学派的喉舌性刊物《心理研究》（*Psychologische Forschung*）。该刊物共发行了 22 卷，于 1938 年暂时停刊 [13]。格式塔心理学派创立后，声誉日隆。到二战前，已成为德国占统治地位的心理学派 [11]。格式塔心理学派诞生于德国，后来随着三位创始人移居美国而在美国得到进一步发展。20 世纪 50 年代以来，在其诞生地德国，因适宜的政治和文化气氛，这一学派又有复兴趋势。该学派对日本心理学界的影响也很大，这种影响在 20 世纪 30 年代最显著，并一直持续到 20 世纪 60 年代。此外，该学派在苏联、意大利和中国也产生了重大影响 [12]。

2.3
格式塔原则和知觉分组定律
（1912 年）

格式塔心理学派创立于 1912 年，其贡献主要有：一套独特原则、一套知觉分组定律、一套知觉定律，以及记忆理论。笔者将在本文中给大家介绍格式塔心理学派的独特原则和知觉分组定律，在下一篇文章中给大家介绍格式塔心理学派的知觉定律和记忆理论。

格式塔心理学派的独特原则涉及理论框架和方法论两个方面。其中，理论框架方面的原则包括整体性原则和心理物理同构原则。整体性（principle of totality）原则指必须从整体上考虑意识体验（兼顾所有生理和心理方面），韦特海默将整体主义描述为格式塔心理学的基础[1]。心理物理同构（principle of psychophysical isomorphism）原则是苛勒的假设——假设意识经验和大脑活动之间存在关联[2]。基于以上两个原则，又定义了两个方法论方面的原则：现象实验分析原则和生物实验原则。现象实验分析（phenomenon experimental analysis）原则指任何心理学研究都应以现象为出发点，而不是仅关注感官品质。生物实验（biotic experiment）原则提倡在自然情况（真实条件）下进行实验，以更高的保真度再现被试者的习惯，与经典实验室实验形成鲜明对比。

知觉分组（有时称为知觉分离[3]）是知觉组织的一种形式。格式塔心理学派是第一个系统研究知觉分组的心理学派[3]。格式塔知觉分组定律中最基本、最纲要性的定律是简洁律（Law of Prägnanz，其中德语 Prägnanz 意味着突出、简洁和有序[4]），也称为蕴含律、包含律。简洁律指出，人们倾向于将事物理解成有规律、有序、对称和简单的，换言之，人们倾向于把感知到的东西用一种最简洁的形式去理解，这种形式就是完形。正如考夫卡所说，“在几个可能的几何组织中，有一个组织将被知觉所采纳，它拥有最好、最简单和最稳定的形状”[5]。

简洁律意味着，当人们感知世界时会消除复杂和不熟悉的东西，以便能以最简单的形式观察现实。消除不相干的刺激有助于头脑创造意识，这种意识意味着一种全局规律性，在心理上往往优先于空间关系。良好的格式塔定律着重于简洁的理念，这也是所有格式塔理论的基础[6]。格式塔心理学的一个主要方面是，它意味着心灵将外部刺激理解为整体，而不是其各部分的总和。整体是利用分组定律进行结构化和组织的。格式塔心理学派把简洁律细化成了一套知觉分组定律，或称一套学习分组定律（在韦特海默看来，学习即知觉重组，因此知觉与学习几乎同义），包括接近律、相似律、连续律、闭合律、对称律、同域律、共同命运律、一致连通律、过去经验律、成员特性律，等等。格式塔知觉分组定律的例子，如图 2-3 所示。

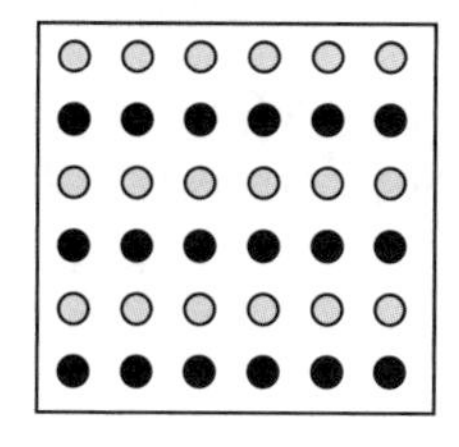

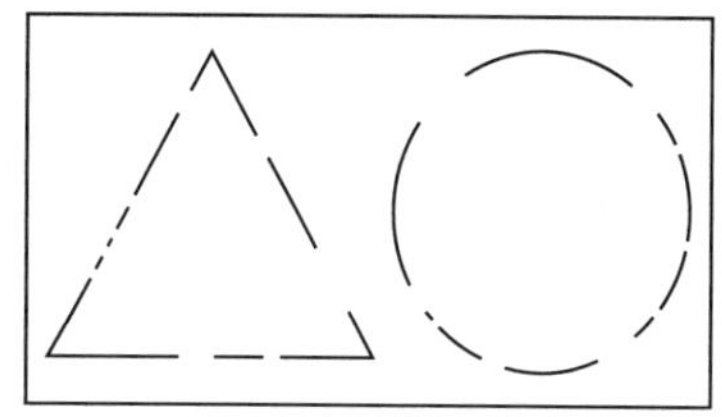

图 2-3 格式塔知觉分组定律的例子：接近律的例子（左）、
相似律的例子（中）、闭合律的例子（右）

接近律（law of proximity）：人们会把相互接近的多个物体按照彼此接近的程度组合成群组，越是接近，组合在一起的可能性就越大。

相似律（law of similarity）：人们会在知觉上把彼此相似的多个物体归为一个群组，这种相似性可以通过形状、颜色、阴影或其他形式呈现。

连续律（law of continuity）：人们会把在一个物体中排列整齐的多个元素识别为一个整体。在物体之间存在交叉的情况下，人们倾向于将两个物体感知为两个单一的不间断实体。

闭合律（law of closure）：人们倾向于将物体感知为完整的，而不是关注物体可能包含的空白。具体来说，当整幅图的部分内容缺失时，人们的感知会填补视觉空白。

对称律（law of symmetry）：人们的思维认为物体是对称的，并围绕着一个中心点形成。把物体分成偶数个对称部分在知觉上是令人愉快的。当两个对称的元素没有联系时，大脑在知觉上会将它们连接起来，形成一个连贯的形状。

同域律（law of common region）：人们更容易把包含在一个完整封闭区域内的元素识别为一组，同域内的元素具有非常强的相关性。

共同命运律（law of common fate）：人们会把物体感知为沿着最平滑的路径移动的线条。人们感知到物体的元素有运动的趋势，这表明物体所处的路径。

一致连通律（law of uniform connectedness）：人们倾向于把视觉上直接相连的元素看成一组。视觉的连接是一种极强的、相关性的暗示，意味着这些元素之间的关联性极大，超越了邻近性和相似性。

过去经验律（law of past experience）：人们在某些情况下会根据过去的经验来对视觉刺激进行分类。如果两个物体往往在很近的距离内被观察到，或者时间间隔很小，那么这两个物体就更有可能被一起感知。

成员特性律（law of membership character）：一个整体中的个别部分并不具有固定的特性，个别部分的特性是从它与其他部分的关系中显现出来的。

2.4
格式塔知觉定律和记忆理论
(1912 年)

格式塔心理学对用户体验有着重要的实践指导价值，所以笔者用了三个章节对格式塔心理学相关内容进行介绍。在本章节中，笔者打算介绍格式塔知觉定律和记忆理论。

创立于 1912 年的格式塔心理学派最早以实证方式证明并记录了许多关于知觉（包括运动知觉、轮廓知觉、知觉恒常性和知觉错觉）的事实 [1]。格式塔心理学体系的关键知觉定律包括涌现、实体化、多重稳定性和恒常性 [2]。虽然这些知觉定律不一定是可以单独建模的模块，但它们可能是一个统一的动态机制的不同方面 [3]。

涌现（emergence）即整体性，当一个复杂的实体具有其各部分本身不具备的特性或行为时，只有当它们在一个更广泛的整体中相互作用时，才会出现涌现。

实体化（reification）指知觉的建构性或生成性，通过这种方式，所体验到的知觉比它所依据的感觉刺激包含更明确的空间信息。例如，在实体化的例子（如图 2-4 中的左图所示）中，在 A 中会感知到一个三角形，尽管那里并没有三角形。在 B 和 D 中，眼睛会将不同的形状识别为“属于”一个单一的形状，在 C 中会看到一个完整的三维形状，而实际上并没有画出这样的形状。

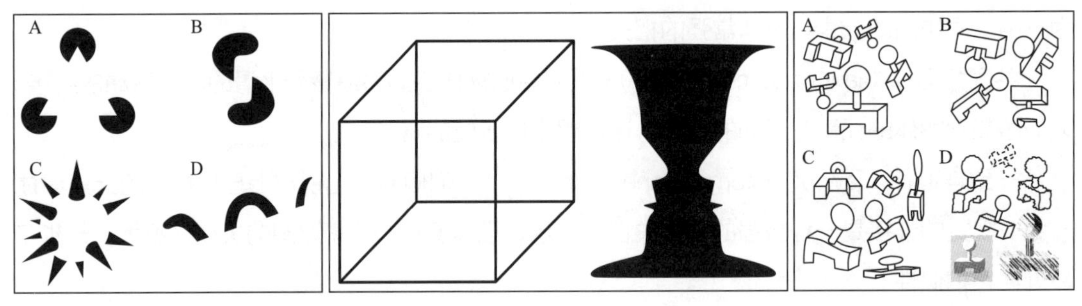

图 2-4　实体化的例子（左）、多重稳定性的例子（中）、恒常性的例子（右）

多重稳定性（multistability）也叫多义性，是指不确定的知觉体验在两种或更多的替代性解释之间不稳定地来回跳动的趋势。例如，从多重稳定性的例子（如图 2-4 中的中图所示）中的内克尔方块（Necker cube）和鲁宾花瓶（Rubin vase）上就可以看到这一点。

恒常性（invariance）是知觉的属性，也称为知觉恒常性，包括大小恒常性、形状恒常性、颜色恒常性、明度恒常性等。据此，简单的几何物体可以被识别，不受旋转、平移和比例的影响，也不受其他一些变化的影响，如弹性变形、不同的照明和不同的成分特征。例如，在恒常性的例子（如图 2-4 中的右图所示）中，A 中的物体都能立即被识别为相同的形状，能与 B 中的形状立即区分开来，甚至在 C 中的透视和弹性变形的情况下，以及在 D 中的不同图形元素的描述下也能被识别。

格式塔记忆理论构建于格式塔心理学家沃尔夫（Wulf）1922 年的一项研究之上。他先让被试者学习简单的线条画，然后在 30 秒或 24 小时后测试他们的记忆力。尽管样本图形并未清楚地表示某一物体，但被试者都看到与自己所熟悉物体的相似之处。被试者倾向于画出一幅更清楚一致的图画，他们记住的内容往往不是学到的内容，而是比样本图形更好的完形。同时，遗忘不仅是丢失某些细节，更是把原来的刺激连续不断地变为具有更好完形的其他某个物体。这项研究最后让沃尔夫发现了 3 种记忆组织倾向：常态化、尖锐化、水平化。

常态化（normalizing）是指在记忆中，人们往往根据自己已有的记忆痕迹对知觉图形加以修改，即一般会趋向于按照自己认为它似乎应该是什么样子来加以修改。

尖锐化（sharpening）是指在记忆中，人们往往强调（夸大）知觉图形的某些特征而忽视其他具体细节。

水平化（leveling）是指在记忆中，人们往往趋向于减少知觉图形的小的不规则部分，使其对称；或趋向于减少知觉图形中的具体细节。水平化与尖锐化是伴生的。

格式塔心理学经常被用于用户体验设计中。比如，在设计网页时，可以根据同域律把相关性强的图文圈在一个区域里，方便用户阅读；在设计品牌徽标时，可以根据闭合律和连续律，设计出留有空白因而更有趣味性、更加灵动的作品，国际商用机器公司（IBM）由一系列短线拼成的徽标就是一个经典范例；在设计交互页面时，可以根据接近律和相似律来设计单选按钮，等等。

沃尔夫冈·苛勒认为，形状意义上的“格式塔”已不再是格式塔心理学家们的注意中心，根据这个概念的功能定义，它可以包括学习、回忆、志向、情绪、思维、运动等过程。广义地说，格式塔心理学家们已用“格式塔”这个术语研究了心理学的整个领域。格式塔心理学可以作为一套重要的评价标准，用于衡量产品、系统或服务的用户体验水平。同时，格式塔心理学也是一套美学标准，按照这套标准去构建产品、系统或服务，就能吸引用户眼球，贴近用户偏好，给用户正向引导，激发用户内心共鸣。

2.5 荣格创立分析心理学（1913年）

图 2-5　卡尔·古斯塔夫·荣格

卡尔·古斯塔夫·荣格（Carl Gustav Jung，1875年—1961年，见图2-5）是瑞士心理学家、精神病学家、分析心理学的创始人。荣格的理论和思想在精神病学、人类学、考古学、文学、哲学、心理学和宗教研究等领域都产生了深远影响[1]。他还是一位学富五车、著作等身的学者，被认为是历史上最有影响力的心理学家之一[2]，是心理学鼻祖之一。

荣格1875年出生于瑞士图尔高州（Canton of Thurgau）凯斯威尔（Kesswil）。1895年—1900年，他在巴塞尔大学（University of Basel）主修医学，随后在苏黎世伯格尔茨利（Burghölzli）精神病院担任布鲁勒（Eugen Bleuler）的助理医师[3]。其间他进行了词语联想研究（studies in word association），积累了最初的声誉。荣格对弗洛伊德1899年出版的《梦的解析》很感兴趣，1907年他开始与弗洛伊德合作，发展及推广精神分析学说，1910年荣格与弗洛伊德共同创立了国际精神分析学会，荣格担任第一届主席，后因两人的学说产生分歧而决裂。

1912年，荣格出版了《无意识心理学》（*Psychology of the Unconscious*），标志着他与弗洛伊德及精神分析学派彻底决裂。1913年，荣格首次使用"分析心理学"（Analytical Psychology）一词，用来描述一种旨在探索无意识及其与意识关系的新型心理学，标志着分析心理学的创立。荣格提出"情结"的概念，提出人格类型说（把人格分为内向和外向两种），主张把人格分为意识、个人无意识和集体无意识三层。荣格著作极丰，全集共19卷，其中卷6至卷9是他理论体系的主干，包括心理类型、心理结构与动力、原型与集体无意识等方面的研究。他的主要著作有《无意识心理学》（1912年）、《心理类型》（1921年）、《分析心理学的贡献》（1928年）、《答约伯》（1952年）、《回忆、梦、反思》（1965年）等。

荣格在解梦方面有杰出成就，梦反映潜意识，是心理学家非常重视的。据荣格估计，他总共解过约8万个梦。荣格的学说与弗洛伊德的学说最大的区别是荣格的理论得到较为广泛的考察证明。相对于弗洛伊德认为梦是一种被压抑愿望的隐晦表达，荣格更强调梦具有一种补偿作用，梦不是伪装和欺骗，而是一部用特殊语言写成的书。荣格对宗教毫无忌讳，对中国道教的《太乙金华宗旨》《慧命经》《易经》及佛教的《中阴闻教救度大法》、禅宗皆有深入研究。他也对西方炼金术着迷。他在《太乙金华宗旨》及西方炼金术中找到与他个性化观念相同之处：调和有意识的自我与无意识的心性。

荣格曾到非洲及美洲等地对原始人类的心理进行考察，并比较西方人与东方人的宗教、神话、传说、童话、梦，发现许多共同的原型而最终提出“集体无意识”这一重要的心理学概念。荣格认为无意识分为个人无意识和集体无意识，他认为集体无意识是人格中最深刻、最有力的部分。它是由几千年来人类祖先经验积累所形成的一种遗传倾向，这些遗传倾向被称为原型。各种原型在梦、幻觉、幻想、神经症中被无意识地表现出来。相对于弗洛伊德的无神论倾向，荣格认为集体无意识中充满了神的形象。

1921 年，荣格出版了《心理类型》（*Psychological Types*）一书，提出“人格类型说”，这使荣格在心理学界名声大振。在这本书中，荣格提出了意识（consciousness）的 4 种主要功能，包括两种感知或非理性功能：感觉和直觉（sensation and intuition），以及两种判断或理性功能：思维和情感（thinking and feeling）。这 4 种功能被两种主要的态度类型所改变：外向型（extraversion）和内向型（introversion）。

荣格认为，①感觉是用感官觉察事物是否存在；直觉是对事物变化发展的预感，无须解释和推论；思维是对事物是什么作出判断和推理；情感是对事物的好恶倾向。②人们的思维和情感要运用理性判断，所以它们属于理性功能；而感觉和直觉没有运用理性判断，所以它们属于非理性功能。③人的态度分为外向型和内向型两种类型，外向型人的心理能量指向外部，易倾向客观事物，这种人喜欢社交，对外部世界各种具体事物感兴趣；内向型人的心理能量指向内部，易产生内心体验和幻想，这种人喜欢远离外部世界，对事物本质和活动结果感兴趣。④将两种态度类型和 4 种意识功能相匹配，构成 8 种人格类型：外向感觉型、内向感觉型、外向直觉型、内向直觉型、外向思维型、内向思维型、外向情感型、内向情感型，这成为迈尔斯–布里格斯性格分类指标（MBTI，即 Myers-Briggs Type Indicator）的理论基础。

就像弗洛伊德创立的精神分析学一样，荣格创立的分析心理学也早已潜移默化地融入了我们日常的用户体验工作中，如现今做用户研究，描述用户角色、勾勒用户画像时，外向型和内向型都是很常用的标签类型。包括荣格学说在内的心理学是用户体验的基础，也是用户体验的理论来源之一，值得大家认真学习。

2.6 福特 T 型车流水线（1913 年）

如果问谁是“汽车之父”“汽车鼻祖”，大部分人可能都会想到本茨。是的，1886 年，正是卡尔·弗里德里希·本茨（Karl Friedrich Benz，1844 年—1929 年）成功研发出世界上第一辆单缸发动机三轮汽车，才将人类带入了汽车时代。但那时的汽车受限于手工制作，生产效率低，价格昂贵，只有富人才能买得起，而真正把汽车带入寻常百姓家的则是福特。

1863 年，美国汽车工程师、企业家亨利·福特（Henry Ford，1863 年—1947 年）出生在美国密歇根州的一个农场里。他的父亲威廉·福特是来自爱尔兰的移民，母亲玛利·福特是出生在美国密歇根州的比利时移民[1]。1879 年，福特离开家乡去底特律做机械学徒工，1882 年，他学成后进入西屋电气公司（Westinghouse Electric Corporation）负责维修蒸汽机[2]。

1891 年，福特成为爱迪生照明公司的一名工程师。1892 年，福特打造出了他的第一辆汽车，由一个两缸四马力的马达提供动力。1893 年，他被晋升为爱迪生照明公司的总工程师，之后有了更多的时间和钱财来对内燃机进行研究。1896 年，他打造出了他的第二辆汽车——福特四轮车（Ford quadricycle）[3]。

1903 年，福特与其投资者以 2.8 万美元建立了福特汽车公司（Ford Motor Company）[4]。在经历了 A、B、C、F、K、N、R、S 8 个车型之后，1908 年，福特汽车公司推出了在汽车工业发展史中举足轻重的福特 T 型车（Model T）。很多人可能会误以为该车从造型上看像字母 T 所以才取名 T 型车，实则不然，福特 T 型车的命名其实源于其车身材质——比较容易加工的金属锡（英文名为 Tin）。

T 型车一经问世，就备受青睐，面对纷至沓来的订单，福特意识到当时的生产组装工序已无法满足要求。有一天，福特汽车的工程师威廉·克莱恩参观了芝加哥斯威夫特屠宰场的流水线，该流水线的高效率引起了克莱恩的注意，这使他萌生了创设汽车流水线的想法，他将该想法报告给了生产主管彼得·马丁，最后传到了福特的耳朵里。1913 年，福特将“流水线”（assembly line，又名“装配线”）引入他的工厂（见图 2-6），并首次引申出后来在工业上发扬光大的量产（mass production）概念，从而大幅提高了福特 T 型车的生产量，以至于到 1918 年，在美国行驶的汽车中，有半数是福特 T 型车[5]。

福特认为汽车作为交通工具可以极大地改变人类出行与载运方式，而且他坚信只有进行大

图 2-6 福特 T 型车流水线（1913 年）

批量生产，才能降低汽车价格，使广大民众都有能力购买。而流水线装配方法正好可以帮助福特实现从小批量生产向大批量生产的升级。过去装配汽车的方法是全组工人围着车架工作，而零件要靠拖车或载重汽车从其他车间运来，很费时间。当采用流水线进行装配时，福特把工作分成最简单的基础单元。工人站在装配线两侧，每个人自始至终都重复某一种劳动，从而大大提高了劳动熟练程度，提升了生产效率。可以说，福特的 T 型车流水线是在现代工业社会的早期，在用户体验、人因与工效学、人机交互等领域所进行的大胆而务实的探索。

高效率的福特 T 型车流水线使汽车产量大增，价格急剧降低。一辆汽车的价格从 1908 年的 2000 美元降到了 1913 年的 850 美元。福特靠 T 型车的流水线装配量产，把汽车工业推上了专业化和高效化的道路，运到工厂的原料仅 4 天就可完成整车出厂，这是划时代的进步。在高效流水线的加持下，福特把汽车从富有的象征转变为大众化的消费品，造福了社会大众。

福特是世界上第一位将流水线概念实际应用于工厂并通过大量生产而获得巨大成功的人。其实福特并不是汽车或流水线的发明者，但福特引入的流水线这种新的生产方式使汽车成为普通人都能买得起的消费品，让汽车在美国真正普及化。这是一场工业生产方式的变革，对现代社会和美国文化产生了深远而巨大的影响。

通过 T 型车流水线的实践，福特走在了通过探索用户体验、人因与工效学、人机交互的新方法而提高生产率的前沿。经过福特的探索，流水线装配作业正式被大规模工业生产所采用。工厂里的工人与机器的交互行为有了巨大的改变：由原先的单人操作机器，单人需要熟练使用一整台机器完成一整套生产操作，变成了后来的一组人一起操作机器参与流水线生产，每个人只负责流水线中的一个环节，全组人一起配合才能完成一整套生产操作。

这样一来，工人的操作行为就更加“零件化”，每个人都像整个生产链条中的一枚螺丝钉，每个人只要对自己负责的那个生产环节能够熟练操作即可，不用对整个生产过程中的各个环节都熟悉掌握。这就大大缩短了一个工人从新手到熟手的培养周期，也大大提高了工人对自己所负责环节的操作熟练度，从而缩短了操作时间，提高了生产效率，并降低了操作失误的发生概率。因此可以说，福特在 T 型车流水线中的探索对用户体验、人因与工效学、人机交互等学科的发展做出了卓越的贡献。

2.7
沃尔夫发明家用电冰箱
（1913 年）

家用电冰箱是一种常见的家用电器，其发明经历了一个漫长的历史过程。

“冰箱”（refrigeratory）一词早在 17 世纪就已出现，而人工制冷技术始于 1755 年苏格兰教授威廉·库伦（William Cullen，1710 年—1790 年）设计的小型制冷机。库伦使用泵在盛有二乙醚的容器中制造真空，二乙醚沸腾后从周围空气中吸收热量[1]。1805 年，美国发明家奥利弗·埃文斯（Oliver Evans，1755 年—1819 年）描述了在真空下用乙醚制冰的封闭式蒸汽压缩制冷循环。1820 年，英国科学家迈克尔·法拉第（Michael Faraday，1791 年—1867 年）利用高压和低温将氨气和其他气体液化。1834 年，在英国的美国侨民雅各布·珀金斯（Jacob Perkins，1766 年—1849 年）制造出了第一个可工作的蒸汽压缩制冷系统。

1851 年，苏格兰裔澳大利亚人詹姆斯·哈里森（James Harrison，1816 年—1893 年）制造了一台机械制冰机，并于 1854 年制造了第一台商用制冰机。他在 1856 年将使用乙醚、酒精或氨的蒸汽压缩系统人工制冰技术申请了专利——这是世界上第一个实用的蒸汽压缩制冷系统。哈里森将商用蒸汽压缩制冷技术引入酿酒厂和肉类包装厂，到 1861 年，他的十几套系统已经投入使用。1859 年，法国的爱德华·杜桑（Edward Toussaint）使用水氨（“溶解在水中的气态氨”）开发了世界上第一个气体吸收式制冷系统（无压缩机，以热源为动力），并于 1860 年获得专利。

1876 年，德国慕尼黑工业大学的工程学教授卡尔·冯·林德（Carl von Linde，1842 年—1934 年）为一种改进的气体液化方法申请了专利，该方法使氨、二氧化硫和氯化甲烷等气体作为制冷剂成为可能，直到 20 世纪 20 年代末，这些气体一直被广泛用作制冷剂[2]。1894 年，匈牙利发明家和实业家伊什特万·罗克（István Röck）与埃斯林根（Esslingen）机械厂合作，开始制造以电动压缩机为动力的大型工业氨制冷机，其电动压缩机由甘兹（Ganz）工厂制造。在 1896 年的千年展览会上，罗克和埃斯林根机械厂展出了一台重 6 吨的人工制冰机。1906 年，匈牙利第一家大型冷库在布达佩斯开业，容量为 3000 吨，是欧洲最大的冷库。

1913 年，美国印第安纳州韦恩堡的弗雷德·沃尔夫（Frederick William Wolf Jr.，1879 年—1954 年）发明了世界上第一台家用电冰箱——“多美乐”（DOMELRE）[3-4]，其型号包括一个安装在冰盒顶部的设备[5-6]。1914 年—1922 年多美乐被生产、销售了几百台，成为第一台成功大规模销售的成套自动电动制冷设备（见图 2-7）。1915 年，阿尔弗雷德·怀斯曼·梅洛斯（Alfred Wytheman Mellowes，1879 年—1960 年）发明了世界上第一台独立式电冰箱（压缩机位于箱体底部），投入商业生产后，于 1918 年被通用汽车和雪佛兰的联合创始人威廉·克拉波·杜兰特（William Crapo Durant，1861 年—1947 年）收购，成为福瑞格（Frigidaire）公司，开始大规模生产独立式电冰箱。1918 年，凯尔维内特（Kelvinator）公司推出了第一台自动控制电冰箱，到 1923 年，该类产品占据了电冰箱市场 80% 的份额。

图 2-7　1914 年的多美乐电冰箱（左）及其广告（右）

1922 年，位于斯德哥尔摩的瑞典皇家理工学院的学生巴尔查·冯·普拉滕（Baltzar von Platen，1898 年—1984 年）和卡尔·蒙特（Carl Munters）发明了吸收式电冰箱，在全球范围内获得了成功，并由伊莱克斯（Electrolux）公司实现了商业化。1927 年，通用电气公司推出了“Monitor-Top”电冰箱（因外形酷似 19 世纪 60 年代美国海军“Monitor”号铁甲舰上的炮塔而得名），这是第一款得到广泛使用的电冰箱，产量超过 100 万台，使用二氧化硫或甲酸甲酯作为制冷介质[7]。20 世纪 20 年代引入的氟利昂作为更安全低毒的制冷剂，在 20 世纪 30 年代扩大了电冰箱市场。20 世纪 40 年代，家用分体式冰柜开始普及，冷冻食品从奢侈品变成了普通食品。20 世纪五六十年代，市场上出现了自动除霜和自动制冰等技术。

从机械制冰到电动全自动制冰，从“需要将机械部件、电机和压缩机安装在地下室或邻近房间，而冷藏箱则安装在厨房”的“大块头”到紧凑型独立式电冰箱，家用电冰箱的发明和改进历程体现了几百年来各国发明家对用户体验的重视，正是在他们的不懈努力下，消费者才能用上现今这样功能完善、操作简便、占地较少的家用电冰箱。

特别值得一提的是家用电冰箱的外观颜色。20 世纪 50 年代早期，大多数家用电冰箱都是白色的，但从 20 世纪 50 年代中期至今，设计师和制造商们为家用电冰箱增添了色彩。在 20 世纪 50 年代末至 20 世纪 60 年代初，绿松石色和粉红色等柔和的颜色开始流行，拉丝镀铬工艺也出现在一些型号的家用电冰箱上。20 世纪 60 年代末和整个 20 世纪 70 年代，大地色系开始流行，包括丰收金、鳄梨绿和杏仁色。20 世纪 80 年代，黑色成为时尚。20 世纪 90 年代末，不锈钢开始流行。由此可见，除了实用功能外，外观颜色也是家用电器不可忽视的重要方面，不同的外观颜色可以带给用户不同的心理感受，值得各位用户体验设计师关注。

2.8
机会成本
（1914 年）

大家可能也发现了，有很多原理和概念，虽然表面上跟用户体验没有什么交集，但实际上已经在我们日常的工作与生活中得到了潜移默化的应用。我们经常会根据这些原理和概念去做判断，进而得出跟用户体验工作密切相关的一些结论。机会成本就是这样一个看似与用户体验关系不大，但实则非常有用，经常作为用户体验设计、产品设计考量维度的概念。

机会成本（opportunity cost），也称为替代性成本（alternative cost），是指决策过程中面临多个选项，其中被放弃的价值最高的选项（highest-valued option forgone）的价值。要知道，我们的每一项选择，都有机会成本，正所谓“天下没有免费的午餐”[1]。孟子说：“鱼与熊掌不可兼得”，在这里面，如果你选择了熊掌而放弃了鱼，那么鱼的价值就是你选择熊掌时的机会成本。

图 2-8　弗里德里希·冯·维塞尔

“机会成本”一词是 1914 年由奥地利经济学家、社会学家、奥地利经济学派主要代表人物之一弗里德里希·冯·维塞尔（Friedrich von Wieser，1851 年—1926 年，见图 2-8）在其著作《社会经济理论》（*Theory of Social Economy*）中创造出来的[2]。

维塞尔在意大利经济学家、社会学家、洛桑学派代表人物、“二八法则”的发现者维尔弗雷多·帕累托（Vilfredo Pareto，1848 年—1923 年）工作的基础上，创造了“边际效用”（前文已介绍）和“机会成本”这两个概念，从而引导经济学家研究和分析稀缺性和稀缺资源的分配——因为资源是稀缺的，所以我们做任何选择都是有成本、有代价的。

维塞尔认为只要有选择、取舍存在，机会成本就存在。理性的经济人力求把机会成本降至最低，也就是要让为了现行选择所放弃或牺牲的代价降到最低。机会成本是在经济学中被广泛应用的概念，现今它不仅可以在个人决策中得到应用，在商品的生产、交换和分配等经济领域中得到应用[3]，还可以在用户体验设计、产品设计、用户运营、用户增长、市场传播等实践领域中得到应用。

关于机会成本，有 3 点要注意：①机会成本所指的“机会”必须是决策者可选择的项目，若不是决策者可选择的项目便不属于决策者的机会。例如，某农民只会养鸡、养鸭、养鹅，那么养猪就不属于该农民的机会。②机会成本是指被放弃的机会中收益最高的项目的收益，而不是指被放弃的各个项目的收益总和。例如，当收益从多到少排序是养鸡、养鸭、养鹅时，如果某农民决定养鸡，那么机会成本就是养鸭的收益，而不是养鸭与养鹅的收益总和。③机会成本等于外显成本加上隐含成本。其中，外显成本指实际支出，隐含成本则指时间、效益等。

在生活与工作中，机会成本的例子不胜枚举。例如，如果你晚上因为刷短视频而放弃了早睡，那么早睡的价值（身体健康、睡眠充足、次日能早起）就是你晚上刷短视频的机会成本。再如，假设当前产品团队（包括产品经理、用户体验研究员、用户体验设计师等）有 A 和 B 两个能提升用户体验水平的产品需求，而从人力、财力、物力和时间等资源上看，只够完成其中一个产品需求，那么当产品团队最后决定完成 A 而放弃 B 时，那个被放弃的产品需求 B 所拥有的价值就是产品团队所选择的那个产品需求 A 的机会成本。

产品的用户体验提升是有机会成本的。我们所面临的最大问题不是选择做什么，而是选择不做什么。机会成本难就难在所有的选择都是滞后的，只有时间才能给出答案。而在答案揭晓之前，我们应该坚持 3 条原则：①克制欲望、删繁就简，尽力在产品功能计划列表上做减法，而不能肆意地做加法，使产品功能臃肿化、违背用户预期。②应该按照重要性和紧急性把需要解决的用户体验问题排出优先级，先解决优先级高的问题。③应该抽出至少 1/10 的时间，解决重要但不紧急的问题，为“未来的大事”布局谋篇。

现今，包括机会成本、沉没成本、边际成本在内的众多成本知识已经走出了经济学的范畴，越来越多地在人们的日常工作与生活中发挥重要作用，成为了用户体验研究员、用户体验设计师、产品经理、运营专员、增长专员等 IT（信息技术）与互联网领域从业者的职业必修课。将这些成本知识熟练掌握、灵活运用，可以帮助 IT 与互联网从业者在进行产品需求优先级排序、思考解决方案时，有效地规避一些潜在的问题和风险，尽可能控制成本并使收益最大化，在提高工作效率的同时，帮助企业创造更多营收和净利润。

2.9
吉尔布雷斯夫妇的动作研究
（1915 年）

弗兰克·邦克·吉尔布雷斯（Frank Bunker Gilbreth，1868 年—1924 年）是美国工业工程师、效率专家、顾问、作家、科学管理的早期倡导者，被誉为“动作研究之父”。他的妻子莉莲·莫勒·吉尔布雷斯（Lillian Moller Gilbreth，1878 年—1972 年）是美国心理学家、管理学家、工业工程师、顾问和教育家，是将心理学应用于科学管理以及动作研究的先驱，作为第一批获得博士学位的女性工程师之一，她被认为是第一位工业与组织心理学家[1]，并在 20 世纪 40 年代被誉为“生活艺术的天才”（a genius in the art of living）[2]。吉尔布雷斯夫妇通过进行动作研究，对与用户体验密切相关的人因与工效学、工业工程的发展做出了卓越贡献（见图 2-9）。

图 2-9　吉尔布雷斯夫妇：弗兰克·邦克·吉尔布雷斯（左）和莉莲·莫勒·吉尔布雷斯（右）

1904 年，弗兰克·邦克·吉尔布雷斯与莉莲·莫勒·吉尔布雷斯在美国加利福尼亚州奥克兰结婚，共育有 12 个孩子，其中的欧内斯汀·吉尔布雷斯·凯里（Ernestine Gilbreth Carey，1908 年—2006 年）和小弗兰克·邦克·吉尔布雷斯（Frank Bunker Gilbreth Jr.，1911 年—2001 年）创作的半自传体小说《儿女一箩筐》（*Cheaper by the Dozen*，1948 年）和《群梦乱飞》（*Belles on Their Toes*，1950 年）讲述了他们的家庭生活，并描述了吉尔布雷斯夫妇如何将运动研究应用到他们这个大家庭的组织和日常活动中，这两部小说后来都被拍成了电影[3]。

1911 年，弗兰克·邦克·吉尔布雷斯进行了砌砖作业试验，试验对象是美国砌砖工人。他用快速摄影机拍摄砌砖工人的动作，然后进行仔细地观察、分析、统计，去掉无效动作，将砌砖的动作从 18 个减少为 4.5 个，提高了有效动作的效率，使工人在 1 小时内砌砖的数量由 120 块提高到 350 块[4]。

1915 年，吉尔布雷斯夫妇首次提出“动素”（Therblig，以其姓氏“Gilbreth”的倒写来命名）的概念[5]，即为完成一件工作所需的不可再分的基本动作。吉尔布雷斯夫妇识别并标示出了

17 种动素：搜寻（search，标示：Sh）、选择（select，标示：St）、预定位（pre-position，标示：PP）、定位（position，标示：P）、接物（transport empty，标示：TE）、抓住（grasp，标示：G）、移物（transport loaded，标示：TL）、放手（release load，标示：RL）、组装（assemble，标示：A）、拆卸（disassemble，标示：DA）、使用（use，标示：U）、检查（inspect，标示：I）、延迟（unavoidable delay，标示：UD）、故延（avoidable delay，标示：AD）、休息（rest，标示：R）、计划（plan，标示：Pn）和夹持（hold，标示：H）。后来美国机械工程师学会又增加了发现（find，标示：F）动素，动素增至 18 种。

吉尔布雷斯夫妇通过深入的研究，发现提高工作效率的关键是减少不必要的动作。有些动作不仅没有必要、会降低工作效率，还会使工人感到疲劳。为了减轻工人的疲劳，他们做了很多努力，包括减少动作、重新设计工具、改变零件摆放方式、调整工作台和座位高度，并开始制定工作场所标准。吉尔布雷斯夫妇努力去证明动作研究乃至科学管理，能够以改善和不减损工人的精神和体力的方式增加工业产出。

人们常常把吉尔布雷斯夫妇的工作与泰勒的工作联系在一起，然而，二者之间存在着实质性的哲学差异。泰勒主义的象征是秒表，主要关心的是减少处理时间；而吉尔布雷斯夫妇试图通过减少相关动作来提高处理效率。吉尔布雷斯夫妇认为自己的方法比泰勒主义更关心工人的福利，而工人自己也往往认为泰勒主义主要关心的是利润。

泰勒的时间研究（time study）和吉尔布雷斯夫妇的动作研究（motion study）合在一起组成了科学管理及泰勒主义的一个主要部分——时间与动作研究（time and motion study），这是一套提高商业效率的技术。其中，时间研究是研究各项作业所需的合理时间，即在一定时间内所应达到的或合理的作业量，以此制定作业的基本定额；而动作研究是研究和确定完成一个特定任务的最佳动作的个数及其组合，这需要把作业动作分解为最小的分析单位，然后通过定性分析，找出最合理的动作，以使作业达到高效、省力和标准化的方法。后来，时间研究朝着建立标准时间的方向发展，动作研究则发展成为一种改进工作方法的技术。这二者被整合、细化为一种被大家广泛接受的方法，适用于工作系统的改进和升级。这种工作系统改进的综合方法被称为方法工程（methods engineering），目前已被应用于包括银行、学校和医院在内的工业和服务组织中。

综合来看，就像“科学管理之父”泰勒一样，吉尔布雷斯夫妇不仅对科学管理的发展卓有贡献，同时也为与用户体验密切相关的人因与工效学、工业工程等学科的发展奠定了基础，对后世产生了巨大而深远的理论与实践影响。

2.10 第一次世界大战（1914 年—1918 年）

第一次世界大战（World War I，也称为 The First World War，简称“一战”）是 1914 年—1918 年协约国和同盟国两个联盟之间的一场全球性冲突，在欧洲列强的互相牵扯下，战火最终烧至欧洲、中东、非洲、太平洋和亚洲部分地区，导致当时世界上大多数国家都被卷入其中[1]。这是人类历史上破坏性最强的战争之一，给人类带来了深重的灾难。参战国家达 33 个，投入军队超过 7000 万人，15 亿人被卷入战争，850 万士兵和 1300 万平民死亡，2100 万人受伤[2]，战争造成的经济损失达 2700 亿美元[3]。如图 2-10 所示，1914 年德国士兵在前往前线的火车上。1917 年印有山姆大叔的美国陆军征兵海报，如图 2-11 所示。此外，一战期间大量军队和平民的流动是造成死亡人数为 1700 万 ~ 5000 万[4]的 1918 年—1920 年西班牙流感（Spanish flu）的主要传播因素。

一战是 20 世纪的技术与 19 世纪的战术的碰撞，堪称人类历史上的一场巨大浩劫，但在客观上却促进了科技（尤其是军事科技）的发展。到 1917 年底，拥有数百万人的主要军队已经实现了军事现代化，开始使用电话、无线通信[5]、装甲车、坦克（尤其是原型坦克“小威利”的出现）和飞机[5]。

在枪炮方面，出现了自动、半自动步枪，轻、重机枪，以及口径达 155 毫米的野战炮、最远射程达 12 公里的榴弹炮。1914 年，大炮被部署在前线，直接向目标射击。到 1917 年，火炮（以及迫击炮，甚至机枪）的间接射击已经司空见惯，使用了新的瞄准和测距技术，特别

图 2-10　1914 年德国士兵在前往前线的火车上

图 2-11　1917 年印有山姆大叔的美国陆军征兵海报

是飞机和经常被忽视的野战电话[6]。

在车辆装备方面，汽车长途运输以完成军事任务已不鲜见。在装甲车的基础上，出现了坦克。坦克首次使用是在 1916 年的弗勒斯 – 库塞莱特战役（the Battle of Flers-Courcelette）中，这是西线索姆河战役的一部分。早期的坦克速度慢、不可靠，但它们很新颖、很威武。事实证明，坦克对敌方步兵产生了重大的心理影响。到 1918 年中期，坦克已成为各参战国的标准装备，更是出现了时速 25 公里以上的坦克。

在战舰方面，冲突接近尾声时，航空母舰首次被投入使用。1918 年，狂怒号航空母舰（HMS Furious）在一次袭击中使用“索普维斯骆驼”（Sopwith Camels）双层机翼战斗机，摧毁了位于石勒苏益格 – 荷尔斯泰因州特纳的德国海军 3 座齐柏林飞艇（Zeppelin）艇库[7]。

在飞行器方面，飞机开始用于战场，在英国、法国、德国和俄国得到迅速发展，出现了新的兵种——航空兵。固定翼飞机最初用于侦察和对地攻击。为了击落敌机，战斗机和高射炮应运而生。战略轰炸机主要由德国和英国制造，尽管前者也使用齐柏林飞艇[7]。

一战在客观上不仅使各参战国陆海空武器装备水平取得了长足进步，还促进了很多学科领域的发展。

在军事医学领域，检伤分诊（triage，是指在伤员的数量多于急救人员数量时，将受伤人员按其伤情的轻重缓急或立即治疗的可能性进行分类并确定治疗优先次序的过程）是在拿破仑战争期间发展起来的，在美国内战期间首次得到系统应用，但直到第一次世界大战期间，英国等国家才广泛采用。伤兵会被送往一系列的救护站、包扎站和医院，在那里接受不同程度的治疗。

在与用户体验密切相关的人因与工效学、工业工程等领域，吉尔布雷斯夫妇在一战期间运用动作研究的成果（即将工作分解成更小的步骤，使从泥瓦建筑到文职工作等各种工作变得更快、更轻松），向士兵们展示了如何在黑暗中组装和拆卸武器。

一战还催生了与用户体验密切相关的新兴学科领域——航空心理学（aviation psychology）和航空医学（aeromedicine）。

其实，航空心理学的出现早于一战，但在一战前，其关注的重点是飞行员本身，也就是如何迅速准确地挑选并训练出合格的飞行员。随着一战的推进，出现了很多复杂情况，使各国研究人员开始把关注的重点从飞行员转移到了对飞机上各种控制器、仪表盘和显示器的设计上，并开始研究飞行高度和周围环境对飞行员身心的影响[8]。

在航空医学领域，一战中出现了航空医学研究以及对试验和测量方法的需求。到一战结束时，美国建立了两个航空实验室，一个在得克萨斯州的布鲁克斯空军基地（Brooks Air Force Base），另一个在俄亥俄州代顿外的莱特 – 帕特森空军基地（Wright-Patterson Air Force Base）。科研人员进行了许多试验，以确定成功的飞行员和不成功的飞行员有哪些不同的特点[8]。

此外，在汽车工业领域，亨利・福特在一战期间向数百万名美国人销售了 T 型车，使对汽车驾驶员行为的研究应运而生，成为现今的汽车企业进行各种用户体验相关研究的先导。

2.11 工程心理学的发端（1914 年—1918 年）

工程心理学（engineering psychology），是心理学的一个分支，主要研究人与机器、环境相互作用中人的心理活动及其规律。工程心理学研究人类行为和能力，被广泛用于系统和技术的设计和运行中[1]。工程心理学是与用户体验关系非常密切的学科。作为心理学的一个应用领域和工效学的一个跨学科部分，工程心理学旨在通过重新设计设备、交互或使用环境来改善人与机器之间的关系，使机器设备和工作环境的设计适合人的各种要求，从而实现人、机、环境的合理配合，使处于不同条件下的人能高效、安全、健康、舒适地工作和生活。克里斯托弗·威肯斯等人编著的《工程心理学与人的作业》（第 4 版）封面，如图 2-12 所示。

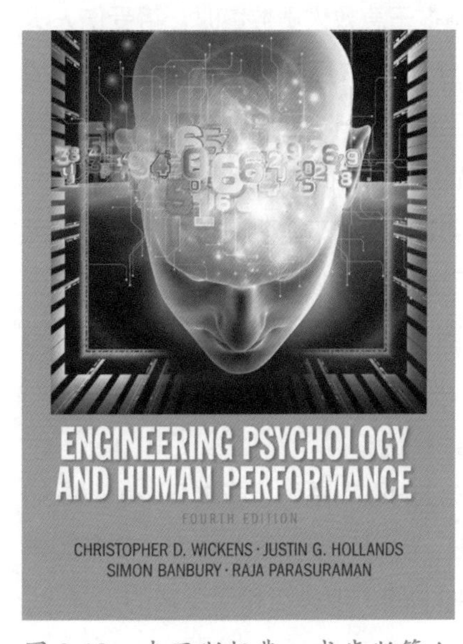

图 2-12 克里斯托弗·威肯斯等人编著的《工程心理学与人的作业》（第 4 版）封面

工程心理学发端于一战期间（1914 年—1918 年），是从实验心理学中产生的[2-3]。当时许多武器都经常出问题，炸弹没有落在正确的地方，武器攻击了普通海洋生物，诸如此类问题都能追溯到人为错误[2]。在美国，斯坦利·史密斯·史蒂文斯（Stanley Smith Stevens，1906 年—1973 年）和利奥·勒罗伊·贝拉内克（Leo Leroy Beranek，1914 年—2016 年）是第一批试图改变人和机器协同工作方式的心理学家，他们使用了心理声学（psychoacoustics）来限制人为错误[2]。他们最初的任务是设法降低军用飞机的噪声水平，以提高军事通信系统的可理解性，该任务完成得很成功。1915 年，英国成立了军火工人健康委员会，通过研究过度工作对效率的影响而提出了一系列建议，催生了提供休息和限制工作时间的政策，包括避免在周日工作。为了推进这项工作，1918 年，英国成立了工业疲劳研究委员会[4]。

在二战全面爆发的 1939 年之前，使人适应机器是人机关系研究的基本特点。工程师在设计机器时，往往只着眼于机械力学性能的改进，很少考虑操作者的要求；心理学家的工作也局限于为现成的机器选拔和训练操作人员。然而，二战使机器性能和复杂性大幅提高，使经过选拔和训练的操作人员也很难适应，由此引发了许多机毁人亡或误击目标的事故。这迫使人们重新审视机器的设计，促使人们认识到机器和操作者是一个整体，机器只有与操作者的身心特点匹配，才能安全有效地发挥作用。从这种认识出发，人机系统的概念被提了出来，人们研究的重点也发生了转变：从使人适应机器转向使机器适应人，由此形成了工程心理学这门学科。

二战期间的 1939 年，英国剑桥大学的研究人员弗雷德里克·巴特利特（Frederic Bartlett）和肯尼斯·克雷克（Kenneth Craik）等人开始研究设备的操作，并于 1944 年创建了这方面的研究单位，当时被归为应用心理学（applied psychology）的研究范畴[5]。两次世界大战催生了许多关于影响弹药产出和战争效率的人为因素的正式研究。然而，直到 1945 年 8 月之后，二战初期开展的研究才陆续展现出成果，工程心理学的研究水平才开始显著提高[2]。

笔者认为，在众多学科中，跟用户体验关系最为紧密的是人体测量学、工程心理学、人因与工效学。其中，人因与工效学是人因学与工效学的合称。尽管这些学科之间有很多交集，但还是有所不同。在此，笔者就给大家简单比较一下工程心理学、工效学、人因学。尽管这些术语的可比性一直是有争论的话题，但从各自的应用还是可以看出这些领域的差异的。

工程心理学关注的是设备和环境对人的适应性，基于人的心理能力和局限性，以提高整体系统性能为目标，涉及人和机器元素。工程心理学家努力通过改变设备的设计来匹配设备的要求和人类操作人员的能力[3]。这种匹配的一个例子是重新设计邮递员使用的邮包。工程心理学家发现，有腰托带、需要使用双肩的邮包可以减轻肌肉疲劳[3]。另一个例子是食品杂货店收银员由于使用电子扫描仪反复进行手腕运动而遭受的累积性创伤。工程心理学家发现，最佳的收银台设计应允许收银员轻松地使用任意一只手来分配两只手腕之间的工作量[3]。

工效学（ergonomics，也被称为人体工程学）的研究对象是工作环境中的普通人。工效学的理论和方法被广泛用于工艺和机器的设计、工作场所的布局、工作方法和物理环境的控制中，以实现人与机器的更高效率[6]。工效学研究的一个例子是评估螺丝刀手柄形状、表面材料和工件方向对扭矩性能的影响，以及在最大螺旋扭矩任务中的手指力分布和肌肉活动[7]。工效学研究的另一个例子是鞋子牵引力和障碍物高度对摩擦的影响。工效学中的许多主题也涉及将人与设备相匹配的实际科学，并涵盖较窄一些的领域，如工程心理学。

在欧洲，一度使用“人因学”（human factors）来代替“工效学”。人因学涉及跨学科研究，寻求在设计技术程序和产品时更好地认识和理解人的特点、需求、能力和局限性。人因学运用了机械工程、心理学和工业工程等领域的知识来设计仪器。工程心理学关注设计适应大脑信息处理能力的系统，而人因学比工程心理学关注的范围更广[8]。

工程心理学、工效学、人因学在各自领域的工作内容虽有所不同，但却有着相同的目标——优化人类活动的有效性和效率（有效性指实现目标的程度；效率指实现目标所需的资源和时间，二者相结合表示在实现目标的过程中既要达到预期效果，又要尽量减少资源和时间的消耗），并通过提高安全性、减少疲劳和压力、提高舒适度和满意度来提高人类活动的总体质量[1]。

2.12 包豪斯学校（1919 年）

用户体验设计中的许多理念和方法都来自于工业设计。所以，笔者打算在此给大家介绍一下西方工业设计的诞生地——包豪斯学校。包豪斯学校是一所以建筑为主，包括纺织、陶瓷、金工、玻璃、印刷、舞台美术及壁画等众多专业在内的设计学校，目的是培养具备独立创造性的建筑师、画家、雕刻家和手工艺人，形成一个带动时代潮流的艺术家和专业人员的合作集体，从而能设计出包括结构、装修、装饰和家具在内的整体上和谐的建筑物。

1914 年，德国建筑师、功能主义设计代表人物之一沃尔特·格罗皮乌斯（Walter Gropius，1883 年—1969 年）接替范·德·维尔德（Henry van de Velde）担任德国魏玛工艺美术学校校长（见图 2-13）。1919 年，在格罗皮乌斯的积极组织和筹划下，德国魏玛艺术学院和德国魏玛工艺美术学校合并成一所设计学校，取名“国立包豪斯学校”，简称“包豪斯”（德语为“Bauhaus”，该词由德语中表示房屋建造的“Hausbau”一词倒置而成，是格罗皮乌斯生造出来的，起初仅指包豪斯学校，后来也指以该学校为基地形成和发展起来的建筑、设计学派）。格罗皮乌斯任该校第一任校长，并亲自设计了校舍。

1919 年 4 月 1 日包豪斯学校成立当天，格罗皮乌斯发表了《包豪斯宣言》，倡导一切艺术家转向实用美术，雕刻和绘画的实用化在于建筑的装饰，建筑是各门艺术的综合；认为所有的艺术应统一在建筑的周围，建立起新型的建筑；一反传统绘画、雕塑为大教堂服务的做法，主张使绘画、雕塑、建筑各自独立，并趋于小型化和世俗化，同时又主张把绘画、雕塑和建筑结合成一个整体，互相促进；该校宗旨是创造一个艺术与技术接轨的教育环境，培养出适合机械时代的现代设计人才，创立一种全新的设计教育模式。

图 2-13　包豪斯学校创校校长沃尔特·格罗皮乌斯

包豪斯学校的成立标志着现代设计教育的诞生——包豪斯是世界上第一所完全为发展现代设计教育而建立的学校，对世界现代设计的发展产生了深远的影响，与用户体验息息相关的西方工业设计就起源于包豪斯。包豪斯是一所将手工艺与美术相结合的艺术学校[1]，因其设计方法而闻名于世，它试图将个人的艺术构想与大规模生产和强调功能的原则统一起来。

包豪斯学校首任校长格罗皮乌斯及其他成员从建筑必须适应现代工业社会的观点出发，鼓励形式创新，提出重视功能、技术和经济的现代派建筑和设计观点，指出建筑师、艺术家和画家要“面向工艺”。包豪斯学校首创了现代设计教学方法，其教育口号是“艺术与技术的新统一”，将艺术与手工艺的重点置于各种日常生活必需品的设计上。包豪斯的设计观点对现代工业设计和发展起到了积极作用，使现代设计由理想主义走向现实主义。格罗皮乌斯指出，包豪斯不是要传播任何艺术风格、体系或教条，而是要把现实生活因素引入设计造型中，努力去探索一种新的理念，一种能发展创新意识的态度——它最终形成一种新的生活方式，实现艺术与技术的统一，艺术、技术、经济与社会的统一，艺术设计师与建筑企业家的统一。

包豪斯的理念是创造一个“综合艺术品”，最终将所有艺术融合在一起。包豪斯风格后来成为现代设计、现代主义建筑和建筑教育中最具影响力的潮流之一[2]。包豪斯运动对后来的艺术、建筑、平面设计、室内设计、工业设计和字体设计的发展产生了深远的影响[3]。在国际上，包豪斯的前核心人物在美国取得了成功，并被称为国际风格的先锋派。包豪斯风格倾向于采用简单的几何图形，如矩形和球形，没有繁复的装饰。建筑、家具和字体通常采用圆角，有时墙壁也采用圆形。其他建筑则以矩形为特征，如突出的阳台和面向街道的扁平、厚重的栏杆，以及长条形的窗户。家具通常使用在拐角处弯曲的镀铬金属管。

包豪斯学校的创立正值德国的时代潮流从感性的表现主义转向务实的新客观主义之时。包括埃里希・门德尔松（Erich Mendelsohn）、布鲁诺・陶特（Bruno Taut）和汉斯・波尔齐格（Hans Poelzig）在内的一大批在职建筑师放弃了天马行空的实验，转而追求理性、实用，有时甚至是标准化的建筑。1933 年，包豪斯学校停办，但其设计教育思想一直影响着整个 20 世纪欧美各国，被誉为“现代设计的摇篮”[4]。20 世纪 30 年代末期，随着第二次世界大战的到来，包豪斯的主要领导人物和大批学生、教员从战火纷飞的欧洲移居到美国，从而把他们在欧洲进行的设计探索及欧洲现代主义设计思想带到了美国。

包豪斯学校的历史（1919 年—1933 年）虽然仅有 14 年零 3 个月，毕业生总共不过 520 余人，但它却奠定了机械设计文化和现代工业设计教育的坚实基础。格罗皮乌斯和包豪斯的理想“把人作为尺度”“平衡的全面发展”在其教育体系中得到充分的体现。“艺术与技术相统一”“设计的目的是人，而不是产品”“设计必须遵循自然和客观的原则来进行”等观点对现代工业设计的发展起到了积极作用，使现代设计逐步由理想主义走向现实主义，逐渐用理性的、科学的思想来代替艺术上的自我表现和浪漫主义[5]。

2.13 安慰剂效应（1920 年）

安慰剂效应（placebo effect，安慰剂“placebo”一词源自拉丁文的“我将安慰”），亦称假药效应，是被试者期望效应在医学领域（尤其是在药物测试领域）中的特例，指病人虽获得无效治疗，却“预料”或“相信”治疗有效，从而让自己的症状得到舒缓的现象。

虽然“安慰剂”一词早在 1772 年就被使用了，但英国医生约翰·海加斯（John Haygarth，1740 年—1827 年）于 1799 年才首次证明安慰剂效应的存在[1]。他发现，当时流行的金属珀金斯牵引器（Perkins tractors，是一种金属指针，据说可以“拉出”疾病，因而以高价出售）竟然和假的木制牵引器起的作用相同，显示出“在某种程度上，仅靠想象就能对疾病产生强大影响”[2]。海加斯将这一发现发表在《论想象力作为身体疾病的原因和治疗方法》（*Of the Imagination*，*As a Cause and as a Cure of Disorders of the Body*）一书中[3]。

18 世纪晚期，“安慰剂”一词在医学语境中被用来形容一种“普通的方法或药物”，而在 1811 年，“安慰剂”被定义为“任何为了取悦病人而非造福病人的药物”。虽然这一定义包含贬义[4]，但并不意味着“安慰剂”没有效果[5]。

在现代，第一个定义和讨论“安慰剂效应”的是 T. C. 格雷夫斯（T. C. Graves）。他于 1920 年在《柳叶刀》（*The Lancet*）上发表了一篇论文[6]，创造了“安慰剂效应”一词[6-7]，并谈到“药物的安慰剂效应”在那些“真正的心理治疗效果似乎已经产生”的案例中表现出来[8]。

1946 年，耶鲁大学生物统计学家和生理学家埃尔文·莫顿·杰利内克（Elvin Morton Jellinek，1890 年—1963 年）用可以互换使用的“placebo reaction”和“placebo response”两个术语描述了“安慰剂反应”。

1955 年，美国麻醉学先驱、医学伦理学家、哈佛医学院教授亨利·诺尔斯·比彻（Henry Knowles Beecher，1904 年—1976 年）发表了颇具影响力的论文《强大的安慰剂》（“The Powerful Placebo”），提出了安慰剂效应在临床上很重要的观点[9]，认为这是大脑在身体健康中所起作用的结果。虽然比彻并不是第一个介绍安慰剂效应的人（上文已述及格雷夫斯是创造并第一个介绍“安慰剂效应”的人），但比彻首次强调了双盲（double-blind，即医生和病人都不知道该药物是否为安慰剂）安慰剂对照临床试验的必要性[10]。在该试验中，对照组的任何变化都被称为安慰剂反应，它与不治疗的结果之间的区别就是安慰剂效应[11]。从 20 世纪 60

年代开始，安慰剂效应得到广泛认可，新药必须通过双盲安慰剂对照临床试验，证明新药比安慰剂更有效（“有效”指达到这两项中的至少一项：该药物比安慰剂能影响更多病人；病人对该药物比对安慰剂有更强反应），才能获得批准[12]。

安慰剂效应其实就是指心理安慰的作用，对用户体验工作很有启发意义。它告诉我们，可以通过一些虚拟页面、虚拟功能来给用户一些心理安慰，以达到以下两个目的。

第一，让用户在使用时更有耐心。产品功能、操作流程及技术原因往往会导致用户进行一定时间的等待，为减少用户等待的焦灼感，让用户不离开我们的页面，我们应通过一些安慰剂功能来增加用户的耐心。例如，如图 2-14 所示，当用户下载文件时，页面一只提示“下载中”，页面二与页面三分别提示已下载 40% 和 90%，而且还在匀速推进。那么一旦用户失去耐心，相信页面被关闭的顺序应该是：页面一、页面二、页面三。其实，页面二、页面三中的进度条及百分比都是虚拟的（假的），如果再添加一个剩余时间，那么这个时间其实也是虚拟的。因为在大部分情况下，系统都无法或没必要去获取真正的下载进度信息，所以产品经理、用户体验设计师应力争让用户感到：①如果现在关掉页面，那么刚才等待的时间就白费了，重新下载还是会等，这让页面一比页面二更容易被用户关闭；②下载即将完成，这让页面二比页面三更容易被用户关闭。下载进度提示应带给用户的感受是：用户对下载过程是知情的，知道下载的速度，一切都在正常进行中，并没有停止，希望就在眼前。所以，这里的下载进度提示就起到了安慰剂的作用，虽然没有加快下载速度，但是使用户的内心得到了安抚和鼓励。

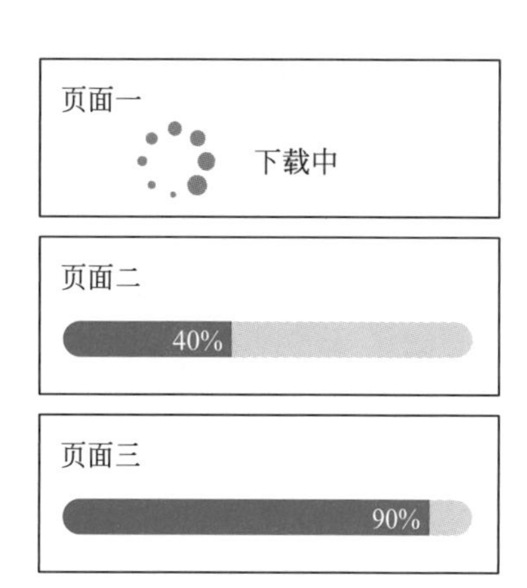

图 2-14　不同的下载进度提示

第二，让用户在使用时更有操控感。用户往往希望产品功能是可控的，有权前进、回退、退出、接受及拒绝。为了让用户有这种操控感，应设计一些安慰剂功能。例如，打车 App 上有一个“插队”按钮，用户点击它之后，可能会发现排位往前走了 2 位，预计时间少了 6 分钟。其实，这就是一个“安慰剂按钮”，这个排位数据及预计时间都可能是“安慰剂数据”，对于用户的排队情况，“插队”按钮并没有起任何实质性作用，但用户却会觉得因为点击了该按钮而操控了排队的进度，节省了时间，从而降低了用户此时退出排队、关闭 App 的概率。

2.14 光环效应与尖角效应 （1920 年）

光环效应（halo effect），又称为晕轮效应，指某人的某种品质或某事物的某种特性一旦给人以非常好的印象，人们就会对这个人的其他品质或这件事物的其他特性也给予好的评价。它反映了人们以点概面、以偏概全的主观倾向。爱屋及乌、一白遮百丑都是光环效应的具体体现。这种强烈的知觉特点，如同天使头上的光环一样向四周弥散，光环效应由此得名。

图 2-15 爱德华·李·桑代克

1907 年，光环效应最初由美国心理学家弗雷德里克·L. 威尔斯（Frederick L. Wells，1884 年—1964 年）发现[1]。但直到 1920 年，美国心理学家、教育心理学奠基人爱德华·李·桑代克（Edward Lee Thorndike，1874 年—1949 年，见图 2-15）提供了经验证据，才正式确认了光环效应[1]。他指出，光环效应是一种特定的认知偏差，即个人、品牌、产品或机构的某一方面会影响人们对该实体其他方面或层面的想法或判断。桑代克在 1920 年发表的文章《心理评级中的恒定误差》（“A Constant Error in Psychological Ratings”）中命名了“光环效应”[2]。

光环效应也可解释为一种通常无意识的行为——根据无关评价来对人或事物做出判断。比如，将有吸引力的人视为可能成功的人。再如，没吸引力的人比有吸引力的人更容易因犯罪而受指责。心理学家认为，人们会用心理简化的方式处理信息，即把事物进行分类，形成特定简化的信息模式，再根据已有信息模式对新信息进行分类和归纳，使其更容易被处理和理解。光环效应的出现正是由于人们将某人或某事物的某个优点作为信息模式的中心，从而促使人们对这个人或这件事物的其他方面进行正面的评价。

桑代克最初创造的“光环效应”仅指人，而现今其使用范围已被大大扩展。在品牌及市场营销领域，“光环效应”的例子比比皆是。iPod 的热销带动了苹果公司其他产品的销售[3-4]。汽车制造商打造具有异国情调的限量版豪车或小批量跑车作为“光环车”，以提升本品牌普通车型的形象。厂商请明星代言产品，将明星与产品相绑定，以光环效应让大众爱屋（明星）及乌（产品）。在用户体验领域，光环效应同样适用。当以用户视角审视产品时，用户界面将承载着巨大而不相称的分量。如果用户界面的交互和视觉方面做得很好，那么用户就会因光环效应而倾向于认为该产品的其他方面也做得很好，从而给该产品比较高的整体评价。此外，最好在产品主要使用路径上能让用户体会到明显的“爽点”，这样就能因光环效应而让用户在后续使用中维持着对该产品的良好印象。

光环效应的反义词是尖角效应（horn effect），也叫反光环效应（reverse-halo effect）、魔鬼效应（devil effect），也是由美国心理学家桑代克在其 1920 年的文章《心理评级中的恒定误差》中提出[2]。尖角效应也是一种认知偏差。

尖角效应在用户体验领域也很常见。不知大家是否有过这样的经历？你们团队为 B 端用户实现了一个新功能，其底层产品逻辑复杂而有序，为此耗费了你们大部分的人力和时间，导致界面交互有些简略、视觉有些粗糙。你们觉得这么好的底层逻辑都做出来了，用户肯定会满意，至于交互跳转和视觉呈现等“细枝末节”差一点，应该不会有大问题。可是当你们给用户演示新功能时，用户很难在短时间内体会到底层产品逻辑的精妙之处，却很容易发现交互和视觉上的问题——这个输入框与跳转很蹩脚，这一行图文没有对齐，这里有一处错别字，这处名称应该用粗体，等等。于是，在用户还没真正进入新功能深层逻辑（这是你觉得真正体现价值的部分）演示之前，他们对你们团队的劳动成果可能就已经失去了兴趣——尖角效应发挥了作用：他们会以偏概全地认为，简单的交互和视觉都这么差，底层产品逻辑肯定也好不到哪儿去。在这样一个氛围下完成整场演示，效果可想而知不会太好。

光环效应与尖角效应就像硬币的正反两面：光环指天使头上的晕轮，象征美好；尖角指魔鬼头上的犄角，象征邪恶。人们因喜欢某人或物的某方面而对这个人或物的其他方面产生积极倾向性，这就是光环效应；人们因厌恶某人或物的某方面而对这个人或物的其他方面产生消极倾向性，这就是尖角效应。长相俊美、身材健硕者，常被认为智商高、能力强；长相丑陋、身材肥胖者，常被认为智商低、能力弱。这种以貌取人的现象，是因为人们将被观察者的长相、身材等方面作为信息模式的中心，而对被观察者的其他方面进行了有倾向性的评价。

简单来说，用户体验就是指用户使用系统、产品或服务时的心理感受。那么如何提升用户体验、增强用户使用时的愉悦感呢？这就要求产品团队（包括产品经理、用户体验专家等）充分运用“光环效应与尖角效应”等心理学知识去构建产品。而且，这些心理学知识除了能帮助产品团队提升系统、产品或服务的用户体验外，还能帮助运营与增长团队提高用户的转化率并营造良好的口碑。因此，建议各位产品经理、运营与增长专员平时都多学习一些心理学知识，并将其运用到工作实践中，从而打动用户的芳心，获得好评和增长。

2.15 刻板印象（1922年）

刻板印象（stereotype），是一个社会心理学（social psychology）术语，指人们对某些特定类型的人或事物的一种概括固定的看法，并把这种看法推而广之，认为这类人或事物的个体都具有该特征，而忽视个体差异。刻板印象属于认知偏差的一种。它可能来自于同一类型的人或事物中的某一个体给旁人的观感，其成因主要是人们没有足够的时间去了解某个个体。刻板印象有时过于笼统、不准确，而且对新信息有抵触情绪，但有时也可能是准确的[1]。

图 2-16 一个流行于20世纪早期的刻板反派漫画形象

“刻板印象”一词是在1798年由法国印刷商、雕刻师、字体创始人菲尔曼·迪多（Firmin Didot，1764年—1836年）首次使用的，当时用于印刷行业，指为实际印刷书页而制作的金属印版（与直接用活字印刷书页不同）。在印刷行业之外，英语中首次提到“刻板印象”是在1850年，当时作为一个名词，意为“长久不变的形象”[1]。直到1922年，美国作家、记者、政治评论家沃尔特·李普曼（Walter Lippmann，1889年—1974年）在其作品《公众舆论》（*Public Opinion*）中才首次在现代心理学意义上使用“刻板印象”一词[2]。如图2-16所示，这是一个流行于20世纪早期的刻板反派漫画形象。

刻板印象常常是相对负面的，但也并非全是负面的，有些刻板印象是正面的，即所谓“正面刻板印象”（positive stereotype）。刻板印象一旦形成，若不客观理解，则很难改变，还可能造成同类型人的困扰，即使是正面的刻板印象，如“亚洲人擅长数理化”，都可能对当事人造成困扰和负面影响[3]。不过，出色的公共关系手法，可以改善当事人原先已被贴上标签的刻板印象，创造出第二印象，社会心理学称之为“最后印象”。

在生活中，有很多刻板印象的例子。比如，属于性别刻板印象的有“男生活泼好动，女生比较文静”“男生适合念理工科，女生适合念人文科”；属于国家刻板印象的有“法国人很浪漫”“德国人做事很严谨”“日本人爱吃生鱼片”“俄罗斯人粗犷豪放”；属于外表刻板印象的有“肥胖的人都贪吃，消瘦的人都有疾病”“长得高的是哥哥，长得矮的是弟弟”“四肢发达，头脑简单”；属于喜好刻板印象的有“喜欢动物的女性都心地善良”“懂音乐的男性都很有气质”“热爱运动的男性都身心健康”。

刻板印象分为两种：显性刻板印象（explicit stereotypes）和隐性刻板印象（implicit stereotypes）。当一个人意识到自己持有刻板印象，并且意识到自己正在用这些刻板印象来判断他人时，这种刻板印象叫作显性刻板印象。如果一个人 A 正在对一个群体 G 中的某个特定的人 B 进行判断，而 A 对群体 G 有明确的刻板印象，那么他的决策偏差可以通过有意识的控制来得到部分缓解；然而，有意识地尝试改变因偏见而形成的刻板印象、以达到不偏私的努力常会失败，这是因为人们常会低估或高估刻板印象所造成的偏差量。隐性刻板印象是指那些存在于一个人潜意识中的，他们无法控制或没有意识到的刻板印象[4]。隐性刻板印象是人们在社会群体和某一领域或属性之间产生的自动和非自愿的联想。例如，人们可能认为女性和男性同样有能力成为出色的电工，但同时人们又经常将电工与男性（而非女性）联系在一起。

刻板印象、偏见（prejudice）和歧视（discrimination）是关于群体间态度的三个相关但不同的概念[5-9]，可以相互独立存在[7,10]。刻板印象被认为是最具认知性的组成部分，通常在无意识的情况下发生，反映了对被认为与自己不同的群体成员的期望和信念；偏见是刻板印象的情感组成部分，代表了情感反应；而歧视则指的是行动[6-7]，是偏见反应的行为组成部分之一[6-7,11]。丹尼尔·卡茨（Daniel Katz）和肯尼斯·布拉利（Kenneth Braly）认为，当人们对某一群体的名字产生情感反应时，刻板印象就会导致种族偏见，把特征归到这个群体的成员身上，然后对这些特征进行评估[8]。刻板印象可能产生的偏见影响[12]有：①为毫无根据的偏见或无知辩护；②不愿反思自己的态度和行为；③阻止一些刻板印象群体的人进入活动或领域，或在其中取得成功[13]。

对于用户体验而言，当我们进行产品设计时，就需要考虑关键词、话术、图标、标签等元素是否处于用户的“负面刻板印象”范围内。比如“砍一刀”已经让很多人形成了非常反感的刻板印象，如果你的活动方案里加入了该元素，那么就大概率会降低用户的参与度，所以对“负面刻板印象”元素应该注意规避。当然，刻板印象也可以正向利用，比如“自营”“官方旗舰店”这类标签就给用户留下了“正品行货”的印象，因此如果有这类标签的话，用户购买时就会信任感倍增。我们在进行产品设计、用户体验设计、运营与增长活动设计的时候，应该多采用能够提高用户参与度、增加用户信任感的“正面刻板印象”元素，来提升产品或服务的用户体验水平，并提高用户转化率与留存率。

2.16 霍桑实验
（1924 年—1932 年）

霍桑实验（Hawthorne experiment）是指 1924 年—1932 年以心理学家、哈佛商学院（Harvard Business School）工业研究教授[1-2]乔治·埃尔顿·梅奥（George Elton Mayo，1880 年—1949 年）为首的研究小组在位于美国芝加哥郊外西塞罗（Cicero）的霍桑工厂（Hawthorne Works）所进行的一系列旷日持久的实验，这是工业与组织心理学中的一系列著名实验。1925 年霍桑工厂鸟瞰图，如图 2-17 所示。1945 年，梅奥出版了《工业文明的社会问题》（*The Social Problems of an Industrial Civilization*）一书[3]，阐述了他基于霍桑实验的观点。

图 2-17　1925 年霍桑工厂鸟瞰图

霍桑实验共分 4 个阶段：照明实验，继电器装配实验，大规模访谈，电话线圈装配工实验。

照明实验开展于 1924 年—1927 年，研究对象是霍桑工厂生产继电器的工人。实验假设是“提高照明度有助于减少疲劳，提高生产率”。可是经过两年多的实验发现，照明度的改变对生产率并无影响。当照明度增强时，实验组和对照组的生产率都提高；当照明度减弱时，两组的生产率依然都提高。研究人员对此结果感到茫然，实验继续进行。

继电器装配实验开展于 1927 年—1932 年，两名女工先被选为研究对象，然后让她们选择另外 4 名女工加入实验，这 6 名女工被安排在一个单独的房间里组装电话继电器。实验目的是观察休息次数、休息时长等变量的改变与生产率的关系。结果发现，改变实验变量通常会提高生产率，即使该变量只是变回原来的状态。研究人员的解释是女工们能自己选择同事并受到特殊关注（在单独的房间里）使她们意识到自己正在被关注，从而加倍努力、团结默契、“全心全意、自发地在实验中进行合作”以证明自己是优秀而值得关注的，这才导致了生产率的提升。

研究人员还进行了大规模访谈。起初想让工人们就工厂的规划和政策、工作条件等作答，但访谈时发现，工人们认为重要的事情并不是研究人员认为意义重大的那些事。因此，研究人员及时把访谈计划改为事先不规定内容，每次访谈的时间也大幅延长。访谈持续了两年多，生产率大幅提高。研究人员的解释是工人们长期对工厂的各项管理制度存在不满，访谈恰好为他们提供了发泄的机会。工人们发泄过后心情舒畅，士气提高，使生产率得以提升。

电话线圈装配工实验开展于1931年—1932年，研究对象是一组共14名安装电话交换设备的工人，实验假设是工人们会努力提高生产率，以获得更多薪酬。实验结果令人惊讶——生产率反而下降了，这说明工人们担心生产率提升会导致厂方日后有理由解雇一部分工人[4]。研究人员发现，在正式工人群体中存在着“小团体”（“非正式组织”），小团体制定了非正式的行为规则及执行规则的机制，起到了控制团体成员和管理老板的作用。当接受问询时，小团体成员会给出相同的回答，即使这些回答并不真实。这些结果表明，工人们对同伴群体的社会力量比对管理层的控制和激励更敏感。

尽管霍桑实验是一项方法学上很差的非控制性研究，但还是给我们带来了很多成果，它使人们意识到“经济人假设”（即把人当作经济动物来看待，认为人工作的目的只是为了获得经济报酬）有一定缺陷，工人们实际上是“社会人”，不仅会受到外在因素的刺激，更有自身的主观激励在起作用，可以大大影响人的表现。这是对古典管理理论进行的大胆突破，第一次把管理研究的重点从工作上和从物的因素上转到人的因素上来，由此引发了社会心理学、管理学、行为科学的一场革命，从此把工人真正当作“人”而不是机器的附属物来看待了。

研究人员在霍桑实验中还发现了霍桑效应（Hawthorne effect），即当被试者知道自己成为被试对象时会刻意改变行为或语言表达的效应[5-6]，是因被试者对其被试身份的认知及态度而产生的实验偏差。霍桑效应表明：在生产中，工人的精神因素对其身心健康和工作效率都至关重要，适当宣泄负面情绪，对工人的身心和工作都有利。为避免“霍桑效应”“安慰剂效应”“主试者期望效应”，避免由于被试者或主试者的期望而产生的实验偏差[7]，人们开始设计双盲实验（double-blind experiments），即在实验中，实验刺激由实验双方（研究人员和被试者）以外的第三方任意分派和给定，实验刺激对实验双方来说都是未知的。

霍桑实验对用户体验工作有一定的启发意义。在用户受邀参与用户体验研究项目时，由于用户能意识到自己正作为被试者，所以很难像平时那样使用产品。而且在研究开始前，用户一般都会被告知其行为将被录音、录像、记录，这可能会对用户行为造成很大影响（用户一般都想在录音机、镜头或记录人员面前表现出优秀的一面）。所以，我们应该在用户体验研究项目开始前，明确告知用户：我们关注的是产品本身，而不是用户，我们不会记录用户的个人信息，用户的操作没有对错之分，请用户放松下来，以平常心和平常状态参与即可。

2.17 贝尔德发明电视机（1925 年）

家用电器门类繁多，跟我们的日常生活息息相关，是指在家庭及类似场所中使用的各种用电器具。家用电器在很大程度上将我们从繁重、琐碎、费时、费力的家务劳动中解放出来，有利于我们的身心健康，为我们提供了更加舒适、便捷的生活和工作环境，还为我们提供了丰富多彩的文化娱乐与交流互动条件，已成为现代家庭生活与办公环境的必需品。家用电器是用户体验的重要“用武之地”，对家用电器的功能用途、外观设计、操作控件、使用说明等进行持续的用户体验研究、设计与优化，可以带来更加简洁、高效的产品，使我们过上幸福指数更高的生活。所以在本书中，笔者特意介绍了几种常见家用电器的发明历程，其中在本文中笔者将给大家介绍电视机的发明始末。

电视机（television set），也称为电视（TV，即 television）、电子扫描电视机（electronic scanning television set）、电视接收器（television receiver），是指可以接收并还原电子信号为动态影像和声音的装置，是家用电器的一种。早期以晶体管电视机为主，现今已经被液晶电视机所取代。

早在 1884 年，俄裔德国物理学家、发明家、电子工程师保罗·高特列本·尼普可夫（Paul Julius Gottlieb Nipkow，1860 年—1940 年）就提出并申请了世界上第一个机械式电视系统的专利，这是一种光电机械扫描圆盘，据信是世界上第一个电视图像光栅（television image rasterizer）[1]。可是直到 1907 年，放大管技术的进步才证明了这个专利的可行性。

1897 年，德国物理学家、诺贝尔物理学奖获得者卡尔·费迪南德·布劳恩（Karl Ferdinand Braun，1850 年—1918 年）发明了一种带荧光屏的阴极射线管（cathode ray tube，又称显像管、布劳恩管）。当电子束撞击时，荧幕上会发出亮光。

1900 年，俄罗斯科学家、电学教授、军事工程师康斯坦丁·德米特里耶维奇·波斯基（1854 年—1906 年）在向 1900 年巴黎世界博览会（The International World Fair in Paris）提交的一篇论文中创造了“television”一词，波斯基的论文评估了当时机电技术的状况，并提到了尼普可夫等人的贡献[2]。

1907 年—1910 年，俄罗斯科学家、发明家鲍里斯·利沃维奇·罗辛（Boris Rosing，1869 年—1933 年）和他的学生、美籍俄裔发明家、工程师弗拉基米尔·科斯马·佐利金

（Vladimir Kosmich Zworykin，1888 年—1982 年）验证了在发射机中用快速转动的镜面扫描装置和在接收机中使用阴极射线管的电视系统。

1911 年，工程师艾伦·坎贝尔·斯文顿（Alan Archibald Campbell-Swinton）描述了如何在发送端和接收端同时使用阴极射线管传输电视信号的细节，还补充了在 1908 年撰写的一篇《自然》杂志文章中第一次描述的电子电视传送方法，这种传送方法至今仍在沿用。

1923 年，英国工程师、发明家、电动机械电视和彩色电视系统的发明人约翰·洛吉·贝尔德（John Logie Baird，1888 年—1946 年）经过研究，成功地在电视机上显示出影像。1925 年 10 月 2 日，贝尔德在伦敦的一次实验中，在第一个半机械式模拟电视系统中“扫描”出木偶的图像，这被看作是电视诞生的标志，贝尔德也因此被称作“电视之父”。1925 年贝尔德及其电视设备和木偶，如图 2-18 所示。

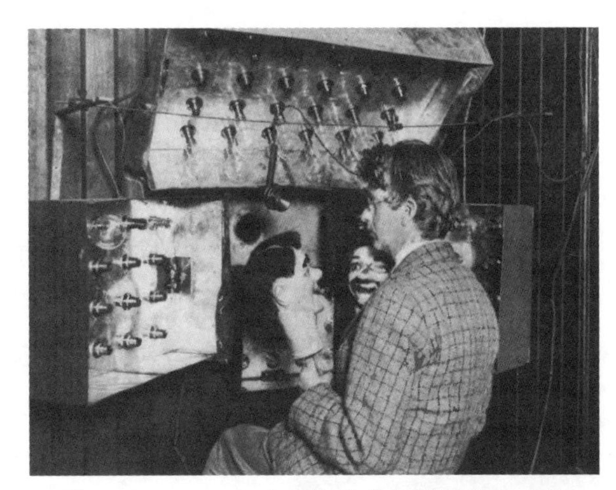

图 2-18 1925 年贝尔德及其电视设备和木偶

1927 年，菲尔·法恩斯沃斯（Philo Farnsworth）首次使用影像解剖摄影管传送图像——一条简单的直线。1928 年，法恩斯沃斯研制了一套完整的系统——由电视传送一个动画图像影片。1928 年，第五届德国广播博览会在柏林召开，电视机第一次作为公开产品展出。

1931 年，美籍俄裔发明家弗拉基米尔·科斯马·佐利金制造出了摄像机显像管，成功使电视摄像与显像方式电子化，开辟了电子电视的时代。1933 年，佐利金又研制成功可供电视摄像用的摄像管和显像管，完成了使电视摄像与显像完全电子化的过程。至此，现代电视系统基本成型。今天电视摄影机和电视接收的成像原理与器具，就是根据佐利金的发明改进而来的。

电视机的发明是以布劳恩、贝尔德、佐利金为代表的多国科学家、发明家前仆后继、辛勤努力的科技结晶，引发了新闻、文艺、科技、教育、娱乐传播方式的大变革，极大地丰富了人们的生活，提高了人们的幸福指数，堪称 20 世纪人类最伟大的发明之一。

电视机自诞生之日起，就在世界范围内受到广泛欢迎，各生产厂商为了迎合大众喜好，不断进行着技术上的改进与产品功能上的优化，无论是从黑白到彩色，还是从“大块头”到平板，无一不体现着厂商对用户体验的重视和持续优化。时至今日，电视机已经成为家电的一大门类，相信对于电视机的用户体验研究、设计、优化，一定会在各厂商中持续进行，从而带给消费者（用户）更多的惊喜。

2.18 蔡格尼克效应

（1927 年）

蔡格尼克效应（Zeigarnik effect）是一种记忆效应，指人们对尚未处理完成的事情，比已处理完成的事情印象更深刻。该效应由立陶宛裔苏联心理学家和精神病专家、莫斯科国立大学心理学系创立人之一蔡加尼克通过实验发现并确认。在格式塔心理学中，蔡格尼克效应被用来证明格式塔现象的普遍存在：不仅表现为知觉效应，还存在于认知中[1]。

图 2-19　布卢玛·蔡格尼克

布卢玛·蔡格尼克（Bluma Zeigarnik，1901 年—1988 年，见图 2-19）1901 年生于立陶宛尼曼河畔城市波秋奈的一个犹太家庭，1922 年被柏林大学（University of Berlin）录取。在格式塔心理学家库尔特·勒温（Kurt Lewin，1890 年—1947 年）的指导下，她注意到服务员对未付款订单有较好的记忆，而当订单完成付款后，服务员就无法再记住订单细节了。为此她设计了一系列实验来揭示这一现象的基本过程，并最终确认了蔡格尼克效应，其研究报告于 1927 年发表在《心理学研究》（*Psychologische Forschung*）期刊上[2]。

蔡格尼克效应表明人们天生有一种办事有始有终的动机，人们忘记已完成的事情就是因为该动机已得到满足；而如果事情尚未完成，该动机便会使人们对未完成的事情印象深刻。工作和生活都是如此，人们对正在做、尚未完成的事情总是记忆深刻，而对已完成的事情就记忆寥寥了。这符合记忆规律，大脑总是记住一些需要加工的内容，将其放入工作记忆中，而对已完成的内容则会有意遗忘。我们可以运用蔡格尼克效应解决很多问题。比如，可以用它来克服拖延症。蔡格尼克效应表明，任务一经开始，我们就会在做事有始有终的动机驱动下，最终将任务完成。所以，克服拖延症的关键在于我们要开始做任务。哪怕只是刚刚开了个头，哪怕只做了一些容易办到的小步骤，只要开了头就行，这将调动我们的心理能量，使任务“侵入”我们的思想，这种不太舒服的感觉，会驱使我们最终完成任务。蔡格尼克效应还有一种变体——奥夫相基娜效应（Ovsiankina Effect），请大家自行研习，这里就不再赘述了。

蔡格尼克效应可以通过用户互动游戏化（user interactions gamification）的形式被运用于

产品设计、用户体验设计中。比如，我们可以用进度条告知用户“您填写个人资料的任务已完成了 75%”，这样用户就更有可能再花几分钟将任务最终完成。蔡格尼克效应在现今的很多 App 签到中也得到了应用。在 3 天连续签到页面，如图 2-20 所示，如果用户已完成了两天，还剩后面 1 天未完成（实际上并不是完成 3 天连续签到就算彻底完成的，而是循环永续进行的），那么根据蔡格尼克效应，用户对这个未完成的任务就会印象深刻、欲罢不能，且一旦中断，就会觉得遗憾和不悦。如果再加上一键分享到朋友圈的功能，用户在“炫耀心理”的驱动下，一旦做了分享，就会产生更大的社交压力，从而让用户根本停不下来。

图 2-20 3 天连续签到页面

运用蔡格尼克效应时应注意，对于用户已完成的任务，也应给出明显的提示或反馈，不应让用户持续感到压力，疑惑自己到底有没有把事做完，否则用户紧张的情绪会一直存在，产生不安和不信任感，这样的体验很糟糕。另外，在运用蔡格尼克效应时，还要避免造成过分的压迫感和挫败感，比如有的背单词 App，设计了过长的进度条和过慢的任务推进速度，如图 2-21 所示，会造成令人窒息的压迫感和近乎绝望的挫败感，使用户失去信心，体验效果很差。

图 2-21 过长进度条和过慢的任务速度

其实，生活中运用蔡格尼克效应进行产品设计的商业案例不胜枚举，比如“大套”邮票或纪念币的设计、成套动漫玩偶的设计皆是如此，利用用户想进行全套收集的驱动力，获得商业奇效。喜欢听评书的用户，可能有过这样的经历——当前这集即将结束时，常会有一个悬念被抛出，结果让用户听了一集又一集。这种一集后的未完成感以及对悬念解密的强烈渴望，被称为“来自蔡格尼克的诅咒”。因为没完成，所以用户会对它念念不忘，并很容易被这种情绪所绑架。

蔡格尼克效应还派生出一个心理学现象——行为上瘾。美国心理学家詹姆斯·奥尔兹（James Olds，1922 年—1976 年）、加拿大神经科学家彼得·米尔纳（Peter Milner，1919 年—2018 年）、美国精神病学家罗伯特·加尔布雷思·希斯（Robert Galbraith Heath，1915 年—1999 年）通过实验证明，某种行为令我们上瘾时，会刺激我们的中枢神经，产生一种快感。这就是很多人在刷短视频、追剧、逛电商瀑布流、打游戏的时候，会感觉特别爽而停不下来的原因。

蔡格尼克效应是一种客观存在的心理学现象，本身并无对错，用户体验专家、产品专家、运营与增长专家应该合理运用蔡格尼克效应，对用户循循善诱，力求实现用户与企业的双赢，而不应一味利用人性的弱点使用户沉溺其中，造成不良的社会效果。

2.19 林克教练机（1929年）

埃德温·阿尔伯特·林克（Edwin Albert Link，1904年—1981年）是美国航空、水下考古和潜水器领域的发明家、企业家和先驱。他一生总共获得了超过27项的航空、航海和海洋学设备专利，其中就包括最早的飞行模拟器——林克教练机[1]，如图2-22所示。

图 2-22 林克教练机

林克1904年出生于美国印第安纳州的亨廷顿（Huntington），1910年随家人一起搬到了美国纽约州的宾汉姆顿（Binghamton）。在宾汉姆顿，林克家族公司开始了制造钢琴和管风琴的生意，因此林克从小就对皮革风箱和簧片开关等部件非常熟悉。从少年时代开始，林克就对飞行产生了浓厚的兴趣，可是他负担不起飞行课程的高昂费用。当时学习飞行只能在真实飞机上进行实际训练，因此学费价格昂贵。而且，由于是在真实飞机上学习飞行，所以危险性比较大，甚至有学员因操作失误而坠机殒命。

1920年，林克总算上了他的第一堂飞行课，在花费高昂学费和数年时间后，林克在1927年终于拿到了飞行执照。当时美国经济已处于大萧条前的风雨飘摇之中，对于大多数美国人而言，昂贵、危险的真机飞行训练变得更加难以接受。在反思了自己的学习过程后，林克开始思考一个更好的学习方法——建造一个基于地面的设备来提供飞行训练，而不受天气以及飞机和飞行教官的限制。

从1927年开始，经过18个月的努力，林克利用他在父亲的林克钢琴和管风琴公司学到的泵、阀门和风箱知识，终于在1929年，发明了最初的飞行模拟器，被称为“林克教练机”（Link Trainer）或“蓝盒子”（Blue Box）。这是一种类似机身的装置，带有驾驶舱和控制装置，可以产生飞行的动作和感觉，能对飞行员的控制做出反应，并能准确显示出附带仪器的读数[2-3]。

1929年，林克成立了林克航空公司（Link Aeronautical Corporation）来生产教练机[4]。“飞行员制造者”（Pilot Maker）是林克的第一个教练机型，它是从1929年的原型机演变而来的，后来林克飞行学校和其他飞行学校都使用了这一机型。林克为数不多的早期客户不是飞行训练学校，而是游乐园——“飞行员制造者”教练机的各种型号都被出售给了游乐园用作游乐设施[4]。

1934 年，美国陆军航空队（The United States Army Air Corps）接管了美国航空邮件的运输工作，可是由于不熟悉仪表飞行条件，在短短 78 天的时间里就有 12 名飞行员失事遇难，这最终促成美国陆军航空队在 1934 年 6 月以每架 3500 美元的价格订购了首批 6 架林克教练机[5]。1936 年，更先进的 C 型林克教练机被推出。1937 年，美国航空公司成为第一家购买林克教练机的商业航空公司。随后，林克教练机又被出售给美国海军、美国民用航空管理局，以及德国、日本、英国、俄罗斯、法国和加拿大等国家。

在获得美国空军的兴趣后，林克把业务迅速扩大。在第二次世界大战期间，林克 AN-T-18 型（Army Navy Trainer Model 18，即“陆军海军教练机 18 型”）基础仪表飞行模拟器，成为了美国及其盟国几乎所有航空培训学校的标准训练设备，被数以万计初出茅庐的飞行学员亲切地称为“蓝盒子”（尽管在其他国家它被涂上了不同的颜色）。AN-T-18 具有三轴旋转功能，可有效模拟所有飞行仪表，并可模拟失速前缓冲、收起起落架超速和旋转等常见情况。它配有一个可拆卸的不透明座舱盖，可用于模拟盲飞，尤其适用于仪表和导航训练。

第二次世界大战期间，林克公司生产了超过 1 万架“蓝盒子”，平均每 45 分钟就会生产一架[1]，超过 50 万名美国飞行员曾在林克模拟器（Link simulators，即林克教练机）上接受过训练[6-7]。英国、苏联、加拿大、澳大利亚、新西兰、以色列和巴基斯坦等国家的飞行员也曾接受过林克教练机的训练。二战结束后，空军元帅罗伯特·莱基（Robert Leckie，战时加拿大皇家空军参谋长）说:“德国空军在自由世界的所有训练场上都遭遇了滑铁卢，因为那里都有林克教练机。”[1]

从 1934 年到 20 世纪 40 年代初生产的林克教练机采用的配色方案是明亮的蓝色机身、黄色机翼和尾翼。这些机翼和尾翼上的控制面实际上会随着飞行员方向舵和操纵杆的移动而移动。然而，由于材料短缺和制造时间紧迫，二战中后期制造的许多教练机都没有这些机翼和尾翼。

随着林克教练机在商业上逐渐走向成功，越来越复杂的模拟器和测试设备被源源不断地研发出来。这些模拟器和测试设备为飞行学员营造了一个虚拟的仪表操控环境，让飞行学员可以在地面上进行复杂的、系统性的、既能模拟空中飞行又没有生命危险的飞行训练，同时也给与航空相关的用户体验、人因工程、人机交互项目的开展创造了条件。

2.20 罗维与流线型设计（20 世纪 30 年代）

用户体验与工业设计关系紧密，很多工业设计风格、理念都对用户体验设计产生过深刻影响，这其中就包括流线型设计。流线型设计（streamlined design），也被称为流线型现代设计（streamline moderne design），是 20 世纪 30 年代兴起的一种设计风格，受空气动力学启发，它强调曲线造型、长水平线，有时还加入航海元素。

在建筑设计领域，流线型设计让人们看到了建筑装饰艺术的新面貌：表面光滑，材料常用混凝土和玻璃；线条流畅，符合空气动力学，没有大的起伏和尖锐的棱角，直线与弧线形成连贯曲面；色彩柔和，常用白色或其他柔和色调。流线型设计常用于与交通和运动相关的建筑上，如公交车站、火车站、机场航站楼 [1]。在工业设计领域，流线型设计被用于汽车（采用流畅线条，格栅和挡风玻璃向后倾斜，车身更低更宽，给人以高效、动感和快速的印象）、铁路机车、电话、烤面包机等产品的设计中，给人以时尚和现代的印象 [2]。

流线型设计最早由工业设计师提出，而使流线型设计普及化的主要人物是出生于法国的美国工业设计师、被新闻界誉为“塑造美国的人、流线型之父和工业设计之父” [3] 的雷蒙德·罗维（Raymond Loewy，1893 年—1986 年）。他开创了工业设计先河，作品包罗万象，大到空间站、宇宙飞船、飞机、轮船、火车、汽车，小到可乐瓶子、公司标志、邮票。纽约时报曾评论道：“毫不夸张，罗维先生塑造了现代世界的形象。”

罗维 1893 年生于巴黎，1919 年移居美国，最初担任纽约梅西、瓦纳梅克和萨克斯等百货公司橱窗设计师，并为《时尚》和《哈珀时尚芭莎》杂志绘制时尚插图。1929 年，他初涉工业设计领域，运用人体工程学与审美理念将一款“丑陋、笨拙”的基士得耶（Gestetner）复印机改良成“富有魅力的办公家具”。罗维用天赋与灵感催生了一个新的职业——工业设计师。作为设计与行销完美结合的第一例，罗维的首单生意开启了美国工业设计新纪元。

1930 年，罗维担任赫普（Hupp）汽车公司资深顾问，将倾斜的挡风玻璃、内嵌式头灯及轮胎外壳引进汽车设计。罗维设计的 1932 年 222-F 型赫普汽车，如图 2-23 所示。1936 年，他开始与美国斯图贝克（Studebaker）汽车公司合作，其设计出现在 20 世纪 30 年代后期的斯图贝克汽车上，他还为该公司设计了新的徽标。1947 年，罗维团队帮助斯图贝克公司推出战后第一款全新汽车，具有平齐的前挡泥板和简洁的后部线条。1950 年和 1951

年，罗维团队设计出标志性的“子弹鼻”（bullet-nosed）斯图贝克汽车。1953 年，罗维团队还设计了 Starliner 和 Starlight 轿跑车。1961 年春，斯图贝克公司请罗维设计了 Avanti 汽车，并请他为 1963 年发布的乘用车系列注入活力。

图 2-23　罗维设计的 1932 年 222-F 型赫普汽车

1934 年，罗维为西尔斯－罗巴克（Sears-Roebuck）公司的冰点（Coldspot）冰箱设计了崭新形象，使其年度销量从 1.5 万台猛增到 27.5 万台，这成为工业设计对销售活动产生重大影响的范例。1937 年—1942 年，他为宾夕法尼亚铁路公司设计了 K4s Pacific 3768 号机车流线型护罩、试验性 S1 机车和 T1 机车造型、另外四辆 K4 机车简化版流线型护罩、实验性双联发动机 Q1 流线型护罩。罗维还采用焊接而非铆接结构改进了 GG1 电力机车的外观，增加了细条纹涂装，突出机车完整、流畅、光滑的外形轮廓，简化了维护过程，降低了生产成本。1946 年，他为宝德威（Baldwin）柴油机重新设计了“鲨鱼鼻”（sharknose），让人联想到 T1。

罗维于 1967 年—1973 年担任美国国家航空航天局 Skylab 空间站的可居住性顾问 [4]，进行了多项大胆设计，如模拟重力空间，开设远望地球的舷窗，以及 3 个不同的睡眠隔间，分别营造出独立认同感。其设计使 3 名宇航员在空间站中“相对舒适、精神饱满、效率奇佳”地工作和生活了长达 90 天。罗维的知名设计还包括壳牌、埃克森、环球航空和前英国石油公司的徽标，空军一号的涂装、灰狗汽车及标志、好彩香烟盒、肯尼迪纪念邮票、美国邮局服务徽章等。

罗维奉行“流线、简单化”“由功用与简约彰显美丽”的理念，带动了设计中的流线型运动。他将流线型与欧洲现代主义糅合，以独特的艺术语言，进行大到宇宙飞船、小到邮票的设计。他首开工业设计先河，促成设计与商业的联姻；并凭借敏锐的商业意识，无限的想象力与卓越的设计禀赋为工业发展注入鲜活的生命元素。他宣扬设计促进行销的新理念，认为功用化的设计对市场行销大有裨益。他强调设计不是为了标新立异，而是要为市场运作服务，带动了“好的设计”才能占有市场的新概念。罗维说：“最美的曲线是销售上升的曲线。”

罗维凭借设计，赋予了商品不可抗拒的魅力。在为可口可乐公司重新设计瓶形时，他赋予了瓶子微妙柔美、极具女性魅力的曲线，帮助可口可乐公司在商业上大获成功 [5]。而可口可乐的经典瓶形亦迅速成为美国文化象征。他将自己的设计哲学归纳为“最先进但可接受”（MAYA，即 most advanced yet acceptable）原则，在创作中加以传播。在其漫长的职业生涯中，简洁、实用、充满活力的作品，从罗维办公室中源源不断地流出。

2.21 深度访谈 （20 世纪 30 年代）

深度访谈（in-depth interview，见图 2-24），也被称为一对一深度访谈（1-on-1 in-depth interview），是一种在用户体验研究中常用的、以发现为导向的开放式定性研究方法，用于从利益相关者（stakeholder）那里获取某一主题的详细信息。20 世纪 30 年代，深度访谈开始被社会科学家广泛使用[1]。深度访谈通过提问来获取信息（通常是一系列简短的问答交替进行），目的是深入探讨受访者的感受、经验和看法，采访者被视为测量工具的一部分，通常是专业的或有报酬的研究人员，须接受过应对突发事件的良好培训。深度访谈是一种非结构化访谈，可持续 1～5 小时，甚至更长，超过 2 小时的深度访谈可分多次进行[2]。

图 2-24　深度访谈

深度访谈成功的关键在于采访者和受访者之间建立融洽的关系，相互尊重和互惠。在深度访谈中，为了消除受访者的脆弱感和不公平感，让受访者感到安全、平等和受尊重，采访者应向受访者提供有关研究的信息，如谁在进行这项研究以及研究可能带来的潜在风险，还应向受访者提供有关其权利的信息，如审查深度访谈材料和随时退出的权利。尤为重要的是，采访者应始终强调参与研究的自愿性，让受访者始终意识到自己的能动性[3]。社会学家布瑞达尔（Bredal）等人确定了 3 种深度访谈受访者取向：为自己讲述、为他人讲述和为研究者讲述，并指出这些取向意味着受访者与采访者（研究者）之间不同的伦理契约[4]。

采访者兼研究员欧文·塞德曼（Irving Seidman）在其著作《作为定性研究的访谈》（*Interviewing as Qualitative Research*）中详细阐述了深度访谈的技巧，主要包括 6 点：①倾听：采访者须倾听受访者实际在说什么、“内心的声音”[3] 或潜台词，以及过程和流程[3]，并做笔记或录音，以便整理[3]。②提问、跟进和澄清：采访者须预先准备一套标准化问题并临场追问，须提出澄清性问题以免受访者困惑，须让受访者对不清晰的叙述做出解释以保证准确性[3]。③尊重界限：采访者应鼓励受访者探索而非探究自己的经历，以免受访者产生防卫心理而不愿分享[3]。④警惕诱导性问题：采访者应询问开放式问题，如“这给你带来了什么感受”，而不应询问诱导性问题，如“这是否让你感到悲伤”[3]。⑤不要打断：采访者应尽量避免打断受访者的叙述[3]。⑥让受访者感到舒适：采访者须让受访者感到舒适，从而敞开心扉。

深度访谈可与焦点小组形成对比。从采访者角度看，在焦点小组中，采访者向一群人提问，并观察受访者之间的对话，或通过更匿名的调查方式，将受访者的回答限制在一系列预定的答案范围内；而在深度访谈中，采访者只需向一位受访者提问，双方进行深入问答。从受访者角度来看，在焦点小组中，每位受访者都要与采访者有问答互动，受访者之间也需进行互动；而在深度访谈中，受访者只需回答采访者的提问，无须与其他人互动。与问卷相比，深度访谈是更加个人化的研究方法，采访者与受访者在一起深入沟通，采访者可追踪受访者的回答。深度访谈提供了两个人面对面交流的机会，因此减少了冲突（一般认为，当深度访谈主题涉及受访者的意见或印象时，受访者会比较容易接受访谈）。不过，深度访谈会比问卷耗费更多时间和资源。

深度访谈的最大优势是采访者可以从受访者对特定事件的详细描述中获得丰富而有深度的信息。这种描述，无论是口头还是非口头，都能显示出人、情绪、物体之间原本隐藏的关联。在这一点上，深度访谈与许多定量研究方法不同[5]。而且，受访者的声音、语调、肢体语言等社交线索还可以为采访者提供大量额外信息，作为受访者回答的补充。此外，深度访谈形式具有独特优势：采访者可以根据受访者情况量身定制问题，以获得丰富、完整的故事和项目所需信息。采访者不仅可以了解具体事件，还可以深入了解受访者的内心体验——他们如何感知、如何解释自己的感知，以及事件如何影响他们的思想和情感。采访者可以了解事件的过程，而不只是刚才发生了什么以及他们如何反应。深度访谈的另一个优势在于基于它的学术论文能给读者带来更清晰的报告，让他们“更全面地了解受访者的经历，更有机会与受访者产生共鸣”[5]。

但是，深度访谈并非适于所有研究类型的完美方法，它有一些缺点。首先，深度访谈计划可能比较复杂。不仅很难招募到受访者，而且由于深度访谈具有典型的个人性质，计划在何时何地与受访者会面也很困难。受访者可能在最后一刻取消或改变会面地点。其次，在实际访谈过程中，可能遗漏某些信息。这是由于采访者必须同时处理多项任务，不仅要让受访者感觉舒适，还要尽可能多地与受访者进行眼神交流，尽可能多地记录，并思考后续问题。再次，访谈结束后，随之而来的编码（即整理访谈记录）及分析过程非常耗时[2]，通常需要多人参与，成本很高。最后，定性研究本身的性质并不适合定量分析。一些研究人员报告说，深度访谈研究比调查研究（survey research）缺失的数据更多，因此很难对人群进行比较[5]。

2.22 海因里希法则及事故三角形（1931年）

能否把用户使用一款产品时发生人为错误的概率降低到一个非常低的数值也是衡量这款产品的用户体验水平高低的一个重要指标。在此，笔者打算给大家介绍一个人为错误及工业安全领域的重要理论——海因里希法则及事故三角形。

海因里希法则（Heinrich's rule）由美国工业安全先驱赫伯特・威廉・海因里希（Herbert William Heinrich，1886年—1962年）在1931年出版的《工业事故预防，一种科学方法》（*Industrial Accident Prevention, A Scientific Approach*）[1-3]一书中首次提出，指一个经验性的发现：在工作场所每发生1起造成重伤的事故，就会有29起造成轻伤的事故和300起未造成伤害的事故[3]。海因里希法则在中文互联网上常被讹传为“海恩定律”，并张冠李戴到德国物理学家、喷气发动机发明人之一汉斯・约阿希姆・帕布斯特・冯・奥海恩（Hans Joachim Pabst von Ohain，1911年—1998年）身上，请大家明鉴。

海因里希是工作场所健康与安全领域的先驱。他当时在一家保险公司担任助理主管，希望减少严重工业事故。于是，他开始对保险公司档案中的75000多份事故报告以及各个行业场所的事故记录进行研究[4]。根据这些数据，他提出了海因里希法则，并进一步得出结论：如果能减少轻微事故的数量，那么严重事故的数量也会随之下降；大多数不安全事故都是可以预防的[4-5]。海因里希还审查了数千份由主管完成的事故报告，发现多达88%的工作场所事故和伤害/疾病都是由工人的不安全行为或人为错误造成的[4]，但是这些主管通常只会指责造成事故的工人，而没有对事故的根本原因进行详细调查[4]。

海因里希在《工业事故预防，一种科学方法》中鼓励雇主不仅关注工人行为，还要控制危险：“无论统计记录多么强烈地强调个人过失，也无论教育活动的必要性有多大，如果没有规定……纠正或消除……有形危险，那么任何安全方案都是不完整或令人不满的。”[6]为了强调工作场所必须安全，海因里希在著作中用了100页的篇幅来讨论机器防护问题[2]。

海因里希法则衍生出了事故三角形（accident triangle）。1931年，海因里希在他出版的《工业事故预防，一种科学方法》一书中首次提出事故三角形[5]，又称为海因里希三角形（Heinrich's triangle）。这是一种工业事故预防理论，通常被描绘成三角形或金字塔的形式，显示了造成重伤的事故、造成轻伤的事故和未造成伤害的事故之间的数量关系，如图2-25中左图所示。

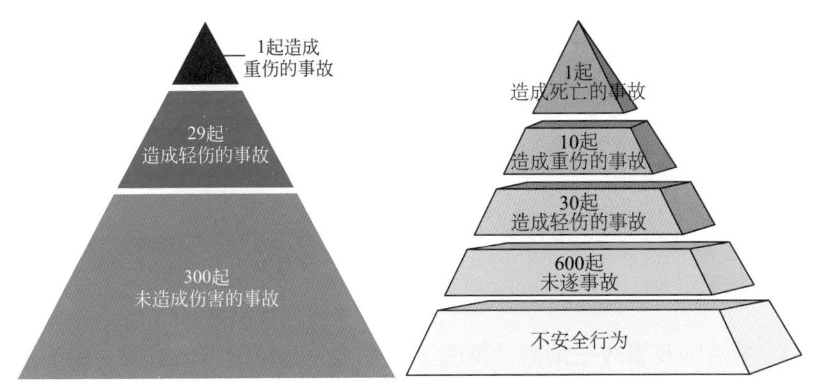

图 2-25 海因里希事故三角形（左）和博德事故三角形（右）

1966 年，弗兰克 · E. 博德（Frank E. Bird）基于对近 300 家公司的 170 万份事故报告的分析，提出了修正的事故三角形（amended accident triangle），即博德三角形（Bird's Triangle），如图 2-25 中右图所示，表明 1 起造成死亡的事故与 10 起造成重伤的事故、30 起造成轻伤的事故、600 起未遂事故，以及不安全行为之间的关系。1974 年，A. D. 斯温（A. D. Swain）的一项题为《系统安全中的人的因素》（“The Human Element in Systems Safety”）的研究证实了博德的数据[7]。1985 年，博德和杰曼（Germain）在《实用损失控制的领导力》（*Practical Loss Control Leadership*）一书中进一步完善了博德三角形[5]，显示了未遂事故与严重事故之间的数量关系，并声称大多数事故都可以通过适当干预来预测和预防[8]。

近年来，海因里希法则及事故三角形在各类事故数据的对应关系上受到了一些质疑[4]。1991 年的一项研究表明，在密闭空间中，每起造成重伤或死亡的事故对应着 1.2 起造成轻伤的事故[9]。20 世纪 90 年代中期，英国事故数据表明，1 起造成死亡的事故对应着 207 起造成重伤的事故、1402 起造成 3 天或 3 天以上误工的事故，以及 2754 起造成轻伤的事故[10]。此外，威廉 · 爱德华兹 · 戴明（William Edwards Deming）指出，海因里希不应将工作场所大多数事故归咎于人的行为，事实上造成大多数事故的主要原因是管理制度的不完善[4]。还有人批评海因里希法则将注意力集中在减少小事故上，导致工作场所主管在规划工作时，专注于降低更常见但不太严重的风险发生的可能性，而忽视了更严重但发生可能性较小的风险。2010 年一项研究称，这种管理倾向导致石油和天然气行业在过去 5 ~ 8 年，轻微事故显著减少，但死亡人数基本不变[5]。

海因里希法则及事故三角形虽然不够完善，但瑕不掩瑜，仍被该领域的专家认为是基于行为的安全理论的基础，是 20 世纪工作场所健康和安全理念的基石，对 20 世纪的职业健康和安全文化产生了重大影响，现今已被广泛应用于工业健康和安全项目中[4-5]，对产品设计、用户体验设计也有一定的实践指导意义。

2.23
海因里希多米诺理论
（1931 年）

除了海因里希法则及事故三角形，美国工业安全先驱赫伯特·威廉·海因里希（Herbert William Heinrich，1886 年—1962 年）还在 1931 年出版的《工业事故预防，一种科学方法》（*Industrial Accident Prevention*，*A Scientific Approach*）[1-3] 一书中首次提出了海因里希·多米诺理论（Heinrich's Domino theory），亦称海因里希因果连锁理论或海因里希事故链理论，认为严重事故的发生不是孤立事件，虽然伤害可能在某个瞬间突然发生，但却是一系列事件相继发生的结果；如果其中某个事件被制止，那么事故就不会发生。海因里希多米诺理论示意图，如图 2-26 所示。海因里希的理论源自对一家保险公司大量事故数据的分析，这项工作持续了 30 多年，确定了工业事故的因果因素，包括“人的不安全行为”和“不安全的机械或物理条件”。

图 2-26　海因里希多米诺理论示意图

在 1931 年版《工业事故预防，一种科学方法》中，海因里希提到了“五多米诺模型”（five domino model）的第一版[1]。该模型是一种对职业安全思想的发展产生了重要影响的顺序事故模型，将事故序列表示成事件的因果链，可用连锁反应中陆续倒下的多米诺骨牌来形象地描述：“可预防的伤害”的发生是一系列事件的高潮，这些事件形成了一个序列，类似于多米诺骨牌，第一张骨牌倒下，撞倒了第二张，接着是第三张，以此类推，直到整排骨牌都倒下。如果这个事故序列因为消除了构成它的若干因素中的至少一个因素而中断，那么事故就不会发生。

五多米诺模型确定了 5 块多米诺骨牌，即 5 个关于事故的因素：①遗传及社会环境，即祖先及工人的社会环境（ancestry and the worker's social environment），这是造成人的缺点的原因，会影响工人的技能、信仰和“性格特征”，从而影响他们执行任务的方式；②人的缺点，即工人的粗心大意或个人错误（the worker's carelessness or personal faults），这会导致工人们对任务关注不足；③人的不安全行为和物的不安全状态，即不安全行为或机械 / 物理危害（an unsafe act or a mechanical/physical hazard），如工人错误（站在悬挂的负载下，在没有警告的情况下启动机器）或技术设备故障或机器保护不足；④事故（the accident）；⑤伤害或损失（injuries or loss），这是事故的后果。

海因里希认为这 5 个关于事故的因素彼此具有一定的因果关系：伤害或损失是事故导致的结果；事故的发生是由于人的不安全行为和物的不安全状态；不安全行为和不安全状态是由于人的缺点造成的；人的缺点是由遗传因素及不良社会环境造成的。海因里希多米诺理论是工业安全管理的经典理论，它揭示了工业安全管理的两个共性规律：第一，安全事故的发生会经历多个环节，环环相扣，其中任何一个中间环节被制止，事故都能被避免；第二，只有重视并消除未遂事故和轻微事故，才能预防严重事故，否则严重事故的发生只是时间问题。

海因里希调查了 75000 件工伤事故，发现其中有 98%的事故是可以预防的。在可预防的工伤事故中，以人的不安全行为为主要原因的占 89.8%，而以设备的、物质的不安全状态为主要原因的只占 10.2%。按照这种统计结果，绝大部分工伤事故都是由工人的不安全行为引起的。海因里希还认为，即使有些事故是由于物的不安全状态（即机械 / 物理危害）引起的，其不安全状态的产生也是由工人的错误所致。因此，海因里希多米诺理论将事故链中的原因大部分归因于操作者的错误，并把遗传和社会环境看作事故的根本原因，这具有一定的时代局限性。

弗兰克・E. 博德（Frank E. Bird）在海因里希多米诺理论的基础上，提出了与现代安全观点更加吻合的博德事故链理论，该理论同样包含 5 个因素：①管理缺陷，由于安全管理上的缺陷，致使能够造成事故的其他原因出现；②个人及工作条件的原因，个人因素包括缺乏安全知识或技能，行为动机不正确，生理或心理有问题等，而工作条件因素包括安全操作规程不健全，设备、材料不合适，以及存在温度、湿度、噪声、照明、工作场地状况（如打滑的地面、障碍物、不可靠支撑物）等作业环境中的有害因素；③直接原因，人的不安全行为或物的不安全状态；④事故，这里的事故被看作是人体或物体与超过其承受阈值的能量接触，或人体与妨碍正常生理活动的物质接触，所以防止事故就是防止接触；⑤损失，人员伤害（包括工伤、职业病、精神创伤等）及财物损坏统称为损失。

海因里希多米诺理论与博德事故链理论有一定的区别。海因里希认为，即使有些事故是因物的不安全状态引起的，但其不安全状态的产生也是人为导致的，同时把遗传和社会环境看作事故的根本原因。而博德则认为：事故的直接原因是人的不安全行为、物的不安全状态；间接原因包括个人因素及与工作有关的因素；根本原因是管理的缺陷，即管理上存在的问题或缺陷是导致间接原因存在的原因，间接原因的存在又导致直接原因存在，最终导致事故发生。

2.24
李克特量表
（1932 年）

李克特量表（Likert scale）是一种心理测量量表（psychometric scale），是调查研究中最广泛使用的量表，主要用于问卷调查中，是进行用户体验研究与设计时的一种常用调研工具。从民意调查到人格测试，从市场营销到用户满意度，从社会科学项目到与态度相关的课题，李克特量表已成为测量人们思想和情感的工具。尽管还有其他类型的评分量表，但“李克特量表”这一术语经常与评分量表（rating scale）互换使用。

李克特量表以其创造者李克特的名字命名。1903 年，美国组织与社会心理学家伦西斯·李克特（Rensis Likert，1903 年—1981 年）出生于美国怀俄明州（Wyoming）夏延市（Cheyenne）。李克特在心理测量学、研究样本和开放式访谈方面贡献卓著，促进了组织与社会心理学的形成和发展。李克特在密歇根大学安娜堡分校先学习了三年土木工程，后改学经济学和社会学，并于 1926 年获得社会学学士学位。之后他在哥伦比亚大学接触到社会心理学这一新兴学科，于 1932 年获得心理学博士学位。1932 年，李克特在其博士论文中创造了“李克特量表”这一方法，以确定一个人对国际事务的态度和情感的程度[1]。

一个李克特量表由多个李克特题目（Likert item）组成。一个李克特题目通常由三个部分组成：一个陈述句、一条水平线、线上的多个刻度值（同意或不同意的程度是最常用的刻度值）。被调查者被要求以对线上的刻度值进行圈选或勾选的方式指出其对陈述句的认同程度，或任何形式的主观或客观评价。一个设计良好的李克特题目应同时表现出“对称性”（symmetry）和“平衡性”（balance）。对称性是指题目中包含相同数量的正面和负面刻度值，分别位于“中性或零”刻度值——无论该值是否作为候选刻度值出现——的两侧，呈正负对称的形式；平衡性是指每个候选刻度值之间的距离是相等的[2]。一个李克特量表的例子，如图 2-27 所示。

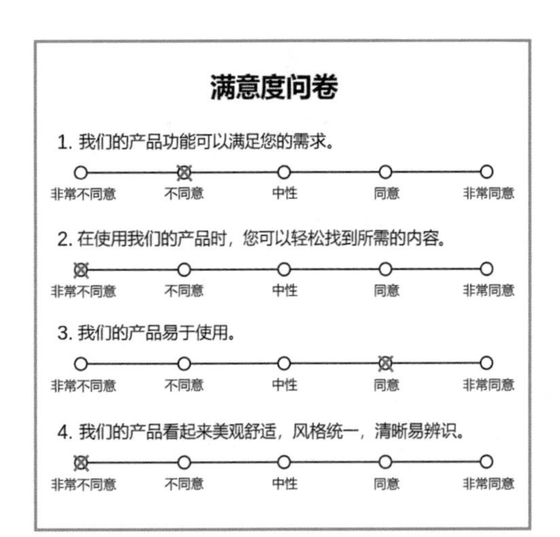

图 2-27　一个李克特量表的例子

一个李克特题目通常采用 5 档刻度值：非常不同意（strongly disagree）、不同意（disagree）、中性（neutral）或既不同意也不反对（neither agree nor disagree）、同意（agree）、非常同意（strongly agree）。有时为了“强制”用户做出正面或负面评价，就会采用“强制选择法”，即去掉中间的“中性或既不同意也不反对”这一刻度值，使用 4 档（偶数）刻度值[3]。当然，还有很多心理测量学家主张采用 7 档、9 档或 11 档刻度值。不过，一项最近的实证研究指出，5 档刻度值、7 档刻度值、9 档刻度值和 11 档刻度值的数据，在进行简单的转换后，其平均数、变异数、偏态和峰度都很相似。李克特量表由被调查者回答完成后，研究人员可以对每个李克特题目进行单独分析，也可以对多个李克特题目的回答进行加总，从而得出一组李克特题目的总得分。因此，李克特量表通常被称为总结性量表。

编制一个李克特量表的基本步骤为：①收集 50 ~ 100 个与测量的概念相关的陈述句；②将上述陈述句分为有利和不利两类；③选择部分被调查者对全部陈述句进行预测试，让他们指出每个陈述句是有利的还是不利的，并在陈述句下方的多档（一般为 5 档）刻度值中进行勾选回答；④对每个勾选答案给一个分数，比如对于有利的陈述句，从非常同意到非常不同意就可以是 5、4、3、2、1 分，而对于不利的陈述句，从非常同意到非常不同意就可以是 1、2、3、4、5 分；⑤根据被调查者的各个陈述句的分数计算代数和，得到个人态度总得分，并依据总得分多少将被调查者划分为高分组和低分组；⑥选出若干个在高分组和低分组之间有较大区分能力的陈述句（比如可以计算每个陈述句在高分组和低分组中的平均得分，选择那些在高分组平均得分较高并且在低分组平均得分较低的陈述句），每个陈述句形成一个李克特题目，这样的若干个李克特题目构成一个李克特量表。

李克特量表在实际使用时可能会受到几种因素干扰而失真：①趋中倾向的偏差（central tendency bias），即被调查者可能会回避勾选极端的刻度值，避免被认为具有极端观点；②默许偏差（acquiescence bias），即被调查者对陈述句有习惯性认同，这在儿童、老人、发育障碍者中尤为明显；③被调查者不同意该题目的陈述句描述，出于一种自卫的目的，避免做出错误的陈述，担心他们的回答会被用作不利于他们的证据；④“装好”（faking good），即被调查者提供他们认为会被评估为显示实力或缺少弱点的答案；⑤“装病”（faking bad），即被调查者提供他们认为会被评估为显示虚弱或存在障碍（病理）的答案；⑥社会期望偏差（social desirability bias），即被调查者试图以一种他们认为考官或社会会认为比其真实想法更有利的方式来描述自己或其组织，这是上述客观“装好”的主观间（intersubjective）版本；⑦被调查者试图以一种他们认为考官或社会会认为比其真实想法更不利的方式来描述自己或其组织，这是上述客观“装病”的主观版本。

2.25 聚类分析 （1932 年）

聚类分析（cluster analysis）或聚类（clustering）是一种统计分类技术，是指对一组对象进行分组，使得同一组（称为一个“聚类”）中的对象比其他组（聚类）中的对象在某种意义上更相似。它是探索性数据分析的主要任务，也是统计数据分析的常用技术，在模式识别、图像分析、信息检索、生物信息学、数据压缩、计算机图形学和机器学习等领域都有应用。在用户体验研究与设计中，也需要用到聚类分析来得到定量的用户画像。

聚类分析由德赖弗（Driver）和克鲁伯（Kroeber）于 1932 年[1]在人类学中提出，由约瑟夫・祖宾（Joseph Zubin）于 1938 年[2]和罗伯特・特里昂（Robert Tryon）于 1939 年[3]引入心理学，并由卡泰尔（Cattell）于 1943 年[4]开始用于人格心理学中的特质理论分类。流行的聚类概念包括成员之间距离较小的群体，以及数据空间的密集区域、区间或特定的统计分布。因此，聚类可以表述为一个多目标优化问题。聚类分析本身并不是一项自动任务，而是一个涉及试验和失败的知识发现或交互式多目标优化的迭代过程，通常需要修改数据预处理和模型参数，直到结果达到要求。

除“聚类”一词外，还有许多含义相似的术语，如自动分类、数字分类学、类型学分析和群落检测。微妙的区别往往在于结果的用途：在数据挖掘中，人们感兴趣的是结果分组，而在自动分类中，人们感兴趣的是结果的判别能力。“聚类”无法被精确定义，这导致聚类算法层出不穷[5]。聚类分析本身并不是一种特定的算法，但它可以通过各种算法来实现，然而这些算法对什么是聚类以及如何有效地找到聚类的理解大相径庭。适当的聚类算法和参数设置（包括使用的距离函数、密度阈值或预期聚类数目等参数）取决于单个数据集和结果的预期用途。

不同的研究人员采用不同的聚类模型，而针对每种聚类模型又可以给出不同的算法。不同算法找到的聚类概念在属性上有很大差异。了解这些“聚类模型”是理解各种算法之间差异的关键。典型的聚类模型包括：连通性模型（connectivity models）、中心点模型（centroid models）、分布模型（distribution models）、密度模型（density models）、子空间模型（subspace models）、分组模型（group models）、基于图的模型（graph-based models）、有符号图模型（signed graph models）和神经模型（neural models）。

如上所述，聚类算法可根据其聚类模型进行分类。但在超过 100 种已发布的聚类算法中，并非所有聚类算法都有聚类模型，因此对聚类算法的分类并不容易。并没有客观上“正确”的聚类算法，“聚类在观察者的眼中”[5]。针对特定问题往往需要通过实验来选择最合适的聚类算法，除非有特定理由偏好某种聚类模型。为一种聚类模型设计的聚类算法通常会在不同聚类模型的数据集上失效[5]。例如，k-means 无法找到非凸聚类（non-convex clusters）[5]，如图 2-28 所示。

目前，常用的聚类算法主要有 5 种：基于连通性的聚类 / 分层聚类（connectivity-based clustering/hierarchical clustering）、基于中心点的聚类（centroid-based clustering）、基于分布的聚类（distribution-based clustering）、基于密度的聚类（density-based clustering）和基于网格的聚类（grid-based clustering）。其中，基于中心点的聚类比较重要，与其相关的采用 k-means、k- 中心点等算法的聚类分析工具已被添加到许多著名的统计分析软件包（如 SPSS、SAS 等）中，所以，以下给大家详细介绍一下基于中心点的聚类。

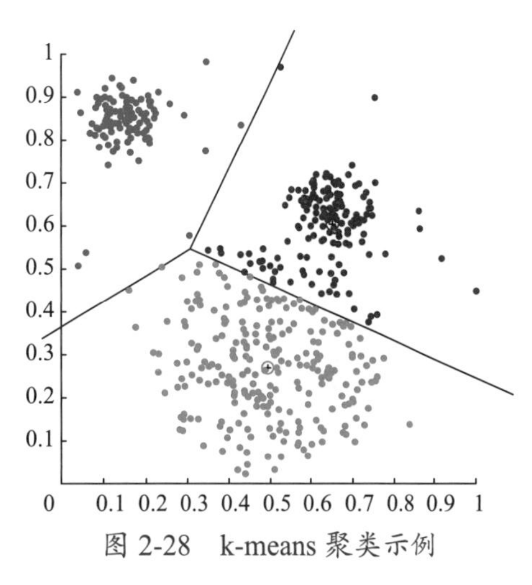

图 2-28 k-means 聚类示例

在基于中心点的聚类中，每个聚类由一个中心向量表示，该中心向量不一定是数据集的成员。当聚类的数量固定为 k 时，k-means 聚类给出了该优化问题的定义：找到 k 个聚类中心，并将对象分配到最近的聚类中心，使对象到聚类中心的距离平方最小。众所周知，优化问题本身是 NP 困难的（NP-hard），因此常用的方法只搜索近似解。劳埃德算法（Lloyd's algorithm，通常被称为“k-means 算法”）[6] 是一种著名的近似方法，但这种算法只能找到局部最优解，而且通常需要以不同的随机初始化来运行多次。k-means 的变体通常包括以下优化：选择多次运行中的最佳结果，但限制中心点为数据集的成员（k-medoids）、选择中值（k-medians）、不那么随机地选择初始中心（k-means++）或允许模糊聚类分配（模糊 c-means）。

大多数 k-means 类型的算法都要求事先指定聚类的数量 k，这被认为是这些算法的最大缺点。此外，这些算法偏好大小近似的聚类，总是将对象分配给最近的中心点，这往往会导致聚类边界切割错误（这并不奇怪，因为算法优化的是聚类中心，而不是聚类边界）。k-means 有许多有趣的理论特性。首先，它将数据空间划分为一种沃罗诺伊图（Voronoi Diagram）的结构。其次，它在概念上接近于近邻分类，因此在机器学习中很受欢迎。最后，它可以被看作是基于模型的聚类的一种变体，而劳埃德算法则是这种模型的期望最大化算法的一种变体。

2.26 目标梯度效应
（1932 年）

图 2-29　克拉克·伦纳德·赫尔

1932 年，美国心理学家和行为学家克拉克·伦纳德·赫尔（Clark Leonard Hull，1884 年—1952 年，见图 2-29）提出了目标梯度假说（goal gradient hypothesis），认为（人类和动物）完成目标的动机从完成过程中的开始状态到结束状态单调递增[1-2]；（人类和动物）越接近目标，就越会加快速度，全速向目标靠近；激励（人类和动物）的动机是离目标还有多少距离，而不是他们已经走了多远。1934 年，在一个经典的实验中，赫尔在老鼠身上证实了目标梯度假说。在实验中，赫尔观察了老鼠竞相获取食物奖励的过程，他利用传感器评估老鼠的运动，发现老鼠努力奔跑的程度随着与食物奖励的距离缩短而增加——在一条笔直的小巷中，老鼠从起始箱跑向食物时，速度会逐渐加快[2]。

1968 年，美国心理学家、目标设定理论的开创者埃德温·A. 洛克（Edwin A. Locke，1938 年—）在其论文中指出，明确的目标和适当的反馈可以激励员工，朝着目标努力也是动力的主要来源，而这反过来又能提高表现[3]。1984 年，埃德温·洛克和加里·莱瑟姆（Gary Latham）在论文中指出，当人类和其他动物接近某个目标时，他们为实现目标所做的努力就会增加。洛克和莱瑟姆的研究，进一步印证了目标梯度假说[4]。

2006 年，基维茨（Kivetz）等人在《市场研究杂志》上发表了《目标梯度假说复活：购买加速、幻觉目标进展和客户维系》一文，基于目标梯度假说，提出了人类奖励心理的新命题[5]。他们利用实地实验、二级客户数据、纸笔问题以及 Tobit 模型和 Logit 模型对新命题进行了检验，发现[5]：①参与咖啡馆奖励计划的顾客越接近获得免费咖啡的目标时，购买咖啡的频率就越高；②为歌曲评分以换取奖励证书的网民越接近目标时，访问评分网站的频率就越高，每次访问时评价的歌曲数就越多，评分时间就越长；③目标进展的假象会诱导加速购买，例如获得带有 2 个预盖印章的 12 个印章的咖啡卡的顾客会比获得普通 10 个印章的咖啡卡的顾客更快地完成 10 次购买；④顾客向目标加速前进的趋势越强，预示着项目留存率越高，顾客重新参与项目的速度越快。2011 年，奇马（Cheema）和巴格奇（Bagchi）发文指出，当人们接近目标时，进度条或视觉终点线等对进展的可视化表示，会增强人们的动力[6]。

自目标梯度假说提出后的几十年来，以上述研究人员为代表的学术界对这一假说进行了深入研究，已在动物和人类身上广泛证实了该假说，因此现在该假说也往往被“升格”称为目标梯度效应（goal gradient effect），用于预测人类在追求目标时的行为[7]。市场营销研究人员已将目标梯度效应用于消费者奖励计划或忠诚度计划的分析中，提出了“人为推进效应”（endowed progress effect）和“幻觉推进效应”（illusionary progress effect）。依笔者看来，这两个效应在本质上是等效的。

2006 年，努内斯（Nunes）和德雷兹（Drèze）提出了人为推进效应，认为赋予消费者一定程度的人为推进，可以增强消费者达成目标的动机，与未获得人为推进的消费者相比，获得了人为推进的消费者会更快、更高水平地实现目标[8]。努内斯和德雷兹在 2006 年与一家洗车店合作进行了一次实地实验，向顾客发放了 300 张忠诚度卡[8]。每洗 1 次车，卡上就能盖上 1 个印章。有一半的卡是“人为推进卡”，初始时已预盖 2 个印章（即人为推进），顾客只需再盖 8 个印章就能获得奖励（免费洗车）。而另一半的卡是“无人为推进卡”，这些卡没有人为推进，但顾客还是只需盖 8 个印章就能获得免费洗车的奖励。研究发现，持有“人为推进卡”的顾客的平均洗车间隔时间少于持有“非人为推进卡”的顾客的平均洗车间隔时间，而且“人为推进卡”的兑奖率（34%）显著高于“非人为推进卡”的兑奖率（19%）[8]。

同是在 2006 年，基维茨（Kivetz）等人提出了幻觉推进效应，指出提供目标进度的幻觉可以加快目标实现的速度，并提高奖励计划的留存率[5]。朝着目标前进的幻觉会促使顾客加速购买，例如与收到普通 10 个印章的咖啡卡的顾客相比，收到 12 个印章的咖啡卡并预盖 2 个印章的顾客会更快地完成所需的 10 次消费而领到免费消费的奖励。据此，基维茨等人提出了目标 – 距离模型（goal-distance model），认为追求目标时的“投入”（即实现目标的动机大小）与一个比例成反比，这个比例就是距目标的原始剩余距离与距目标的总距离之比[5]。

除了应用于消费者奖励计划或忠诚度计划，目标梯度效应对社会动机也有很大的影响。例如，最近的一项研究表明，当慈善活动越接近目标时，人们越愿意捐款。这是因为人们在后期捐赠中感受到了更大程度的影响力（即个人对解决社会问题的影响力）和更高的满足感。

笔者认为，目标梯度效应值得用户体验专业人员深入学习和思考。在产品设计中，如果能恰当而灵活地运用该效应，就能在用户积极参与、喜闻乐见的情况下，加快用户对产品预设目标的达成。这样，既能给企业创造效益，又能提升产品的用户参与度、用户满意度及用户留存率，是一件一举多得的好事。

2.27 雷斯多夫效应

（1933 年）

雷斯多夫效应（restorff effect），也称为“孤立效应”（isolation effect），属于认知偏差的一种，是指当出现多个同质刺激（stimulus）时，与其他刺激不同的刺激更容易被记住的现象[1]。通俗地说，雷斯多夫效应就是指人们容易记住学习材料或所见所闻的资讯中最与众不同的部分的现象。雷斯多夫效应在生活中有很多具体应用，比如有些书籍将重要的信息，用不同颜色或特殊字体来标示，就是为了利用该效应来加深读者的印象。

雷斯多夫效应是由德国精神病学家、儿科医生、格式塔心理学主要创始人沃尔夫冈・苛勒在柏林大学（University of Berlin）任教时的博士后助理海德维格・冯・雷斯多夫（Hedwig von Restorff，1906 年—1962 年）提出的。她于 1933 年在一项研究中发现，当看到一个分类相似的项目列表，而列表中有一个与众不同（这种与众不同可以有多种形式，如大小、形状、颜色、间距和下划线）的孤立项目时，参与者对该项目的记忆会比较深刻[2]。

有许多研究证实了在儿童和年轻人中存在雷斯多夫效应，同时还发现在即时记忆任务中，大学生在试图记住列表中的一个突出项目时表现得更好，而老年人却记不住。另一项研究也发现，尽管变换字体颜色会使年轻人和老年人这两个年龄组都产生明显的雷斯多夫效应，但老年人的这种效应要比年轻人小。这表明不同年龄段的人在信息处理策略上存在着差异，老年人对与众不同的信息显示出较少的记忆深度。

人们提出了不同的理论来解释雷斯多夫效应。总时间假说（total-time hypothesis）认为，与非孤立项目相比，孤立项目在工作记忆中排练的时间更长。另一种解释认为，在自由回忆任务中，被试者可能认为孤立项目属于一种特殊类别，因此更容易回忆。有证据表明，雷斯多夫效应与大脑中事件相关电位（event-related potential，ERP）的测量之间存在着密切关系，人们在自由回忆时，如果接触到列表中的孤立项目，就会产生较大振幅的 ERP，而这一振幅反过来又预示着未来回忆的可能性更高，对项目的识别速度更快[3]。

雷斯多夫效应可以被运用于产品设计、用户体验设计中，而它所提到的与众不同可以体现在经验差异（时间差异）上，即指夸大时间点的特征，使用户对差异所在的时间点记忆更深，与用户过往的经验或记忆有所不同。比如，各家搜索引擎会在一些比较特殊的日子里给首页徽标添加有趣的涂鸦，使首页看起来更具人文关怀气息。这种与平时徽标的差异，就是为了运用雷斯多夫效应、利用经验差异强化用户记忆中的时间特征，从而让用户更好地记住当前时间点。再如，各家电商平台会在“618”“双 11”“双 12”等日期时改变主页设计，也是为了运用雷斯多夫效应、利用经验差异让用户记住这几个购物节日，从而养成在这几个特定日期进行购物的习惯。

雷斯多夫效应所提到的与众不同还可以体现在环境差异（空间差异）上，即指在相似的周围环境中表现出来的差异。例如，在四行字符串中，人们往往最容易记住的是与周围环境最不一样的那个字符，第一行是小写字母“m”，第二行是数字“8”，第三行是特殊符号“#”，第四行是红色大写字母“O”（见图 2-30）。这就是运用雷斯多夫效应、利用环境差异给用户带来的信息识别度与记忆度的提升，我们经常能在用户体验设计案例中看到这一手法，为的就是吸引用户进行点击。

KFJUCOmNTWSXY
KFJUCOmN8WSXY
KFJ#COmN8WSXY
KFJ#COmN8WSXY

图 2-30 雷斯多夫效应的例子

运用雷斯多夫效应进行产品设计、用户体验设计时要注意 3 点。

第一，页面元素在视觉上应该有主次之分，把差异放在真正想突出的少数几个页面元素上。如果所有页面元素都有个性、都被设计得不一样，那么就相当于所有页面元素在独特性上又站在同一起跑线上了，都没个性、都一样、没有哪个能突出了，这种无主次的设计会使页面上到处都是重点、到处都想突出，反而导致页面的整体视觉效果很乱很嘈杂，这种情况在设计实践中应该避免。

第二，应该把页面上最独特的点分给最关键的功能按键来用。当用户被最独特的点（比如，页面上最长最宽的按键，或者淡雅页面上的唯一一个红色按钮）吸引住时，对其他地方的注意力就会下降，这是雷斯多夫效应的天然副作用，所以我们应该利用这一点，尽量把页面上最吸引人的特点安排给最想让用户看到并点击的功能按键上。

第三，由于序列位置效应（包括首因效应和近因效应）的存在，相较于位于页面头尾的项目，位于页面中间的项目往往不容易被用户记住，这时可以考虑给中间的项目添加视觉特色，比如用粗体字、黄色背景、下划线等，通过雷斯多夫效应，加深人们对中间项目的记忆。

2.28 斯特鲁普效应

（1935 年）

斯特鲁普效应（Stroop effect）在心理学中是指不一致刺激（incongruent stimuli）在反应时间上比一致刺激（congruent stimuli）有所延迟的现象；更深一层地说，该效应就是指不一致刺激时的劣势反应比一致刺激时的劣势反应要慢一些的现象；换个角度说，该效应就是指优势反应对劣势反应有所干扰的现象。

斯特鲁普效应是以美国心理学家约翰·雷德利·斯特鲁普（John Ridley Stroop，1897 年—1973 年）的名字命名的。其实，早在 1929 年，德国生理心理学家埃瑞克·鲁道夫·詹驰（Erich Rudolf Jaensch，1883 年—1940 年）就已经在德国发表过关于这一效应的理论[1-3]，其根源可以追溯到 19 世纪詹姆斯·麦肯·卡特尔（James McKeen Cattell，1860 年—1944 年，美国第一位心理学教授，任教于宾夕法尼亚大学）和威廉·马克西米利安·冯特（Wilhelm Maximilian Wundt，1832 年—1920 年，“实验心理学之父”）的著作[2-3]。但直到 1935 年，斯特鲁普在《实验心理学杂志》(*Journal of Experimental Psychology*）上以《系列言语反应干扰研究》(“Studies of Interference in Serial Verbal Reactions”）为题首次用英文发表这一效应后[4]，这一效应才变得广为人知。斯特鲁普的原始论文是实验心理学史上被引用最多的论文之一，共产生了 700 多篇与斯特鲁普效应相关的文献[3]。

在斯特鲁普的实验中，当被试者被要求回答有颜色意思的字的颜色时，回答字本身的意思为优势反应，而回答字的颜色为劣势反应，如果字的意思（优势反应）与字的颜色（劣势反应）不同，在优势反应对劣势反应的干扰下，被测试者回答字的颜色的反应速度往往会下降，同时出错率会上升。比如，有一个表示颜色的字——红，如果它就被涂成红色，那就叫一致刺激；如果它被涂成其他颜色，那就叫不一致刺激。随后让被试者回答这个“红”字被涂成了什么颜色，当一致刺激时，回答起来就会比较快，当不一致刺激时，回答就会比较慢。这是因为人们对字的意思的反应比较快，属于优势反应，一看到“红”这个字，立刻就能反应出“红”的意思；而要想识别出这个“红”字到底被涂成什么颜色就会比较慢，属于劣势反应。当不一致刺激时，优势反应会对劣势反应造成干扰，导致劣势反应的速度比一致刺激时劣势反应的速度要慢，出错率也会上升。斯特鲁普效应的例子，如图 2-31 所示。

在斯特鲁普的实验中，呈现的刺激包含着两种信息（字的意思和字的颜色），而人们对这两种信息的认知加工是不同的。当这两种信息被同时输入时，想只对其中一个信息加工而不对另一个信息加工是难以做到的。因为对字的意思的加工相对容易，所以人们总是倾向于报告字的意思，然而这个实验又不允许作这种反应。所以两种加工过程容易发生竞争，从而导致字的意思对字的颜色发生干扰。

红 黄 蓝 绿 黑

一致刺激（字的意思与字的颜色一致）

红 黄 蓝 绿 黑

不一致刺激（字的意思与字的颜色不一致）

图 2-31 斯特鲁普效应的例子

被用来解释斯特鲁普效应的理论主要有 4 种：①处理速度理论（processing speed theory），认为大脑识别文字颜色的能力存在滞后性，大脑识别文字颜色的速度要比阅读文字的速度慢得多。②选择性注意力理论（selective attention theory），认为与阅读单词相比，识别颜色需要更多的注意力。大脑识别一种颜色比编码一个单词需要更多的注意力，因此需要更长的时间[5]。③自动性理论（automaticity theory），是关于斯特鲁普效应最常见的理论[5]，认为由于识别颜色不是一个“自动过程”，因此在做出反应时会犹豫不决，而与此相反，由于习惯性阅读，大脑会自动理解文字的含义。这一观点的前提是自动阅读不需要控制注意力，但仍会使用足够的注意力资源来减少可用于颜色信息处理的注意力[6]。④并行分布式处理理论（parallel distributed processing theory），认为大脑在分析信息时，会针对不同的任务开发出不同的特定路径[7]。有些路径，比如阅读，比其他路径强，因此，重要的是路径的强度，而不是路径的速度[5]。

基于斯特鲁普效应的心理测试——斯特鲁普测试（stroop test），作为临床实践的工具，已被用于筛选和诊断某些精神疾病，如痴呆、精神分裂症、中风后的脑损伤、注意力缺陷多动症（ADHD）等。关于斯特鲁普效应还有一个有趣的段子——据说在冷战期间，美国情报官甄别间谍时会给被测试者看俄文的斯特鲁普任务，如果成绩低于正常值，就说明被测试者认识俄文，很可能是间谍。

现今，斯特鲁普实验已经被广泛应用于我们的生活中，有很多游戏都是根据它的原理设计的，感兴趣的读者可以搜索 Stroop 进行尝试。用户体验中有一条“金科玉律”——“别让我思考”（Don't make me think，意思是说不要让用户费力思考）。当我们见识了不一致刺激时斯特鲁普效应的威力后，再进行产品设计、用户体验设计时，就要注意让语义与颜色相匹配，让用户能不假思索地进行识读与操作，从而提升体验效果。

2.29 图灵的贡献（1936 年）

图灵对计算机科学、人工智能的发展做出了卓越的贡献。可以毫不夸张地说，如果没有图灵的理论开拓，就没有现今的计算机，那么构建于计算机之上的各种用户体验研究、设计与优化工作就都无从谈起，所以笔者打算在本章节给大家详细介绍一下图灵的贡献。

图 2-32　阿兰・麦席森・图灵

1912 年，英国数学家、逻辑学家、密码分析学家、哲学家、理论生物学家、计算机科学家、理论计算机科学与人工智能之父[1]阿兰・麦席森・图灵（Alan Mathison Turing，1912 年—1954 年，见图 2-32）出生于伦敦的梅达谷（Maida Vale）。图灵在英格兰南部长大，毕业于剑桥大学国王学院数学专业。1936 年，图灵在《伦敦数学学会学报》（*Proceedings of the London Mathematical Society*）上发表了论文《论可计算数及其在判定问题中的应用》（“On Computable Numbers，with an Application to the Entscheidungsproblem”）[2-3]，提出了使其成为“计算机科学之父”的图灵机（Turing machine）——一种通用计算机的模型[4-6]，提供了算法和计算概念的形式化，为现代计算机的逻辑工作方式奠定了基础。

图灵虽然证明了没有任何机器可以解决所有数学问题，但也证明了机器可以完成所有人类能完成的计算工作，从如今的应用看来，后一个结论的意义重大得多。从图灵开始，计算机有了真正坚实的理论基础，更多人开始投身计算机的理论研究，而不仅是尝试构建一台机器。如今的所有通用计算机都是图灵机的一种实现，两者的能力是等价的。当一个计算系统可以模拟任意图灵机（或者说通用图灵机）时，我们称其是图灵完备的（Turing complete）；当一个图灵完备的系统可以被图灵机模拟时，我们称其是图灵等效的（Turing equivalent）。图灵完备和图灵等效成为衡量计算机和编程语言能力的基础指标，如今几乎所有的编程语言都是图灵完备的，这意味着它们可以相互取代，一款语言能写出的程序用另一款语言也照样可以实现。

1938 年，图灵获得了普林斯顿大学数学系博士学位。在二战期间，图灵在位于英国布莱切利公园（Bletchley Park）的英国密码破译中心——政府密码学校（Government Code and

Cypher School）工作。他曾一度领导这里的 8 号营房（Hut 8），负责德国海军密码分析，设计了许多加速破译德军密码的技术。在到达布莱切利公园后的几周内，图灵就设计出了一种名为“炸弹”（bombe）的机电机器（electromechanical machine），能比波兰的“炸弹”机器（bomba kryptologiczna）更有效地破解德军恩尼格玛加密信息（Enigma-enciphered messages）。图灵在破解密码信息方面发挥了至关重要的作用，使盟军得以在大西洋战役等许多关键战役中击败轴心国军队[7]。

二战后的 1945 年至 1947 年间，图灵在国家物理实验室（National Physical Laboratory）工作，在那里他设计了自动计算引擎（ACE，即 Automatic Computing Engine），这是存储程序计算机（stored-program computer）的第一个详细设计[8]，成为后来世界上第一台个人计算机的基础。1948 年，图灵加入了曼彻斯特维多利亚大学（Victoria University of Manchester）的马克斯·纽曼计算机器实验室（Max Newman's Computing Machine Laboratory），在那里他帮助开发了曼彻斯特计算机（Manchester computers）[9]，并对数学生物学（mathematical biology）产生了兴趣。图灵撰写了一篇关于形态发生（morphogenesis）的化学基础的论文[10]，描述了他对生物模式和形态发展的一些研究。

在 1950 年 10 月发表的《计算机与智能》（*Computing Machinery and Intelligence*）一文中，图灵提出了一种用于判定机器是否具有智能的测试方法——图灵测试（Turing test），即如果一个人通过文本交流无法区分对方是人还是机器，那么就可以说这个机器具有智能。现今在互联网上被广泛使用的验证码（CAPTCHA）测试就是图灵测试的一种形式。在这篇论文中图灵还建议，与其建立一个模拟成人思维的程序，不如制作一个更简单的程序来模拟儿童思维，然后对其进行教育。图灵创建了世界上第一个人工智能程序，这个程序会下棋；他写了有史以来第一份人工智能宣言书，这是一份具有远见的报告，题目为《智能机器》（“Intelligent Machinery”）。在生命的最后几年，图灵开创了现在被称为“人工生命”（Artificial Life）的新领域，研究有机体在形态和结构上是如何发展的。

因在理论计算机科学及人工智能领域的开拓性贡献，图灵被赞誉为“理论计算机科学和人工智能之父”。他的工作为人类打开了计算机世界的大门，也为人工智能的发展奠定了基础。他给人类社会留下了丰厚的遗产，得到了后世的广泛纪念。1966 年，以他的名字命名的计算机界最高奖项——图灵奖（Turing Award）由美国计算机协会（Association for Computing Machinery）设立，该奖项素有“计算机界诺贝尔奖”之称[11]。2021 年 6 月 23 日（图灵的生日），图灵的形象被印在英格兰银行 50 英镑的纸币上，以纪念他为人类进步做出的卓越贡献。

2.30
焦点小组
（20 世纪 40 年代）

图 2-33　焦点小组

焦点小组（focus group）是一种小组访谈，由少数（有时多达 10 人）在人口统计学上相似的参与者参加，根据研究目标，他们具有某些共同特征或经历。在焦点小组中的讨论可以是引导式的，也可以是开放式的，参与者对研究人员提出的特定问题的反应将被研究，如图 2-33 所示。

焦点小组始于 20 世纪 40 年代对广播肥皂剧的市场研究[1]。那是在二战期间，现代社会学奠基人、美国哥伦比亚大学教授罗伯特·金·默顿（Robert King Merton，1910 年—2003 年）用焦点小组分析宣传效果[2-3]。他让广播演播室里的 12 名参与者点击红色按钮回应负面信息、点击绿色按钮回应正面信息。同时他创造了一种访谈程序，进一步了解参与者的主观反应[1]。后来，他还为应用社会研究局（Bureau of Applied Social Research）建立了焦点小组[3]。20 世纪 80 年代，默顿发表了一份关于焦点小组的报告，社会学家们开始普遍使用焦点小组这种研究方法[4]。美国心理学家、市场营销专家、“动机研究之父”欧内斯特·迪希特（Ernest Dichter，1907 年—1991 年）在 1991 年去世前创造了“焦点小组”一词[5]。

焦点小组有一些一般性指导原则：①应谨慎选择参与者，如果讨论的话题具有敏感性，则建议参与者的性别、年龄和社会经济背景相同。在讨论前，须获得知情同意（informed consent），且参与者最好互不相识[6]。②应告知参与者的权利，包括保密权（例如，他们的身份不会在任何报告或出版物中被披露）[7]。③应向参与者简要介绍讨论的目的、主题、形式和领域，要确保讨论涵盖这些领域。④应设定期望来给参与者一个正式的程序解释[8]，期望可包括参与讨论、就某些话题进行争论以及集体解决问题。参与者间相互介绍并热身可为讨论做好准备。主持人须为参与者建立共同点，以促进组内情感。实际讨论是在“讨论刺激”（其形式可以是一篇具有启发性的论文、一部短片或一个需要找到解决方案的具体问题）之后进行的。

在焦点小组讨论中，主持人要做笔记以便汇总整理，并引入新话题、引导对话、维持讨论、减少偏见[6]，创造轻松平等的环境[9-10]，确保每个人都感到舒适，并保持良好关系。焦点小组讨论可包括讲故事、开玩笑、意见分歧和夸夸其谈[11]，应鼓励所有参与者都参与讨论、分享观点、畅所欲言[6]，告诉他们欢迎提出不同观点[7]，同时应防止讨论偏离当前主题[8]。焦点小组应有一名记录员，记录讨论的重要内容并将其转化为数据以供分析[6]。记录员虽不参与讨论，但对当前主题应有深入了解，懂得观察语言和非语言反馈（如面部表情）。焦点小组还可以包括一名观察员，关注没有用语言表达的动态（如肢体语言以及看似有话要说但没有开口的人）。

焦点小组中的问题应是开放式的，但问题之间应平稳过渡。在开始时，最好提出一般性问题，帮助参与者了解更广泛的背景。之后，应提出旨在获得所需具体信息的问题。在结束时，应努力总结参与者的意见[12]，对讨论中出现的意外问题进行调查和研究。焦点小组这种研究方法具有诸多优势，它简单易行，成本相对较低[13]。与结构化访谈相比，焦点小组通常耗时较少，能增加样本量、减少资源投入并快速提供结果[13]。如果收集的数据与研究者的兴趣相关，那么往往会更有效率[11]。作为工具，焦点小组对需求评估和项目评价很有帮助[14]，它可以创造一种协同作用，提供通过其他方式无法获得的信息[9,13,15]，可以获得新的、有见地的观点和意见[11]，可以讨论敏感话题、披露个人信息[9]，也可以总结经验教训、提出改进建议，让研究人员了解参与者的反应。

焦点小组是一种研究或评估方法，常用于定性研究中，研究人员通过组织互动和指导性讨论来收集定性数据[4]，了解参与者对不同主题的观点、看法、意见、态度和信念。焦点小组在收集定性研究数据方面具有优势。焦点小组可纯粹作为定性方法使用，也可与定量方法结合使用。焦点小组不是由研究人员单独向参与者提问，而是通过小组互动来探讨和澄清参与者的观点、看法和意见，参与者通常可自由交谈和互动。焦点小组的互动性使研究人员能从多名参与者那里获得定性数据，这使焦点小组成为一种相对快捷、方便和有效的研究方法[16]。

焦点小组常用于市场调研中，以便更好地了解一个群体对新产品或新服务的反应，或参与者对共同经历的看法。市场营销人员可以利用从焦点小组收集到的信息来了解特定产品、争议或话题[17]。焦点小组也常常被社会学家、心理学家以及传播学、教育学、政治科学和公共卫生领域的研究人员使用[3]。美国联邦机构，如负责 2020 年十年一次人口普查的人口普查局（Census Bureau），也使用焦点小组方法在不同人群中进行信息测试[18-19]。焦点小组还被用于图书馆与信息科学、可用性工程、跨文化研究等领域。同时，焦点小组也是用户体验研究和设计团队经常要用到的定性研究方法。

2.31 幸存者偏差（1943 年）

幸存者偏差（survivorship bias），也称为幸存者偏误、幸存者偏见或生存者偏差[1]，是一种逻辑谬误，属于认知偏差中认知与决策偏差的一种，是选择偏差（selection bias）的一种形式，指人们只看到通过了筛选过程的实体（即幸存者），却忽略了没通过筛选过程的实体（即已逝者或无法被观测者），从而遗漏了被筛选掉的关键信息，导致数据不完整、出现偏差、得出错误结论。幸存者偏差的例子在生活中比比皆是。例如，网站乐于采编凤毛麟角的年薪百万事例以提高点击率，久而久之就让人产生人人都能年薪百万的错觉，而忽略了“沉默的大多数”达不到年薪百万的事实。再如，有些书籍宣传辍学创业的少数成功人士，而忽略了大多数辍学后碌碌无为的普通人，利用人们对财富的渴望以及急功近利的心理最终成为畅销书。

幸存者偏差的概念起源于二战中的一个案例。当时专家们统计了美军所有返航轰炸机的中弹情况，发现机翼（包括两侧机翼和尾翼）中弹密集，而发动机和机身中弹稀疏，所以普遍认为应加强机翼的防护。而哥伦比亚大学统计研究小组的犹太裔匈牙利数学家亚伯拉罕·沃德（Abraham Wald，1902 年—1950 年）于 1943 年发表了《基于幸存者受损情况估算飞机易损性的方法》（“A Method of Estimating Plane Vulnerability Based on Damage of Survivors”）一文[2]，提出见解独到的建议：成功返航的轰炸机往往机翼弹孔累累，说明轰炸机即使机翼多处中弹也能安全返航；而成功返航的轰炸机中发动机和机身弹孔很少，说明轰炸机一旦这些部位中弹，就可能直接坠毁而无法返航了，其中弹数据当然也就无法被统计到了，所以比起机翼，更应加强发动机和机身的防护[3]，如图 2-34 所示。沃德的建议，在之后的战争中经受住了检验。

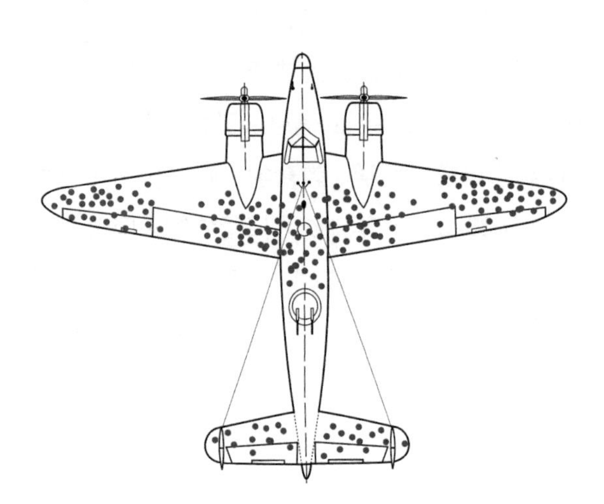

图 2-34　幸存者偏差的例子

幸存者偏差是选择偏差的一种形式，可能导致过于乐观的信念，因为失败的案例往往会被忽视。例如，在分析财务业绩时，已破产或已注销的公司会被排除在外。幸存者偏差会让人们对某些事件的危险性估计不足，因为只有事件的幸存者才有资格谈论事件，而逝去者是无法开口的，从而会导致谈论中的偏差。用统计学的语言来描述幸存者偏差就是：我们在进行统计的时候忽略了样本的随机性和全面性，用局部样本代替了总体随机样本，从而对总体的描述出现了偏差。通俗来讲就是：只考察了幸存者的特征，没有考虑逝去者的情况，因而无法得出有说服力的结论。归根结底，幸存者偏差就是一个由于信息获取不全导致的认知偏差。

一般而言，幸存者偏差的产生有 4 个条件：①抽样统计，如果能全部调查，了解到完整的事实，得出的结论自然就不会有偏差；②被调查的总体分布不均匀，如果总体分布均匀，抽样统计通常不会有偏差；③抽样时总体中的一个或一个以上的具有不同分布的群体没有被包括在抽样框内；④人性的弱点，人们一般只会关注结果，很少注意过程，而在过程中，人们所依赖的信息大都来自于“显著信息”，而忽略了“不显著信息”及“沉默的信息”。

所以，幸存者偏差很难被完全消除或克服，我们只能尽量避免它并努力降低它造成的损失，主要有 3 个方法：①运用贝叶斯公式分析出分歧在什么地方，哪种假设更合理；②进行双盲试验，主试者与被试者都不知道被试者属于实验组还是对照组，分析者也不知道正在分析的资料属于哪一组，以此消除主观偏差和个人偏好等因素的影响；③运用系统性思维，即把物质系统当作一个整体加以思考的思维方式。系统性思维的程序是从整体出发，先综合，后分析，最后复归到更高阶段上的新的综合，具有整体性、综合性、定量化和精确化的特征。通过系统性思维对事件做整体性思考，就不容易被一些片面的数据、特例左右自己的判断和思考。

笔者把对轰炸机加强防护类比到互联网行业中。假设你是一位产品经理或用户体验专家，每位潜在用户都是一架轰炸机，每条糟糕的广告或不畅的沟通都是一枚子弹，而穿越了层层阻碍成功使用你产品的用户，就是安全返航的轰炸机。那么你收集的反馈主要就来自于你最容易得到反馈的人，也就是经常使用你产品的人，而你最能获知的产品问题，往往是“那些打在非致命伤上的弹孔”而已。对于一个成熟的、用户量足够大（“返航的轰炸机足够多”）的产品，可以不太担心流失的用户，直接将其定义为非用户群即可，但对于一个新生产品，这就是大问题了，关系到我们“应该在哪里加强防护”、如何把有限资源进行更优配置。

幸存者偏差往往能直接影响产品的功能迭代，因为我们通常会通过询问最容易收集到反馈的那部分用户最希望在产品中看到哪些改进，来构建新功能。但是，这可能完全忽略了目标市场中没给出任何反馈的那部分用户对你的产品不感兴趣的原因，就像被击落的轰炸机无法返航来告诉你它是怎么坠毁的一样。应对的方法主要有 3 个：①计算出目标市场中哪些用户没给反馈；②联系触及过我们的产品但未能成功转化的用户（例如访问过网站但没买产品的用户）；③根据对产品不感兴趣的用户重新制定营销策略或产品改进方案。

2.32 马斯洛需求层次理论（1943年）

马斯洛需求层次理论（Maslow's hierarchy of needs）由美国心理学家、哥伦比亚大学心理学教授亚伯拉罕·哈罗德·马斯洛（Abraham Harold Maslow，1908年—1970年）于1943年在发表于《心理学评论》（*Psychological Review*）杂志上的论文《人类动机理论》（"A Theory of Human Motivation"）中提出[1]。该理论以满足人类天生需求为优先，以自我实现为高潮[2]，强调关注人们的积极品质，而不是将其视为一堆症状[3]。马斯洛需求层次理论是一种心理健康理论和激励理论，用多层需求来描述人类需求和动机的一般发展模式，认为缺陷（deficiency）由剥夺导致，人们的需求未得到满足的状况会激励人们去满足他们被剥夺的东西[4]。该理论也是一种分类系统，旨在以社会的普遍需求为基础，进而反映更多的后天情感[5]。该理论还是一种心理学思想及评估工具，尤其流行于高等教育、医疗保健、社会工作、管理培训等领域。

马斯洛需求层次理论通常被描绘成金字塔形式，起初为五层，后来扩为八层，如图2-35所示。五层的理论传播相对较广，马斯洛认为这五层需求与生俱来，是激励和指引个人行为的力量[6]，从底向上，包括：①生理需求（physiological needs），指人们对空气、饮食、保暖、睡眠、性等的需求，是五层的马斯洛理论中最基本、最重要的需求；②安全需求（safety needs），指人们对健康、人身安全、情感安全、经济安全等的需求；③归属与爱的需求（belongingness and love needs），也称社交需求（social needs），指人们对家庭、友谊、信任、被接受、爱与被爱等的需求，是人们与他人建立情感联系和社交关系的需求；④尊重的需求（esteem needs），指自尊的需求和尊重他人的需求；⑤自我实现的需求（self-actualisation needs），指对获得伴侣、养育、发展天赋和能力、追求目标等的需求，是五层的马斯洛理论中最高层的需求。

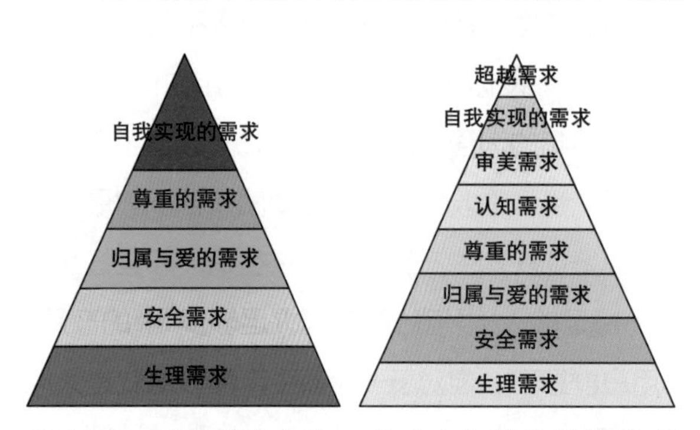

图2-35 五层（左）和八层（右）的马斯洛需求层次理论

其中，生理需求、安全需求合称基础需求（basic needs）；归属与爱的需求、尊重的需求合称心理需求（psychological needs）。需求层次越低，力量越大，潜力越大；随着需求层次的上升，需求的力量相应减弱；一般来说，高层需求出现之前，低层需求需先被满足[6]。低层需求直接关系到个体的生存，也称缺失需求（deficiency needs）；高层需求不是维持个体生存所必需的，但满足后可使人健康长寿、精力旺盛，故称发展需求（growth needs）。高层需求比低层需求复杂，满足高层需求须具备良好的社会条件、经济条件和政治条件[6]。

后来，马斯洛将其理论由五层扩为八层，即生理需求、安全需求、归属与爱的需求、尊重的需求、认知需求（新增）、审美需求（新增）、自我实现的需求、超越需求（新增）。新增的三层[7]中，认知需求（cognitive needs）指对知识、信息、理解、意义、创造力、远见、好奇心、探索、可预测性等的需求；审美需求（aesthetic needs）指对欣赏、寻找美、平衡、形式等的需求；超越需求（transcendence needs）也称为精神需求（spiritual needs），当它得到满足时，它会产生一种完整的感觉，将事物提升到一个更高的存在层次[8]。

晚年的马斯洛批判了他最初对自我实现的看法[9-12]，认为一个人在把自己奉献给超越自己的东西时（例如利他主义）是最充分的实现，他把这等同于追求无限的欲望[13]。他认为，超越指作为目的而非手段的，对自己、重要的他人、全人类、其他物种、自然、宇宙的，人类意识、行为和关联的，最高、最具包容性或整体性的层次[14]。马斯洛还认为先前的陈述可能令人误以为要产生满足高一层需求的动机，就必须百分之百地先满足下面每个低层需求[15]。他澄清说，在高层需求产生以前，低层需求只要部分满足即可。大脑是个复杂系统，有多个并行过程在同时运行，因此来自不同层的许多动机可同时发生，各层需求的满足过程会有重叠。人们并不是在任何时候都专注于某种需求，而是某种需求“支配”了人的有机体[16]。大脑中不同层次的动机随时都有可能发生，但马斯洛专注于识别动机的类型和它们可能被满足的顺序。

马斯洛需求层次理论是一种在世界范围内被广泛认可、具有实践指导意义的理论，当然也可以用于用户体验工作中。比如，我们可以根据该理论去分析某一款产品是为了满足用户哪个层次的需求——外卖 App 可以满足用户想要吃饭的生理需求；健身 App 可以满足用户想要身体健康的安全需求；聊天 App 可以满足用户的归属与爱的需求（社交需求），等等。该理论还能帮助我们在深度访谈中洞察用户的真实需求、探寻用户的真正痛点。比如，如果访谈时用户说想要一辆“飞车”以节省时间，从而能多睡一会儿，那么我们就会发现，原来用户关注的并不是“飞车”的功能有多么酷炫，而是“睡眠”这一生理需求，这才是用户真正的痛点。

2.33
心智模型
（1943 年）

心智模型（mental model）是一个心理学概念；是一个人对现实世界中事物如何运作的思维过程的解释；是对周围世界、世界各部分之间的关系以及一个人对自己的行为及其后果的直观感知的再现，可以帮助塑造行为，并设定解决问题（类似于个人算法）和完成任务的方法；是一种内部符号或外部现实的表征，在认知、推理和决策中发挥着重要作用；是思维和行为的深层图像[1]；是理解世界的基本要素，以至于人们几乎意识不到其存在。心智模型理论的产生和发展离不开多位心理学家、哲学家的努力。

图 2-36　苏格兰爱丁堡的克雷克故居

1927 年，法国哲学家、人种学家和儿童绘画研究的先驱乔治－亨利・卢凯（Georges-Henri Luquet，1876 年—1965 年）在他出版的《儿童绘画》中提出，儿童会构建内部模型，这种观点影响了以儿童发展研究著称的瑞士心理学家让・皮亚杰（Jean Piaget，1896 年—1980 年）等人。

1943 年，苏格兰哲学家和心理学家肯尼斯・詹姆斯・威廉・克雷克（Kenneth James William Craik，1914 年—1945 年）在他的著作《解释的本质》（*The Nature of Explanation*）中提出“心智模型”一词[2-3]。苏格兰爱丁堡的克雷克故居，如图 2-36 所示。

1983 年，美国语言和推理哲学家、普林斯顿大学心理学系教授菲利普・约翰逊－莱尔德（Philip Johnson-Laird，1936 年—）出版了《心智模型：走向语言、推理和意识的认知科学》一书，发展了心智模型推理理论[4]。

同是在 1983 年，美国认知与发展心理学家、西北大学心理学教授、类比推理研究领域[5]的领军人物戴德雷・金特纳（Dedre Gentner，1944 年—）和阿尔伯特・史蒂文斯（Albert Stevens）在一本同样名为《心智模型》的书中编辑了一系列章节[6]。书的第一行进一步解释了这个想法：“本章的一个功能是详述显而易见的东西，人们对世界的看法，对自己的看法，对自己能力的看法，对他们被要求完成的任务的看法，或者对他们被要求学习的主题的看法，在很大程度上取决于他们对任务的概念化。”

还是在 1983 年，美国科罗拉多大学博尔德分校心理学教授沃尔特・金奇（Walter

Kintsch，1932 年—2023 年）[7] 和文本语言学、话语分析和批判性话语分析学者冯·戴伊克（Teun Adrianus van Dijk，1943 年—）在《话语理解策略》（*Strategies of Discourse Comprehension*）中使用了“情境模型”（situation model）一词，说明了心智模型与话语生成和理解的相关性。

美国商人、投资家和慈善家查理·芒格（Charlie Munger，1924 年—2023 年）在商业和投资决策中推广使用了多学科思维模型 [8]。

1988 年，美国认知科学家和可用性工程师、加州大学圣地亚哥分校设计实验室主任唐纳德·阿瑟·诺曼（Donald Arthur Norman，1935 年—）[9-10] 出版了原名为《日常事物的心理学》（*The Psychology of Everyday Things*）、后改名为《日常事物的设计》（*The Design of Everyday Things*，中文也常译为《设计心理学》）的畅销书，最早将“心智模型”引入设计领域，指出在设计中需要考虑到目标人群的心智模型，参考其既定惯例和行为方式。

1996 年，美国软件工程师、“Visual Basic 之父”阿兰·库珀（Alan Cooper，1952 年—）在论文《计算机软件的三种模型》（“Three Models of Computer Software”）中提出了实施模型、心智模型、代表性模型并行的用户体验设计构架，被用户体验专家和人机交互专家普遍采用。

2000 年，美国用户体验专家史蒂夫·克鲁格（Steve Krug）出版了关于人机交互和网络可用性的畅销书《别让我思考》（*Don't Make Me Think*）[11]，在人机交互和可用性方面对“心智模型”理念进行了大量的讨论和应用，他指出一个好的软件程序或网站应该让用户尽可能轻松地、直接地完成他们的预期任务，还指出人们善于满足或者说善于采取第一个可用的解决方案来解决问题，因此设计应该利用这一点。

在用户体验设计中，心智模型的应用是很常见的，比如对红色的应用。因为红光的波长可以更深入地穿透云层、尘埃、雾霭，所以人们会认为红色是最明显的颜色。又因为鲜血与火焰都是红色的，所以人们又会认为红色是自然界中危险的标志，进而演化为红色经常与数字产品中的出错或警报相关联。由此可见，很多事物其实本身并没有特定含义，但来自于自然界的观察、生活习惯、文化背景会让人们赋予这些事物以特定的含义，进而在人们的大脑中产生特定的联系，形成心智模型。

此外，有着不同文化背景的用户可能对同一事物形成不同的心智模型，所以在应用心智模型时应该考虑到目标用户的实际情况。比如，在中国文化中，红色代表财富、好运、红红火火的“好彩头”，所以中国股票会用红色代表增长，绿色代表下跌；而美国股票正好相反——绿色代表增长，红色代表下跌。再有，心智模型不是一成不变的，用户体验设计师应该紧跟潮流趋势，不断通过用户体验研究来验证和跟随最新的心智模型，只有这样才能设计出贴近社会潮流、迎合用户口味的产品。

2.34
第二次世界大战
（1931 年—1945 年）

第二次世界大战（World War II，简称“二战”）是一场发生于 1931 年—1945 年的全球性战争，是迄今为止人类历史上规模最大的战争，各参战国几乎将全部经济、工业和科技投入其中。二战是人类社会的一场浩劫，却在客观上促进了世界科技的快速发展。二战时，各国军队开始使用比一战时更复杂的武器和装备，新问世的航空母舰、远程轰炸机、雷达等复杂军工产品都提升了操作和研究的复杂度。陆海空多兵种立体作战和协调指挥、世界范围内的全面交锋和作战计划、全方位的后勤补给和资源调派，都在规模和复杂度上给科研人员带来了前所未有的挑战。

在陆地，一战中作为火力支援的坦克，成为二战中的主要作战武器之一，交战双方都对坦克的速度、装甲和火力进行不断改进 [1]。而随着战车炮、自走炮、反坦克地雷等反坦克战术的盛行，步兵的作用开始凸显。为步兵设计的便携式通用机枪、适于城镇及丛林作战的冲锋枪和突击步枪的研发得到快速推进。

在海上，潜艇与搭载战斗机的航空母舰成为各参战国掌握制海权的利器。而针对潜艇交战的马克 24 型鱼雷、乌贼、刺猬炮和利式探照灯等武器和装备也被研发出来 [2]。

在空中，一战时崭露头角的飞机在二战中发挥了重要作用（1942 年的飞虎队战机，如图 2-37 所示），担负起战斗、轰炸、侦查、运输及地面支援等任务，而任务的不同促使飞机往专业化方向发展，比如运输机协助快速运输高价值的物资、装备及人员 [1]，轰炸机针对人口中心施行战略轰炸以瓦解对方士气 [3]。而雷达、高射炮等防空武器也陆续被研发出来。此外，喷气式飞机也在二战末期被研发出来，虽然对战局没产生太大影响，但喷气式引擎成为二战后各国空军的标配 [4]。

图 2-37　1942 年的飞虎队战机

其他受二战推动的科技与工程进展还包括世界上最早的可编程计算机 Z3、Colossus 和 ENIAC 的研制，制导导弹和现代火箭的研发，曼哈顿计划核武器的研发，以及英吉利海峡人工港口和石油管道的开发，等等[5-6]。

二战还让世界各国开始思考如何将武器装备与操作者更好地结合，这是对与用户体验相关的各种人性化学科的一次集中关注。二战时各参战国纷纷研发威力大、效能高的新式武器装备，但投入使用后，却事故频发、问题凸显：军用车辆在颠簸中无法保障司机与乘客安全，坦克兵在坦克内视野受限，训练有素的飞行员驾驶功能齐全的飞机却经常坠毁，空降部队的降落装备经常出故障。究其原因，主要有两个：一是操作者的心理和生理特征未被充分考虑，致使武器装备的设计和配置不合理，不符合操作者的需求；二是武器装备的性能和复杂度大幅提升，导致操作者很难适应，而对操作者进行的有针对性的系统性训练又比较缺失。

这引起了决策者和研发者的高度重视，认识到机器（包括武器、装备、设备）和操作者是一个整体，机器只有与操作者的身心特点匹配才能安全而有效地发挥作用；机器的设计必须考虑操作者的能力和局限性，操作者的决策、注意力、情境意识和手眼协调将成为任务成败的关键；不能只关注工程技术知识，还应研究心理学、生理学等人性化领域。这在客观上促进了用户体验、人因与工效学、人机交互等学科的发展，从之前为静态人的设计转变到为工作状态中的动态人的设计，从为单个人的设计转变到为系统中的人的设计。

1943 年，美国陆军中尉阿尔方斯·查帕尼斯（Alphonse Chapanis）的研究表明，当更有逻辑和可区分的控制装置取代飞机驾驶舱中的混乱设计时，所谓的“飞行员错误”（pilot error）可大幅减少。这是一个在用户体验发展的开端期进行深度研究的例子，说明在空间局促、操作复杂的飞机驾驶舱里，设计师只有将控件和面板等控制装置设计得合理妥当、有章可循，给驾驶员提供舒适自然、方便灵活的操作方式，才能提高飞行时的可操控性，减少人为错误。二战后，美国陆军航空队出版了 19 卷书籍，总结了战争期间的研究结果[7]。

从国计民生到司法秩序，第二次世界大战改变了人类生活的方方面面。在带来人员伤亡和财产损失的同时，也在客观上促成了科学技术的跨越式发展。正是在这一时期，“人的因素”（human factor）和“工效学”（ergonomics）这两个词语正式进入了现代词典。二战对战后人类生活产生了深刻影响，帮助世界各国人民迎来了现代化生活方式。二战期间各国为赢得战争胜利而取得的科技成果在战后几十年中通过“军转民”找到了新的用途，战时的医疗进步成果也开始为平民所用。二战催生的各种家用生活产品和医疗健康产品间接衍生出大量与用户体验相关的研究，客观上促成了用户体验、人因与工效学、人机交互、工程心理学、航空心理学、航空医学等相关学科与知识领域的蓬勃发展。

第三章
演进期
（1945 年—1971 年）

笔者把 1945 年—1971 年这 26 年命名为用户体验简史的“演进期”。其中，1945 年是第二次世界大战结束的年份，而 1971 年是个人计算机时代来临的年份。1971 年发生了两个重要事件，一个是费德里科・法金开发了世界上第一款商用单芯片微处理器英特尔 4004，这标志着微型计算机（个人计算机属于微型计算机的范畴）的诞生，另一个是被计算机历史博物馆认定为世界上第一台个人计算机的 Kenbak-1 发布，这两个事件一起标志着个人计算机时代的来临。

随着 1945 年二战结束，用户体验的发展也翻开了一个崭新的历史篇章。一方面，一些对用户体验的发展影响至深的理论被提出并逐渐应用于实践中；另一方面，以二战时军事科学与工程为主导的研究与实践逐步转入二战后各个民用领域，一系列“军转民”探索得以开展。

在演进期里，与用户体验息息相关的人因与工效学得以建立并快速发展，呈现出多样化的趋势。兰德公司（RAND Corporation）的埃利亚斯・波特（Elias Porter）等人扩展了人的因素（Human Factors）的概念。随着科研人员思考的深入，一个新的概念产生了——有可能将一个组织，如防空系统、人机系统视为一个单一的有机体，而专门研究这样一个有机体的行为。这是一个突破性的认知与思考。

在演进期这 26 年中，有很多改变人类历史格局或对用户体验发展影响巨大的人物与事件，包括世界上第一台通用计算机 ENIAC 的发明、第三次工业革命的开展、丰田生产方式的建立、人因与工效学的建立、希克定律的提出、头脑风暴法的普及、费茨定律的提出、德雷夫斯的人因与工效学设计实践、迪士尼乐园的产品与服务体验实践、米勒法则的提出、认知革命的开展、认知心理学的建立、人工智能的诞生、认知失调的提出、液晶显示器和鼠标的发明、摩尔定律的提出、西蒙效应和皮格马利翁效应的提出、VR 和因特网的兴起，等等。以下，给大家详细介绍。

3.1
ENIAC
（1946 年）

如果说哪种科技产品及其衍生品对近几十年人类社会发展影响至深，那么笔者首先就会想到计算机。时至今日，不管是办公还是家用，计算机及其衍生出的平板电脑及手机都已经在世界范围内得到普及，由此也带来了大量与计算机相关的用户体验研究、设计及优化需求。

与雷达技术的发展类似，计算机技术在第二次世界大战之前就已经开始发展了，而二战促使这项技术发展得更加迅速，研发出具有空前力量的新型计算机，其中一个代表性例子就是ENIAC。世界上第一台通用计算机 ENIAC 于 1945 年建造完工，并于 1946 年 2 月 15 日在美国宾夕法尼亚大学（University of Pennsylvania）正式投入使用，其造价为 48.7 万美元（相当于如今的 619 万美元）[1]，被媒体称为“巨脑”（Giant Brain），其速度比电子机械设备快 1000 倍，每秒钟可进行 5000 次运算，这在现在看来或许不足为道，但在当时却是石破天惊的。ENIAC 的诞生成为世界计算技术发展史上的一座里程碑。

ENIAC 的全称是电子数字积分器和计算机（electronic numerical integrator and computer）[2-3]。它是世界上第一台可编程的、电子的、通用的数字计算机。其他计算机也具备这其中的一些功能，但 ENIAC 是第一台具备所有这些功能的计算机。它是图灵完备的，能够通过重新编程解决“一大类数字问题”[4-5]，即它可以通过编程来执行复杂的操作序列，包括循环、分支和子程序。ENIAC 的这种超强计算能力加上通用的可编程性，令科学家和企业家们兴奋不已。速度和可编程性的完美结合，使其可以对问题进行成千上万次的计算[6]。工作人员对 ENIAC 进行设置，如图 3-1 所示。

图 3-1 工作人员对 ENIAC 进行设置

ENIAC 以电子管作为元器件，所以又被称为电子管计算机，属于第一代计算机。它是一台大型模块化计算机，由独立的面板组成，可以执行不同的功能。其中 20 个模块是十位有符号累加器，使用十进制表示，不仅可以进行加减运算，还能在内存中保存十位的十进制数。每秒可在其中任何一个累加器和一个源（如另一个累加器或常数发送器）之间执行 5000 次简单的加法或减法运算。由于可以连接多个累加器同时运行，因此并行操作的峰值速度可能会更高[4,7]。数字在这些单元之间通过几条通用总线（或称为托盘）传递。为了实现高速运行，面板必须在没有任何移动部件的情况下发送和接收数字，计算、保存答案，并触发下一步操作。其多功能性的关键在于分支能力；它可以根据计算结果的符号触发不同的操作。

ENIAC 使用十位环形计数器来存储数字；每个数字需要 36 个真空管，其中 10 个是构成环形计数器触发器的双三极管。算术运算通过环形计数器“计数”脉冲来完成，如果计数器“绕圈”，就会产生进位脉冲，为的是以电子方式模拟机械加法器数字轮的操作[8]。但 ENIAC 并非现今的存储程序计算机，它只是一大批算术机通过插板接线和 3 个便携式功能表（每个功能表包含 1200 个十向开关）[9]将程序设置到机器中的[10]。ENIAC 可通过 IBM 读卡器进行输入，使用 IBM 打卡机进行输出。这些卡可用于使用 IBM 会计机（如 IBM405）进行离线打印输出。虽然 ENIAC 在诞生之初并没有存储内存的系统，但这些打孔卡可用于外部内存存储[11]。

ENIAC 的设计和建造得到由格莱登·马库斯·巴恩斯（Gladeon Marcus Barnes，1887 年—1961 年）少将领导的美国陆军军械部队研发司令部出资。建造合同于 1943 年 6 月 5 日签署，次月，在美国宾夕法尼亚大学摩尔电气工程学院[4]以“PX 项目”为代号秘密开始了计算机的研制工作，由约翰·克里斯特·布雷纳德（John Grist Brainerd，1904 年—1988 年）担任首席研究员，由美国尤西纽斯学院（Ursinus College）物理学教授约翰·威廉·莫奇利（John William Mauchly，1907 年—1980 年）和美国宾夕法尼亚大学的约翰·亚当·普雷斯珀·埃克特（John Adam Presper Eckert Jr.，1919 年—1995 年）进行具体的设计、发明[12]。

ENIAC 的设计和主要用途是为美国陆军弹道研究实验室（Ballistic Research Laboratory，后来成为陆军研究实验室的一部分）计算火炮射击表[13-14]，但它的第一个项目是研究热核武器的可行性。1946 年 7 月，美国陆军军械部队正式接收 ENIAC。1947 年，它被转移到马里兰州阿伯丁试验场，在那里一直运行到 1955 年。到运行结束时，ENIAC 包含 1.8 万个真空管、7200 个晶体二极管、1500 个继电器、7 万个电阻器、1 万个电容器和大约 500 万个手工焊接接头。它的重量超过 27 吨，高约 2 米、宽约 1 米、长约 30 米，占地约 170 平方米，耗电量 150 千瓦。

到 20 世纪 70 年代，ENIAC 计算技术的专利进入公共领域，解除了对修改这些技术设计的限制。在接下来的几十年里，持续的科技发展使计算机变得更小、更强大、更实惠。1987 年，ENIAC 被评为电气与电子工程师协会（IEEE）里程碑[15]。2011 年，为了纪念 ENIAC 问世 65 周年，美国费城宣布 2 月 15 日为 ENIAC 日[16-18]。

3.2
第三次工业革命
（1947 年至今）

继开创“蒸汽时代”的第一次工业革命和开创“电气时代”的第二次工业革命之后，1947 年至今，又一场工业革命对人类社会产生了深远影响，这就是开创了“信息时代”（information age）的第三次工业革命（Third Industrial Revolution），也称为第三次科技革命（Third Revolution in Science and Technology）、数字化革命（digital revolution）及信息技术革命（information technology revolution）[1]。

总的来说，第三次工业革命是指以电子计算机技术、原子能技术及宇航空间技术的发明和应用为主要标志的科技革命，涉及信息、新材料（人工合成材料、纳米材料）、新能源（核能、太阳能、风能）、生物工程（分子生物、遗传工程）和海洋工程等领域[2]。随着数字计算机和数字记录的普及，科技界和工业界从使用机械和模拟电子技术转变成了使用数字电子技术。这次工业革命的核心是大规模生产和广泛使用数字逻辑、MOS 晶体管、集成电路芯片及其衍生技术，包括计算机、微处理器、数字蜂窝电话和互联网。这些数字计算和通信的创新技术改变了传统的生产和商业模式，也极大地改变了人与机器、人与科技产品之间的交互方式。

第三次工业革命共分为 4 个阶段。

图 3-2　第一个晶体管的复制品

第一阶段（1947 年—1969 年），起源。标志事件是 1947 年贝尔实验室的威廉·肖克利（William Shockley）、约翰·巴丁（John Bardeen）和沃尔特·豪斯·布拉顿（Walter Houser Brattain）发明第一个晶体管[3]（见图 3-2），催生了更先进的数字计算机。从 20 世纪 40 年代末开始，大学、军队和企业都陆续以数字方式自动处理原需人工完成的数学计算，大大减少了人对机器的操作，这对与用户体验相关的人因与工效学、人机交互的发展影响巨大。1959 年，基于让·胡尔尼（Jean Hoerni）开发的平面工艺，仙童（Fairchild）半导体公司的罗伯特·诺伊斯（Robert Noyce）发明了单片集成电路芯片。同年，贝尔实验室的穆罕默德·阿塔拉（Mohamed Atalla）和达文·卡恩（Dawon Kahng）发明了 MOS 晶体管[4]。1963 年，仙童半导体公司的弗兰克·万拉斯（Frank

Wanlass）和萨支唐（Chih-Tang Sah）开发了 CMOS 工艺[5]。

第二阶段（1969 年—1989 年），关键词是因特网（Internet，大写“I”）和家用计算机。1969 年，ARPANET 让公众了解到因特网的概念[6]。ARPANET、Mark I、CYCLADES 等分组交换网络促进了网络协议的发展，使多个独立网络可连成一体。20 世纪 70 年代，家用计算机问世。随着数字技术的普及，数字记录代替模拟记录成为商业新标准，数据输入员成为新工种，负责将模拟数据（客户记录、发票等）转换成数字数据，这带来了全新的人机交互形式与人－机－环境系统。

第三阶段（1989 年—2005 年），关键词是万维网和互联网（internet，小写“i”）。第三次工业革命在 1990 年代改变了发达国家后，又在 21 世纪初扩展到了发展中国家。有两个标志性事件，一是英国科学家蒂姆·伯纳斯－李（Tim Berners-Lee）在 1989 年发明了万维网（world wide web）[7-8]，使互联网迅速扩张，成为全球文化的一部分；二是马克·安德森（Marc Andreessen）和埃里克·比纳（Eric Bina）于 1993 年在位于美国伊利诺伊大学厄巴纳－香槟分校的美国国家超级计算应用中心发明了第一个能显示内联图像的网络浏览器——马赛克（Mosaic）浏览器[9]。

第四阶段（2005 年至今），关键词是社交媒体、Web 2.0、智能手机、云计算和数字电视。个人计算机、智能手机、云计算、网络带宽等互联网基础设施的普及，催生了以脸书、推特、微信、新浪微博等社交媒体为代表的 Web2.0 网络产品。各国纷纷从模拟电视过渡到数字电视。2017 年全球智能手机用户数量为 23.2 亿[10]。截至 2024 年 4 月，世界上约有 67% 的人口在使用互联网。

第三次工业革命大大提高了企业的生产力和绩效[11]，促进了生产力的提高，推动了经济的发展。与第二次工业革命的大规模生产方式相比，第三次工业革命采用超越大规模生产的个性化定制方式。第二次工业革命为的是实现低成本、标准化的批量生产，生产效率的提升体现在规模经济上；而第三次工业革命为的是在生产已经相对过剩的情况下，尽量满足人们的差异化、个性化需求，生产效率的提升体现在高效率、低成本地满足人们不断变化的个性化需求上。第三次工业革命用工业机器人代替流水线工人，引发了生产方式的根本改变，使直接从事生产的劳动力数量快速下降，劳动力成本占总成本的比例日益降低。

在第三次工业革命的大背景下，企业如果想取胜，打造让用户满意的产品和服务，就必须以用户体验思维为出发点，进行创新和布局，通过为用户量体裁衣，给用户精心打造个性化的产品和服务，并根据用户群体的阶段性需求变化做出及时调整，使自身产品和服务始终贴近用户需求。进入 21 世纪以来，人们的追求已不局限于产品功能，而是更关注产品与服务的品质，追求更精致的生活状态，所以企业也要充分运用用户体验思维，紧跟用户的需求与追求。

3.3 墨菲定律（1948 年—1949 年）

人为错误与人为失误是用户体验、人因与工效学所关注的重要领域和研究的主要方向之一。关于人为错误与人为失误，有一个比较经典的定律——墨菲定律，在此给大家介绍一下。墨菲定律（Murphy's law）是一句北美谚语，通常被表述为：“任何可能出错的事情都会出错”（Anything that can go wrong will go wrong）。在一些表述中，它被扩展为“任何可能出错的事情都会出错，而且是在最糟糕的时候”。

美国方言学会（American Dialect Society）成员斯蒂芬·戈兰森（Stephen Goranson）和比尔·穆林斯（Bill Mullins）等人对墨菲定律的起源进行了研究，发现其实墨菲定律背后的基本思想已经存在了几个世纪[1]。

1866 年，英国数学家奥古斯都·德·摩根（Augustus De Morgan）写道：“第一个实验已经说明了理论的真理，并得到了实践的充分证实：只要我们做足够多的试验，任何可能发生的事情都会发生”（Whatever can happen will happen if we make trials enough）。

1877 年，阿尔弗雷德·霍尔特（Alfred Holt）在一个工程学会会议上所作的报告中包含了与墨菲定律相似的版本：“人们发现，在海上任何可能出错的事情一般迟早都会出错（Anything that can go wrong at sea generally does go wrong sooner or later）……简便的优点再怎么强调都不为过。在规划机器时，人的因素不容忽视。”[2]

1908 年，英国舞台魔术师内维尔·马斯基林（Nevil Maskelyne）写道：“所有人都会有这样的经历，在任何特殊场合，比如第一次当众表演魔术时，所有可能出错的事情都会出错”（Everything that can go wrong will go wrong）[3]。

1952 年，约翰·萨克（John Sack）在给登山书籍《屠夫：耶路帕贾的攀登》（*The Butcher: The Ascent of Yerupaja*）的题词中，将“任何可能出错的事，都会出错”（Anything that can possibly go wrong，does）描述为“古老的登山格言”[4]。

尽管有上述这些与墨菲定律内容近似的表述存在，但墨菲定律本身是由美国空军上尉、航空航天工程师、从事安全关键系统（safety-critical systems）研究的小爱德华·阿洛伊修斯·墨菲（Edward Aloysius Murphy Jr.，1918 年—1990 年）提出并以他的名字命名的。尽管墨菲定律的确切起源还存在争议，但人们普遍认为，它起源于墨菲及其团队在 1948 年—1949 年的火箭雪橇测试（见图 3-3）中发生的一次事故。墨菲的原话是："如果有两种或两种以上的方法去做某件事情，而其中一种会导致灾难，那么就会有人用这种方法去做。"[5-6]在后来的新闻发布会上，墨菲所在测试项目的负责人、美国空军上校约翰·保罗·斯塔普（John Paul Stapp，1910 年—1999 年）将墨菲定律最终确定并首次推广[7]。斯塔普说，火箭雪橇试验中之所以没有人受重伤，是因为他们始终考虑到了墨菲定律；他随后总结道，墨菲定律的意思是，在进行试验之前，必须考虑到所有的可能性（可能出错的事情），并采取应对措施。

图 3-3 斯塔普乘坐火箭雪橇（墨菲定律很可能起源于 1948 年—1949 年的类似试验）

20 世纪 70 年代末，随着美国作家阿瑟·布洛赫（Arthur Bloch，1948 年—）1977 年的《墨菲定律和事情出错的其他原因！》（*Murphy's Law, and Other Reasons Why Things Go Wrong!*）一书[8]（该书包括了墨菲定律的其他变体和推论）的出版，墨菲定律开始被更多人所熟知，尤其在北美文化圈。从那以后，墨菲定律一直是一个流行的谚语，尽管它的准确性一直受到学术界的质疑。

与墨菲定律类似的"定律"还有索德定律（Sod's law，英国版的墨菲定律，叙述的内容与墨菲定律基本一致）、芬格尔定律（Finagle's law，索德定律的推论）和伊普如姆定律（Yhprum's law，其中的"Yhprum"是"Murphy"的反向拼写，意为"一切可能成功的事情都会成功"）等。此外，在中国，也有一句类似的谚语："常在河边走，哪能不湿鞋。"

墨菲定律警示用户体验专家、产品经理、运营经理等用户体验相关从业者：不要心存侥幸，而要防微杜渐；只要事故发生的概率客观存在，那么在时间足够长、次数足够多、样本足够大的情况下，小概率事故就终将会发生；对于事故的潜在可能性要引起足够重视，对于能带来严重后果的事故一定要从根本上尽力避免。比如，假设一款产品有 6 个用户触点、每个用户触点都是 90% 的用户满意度（即仅损失 10% 的用户满意度），那么我们会发现将 6 个 90% 连续相乘将仅剩下约 53% 的总体用户满意度。这告诫我们：应该对产品进行持续的用户体验优化，不断提升各个用户触点的用户满意度，降低墨菲定律涉及的小概率事故率，从而从根本上提高产品的总体用户满意度。

3.4 丰田生产方式（1948年—1975年）

图 3-4　大野耐一

二战后的1948年—1975年[1]，被称为“日本复活之父”“生产管理教父”的丰田汽车公司副社长大野耐一（Taiichi Ohno，1912年—1990年，见图3-4）和丰田汽车公司社长丰田英二（Eiji Toyoda，1913年—2013年）经过近30年的摸索，建立了丰田生产方式（TPS，即Toyota Production System），其基本原则收录在《丰田之道》（*The Toyota Way*）[2]中。丰田生产方式中的一些内容涉及与用户体验密切相关的精益生产（丰田生产方式是“精益生产”的主要先驱）、人与机器交互、人与生产线交互、群组生产作业、工具及机器改进，还有一些内容涉及生产中的人性化考量，力求充分调动员工的主观能动性与积极性。

丰田生产方式是丰田公司开发的一个综合社会技术系统（integrated socio-technical system）、一个管理系统[3]、一套现代化生产管理模式[4]。它包括管理理念和实践，用于组织汽车制造商的生产和物流，以及与供应商和客户的互动。丰田生产方式涵盖了准时化[5]、人性化、自动化、精益化、看板方式、标准作业等生产管理理念与方法，能够有效降低生产成本、提高生产效率，并逐步提高产品品质，是对曾经统治全球工业的福特生产方式的重大突破，在世界范围内产生了深远的影响[6]。

1992年，丰田汽车公司首次出版了关于丰田生产方式的官方说明，并于1998年进行了修订[7]，在前言中写道：“丰田生产方式是一个通过消除浪费来节约资源的框架。参与者要学会识别那些不能为客户创造价值的材料、精力和时间支出。”丰田生产方式以两大支柱概念为基础：①准时化（JIT，即just-in-time），意为“只生产需要的东西，只在需要的时候生产，只生产需要的数量”；②自动化（jidoka或autonomation），意为“人性化的自动化”（automation with a human touch）。

丰田生产方式采用工作标准化，对生产中的环节、内容、顺序、时间、结果等所有工作细节都制定了严格的规范，例如安装一台引擎需要明确到几分几秒；而且标准并非一成不变，一旦员工发现更高效的方法，就写入新的工作标准，从而持续提高生产效率。大野耐一最初推行丰田生产方式就是从编制标准化作业开始的。一人多机操作，就是按事先编制好的人－机标准作业组合表来进行工作的[4]。

丰田生产方式提倡工作均衡化，通过良好的安排及规划，努力让每个员工及每个工作站的工作负荷均匀，创造一个流畅的工作流程，避免生产线上发生闲置或中断，从而避免人力或机器的浪费，提高生产效率。丰田生产方式建立了看板方式，看板由纸或木板做成，员工以看板上记载的生产内容为依据，能很快地发现其中的错误，一旦发现半成品与看板的记载有差异，就立刻予以纠正，从而降低瑕疵品产生的概率。

丰田生产方式运用自动化及“安灯”（andon）制度。当生产线发生异常时，作业人员可拉停线开关并自动显示报警。报警器、拉线开关和作业人员的组合形成了一种具有人性化的自动化系统，廉价而简单，却能确保异常被及时发现和处理，避免瑕次品进入下一道工序。

丰田生产方式力求弹性改变生产方式。原来的纯生产线作业方式是一个步骤接着一个步骤组装的，现在丰田生产方式会视情况调整成几个员工在一个作业平台上同时进行生产，从而能解决现场生产的实际问题。丰田生产方式采用适合员工操作的生产方式。与机器相比，人是较容易发生错误的，所以丰田公司认为应该给员工提供经过反复测试、较不容易出错、适合员工操作的生产方式，而不是让员工自己在错误中找出适当的生产方式。

丰田生产方式要求每个员工在每一项作业环节里，都要重复地问为什么（why），然后想如何做（how），以严谨的态度圆满地完成工作。要真正实施丰田生产方式，就需要对模具结构、工装夹具结构、刀具装夹结构等进行改造，以适合快速更换和调整，还需要给许多设备安装自动化装置，设计流水线专用设备和工具，以适合按工序流来布局，满足一个流、少批流、一人多工序操作的要求。

丰田生产方式继承了泰勒的科学管理理论和福特的 T 型车流水线思想，也参考了吉尔布雷斯夫妇的动作研究成果，是人类历史上对生产效率、人与机器交互、人与科技交互的一次长时间、体系化探索。丰田公司和福特公司一样注重工程设计和生产效率，有所不同的是，丰田公司还看重员工的投入，会同样重视流水线装配工人的贡献和生产所使用的技术本身。

如果说精益化是企业在生产与运营中追求极致用户体验的关键，那么丰田生产方式的精益化实践就是探索极致用户体验在生产与运营中具体达成方式的例子[8]。作为范例，丰田生产方式使世界各国的企业领导者和决策者看到了用户体验、人因与工效学、人机交互、工业工程（尤其是精益生产）在现代企业实践中的巨大价值，极大地推动了用户体验相关学科的发展。

3.5 人因与工效学的建立

（1949 年）

笔者认为人因与工效学、人体测量学、工程心理学是与用户体验关系最为紧密的三门学科。在前文中，笔者已经给大家介绍了人体测量学的创立和工程心理学的发端。在本章节中，笔者打算给大家介绍一下人因与工效学的建立。

之所以把本章节放在演进期（1945 年—1971 年）中介绍，主要基于两点原因。第一，“ergonomics”一词虽然于 1857 年由波兰教授沃伊切赫·雅斯特莱鲍夫斯基（Wojciech Jastrzębowski）在写作四篇重要文章时创造出来，但是直到 1949 年才被休·穆瑞尔（Hugh Murrell）教授在英国海军部的一次会议（该会议促使了人体工效学学会的成立）上正式建议指代这一学科领域，并且在 1950 年才被大家正式接受。第二，虽然二战期间的实际需要催生了人因与工效学这门学科，但真正开始广泛使用却是从二战后。

“人因与工效学”（human factors and ergonomics）是“人因学”（human factors，该词主要在北美使用[1]）与“工效学”（ergonomics）的合称，是笔者建议对该学科领域的称谓。其中“人因学”的全称是“人的因素学”，意为“研究人的因素的学科”；而“工效学”的全称是“人体工效学”。所以，人因与工效学的全称就是“人的因素与人体工效学”。

很多学者认为“人因学”和“工效学”这两个术语本质上是同义词，所以“人因与工效学”也经常被简称为“人因学”或“工效学”。有些文献把人因与工效学等同于人体工程学（简称“人体工学”）。由于这是一个跨学科领域，相关学科之间、学科与其子学科之间的界限比较模糊，所以笔者不建议大家拘泥于界限与区隔，而建议大家广泛涉猎相关的人体测量学、生物力学、劳动生理学、环境生理学、工程心理学等领域的知识与方法，对这个跨学科领域实现多角度、多层次的全面理解与把握。人因与工效学示例，如图 3-5 所示。

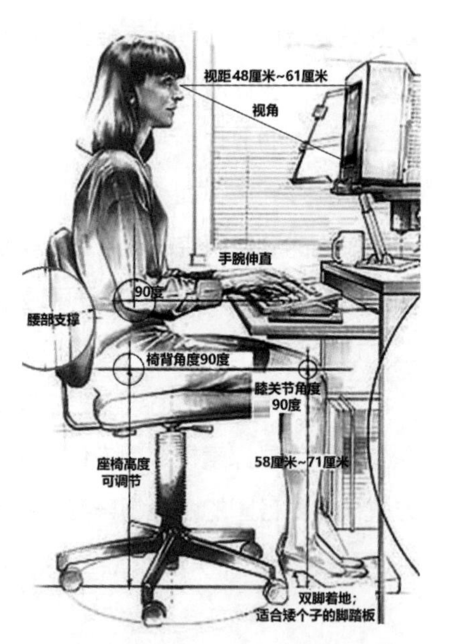

图 3-5　人因与工效学涉及用户与设备和工作场所的交互

人因与工效学研究内容主要包括：①人体各部分的尺寸，人的视觉、听觉等感觉通道的正常生理值，人在工作时的姿势，人体活动范围、动作节奏和速度，劳动条件引起工作疲劳的程度，以及人的能量消耗和补充；②显示器、控制器（把手、操纵杆、驾驶盘、按钮等及其组合）以及与人产生接触的各种家具（桌、椅、工作台等）；③工作环境的温度、湿度、噪声、震动、照明、色彩、气味等[2]；④人的工作行为和产生行为差异的各种因素，如年龄、性别、智力、性格特点、文化技术水平、工作动机、工作兴趣、工作情绪等。

人因与工效学不但研究设备性能、工作特征、工作条件等客观因素，还研究人群关系、工作组织、组织文化等社会性因素。此外，人因与工效学还强调人有产生错误行为的可能性，良好的“人－机－环境”系统构建有助于减少操作人员的人为错误，并有利于预防和减少由主观因素或社会性因素造成的错误。

人因与工效学的发展经历了 3 个阶段：“人适应机”“机适应人”“人－机－环境”相协调。二战前，基本处于“人适应机”的阶段，通过对人的选拔与培训，达到人与机器的匹配，一般认为，人因与工效学的运用始于吉尔布雷斯夫妇的动作研究。二战期间，主要处于“机适应人”的阶段，各种新式武器相继问世，使设计人员不得不认真考虑操作人员的生理和心理特点，研究如何使机器的性能与人的特点相适应，这催生了人因与工效学。二战后，人因与工效学在各国工业生产中得到了广泛应用和发展，人们开始以“人－机－环境”系统为研究对象，以人为着眼点，通过对人的生理、心理、感知、认知、组织等方面特点的研究，提出对产品、设施、人机界面、工作场所、人员工作组织等内容进行设计与优化的理论、方法、原则、步骤，最终实现“人－机－环境”的最佳匹配，使人们能高效、安全、健康、舒适地工作与生活。与此同时，人因与工效学也从单纯研究个人生理和心理特点，发展到研究怎样改善人的社会性因素。

1961 年，在瑞典斯德哥尔摩成立了国际工效学会（IEA，即 International Ergonomics Association）。此后，许多国家都成立了人因与工效学的专业研究机构和学术团体，很多研究成果还被纳入国际和国家标准。

最后，笔者想解释一下人因与工效学、交互设计和用户体验之间的关系。二战后，美国和欧洲的工业设计师一度特别强调人因与工效学，认为产品只要完美地符合了人因与工效学，就能最大限度地满足用户，其实这种只强调用户生理（物理）需求的想法比较片面，因为它忽视了用户的心理需求。交互设计除了需要考虑人因与工效学外，还强调了场景的重要性，也就是要考虑用户在不同的应用场景下与产品之间的关系。而用户体验在强调应用场景的同时，还强调了用户的情感、感受及心理诉求。因此，我们不难看出，从人因与工效学到交互设计，再到用户体验，这个过程其实就是从强调用户的生理（物理）需求到强调用户的心理需求的一个演进的过程。

3.6 查帕尼斯的贡献（1949 年）

提起人因与工效学，其实，世界各地对这一学科的称谓并不相同。在欧洲，它一般被称为“ergonomics”；在美国，它通常被称为“human factors engineering”；在中国，它有着“人类工效学”“人类工程学”“人体工学”等表述，比较普遍的称谓是“人机工程学”。综合来看，笔者建议用“人因与工效学”（human factors and ergonomics）指代这一学科，而对人类工效、人机及环境的相互关系的研究是这个学科的核心内容[1-2]。

笔者认为，在众多学科中，与用户体验最为贴近的当属人因与工效学了。用户体验的理论和方法有很多都是从人因与工效学沿袭而来的。用户体验跟人因与工效学同属一个交叉学科领域，几乎可以画等号，用户体验是面向实用的说法，而它背后的理论基础就是人因与工效学[3]。既然这二者几乎可以画等号，那么人因与工效学发展史中的重要事件和人物其实也就是用户体验发展史中的重要事件和人物。接下来，笔者就打算给大家介绍一下对用户体验、人因与工效学的发展贡献卓著的查帕尼斯及其实践。

阿尔方斯・查帕尼斯（Alphonse Chapanis，1917 年—2002 年）是将心理学应用于工业设计与工程设计领域的先驱，是几位“人因与工效学之父”中的一位[4]。1942 年，研究生在读的查帕尼斯加入了位于俄亥俄州代顿（Dayton）的陆军航空兵航空医学实验室，成为该实验室的第一位心理学家。1943 年，查帕尼斯获得耶鲁大学（Yale University）心理学博士学位[5]，被任命为少尉，接受了航空生理学家的高级培训。在实验室，查帕尼斯从事各种与视觉相关的研究项目，包括适合夜间飞行的显示器、高重力下的失明、高空缺氧导致的视力下降以及普通飞机设计。

在二战前后，查帕尼斯在改善航空安全方面表现突出，其主要贡献之一是在飞机驾驶舱内采用形状编码（shape coding）。在波音 B-17 飞行堡垒（Flying Fortress）发生一系列坠毁事故后，他发现，驾驶舱内的某些控制装置距离太近、形状相似，容易让人混淆。尤其襟翼（flaps）和起落架（landing gear）的控制装置是并排放置的，在高度紧张的航空情况下，很容易让人将二者混淆，从而导致飞机在着陆和滑行时坠毁。于是，他建议在起落架控制装置的末端安装一个轮子，在襟翼控制装置的末端安装一个三角形，使人们仅凭触觉就能将二者区分开。此后，就再也没有发生过飞机还在地面上起落架就被错误抬起的情况[6]。

二战期间，查帕尼斯在军队的工作使他对心理学的应用和人的因素研究的潜力产生了浓厚兴趣。二战后，他加入了由约翰斯·霍普金斯大学（Johns Hopkins University）管理的海军赞助的野外实验室，从事系统研究，开始与克利福德·摩根（Clifford Morgan）和尼尔·巴特利特（Neal Bartlett）合作。不久，这项工作被转移到约翰斯·霍普金斯大学校园中，温德尔·加纳（Wendell Garner）也参与其中。基于他们与军事相关的研究以及多次关于“人与机器”的演讲，查帕尼斯、加纳和摩根于 1949 年出版了世界上第一本人因与工效学教科书《应用实验心理学：工程设计中的人的因素》（*Applied Experimental Psychology: Human Factors in Engineering Design*）[7]，如图 3-6 所示。

图 3-6 第一本人因与工效学教科书

查帕尼斯继续负责海军项目直到 1958 年，随后在心理学系开设了通信研究实验室。查帕尼斯在多模态（multimodal）交流方面进行了开创性工作，其研究成果被广泛引用。他的研究表明，在视觉接触、说话、书写和打字的所有可能组合中，最佳表现总是包括交互式语音模式。他擅于设计与技术相关的、具有持久实用性的实验，因为这些实验对技术可能发展的具体方向不做任何假设，关注的是人类行为。查帕尼斯是一位杰出的教师，他开展了大量人的因素研究项目，培养了一批杰出的研究生，并在不断发展的人因与工效学领域树立了权威和领导者的声誉。

20 世纪 50 年代，查帕尼斯与贝尔实验室（Bell Labs）合作设计了按键式电话机（push-button telephone handsets）。他研究了人类对电话键盘数字和显示屏的偏好，注意到在电话接线员使用的按键板上，有两行横排，每行 5 个数字，在所有人工键入的电话中，有 13% 的电话键入数字有误。他测试了 6 种不同的按键排列，发现“0”靠边的 3 乘 3 显示屏是一种较好的设计。后来，当旋转拨号电话被放弃时，他的研究最终形成了现今的电话机按键布局[8]。

从历史角度来看，从二战至 20 世纪 80 年代，查帕尼斯对人因与工效学的形成和发展起到了重要作用。当时人因与工效学被认为是一门在设计中考虑人类特征的科学。查帕尼斯是在这一时期教育和宣传在技术创新和系统设计中理解人类行为重要性的主要力量之一。在查帕尼斯等人的不懈努力下，人因与工效学作为一门独立学科，在 20 世纪中期逐渐形成并发展起来，其研究对象不是简单手工产品，而是工业化产品。现代工业生产的复杂性，使纯靠设计师灵感和经验积累的设计方式逐渐落伍，取而代之的是依靠人因与工效学的专业方法与实践体系进行的新式工业设计。可以说，工业化促使了人因与工效学这个与用户体验密切相关的学科逐步成形。

3.7
三种需求理论
（20 世纪 50—90 年代）

图 3-7 麦克利兰

三种需求理论（three needs theory），也称为需求理论（need theory），由美国心理学家戴维·克拉伦斯·麦克利兰（David Clarence McClelland，1917 年—1998 年，见图 3-7）在 20 世纪 50 年代—20 世纪 90 年代通过一系列著作提出，既是一种试图从管理角度解释成就需求、归属需求、权力需求这三种需求如何影响人们行为的动机模型，又是一种常用于用户体验设计中的心理学与行为科学理论。基于哈佛大学心理学家亨利·亚历山大·默里（Henry Alexander Murray，1893 年—1988 年）的工作，麦克利兰的研究表明，需求是“对目标状态或条件的一种经常性关注，这种状态或条件是以幻想来衡量的，驱动、指导并选择着个人行为”[1]；各种年龄、性别、种族或文化的人都有这三种需求——在此，“需求”（needs）与“动机或激励”（motivation）基本同义，故可互换；这三种需求并不是天生的，而是由经验发展而来的；这三种需求相互联系而无先后之分；这三种需求中的一种、两种或三种在 86% 的人中都占主导地位。

（1）成就需求（N-Ach，即 needs for achievement）：人们争取成功、希望把事情做好的需求。有成就需求的人倾向于规避低风险任务（太容易）和高风险任务（基于运气，而非个人成就[2]），而喜欢完成中风险任务（取决于努力，可从任务中得到反馈），他们渴望将任务做完美，并提高效率，获得更大成功；他们追求克服困难、解决难题、努力奋斗的乐趣，以及成功后的成就感，并不看重成功带来的物质奖励。有成就需求的人会被工作场所的成就感和职级晋升制度所激励。对成就有高度需求的人在接受项目时会表现得最好，因为他们可通过自己的努力取得成功。虽然成就需求强烈的人可成为成功的低层管理者，但他们通常在进入高层管理职位之前就被淘汰了。成就需求被麦克利兰总结为成就动机理论（achievement motivation theory），这是麦克利兰最为著名的理论，20 世纪 40—60 年代末，其工作重点一直是“成就动机”（achievement motive）及其对经济和创业的影响[3]。20 世纪 60 年代末，他才将工作重点转向“权力动机”（power motive），先后解决成瘾 / 酗酒、领导效能[4-5]、社区发展等问题。

（2）归属需求（N-Aff，即 needs for affiliation）：人们建立友好亲密人际关系的需求，即寻求被他人喜爱和接纳的一种愿望。有归属需求的人喜欢花时间建立和维护社会关系，喜欢成为群体的一员，渴望被爱和被接纳，倾向于与他人交往，至少是为他人着想，这种交往会给他带来愉快，他们渴望友谊，喜欢合作而不是竞争的工作环境，希望彼此之间能沟通与理解，他们对人际关系很敏感，不喜欢高风险或高不确定性的环境，倾向于遵守工作场所的文化规范，通常不会因害怕被拒绝而改变工作场所规范[6]，他们在以社交互动为基础的领域（如客户服务或客户互动）工作得很好。有时，归属需求也表现为对失去某些亲密关系的恐惧和对人际冲突的回避。归属需求是保持社会交往和人际关系和谐的重要条件。对归属有巨大需求的人，重视建立牢固的关系和对团体或组织的归属感。处于高层管理职位的人对权力的需求很高，而对归属关系的需求很低。对归属关系有较高需求的人可能不会成为优秀的高层管理者，但他们通常会更快乐，而且在非领导职务上也能取得巨大成功[7-8]。

（3）权力需求（N-Pow，即 needs for power）：人们影响或控制他人且不受他人控制的需求。不同人对权力的渴望程度有所不同，权力需求高的人喜欢支配、影响他人，喜欢对别人“发号施令”，注重争取地位和影响力，喜欢有竞争性和能体现较高地位的场合或情境，他们会追求出色的成绩，但他们这样做并不像成就需求高的人那样是为了个人的成就感，而是为了获得地位和权力，并与自己已有的权力和地位相称。对权威和权力有支配性需求的人，渴望影响他人，提高个人地位和声望[9]。对权力有需求的人喜欢工作，非常重视纪律。有权力需求的人可能导致团体目标变成零和性质，即一个人要赢，另一个人就必须输。不过，这有助于完成小组目标，并帮助小组中的其他人对自己的工作产生胜任感。受权力需求驱使的人喜欢获得地位认可、赢得争论、竞争和影响他人。这种动机类型会带来对个人声望的需求，以及对更好的个人地位的持续需求[10]。权力需求是管理成功的基本要素之一。

在麦克利兰之前，精神分析学派和行为主义学派的心理学家都对动机进行过研究，但麦克利兰认为他们的研究都带有一定的局限性。麦克利兰注重研究人的高层次需求与社会性动机，强调采用系统的、客观的、有效的方法进行研究。麦克利兰一反常态，从心理学家的典型视角出发，研究了动机对文化和国家的影响，并将其与发展经济、创造就业、挑起战争和影响健康等社会大事联系起来。麦克利兰的动机研究被现今的学术界和企业界广泛认为是最有用的动机研究方法，2002 年出版的《普通心理学评论》（*Review of General Psychology*）将麦克利兰列为 20 世纪被引用次数最多的心理学家第 15 名[11]。

3.8 羊群效应（1952 年）

对于一名用户体验专业人员而言，要想做出高水平的产品，就需要对各种社会效应都有所了解，并争取做到活学活用，本章节要讲的羊群效应就是这样一种社会效应。羊群效应（sheep-flock effect），也称为从众心理（herd mentality）、群体效应（herd effect）、群体行为（herd behavior）、跟风效应（bandwagon effect），指个体受到群体影响而做出一致行为的现象，就像羊群中头羊去哪儿，其他羊就跟到哪儿，全然不顾前方是否有狼以及目标草地是否丰茂一样。羊群效应是群体中个体在没有集中指挥的情况下集体行动的行为，它发生在兽群、鸟群、鱼群中，也发生在人群中——人有不加分析地接受大多数人认同的观点或行为的心理倾向。

多位哲学家、社会学家对羊群效应的提出做出了贡献。丹麦哲学家索伦·克尔凯郭尔（Søren Kierkegaard，1813 年—1855 年）和德国哲学家弗里德里希·尼采（Friedrich Nietzsche，1844 年—1900 年）是最早批评人类社会中“群体”（克尔凯郭尔）、“群体道德”和“群体本能”（尼采）的人。挪威裔美国经济学家和社会科学家托斯丹·凡勃伦（Thorstein Veblen，1857 年—1929 年）在他 1899 年出版的名著《有闲阶级论》（*The Theory of the Leisure Class*）中，用“模仿”（即群体中的一些成员模仿地位较高的其他成员）来解释经济行为。德国社会学家和新康德主义哲学家格奥尔格·齐美尔（Georg Simmel，1858 年—1918 年）在他 1903 年出版的书籍《大都会与精神生活》（*The Metropolis and Mental Life*）中，提到了“人类社会性的冲动”，并试图描述“仅由独立个体组成一个‘社会’的联想形式”。英国社会学家和神经外科医生威尔弗雷德·特罗特（Wilfred Trotter，1872 年—1939 年）研究了蜂箱、羊群和狼群的本能行为，提出了人类的“群体本能”（herd instinct），并在他 1914 年出版的书籍《和平与战争中的群体本能》（*Instincts of the Herd in Peace and War*）中普及了“群体行为”（herd behavior）一词。

多位心理学家也探索了与羊群效应相关的行为，如西格蒙德·弗洛伊德（Sigmund Freud）的群体心理学（Crowd Psychology）、卡尔·荣格（Carl Jung）的集体无意识（collective unconscious）、埃弗雷特·迪恩·马丁（Everett Dean Martin）的群体行为（behavior of crowds）和古斯塔夫·勒邦（Gustave Le Bon）的大众心理（the popular mind）。而对羊群效应的研究贡献最大者当属波兰裔美籍格式塔心理学家、社会心理学先驱所罗门·艾略特·阿希（Solomon Eliot Asch，1907 年—1996 年）。他在 1952 年进行了从众实验（conformity experiments），最早证明了羊群效应在人群中的存在。

阿希的从众实验选取 123 名年龄在 17 ~ 25 岁的白人男性大学生作为被试者[1]，每位被试者被分入有 6 ~ 8 个“托”（即我们常说的各种骗局中的帮腔者）的小组中。阿希把这些“托”描述成共同参与本次实验的其他被试者，而向实验中这位“真正的”被试者进行介绍[2]。这组人聚集在教室里，先给他们看一张上面有一条线的卡片，再给他们看另一张上面有三条线的卡片如图 3-8 所示。然后，让被试者们说出第二张卡片上哪条线与第一张卡片上的线一样长。组中那位“真正的”被试者最后回答。在 18 次试验中有 12 次，全部“托”或一部分“托”给出了错误的答案[3]，这 12 次试验被称为“关键试验”，这位“真正的”被试者要么相信自己眼睛看到的真实答案，要么改变自己的判断而与多数人的判断保持一致[4]。

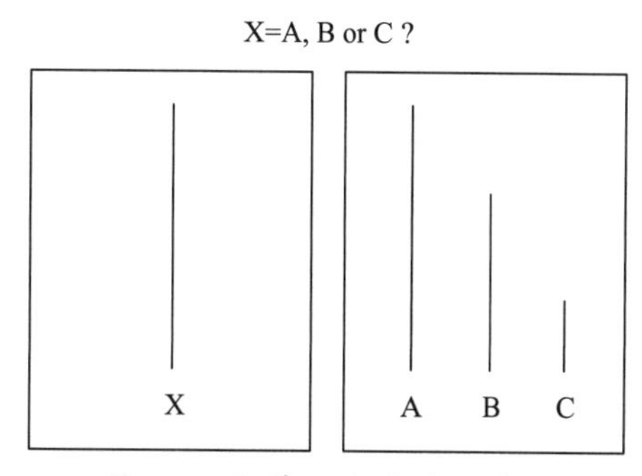

图 3-8　阿希从众实验示意图

阿希发现，在从众实验中只有 23% 的被试者没有从众；其余 77% 的人至少做了一次从众判断，在某些回合中遵从了大多数人（“托”们）明显不正确的观点，其中有 4.8% 的人完全从众、完全屈服于群体压力[5]。从众的被试者报告说，正确但被拒绝的线与标准线几乎相等，但并不完全相等，显然从众的被试者对显而易见的答案产生了怀疑。阿希还发现，一起做出错误反应的“托”从 1 人增加到 3 人时，带给那位“真正的”被试者的群体压力会显著增加，而当一起做出错误反应的“托”的数量继续增加时，带来的群体压力将不再显著增加。此外，当一个“托”回答正确时，大多数人（都是“托”）对被试者的影响力就会大大下降[4]。

羊群效应在人类社会的各个领域都有所体现。在股票市场上，羊群效应主要体现在单个投资者总是根据其他投资者的行动而行动，在他人买入时买入，在他人卖出时卖出。在商业竞争领域，羊群效应主要体现在大批企业会紧追行业龙头，蜂拥布局、激烈竞争，最后导致产能过剩、供大于求，纷纷离场。用户体验设计师可以把羊群效应的知识运用到产品设计中，比如，对于页面中比较难于抉择的选项，可以注明 90% 的人会选择 A 项，10% 的人会选择 B 项，这样就可以利用用户的从众心理，引导用户进行选择，从而提升优势路径的转化率。

3.9
希克定律
（1952 年）

希克定律，也称为希克 – 海曼定律，以英国心理学家、实验心理学和人体工效学先驱威廉·埃德蒙·希克（William Edmund Hick，1912 年—1974 年）和美国心理学家、美国俄勒冈大学心理学教授雷·海曼（Ray Hyman，1928 年—）的名字命名，描述了一个人面对多个选项时做出选择所需的时间——增加选项的数量将以对数方式增加选择的时间。简言之，用户面对的选项越多，做出选择的时间就越长。

有多位科学家曾经研究过人们的选择反应时间。1868 年，荷兰眼科医生、生理学教授弗朗西斯库斯·科尼利厄斯·唐德斯（Franciscus Cornelius Donders，1818 年—1889 年）是第一位利用人体反应时间（反应时间及心理计时是认知心理学的重要概念，是推断学习、记忆和注意力等过程的常用工具）差异来推断认知加工差异的科学家，他测试了简单反应时间和选择反应时间，发现简单反应时间更快[1]。他还报告了多重刺激（即多个选项）与反应时间的关系。1885 年，朱利叶斯·默克尔（Julius Merkel）进一步发现当这些刺激变得更大时（即可供选择的选项变得更多时），会阻碍人们做出选择，心理学家们认为这种现象与信息理论高度吻合[2]。

从 1951 年开始，希克和海曼通过一系列实验发现人们做出选择所需的时间与选项数量呈对数关系（见图 3-9）。当各选项的复杂度相等时，选项数量越多，人们做出选择所需时间就越多，这些发现被总结成希克定律。1952 年，希克在《实验心理学季刊》（*Quarterly Journal of Experimental Psychology*）上发表论文《论信息获取的速率》（"On the Rate of Gain of Information"），正式提出希克定律[3]，这在认知革命中起到了开创性作用。1953 年，海曼在《实验心理学杂志》（*Journal of Experimental Psychology*）上发表了论文《刺激信息是反应时间的决定因素》（"Stimulus Information as a Determinant of Reaction Time"），进一步阐明了希克定律[4]。

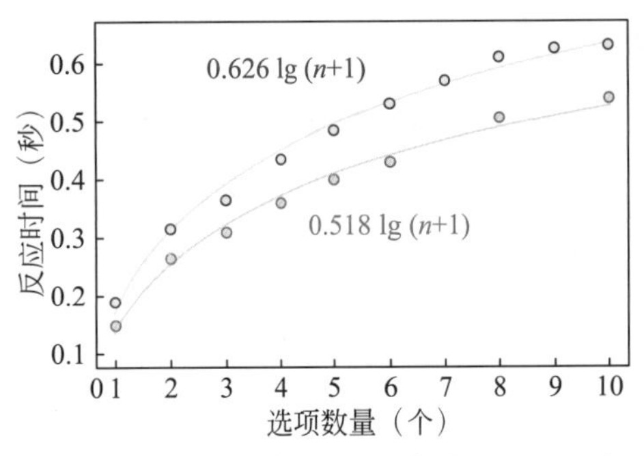

图 3-9 1952 年希克论文中（用以 10 为底的对数）描述的两名参与者（红色和蓝色）的反应时间与选项数量之间的关系

希克定律的数学公式是：RT=$b \cdot \log_2(n+1)$。其中，RT（缩写自"reaction time"）表示反应时

间；b 是一个常数，可以通过对测量数据进行拟合来确定；以 2 为底的对数 $\log_2$ 表示进行了二分查找；n 表示选项的数量。举例来说，你的闹铃响了，假设 b 是常数 0.8，并假设为了关闭闹铃你有 3 个按键备选：贪睡键、停止键、主页键，那么 n 就等于 3。我们将这些值代入希克定律的公式，就可以得到反应时间 $RT=0.8\times\log_2(3+1)=1.6$（秒）。但是，如果关闭闹铃的按键不是 3 个，而是 7 个呢？那么反应时间将增加到 2.4 秒。如果按键数量继续增加呢？那么反应时间将继续呈对数增长。

2003 年—2007 年任英国可用性专家协会主席的贾尔斯・科尔伯恩（Giles Colborne）在其畅销书《简约至上：交互式设计四策略》中阐释了合理删除（指当选项数量干扰了用户决策时，就应减少选项）、分层组织（指对选项分类，让用户有迹可循）、适时隐藏（指当需要引导选择时，应隐藏多余选项）和巧妙转移（指应将复杂任务拆解成更小的步骤，以减少认知负荷）这 4 个令交互式设计成果最大程度简单易用的策略，倡导不要冗杂地堆积功能选项，要合理分布归纳，以帮助用户更快地做出决策与操作，这是与希克定律的完美契合。

此外，一个被称为“KISS”（即“keep it simple，stupid”，意为“保持简单，保持愚蠢”）的设计原则与希克定律遥相呼应，指出简单是一个系统以最佳方式运行的关键。KISS 首先被美国海军接受，到 20 世纪 70 年代已经在许多行业得到应用。

希克定律是提升用户体验的利器。它告诉我们应提高用户选择的效率，避免把过多选项摆在用户面前，还应优化界面功能布局，对各功能进行层级分化，对选项做出权重及类别的区分，对数量繁多的选项进行分布选择，隐藏、锁定、置灰不可点击的选项，以提升用户的操作愉悦感，进而提升产品的用户体验及转化效果（当用户的选择效率提高了，能在短时间内做更多操作时，产品转化的基数值也就提高了，就会使产品转化效果提升）。希克定律不仅可以指导网页和应用程序的设计，还能指导电视、洗衣机、微波炉等家电的操作面板上按键的设计。

希克定律是一条常识，可以帮助我们为网站、应用程序、弹出式表单、智能手机、遥控器、烤箱等产品打造更好的用户体验。产品经理、用户体验专家应使用希克定律来审视我们到底该给产品增加多少附加功能，并预估这些功能将如何影响用户的决策。我们知道，当用户面对过多选项时，会难于抉择、感到沮丧，很可能做出令人失望的举动，比如在填写表单时退出、取消订阅时事通讯，甚至放弃购物车。但当他们看到选项较少时，就很有可能在短时间内做完选择，使决策过程不像是一种考验，而像是一种用户体验上的享受。

3.10
头脑风暴
（1953 年）

头脑风暴（brainstorming）是一种激发创造力、强化思考力的团队创造技巧，通过收集团队成员自发提出的一系列想法，努力找到解决特定问题的结论。换句话说，头脑风暴是指一群人聚集在一起，通过消除禁忌，围绕特定的兴趣领域产生新的想法和解决方案。人们能够更加自由地思考，并提出尽可能多的自发的新想法。所有想法都会被记录下来，不会受到批评，在头脑风暴会议之后，这些想法会被评估。头脑风暴常用于产品、用户体验、运营、增长及市场营销等团队的日常工作中。

1939 年，美国广告业高管亚历克斯·费克尼·奥斯本（Alex Faickney Osborn，1888 年—1966 年）开始开发创造性解决问题的方法[1]。他对员工无法单独为广告活动提出创意想法感到沮丧。为此，他开始举办小组思考会（group-thinking sessions），结果发现员工们提出的创意在质量和数量上都有了显著提高。奥斯本最初将这一过程称为有组织的构思（organized ideation），但参与者后来提出了“头脑风暴会议”（brainstorm sessions）一词，这一概念源自用“大脑风暴解决问题”（the brain to storm a problem）[2]。如图 3-10 所示，作为头脑风暴会议的一部分，一群人将想法写在便签上。

在奥斯本形成“头脑风暴”这一概念期间，他开始撰写关于创造性思维的文章，他提到“头脑风暴”一词的第一本著名书籍是出版于 1942 年的《如何思考》（*How to Think Up*）。后来在 1948 年，奥斯本又出版了《你的创造力》（*Your Creative Power*）一书，并在其中的第 33 章的“如何组织团队创造创意”（How to Organize a Squad to Create Ideas）中概述了他的“头脑风暴”方法[3]。

图 3-10　作为头脑风暴会议的一部分，一群人将想法写在便签上

“头脑风暴”这一术语的最终普及要归功于奥斯本于 1953 年出版的经典著作《应用想象力：创造性思维的原则和程序》（*Applied Imagination: Principles and Procedures of Creative Thinking*）[4]。自 1953 年以来，“头脑风暴”这个术语及其概念与实施方法已经在全球范围内传播开来。

奥斯本的主要建议之一是，在实际的头脑风暴会议之前，向头脑风暴小组的所有成员提供一份关于要解决的问题的明确说明[1]。他还解释说，指导原则是“问题应该简单明了，并缩小到单一目标[5]”。在这里，头脑风暴被认为对复杂问题无效，是因为人们对重组这些问题的可取性的看法发生了变化。在这种情况下，虽然集思广益可以解决问题，但要解决所有问题可能并不可行[5]。头脑风暴有两个原则：推迟判断（defer judgment）和达成数量（reach for quantity）[6]，奥斯本认为正是这两个原则促成了“创意效能”（ideative efficacy）。

此外，为了减少小组成员之间的社交禁忌（social inhibitions），激发创意，提高团队的整体创造力，头脑风暴还包含了 4 个规则：①追求数量（go for quantity）：这条规则是一种加强发散性的产生的方法，旨在将数量最大化，以孕育质量，从而促进问题的解决。其假设是，产生的想法的数量越多，就越有可能产生彻底有效的解决方案。②搁置批评（withhold criticism）：在头脑风暴中，应搁置对所产生想法的批评。相反，参与者应专注于扩展或补充想法，将批评保留到过程的后期“关键阶段”。通过暂停批评，参与者可以自由地提出不同寻常的想法。③欢迎天马行空的想法（welcome wild ideas）：为了得到一连串好的建议，应鼓励天马行空的想法。这些想法可以通过从新的角度看问题和暂停假设来产生。这些新的思维方式可能会带来更好的解决方案。④结合并改进各种想法（combine and improve ideas）：正如“1+1=3”的口号所暗示的那样。头脑风暴被认为能通过联想过程来激发构思[6]。

奥斯本认为，头脑风暴应该解决一个具体的问题，处理多个问题的头脑风暴会议将效率低下。此外，这个问题必须产生想法，而不是判断。奥斯本举了一些例子，比如为一种产品想出可能的名字，可以作为合适的头脑风暴材料，而分析性判断，比如是否结婚，则不需要头脑风暴[6]。奥斯本设想，在进行头脑风暴时，每组应有约 12 人，包括专家和新手。鼓励参与者提供天马行空、出人意料的答案。这些想法不会受到批评或讨论。该小组只需提供可能导致解决方案的想法，而不对其可行性进行分析判断——分析判断应留待日后进行。

在实践中，头脑风暴有一些变体，主要包括：名义小组技术（nominal group technique）、小组传递技术（group passing technique）、团队创意绘图（team idea mapping method）、定向头脑风暴（directed brainstorming）、引导式头脑风暴（guided brainstorming）、个人头脑风暴（individual brainstorming）和问题式头脑风暴（question brainstorming）。目前，作为一种激发团队创造力的好方法，头脑风暴已经风靡全球，应用于各行各业的创意产生环节中。

3.11 费茨定律（1954 年）

第二次世界大战催生了很多复杂度更高的新发明，包括很多新机械和新武器，因此对操控者的认知能力和操控能力都需要有更深入的评估和认识。这些新发明需要考虑到人类表现的极限，要最大限度地调动人的主观能动性和各种能力，主要包括：人对周围环境的警觉能力、人的快速反应能力、人对目标持续关注的能力、人的五官和四肢协同配合的能力。而这些新发明对人类这些能力调动的程度会直接导致其功能达成效果的优劣和操控使用效率的高低。

显然，要想确定人类表现的极限和上述各种能力的细节，一项项实验研究是必不可少的。其中，1947 年费茨和琼斯就完成了名为《在飞机驾驶舱内，操纵开关和旋钮应如何配置和布局才能最有效率、最方便使用和操作》的重要研究。在随后很短的时间内，这一类研究就被扩展到飞机驾驶舱以外的设备上了。二战后，进入 20 世纪 50 年代，用户体验、人因与工效学继续向前发展，陆续有很多经典理论被提出，这其中就包括费茨定律。提出费茨定律的保罗・莫里斯・费茨（Paul Morris Fitts，1912 年—1965 年）博士是心理学家、改善航空安全的先驱，曾任职于美国俄亥俄州立大学和密歇根大学，以及美国空军的人因（human factors）部门。1962 年—1963 年，费茨担任了国际人因与工效学会（Human Factors and Ergonomics Society）主席。

20 世纪 50 年代，费茨开发了一个基于快速、瞄准移动的人类移动（movement）模型。该模型后来成为最成功、研究最深入的人类移动数学模型之一。通过该模型，费茨对人类用肢体操控机械及界面的过程中肢体的移动特征、移动时间、移动范围和移动准确性进行了研究。1954 年，费茨在《实验心理学杂志》（*Journal of Experimental Psychology*）上发表了题为《人类运动系统在控制移动幅度方面的信息能力》（“The Information Capacity of the Human Motor System in Controlling the Amplitude of Movement”）的论文 [1]，提出了对后世影响至深的费茨定律（Fitts's Law），其公式是

$$\mathrm{MT} = a + b \cdot \mathrm{ID} = a + b \cdot log_2\left(\frac{2D}{W}\right)$$

其中，MT 是完成移动的时间；a 和 b 是常数，取决于输入设备的选择，通常通过回归分析凭经验确定，a 定义了纵轴上的交叉点，通常被解释为延迟，b 是一个斜率，描述一个加速度，a 和 b 都显示了费茨定律中的线性依赖关系 [2]；ID 是难度指数；D 是指从操作起点到目标物体

中心的距离；W 是沿移动轴线测量的目标的宽度，W 也可以被认为是最终位置的允许误差，因为移动的最终点必须落在目标中心的 $\pm\frac{W}{2}$ 之内。

费茨定律是人类移动的预测模型，主要用于人机交互和人因与工效学。费茨定律预测，快速移动到目标区域所需的时间是一个比值（“移动起点到目标的距离”与“目标宽度”之比）的函数 [1]。许多测试费茨定律的实验都将该预测模型应用于一个数据集，在该数据集中，距离 D 或宽度 W（任选其一，不能同时）是变化的。当两者的变化范围都很大时，模型的预测能力就会下降 [3]。值得一提的是，由于 ID 值仅取决于距离 D 与宽度 W 之比，所以该模型意味着距离 D 和宽度 W 的组合可以在不影响移动时间的情况下任意缩放，而这显然是不可能的（见图 3-11）。尽管存在这一缺陷，但该模型仍在一系列计算机界面模式和移动任务中具有显著的预测能力，并为用户界面设计原则提供了许多启示。

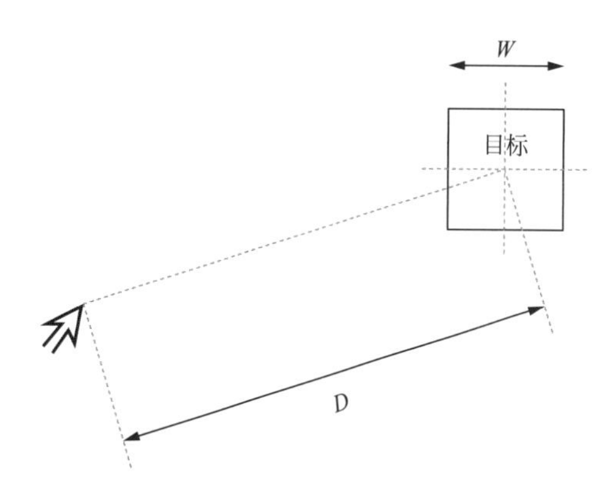

图 3-11　费茨定律描述的距离 D 与宽度 W

费茨定律被用来模拟指向行为，要么是用手或手指实际触摸物体，要么是虚拟地用指向设备（如鼠标）在计算机显示器（或手机屏幕、平板电脑屏幕等）上指向物体。费茨定律还定量地阐释了如何在一定的距离内放置操作对象，才能以更实用的方式使操作对象的可触达性达到最大化，从而快速提升操作对象的准确触达率。需要指出的是，由于费茨定律是一个对数函数而不是线性函数，随着目标的增大，可用性并不是呈线性增加。当目标足够大时，再增加尺寸得到的可用性增益很小。

费茨定律问世后，斯图尔特 · K. 卡德（Stuart K. Card，1943 年—）、威廉 · 柯克 · 英格利希（William Kirk English，1929 年—2020 年）和贝蒂 · 伯尔（Betty J. Burr）首次将它应用于人机界面（human-computer interface）。他们使用性能指数（index of performance）来比较不同输入设备的性能，发现与操纵杆或方向移动键相比，鼠标的性能最高。根据卡德的传记，这项早期工作“是促使施乐公司（Xerox）将鼠标商业化的一个主要因素”。

费茨定律已被证明适用于各种条件，包括不同的肢体（手、脚 [4]、下唇 [5]）、操纵装置（头戴式瞄准器 [6]、输入设备 [7]）、物理环境（包括水下 [8]）和用户人群（年轻人、老年人 [9]、有特殊教育需要的人 [10]）。费茨定律的提出极大地推动了用户体验、人因与工效学的发展，对现今产品经理、用户体验专家进行产品设计具有重要的实践指导意义。

3.12
帕金森定律
（1955 年）

帕金森定律（Parkinson's law）是指在公共行政机构、官僚机构或官场中，无论需要完成的工作量有多大，任务的持续时间都会不断延长，以填满规定的时间跨度。这主要因为两个因素：①官员希望增加下属，而不是对手（“An official wants to multiply subordinates，not rivals”）；②官员们为彼此工作（“Officials make work for each other”）。

1955 年，英国海军历史学家、公共行政和管理学者西里尔・诺斯科特・帕金森（Cyril Northcote Parkinson,1909 年—1993 年，见图 3-12）根据他在英国文职部门的经验，在《经济学人》（*The Economist*）杂志上首次发表了阐述帕金森定律的文章[1]。文中大部分篇幅都用来总结支持帕金森定律的科学观察结果，例如伴随着大英帝国的衰落，其舰船和殖民地的数量在不断减少，但英国海军部和殖民地办公室的员工人数却在不断增长。这种官僚机构随时间不断扩张的现象被帕金森总结成数学公式：

图 3-12　西里尔・诺斯科特・帕金森

$$x=(2k^m+P)/n$$

其中，x 是每年招聘的新员工人数；k 是希望通过招聘新员工获得晋升的员工人数；m 是撰写会议记录所耗费的人均工作小时数；P 是退休年龄与聘用年龄的差值；n 是实际完成的行政档案数量。帕金森还总结了一条关于行政委员会效率的规律。他定义了一个“无效率系数”，并为该系数提出了一个详细的数学表达式，包含许多可能的影响变量，其中委员人数是主要的决定变量。帕金森的猜想是，委员人数超过“19.9 ~ 22.4”的某一数值，委员会就会明显效率低下，这一猜想似乎完全符合他所提出的定律。这是一种半幽默的尝试，试图界定一个委员会或其他决策机构在多大程度上会变得完全无效率。

后来在 1958 年，帕金森将这篇文章与其他类似文章结集出版为《帕金森定律：追求进步》（*Parkinson's Law: The Pursuit of Progress*）一书[2]，正式提出了帕金森定律，指出“工作要扩大，以填补完成工作所需的时间”。这本书成为了畅销书，被翻译成多种语言，因为帕金森定律也同样适用于其他国家。

帕金森定律描述了行政官僚体系的机构臃肿、效率低下的现象，指出这些机构会“将工作复杂化以填满可用的时间”（work complicates to fill the available time），“任何任务都会拖延，直到所有可用的时间用完为止”。这衍生出著名的斯托克－桑福德推论（Stock-Sanford corollary）：如果你等到最后一刻，只需要一分钟就能完成任务[3]。这就是我们现在常说的“Deadline（即截止期限）是第一生产力”的来源。笔者读书时，班里曾经流传着一张有趣的“考试前复习效率直方图”（见图 3-13），说的就是同学们非要等到考试前最后一刻才发奋图强的现象，这是大家对自己的学习状况进行的娱乐化嘲讽，同时也是对斯托克－桑福德推论的有力诠释。帕金森定律的其他推论还包括霍斯特曼推论（Horstman corollary）[4-5]和阿西莫夫推论（Asimov corollary）[6]等。

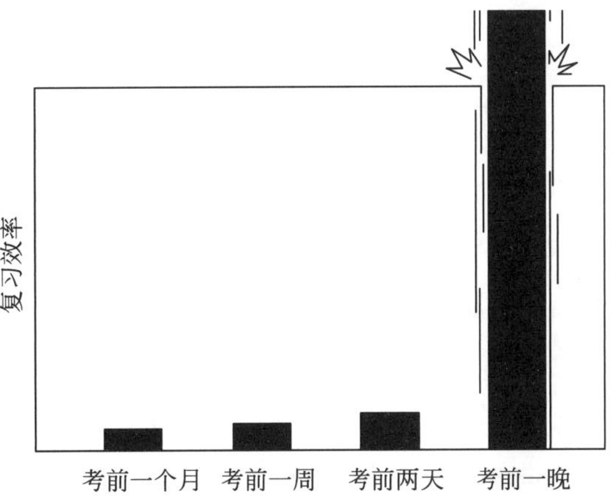

图 3-13 考试前复习效率直方图

帕金森定律对于产品经理、运营经理、用户体验设计师等用户体验专业人员有一定的启发意义。既然所有任务都会被人们下意识地往截止期限积压，那么我们就应该适当地把产品中留给用户完成的任务拆分成若干个小任务，并让每个小任务都分别有自己的截止日期，这样就相当于把整个任务的总截止日期拆分、前置了，就可以更好地帮助用户管理时间，从而顺利地完成整个产品任务。

例如，对于英语学习 App，可以将背 5000 个单词的大型学习任务拆解成一系列小任务（比如每个小任务是背 50 个单词），同时给每个小任务分别设定截止期限。相比起一股脑儿“扔”给用户 5000 个单词并定下 2 个月完成的宽泛任务目标而让用户不断拖延直至放弃，拆解成小任务的方式能更加有效地帮助用户控制每个小任务单元所需花费的时间，从而加强对完成整个任务的时间管理，把帕金森定律以及斯托克－桑福德推论的负面影响降到最低。同时还可以在任务中添加“升级打怪”的游戏元素和完成每个小任务后的“虚拟奖励”，以提高用户做任务时的愉悦感和满足感。

尽管帕金森定律的提出是为了揭露和嘲讽英国官僚主义组织结构的弊端，但它依然能够在工作中时刻警示我们要进行有效的时间管理，同时告诫我们在构建产品时应该有意识地引导用户合理规避帕金森定律以及斯托克－桑福德推论所描述的负面影响，帮助用户高效、愉悦地达成产品中给用户设定的任务目标。

3.13 德雷夫斯的贡献（1955 年）

亨利·德雷夫斯（Henry Dreyfuss，1904 年—1972 年，见图 3-14）是 20 世纪著名工业设计师、美国工业设计的先驱，也是人因与工效学的奠基人之一。德雷夫斯的工作普及了现代工业设计并使工业设计师角色得到社会的广泛认同，同时也对人因与工效学、人体测量学及用户体验的发展起到了巨大推动作用[1]。

德雷夫斯出生于美国纽约市布鲁克林区（Brooklyn）的一个犹太家庭。他最初是一名百老汇戏剧设计师。直到 1920 年，他都在诺曼·贝尔·盖迪斯（Norman Bel Geddes）手下当学徒，后者后来成为他的竞争对手之一。德雷夫斯抓住 20 世纪 20 年代美国工业发展中的机会，设计了具有流线型时代特征的纽约中央哈德逊（New York Central Hudson）机车（见图 3-15），该作品被誉为美国设计的绝对标志，代表了设计的一个转折时期。1929 年，德雷夫斯开设了自己的戏剧和工业设计事务所，获得了商业上的成功。

德雷夫斯极大地改善了数十种消费产品的外观、感觉和可用性，尤其因设计了 20 世纪美国家庭和办公室中最具标志性的一些设备而闻名，其中包括西部电气（Western Electric）500 型电话、韦斯特克洛斯大本（Westclox Big Ben）闹钟和霍尼韦尔（Honeywell）圆形恒温器。德雷夫斯与美国电话电报公司（AT&T）、约翰·迪尔公司（John Deere）、宝丽来公司（Polaroid）和美国航空公司（American Airlines）等知名公司长期合作。通过与贝尔公司合作，德雷夫斯成为影响现代电话机造型和结构的最重要设计师。他提出了“从内到外”（from the inside out）

图 3-14　亨利·德雷夫斯

图 3-15　流线型的纽约中央哈德逊机车

的设计理念，强调工业设计应该考虑产品的内在功能性和外在舒适性。之前的电话机听筒与话筒是分开的，使用起来非常不方便。德雷夫斯从内在功能性出发，为贝尔公司首创了听筒与话筒合二为一的电话机设计，获得了市场成功，也使“从内到外”的设计理念得以推广 [2-3]。

德雷夫斯有句名言：“如果设计使人们更安全、更舒适、更有购买欲、更高效——或者仅仅是更快乐——那么设计师就算成功了”（If people are made safer，more comfortable，more eager to purchase，more efficient—or just plain happier—the designer has succeeded）。他是这样说的，也是这样做的。德雷夫斯有时会被拿来与雷蒙德・罗维（Raymond Loewy，1893 年—1986 年）或其他同时代的设计师相提并论，但起初做舞台设计工作的德雷夫斯在后面的职业生涯中不仅是一名造型设计师（stylist），还能熟练运用常识和科学方法来解决设计问题，让产品看起来更赏心悦目、使用起来更安全舒适、制造和维修也更高效。

德雷夫斯认为，设计必须符合人体的特征，适应人体的设计才是最高效的设计。因此，他多年来潜心研究人体各项数据，包括人体比例及功能。1955 年德雷夫斯出版了《为人的设计》（*Designing for People*）[4] 一书，收集了大量的人因与工效学资料，包括了设计案例研究、许多轶事趣闻，以及对他的“乔”和“约瑟芬”人体测量图的解释，阐述了他的道德和美学原则，强调了人、人的体验以及成功的产品设计之间的联系。这本经典著作是了解德雷夫斯作为工业设计师职业生涯的一个窗口 [4]，也是用户体验发展历史中的重要里程碑之一。

1960 年，德雷夫斯出版了作为人因与工效学参考图表集的《人体尺度》（*The Measure of Man*）一书，为设计师提供了产品设计的精确规范 [5]，也为设计界奠定了人因与工效学基础。

德雷夫斯的研究成果体现在他为约翰・迪尔公司自 1955 年以来开发的一系列农用机械上。这些设计围绕着建立舒适的以人因与工效学为基础的驾驶工作条件这一中心，创造了一种亲切而高效的形象。德雷夫斯的研究使广大设计师在设计时能以新的角度思考问题，重视人的使用体验，更重要的是可靠的数据也让设计师们有章可循。所以说，德雷夫斯是当之无愧的工业设计大师。1965 年，德雷夫斯当选为美国工业设计师协会（IDSA，即 Industrial Designers Society of America）的首任主席。

1972 年，德雷夫斯出版了《符号资源手册，国际图形符号权威指南》（*The Symbol Sourcebook*，*An Authoritative Guide to International Graphic Symbols*）一书 [6]。这是一本包含了 2 万多个符号的视觉数据库，直到今天还在为世界各地的工业设计师提供设计标准。

德雷夫斯一方面通过一系列经典著作初步奠定了人因与工效学这门学科的理论基础，另一方面又通过各种既美观又实用的设计作品向人们展现了人因与工效学、人体测量学等学科的魅力。他本人成为最早把人因与工效学原理系统性地运用于工业设计过程中的专家，对人因与工效学、人体测量学、工业设计及用户体验的发展起到了重要的开拓性作用。

3.14 迪士尼乐园（1955年）

我们平时提到用户体验时，总会往产品的方向想，而容易忽略服务，其实服务也是体现用户体验水平的重要方面。要想打造一个整体上的用户体验解决方案，往往需要在产品的用户体验和服务的用户体验（可以合称为“产品与服务体验”）上有所兼顾。在此，笔者给大家介绍一下迪士尼乐园广受赞誉的产品与服务体验。

1901年出生在美国芝加哥市的华特·伊利亚斯·迪士尼（Walter Elias Disney，1901年—1966年）是一位美国企业家、动画师、作家、配音演员、电影制片人和导演。作为美国动画业的先驱，他在动画片的制作上贡献卓著。作为电影制片人和导演，他是迄今为止获得奥斯卡奖最多的人——从59项提名中获得了22项奥斯卡奖。他还被授予了两项金球奖特别成就奖和一项艾美奖[1]。1923年，华特·伊利亚斯·迪士尼与其三哥洛伊·奥利弗·迪士尼（Roy Oliver Disney，1893年—1971年）共同创建了华特·迪士尼公司（The Walt Disney Company）。华特·伊利亚斯·迪士尼是一位梦想家和创意天才，而洛伊·奥利弗·迪士尼则是企业经营高手，保证了公司财务和各部门高效有序运转[2]，迪士尼兄弟二人（见图3-16）联手，成功打造了一系列迪士尼乐园。

图3-16 华特·伊利亚斯·迪士尼（左）和洛伊·奥利弗·迪士尼

1955年，华特·伊利亚斯·迪士尼向公众开放了美国加州安纳海姆（Anaheim）迪士尼乐园。这是一系列迪士尼乐园的开山之作，其想法源于对一个父母和孩子都能获得乐趣的地方的渴望。又过了16年，在华特·伊利亚斯·迪士尼去世五年之后的1971年，在洛伊·奥利弗·迪士尼的不懈努力下，美国佛州奥兰多（Orlando）华特迪士尼世界正式向公众开放。之后，法国巴黎迪士尼乐园度假区、日本东京迪士尼度假区、中国香港迪士尼乐园度假区和中国上海迪士尼度假区[3-4]也陆续建成、开放，游客络绎不绝。

迪士尼乐园的产品与服务体验广受推崇，可用三个词来概括：宾客学、超预期、沉浸式。

（1）宾客学。迪士尼乐园非常重视用户体验，专门发明了术语“宾客学”（guestology）[5]，把宾客的需求和行为当作一门学问来研究。迪士尼乐园认为要想为宾客“量体裁衣”地打造出高质量的产品与服务体验，就要努力洞察宾客的真实需求。其方法主要有观察法、询问法和亲身体验法。观察法主要通过观察和数据分析，研究宾客共性的需求与行为规律；询问法主要透过宾客表面上的叙述，探究他们内心真实的需求与欲望；亲身体验法就是员工亲身体验自己的产品和服务，获取内心真实感受。华特・伊利亚斯・迪士尼就一直坚持自己亲自去观察、询问宾客，并体验宾客的一举一动。为此，他把自己的公寓盖在迪士尼乐园入口处，以便观察、汇总和分析宾客进入园区后的各种行为。而且，迪士尼乐园的员工和宾客一样，都会在园区里用餐，体验排队的等待时间、了解卫生情况，并随时听取宾客的反馈。

（2）超预期。真正极致的用户体验，并不是简单地达到某个体验标准，而是力求让体验超出用户预期。迪士尼乐园在这方面堪称榜样，它运用峰终定律给宾客打造出超预期的产品和服务体验。为了给宾客打造“峰值体验”，它设计了各种冒险刺激的游乐设施，使宾客的游玩过程高潮迭起；为了给宾客打造“终值体验”，它在夜晚举办盛大的烟花表演。迪士尼乐园精心的“峰值”设计，大大提高了宾客对游园过程的整体评价。迪士尼乐园还通过很多“小细节”带给宾客超预期的“大快乐”。比如，由员工装扮成米老鼠给餐厅里的宾客送上生日贺卡，带给宾客惊喜和感动。再如，如果宾客询问迪士尼乐园员工花车巡游何时开始，那么员工不会简单地回答 3 点开始，而会给宾客介绍这次花车游行的完整路线以及巡游队伍到达特定地点的时间和最佳观赏位置，这种详细而耐心的解答会让宾客感受到超预期的快乐和感动[6]。

（3）沉浸式。迪士尼乐园营造的是一种身临其境的体验，为此员工的制服在乐园的各个园区都是不同的，他们甚至在不同园区使用不同的语言，这种沉浸式安排就是奇迹发生的地方——让宾客有强烈的代入感。迪士尼乐园不仅是小朋友的乐园，也是很多青年人向往的乐园，因为进入到这样的园区中，能让人暂时忘却工作中的烦恼，尽情参与到“亦真亦幻”的童话世界中。迪士尼乐园会充分调动宾客感官，打造集视觉、听觉、嗅觉、味觉、触觉为一体的全方位、多维度、沉浸式体验。比如，迪士尼乐园里的糖果店都安装了特制的通风系统，让香味飘到屋外很远的地方，宾客即使看不到，也能闻香而来[7]。再如，迪士尼乐园禁止两个同样的人偶出现在一个地方，而且人偶不能说话，要通过身边工作人员与宾客交流。即使员工下班了，也不能发布自己扮演了卡通形象的信息。所有这些，都是在精心维护为宾客打造的沉浸式魔法梦幻世界。

迪士尼乐园在产品与服务体验方面的实践探索，把用户体验复杂难懂的理论以一种孩童都能领会的形式展现了出来，极大地促进了人们对用户体验的通俗化理解，树立了在企业界与生活中运用用户体验的范例，成功地推动了用户体验的发展。

3.15 米勒法则（1956 年）

米勒法则（Miller's law），也称为七加减二法则，由米勒于 1956 年提出。乔治・阿米蒂奇・米勒（George Armitage Miller，1920 年—2012 年）[1] 是美国心理学家，认知心理学及认知科学创始人之一，心理语言学创始人之一，美国心理学会主席（1969 年），美国哲学学会主席（1971 年），荷兰皇家艺术与科学院主席（1985 年），哈佛大学、麻省理工学院和普林斯顿大学教授，被认为是 20 世纪最伟大的心理学家之一。在 2002 年《普通心理学评论》（*Review of General Psychology*）所做的一项调查中，米勒位列 20 世纪被引用次数最多的心理学家第 20 位[2]。

米勒开始其职业生涯时，心理学的主导理论是行为主义，避开了对心理过程的研究，专注于可观察的行为。米勒拒绝了该方法，他和杰罗姆・西摩・布鲁纳（Jerome Seymour Bruner，1915 年—2016 年）、诺姆・乔姆斯基（Noam Chomsky，1928 年—）等人共同创立了认知心理学，将心理过程的研究作为理解复杂行为的基础。随后几年这种认知方法在很大程度上取代了行为主义，成为指导心理学研究的框架[3]。米勒设计了实验技术和数学方法来分析心理过程，特别关注语音和语言。

从威廉・詹姆斯（William James，1842 年—1910 年）的时代起，心理学家就区分了短时记忆（short-term memory）和长时记忆（long-term memory）。虽然短时记忆似乎是有限的，但其极限是未知的，正是米勒通过实验，给出了这个极限。米勒让被试者重复一组数字；给他一个刺激和一个标签，要求他回忆这个标签；或让他快速数一组东西。通过这三项实验，米勒发现，人类即时记忆（immediate memory）和绝对判断（absolute judgment）的广度都限制在 7 条信息（信息的单位是比特，即在两个可能性相等的选项中做出选择所需的数据量）左右，即人类短时记忆能力的平均上限是 7，或者说一般人在工作记忆中可容纳的物体数量约为 7 个。米勒发明了“组块”（chunk）一词来描述人们应对这种短时记忆限制的方式，即人们会通过分组来有效减少元素数量。一个组块可能是一个字母、一个单词，甚至是一个更大的熟悉单位[4]。

1956 年，米勒在发表于《心理学评论》（*Psychological Review*）中的一篇题为《神奇的数字七，加减二：我们处理信息能力的一些限制》（“The Magical Number Seven，Plus or Minus Two: Some Limits on Our Capacity for Processing Information”）的论文[5]中正式提出了“米勒法则”（也称为“七加减二法则”），指出了人类短时记忆的上限[6-8]，这篇论文也成为心理学中被引用次数最多的论文之一[9-11]。

米勒在该论文中指出，在一维绝对判断任务中，一个人会面对许多在一个维度上不同的刺激（例如，10 个不同的音调，只有音高不同），并对每个刺激做出相应的反应。在 5 ~ 6 个不同的刺激下，人的表现几乎是完美的，但随着不同刺激的增加，表现就会下降。

米勒还指出，年轻人的记忆广度（memory span）大约为 7 个项目。记忆广度指的是一个人能在 50% 的试验中，以正确的顺序在演示后立即复述的最长的项目列表（如数字、字母、单词）。米勒发现，对于信息量不同的刺激物（例如，每个二进制数字有 1 比特信息；每个十进制数字有 3.32 比特信息；每个单词约有 10 比特信息），记忆广度大致相同。米勒的结论是，记忆广度以组块而非比特为单位。组块是被试者所能识别的材料中最大的有意义的单元，因此，什么能算作组块取决于被试者的知识。例如，一个单词对于说这种语言的人来说是一个单独的组块，但对于完全不懂这种语言的人来说是许多组块——该单词会被看作是语音片段的集合。

基于上述两项研究，米勒认识到，一维绝对判断的极限与短时记忆广度的极限之间的对应关系只是巧合，因为只有第一个极限可以用信息论的术语来描述。所以，数字 7 并无“神奇”之处，只是一种修辞。但“神奇数字 7”的想法激发了人们对人类认知能力极限的许多严谨或不太严谨的理论研究。数字 7 是一个有用的启发，它提醒我们，如果列表的长度远远超过 7，就会大大增加同时记忆和处理的难度。

米勒法则常用于用户体验设计中，尤其是要罗列项目时。比如，火狐浏览器最上方的导航栏只有 7 个项目，就是考虑了米勒法则的影响（见图 3-17）。再如，微信朋友圈每次最多只能发 9 张图片，也是考虑了米勒法则的影响。当需要罗列的项目数量超过 7 甚至超过 9 时，我们应考虑“组块”思路，把多个项目分进一个“组块”，使整条信息更容易处理。比如，数字串经常以 3 个数字为一组，用逗号隔开，就是考虑到米勒法则而引入了组块。再如，16 位的工商银行卡号被分为 4 个组块，也是考虑到米勒法则，根据用户的短时记忆能力上限进行的人性化设计（见图 3-18）。

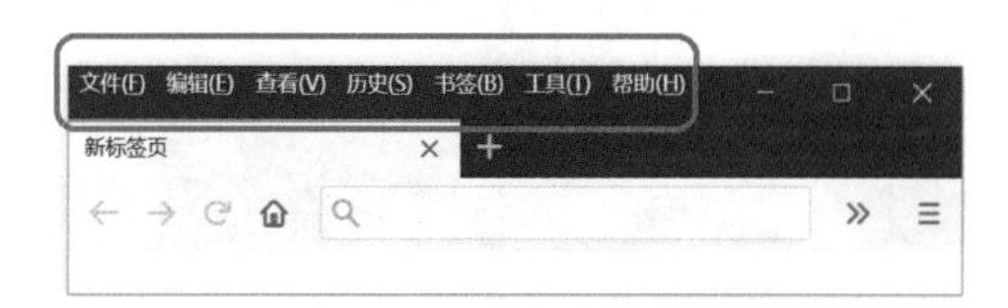

图 3-17 火狐浏览器最上方导航栏

图 3-18 工商银行卡号

同时，我们还可以运用格式塔心理学中的同域律，把分进同一个组块中的多个项目用线框圈起来，加上背景色，这样就人为减少了信息单元的数量，使用户调用短时记忆能力处理这些信息时更得心应手。比如，原本有 20 个项目需要呈现给用户，现在把每 4 个项目圈成一个组块，那么就成了 5 个组块，再让用户处理时，就要容易得多。

3.16 认知革命（1956年）

与用户体验密切相关的认知革命（cognitive revolution，见图3-19）是一场始于20世纪50年代的知识运动，是对思维及其过程的跨学科研究，这些研究后来被统称为认知科学[1]。相关领域包括心理学、语言学、计算机科学、人类学、神经科学和哲学[2]。认知革命所用的方法是在当时新兴的人工智能、计算机科学和神经科学领域发展起来的。认知革命的早期关键目标是将科学方法用于对人类认知的研究，通过人工智能的计算模型来设计实验，在受控的实验室环境中系统地测试有关人类心理过程的理论[1]。20世纪60年代，哈佛大学认知研究中心[3]以及加州大学圣地亚哥分校的人类信息处理中心在开展认知科学学术研究方面发挥了重要作用[4]。到20世纪70年代早期，认知革命已超越行为主义成为一个心理学派[5-7]。到20世纪80年代早期，认知方法已成为心理学领域大多数分支研究的主导路线。

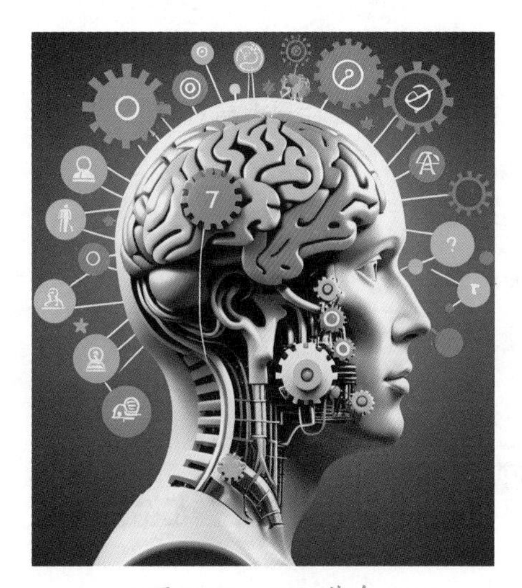

图3-19　认知革命

一些重要著作引发了认知革命，包括美国心理学家乔治·阿米蒂奇·米勒在1956年发表的《神奇的数字七，加减二》（*The Magical Number Seven*，*Plus or Minus Two*）[1]；美国认知科学家、“现代语言学之父”艾弗拉姆·诺姆·乔姆斯基（Avram Noam Chomsky）在1957年出版的《句法结构》（*Syntactic Structures*）和在1959年出版的《斯金纳的言语行为理论述评》（*Review of B. F. Skinner's Verbal Behavior*）[8]；以及四位图灵奖得主、美国计算机和认知科学家约翰·麦卡锡（John McCarthy，1927年—2011年）、马文·李·明斯基（Marvin Lee Minsky，1927年—2016年）、艾伦·纽厄尔（Allen Newell，1927年—1992年）和司马贺（Herbert Alexander Simon，1916年—2001年）在人工智能领域的基础著作，如1958年的《人类解决问题的理论元素》（*Elements of a Theory of Human Problem Solving*）[1]。此外，乌尔里克·理查德·古斯塔夫·奈瑟（Ulric Richard Gustav Neisser，1928年—2012年）在1967年出版的著作《认知心理学》（*Cognitive Psychology*）也是一个里程碑[9]。

在认知革命之前，行为主义（behaviorism）是美国心理学的主流。行为主义者对“学习”感兴趣，视其为“刺激与反应的新联系”[10]。行为主义者约翰·布鲁德斯·华生（John Broadus Watson，1878 年—1958 年，美国心理学家，行为主义心理学的创始人[11]）希望将人类和动物作为一个群体，来描述其反应。乔治·曼德勒（George Mandler，1924 年—2016 年）认为，赫尔 – 斯宾塞刺激 – 反应方法（Hull-Spence Stimulus-response Approach）无法研究记忆和思维等认知类话题，因为刺激和反应都是完全物理的事件。功能主义行为主义者伯尔赫斯·弗雷德里克·斯金纳（Burrhus Frederic Skinner，1904 年—1990 年）批评本能等心理概念是“解释性虚构”。不同类型的行为主义者对意识和认知在行为中的确切作用（如果有的话）有不同看法[12]。行为主义主要流行于美国，而在同时期的欧洲很容易找到关于认知的研究[10]。

乔姆斯基将认知主义和行为主义的立场分别归结为理性主义和经验主义[13]，这是早在行为主义流行和认知革命发生之前就出现的哲学立场。经验主义者认为，人类只有通过感官输入才能获得知识，而理性主义者则认为，除了感官经验外，还有其他东西有助于人类获取知识。然而，乔姆斯基关于语言的立场是否符合传统的理性主义观点受到了哲学家约翰·科廷厄姆（John Cottingham，1943 年—，英国哲学家）的质疑[14]。

参与认知革命的科学家米勒将认知革命的开始日期定为 1956 年 9 月 11 日，当时实验心理学、计算机科学和理论语言学等领域的研究人员在麻省理工学院的“信息论特别兴趣小组”会议上展示了他们在认知科学相关主题方面的工作。这种跨学科的合作有几个名字，比如认知研究和信息处理心理学，但最终被称为认知科学（Cognitive Science）。20 世纪 70 年代，阿尔弗雷德·P. 斯隆基金会（Alfred P. Sloan Foundation）的资助支持了认知神经科学领域的研究[2]。米勒指出，有 6 个领域参与了认知科学的发展：心理学、语言学、计算机科学、人类学、神经科学和哲学，其中前 3 个领域起主要作用[2]。

加拿大裔美国认知心理学家、心理语言学家、科普作家史蒂文·阿瑟·平克（Steven Arthur Pinker，1954 年—）在他 2002 年的著作《白板》（*Blank Slate*）中，提出构成认知革命的 5 个关键观点[15]：①精神世界可借由概念的资讯、计算、回馈而基于物质世界之上；②心灵不可能是空白的，因为白板无法做任何事情；③有限的内心计划可产生无限行为；④普遍的心理机制可能构成不同文化间的表面差异；⑤心灵是个复杂的系统，由许多相互作用的部分组成。平克指出，认知革命认为思维是模块化的，许多部分相互配合以产生一连串的思维或有组织的行动。不同文化背景下的行为可能各不相同，但产生这些行为的心智程序却不必千篇一律[15]。平克声称，认知革命弥合了物质世界与思想、概念、意义和意图世界之间的鸿沟，用一种理论（即精神生活可以用信息、计算和反馈来解释[15]）统一了这两个世界。

3.17
认知心理学的建立
（1956 年）

用户体验是一门跨学科的学科，横跨的众多学科中包括认知心理学。认知心理学（cognitive psychology）是 20 世纪 50 年代在西方兴起的一种心理学思潮和研究方向，是最新的心理学分支之一，是一门研究心理过程的科学。广义的认知心理学研究人类的高级心理过程，主要是认知过程，包括注意力、语言、记忆、感知、创造力、思考和推理等[1]；狭义的认知心理学相当于信息加工心理学（information processing psychology），即采用信息加工观点研究认知过程的心理学。在此，笔者打算给大家梳理一下认知心理学的建立过程。

认知心理学可溯源至古希腊时期，公元前 387 年，古希腊哲学家柏拉图（Plato）提出大脑是心理活动所在地[2]，他的学生亚里士多德（Aristotle，公元前 384 年—公元前 322 年）也深入思考过记忆和思维这类认知过程。1637 年，法国哲学家笛卡尔（René Descartes，1596 年—1650 年）提出人类天生就有思想，并提出身心二元论（即物质二元论），认为身体和心灵是两个独立的物质[3]。

18 世纪贯穿着一场关于经验论（empiricism，认为人类思想来源于感觉经验）与先天论（nativism，认为人类思想是先天所具备的）的争论。其中，约翰·洛克（John Locke，1632 年—1704 年，英国哲学家、最有影响力的启蒙思想家之一、“自由主义之父”）和乔治·伯克利（George Berkeley，1685 年—1753 年，爱尔兰哲学家、“主观唯心主义”提出者）站在经验论一边，而伊曼努尔·康德（Immanuel Kant，1724 年—1804 年，德国哲学家、启蒙运动核心思想家之一、现代西方哲学最具影响力的人物之一、“现代伦理学、美学、哲学之父”[4-5]）则站在先天论一边[6]。19 世纪中后期，皮埃尔·保罗·布洛卡（Pierre Paul Broca，1824 年—1880 年）发现了大脑负责语言产生的区域[3]，卡尔·韦尼克（Carl Wernicke）发现了大脑负责语言理解的区域[7]，这两个发现后来在认知心理学中发挥了重要作用（见图 3-20）。

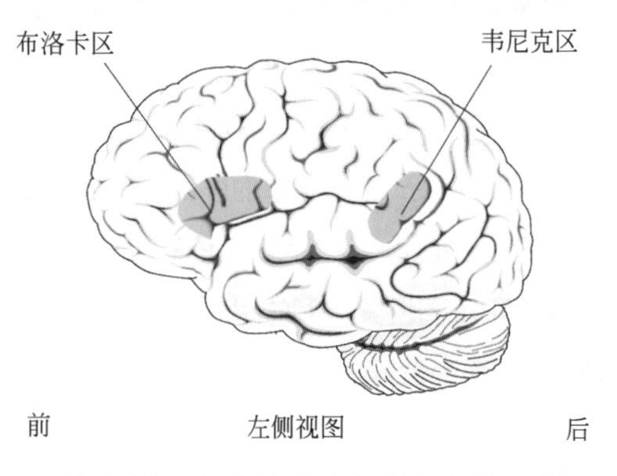

图 3-20　大脑的布洛卡区和韦尼克区

20 世纪 20—50 年代，心理学主要研究方法是行为主义（behaviorism）。其追随者认为思想、观念、注意力和意识是不可观察的，故不在心理学范围内。但语言学、控制论和应用心理学研究人员用心理过程模型解释人类行为，如 1926 年—1980 年认知心理学先驱、瑞士心理学家让·皮亚杰（Jean Piaget）就在行为主义范围外工作，研究儿童和成人的思想、语言和智力[8]。这类先驱性研究形成突破，最终使认知心理学在 20 世纪 60 年代脱离了行为主义。

20 世纪中期的 3 个方面，促使认知心理学成为一个正式的思想流派：①二战时如何训练士兵使用新技术成为棘手问题。行为主义对此毫无见解，但英国心理学家唐纳德·艾瑞克·布罗德本特（Donald Eric Broadbent，1926 年—1993 年）将人类行为研究与信息论结合，为解决该问题开辟了道路[6]。②美国计算机科学家艾伦·纽厄尔（Allen Newell）和司马贺（Herbert Alexander Simon）发展了人工智能概念，促进了心理功能的概念化——以计算机存储和检索为基础，为认知论（cognitivism）打开了大门[6]。③ 1956 年，杰罗姆·西摩·布鲁纳（Jerome Seymour Bruner）、杰奎琳·杰瑞特·古德诺（Jacqueline Jarrett Goodnow，1924 年—2014 年）和乔治·A. 奥斯汀（George A. Austin）出版了《思考的研究》（*A Study of Thinking*），批判了行为主义。1959 年，美国认知科学家、“现代语言学之父”艾弗拉姆·诺姆·乔姆斯基（Avram Noam Chomsky）批判了行为主义及经验论[9]，引发了“认知革命”（Cognitive Revolution）。1960 年，乔治·阿米蒂奇·米勒（George Armitage Miller）、尤金·加兰特（Eugene Galanter，1924 年—2016 年）和卡尔·H. 普里布拉姆（Karl H. Pribram，1919 年—2015 年）撰写了《计划与行为结构》（*Plans and the Structure of Behavior*）。同年，布鲁纳和米勒成立了哈佛认知研究中心，将认知革命制度化，开创了认知科学领域。

1956 年 9 月 11 日，认知心理学的几位创始人参加了在麻省理工学院举行的“信息论特别兴趣小组”会议，后来一些心理学家就把这一天确定为认知心理学诞生日。1956 年的几项心理学研究都体现了信息加工观点，如乔姆斯基的语言理论，以及纽厄尔和司马贺的“通用问题解决者”模型。1958 年，英国心理学家布罗德本特出版了《知觉与传播》（*Perception and Communication*）。此后，认知心理学便聚焦于布罗德本特指出的认知的消息处理模式——以心智处理来思考与推理。由于思考与推理在大脑中的运作与软件在计算机里的运作相似，所以认知心理学常涉及输入、计算、处理、输出等概念。

1967 年，德裔美国心理学家、康奈尔大学教授、“认知心理学之父”[10]乌尔里克·理查德·古斯塔夫·奈瑟（Ulric Richard Gustav Neisser）出版了《认知心理学》（*Cognitive Psychology*），这是“认知心理学”一词首次出现在出版物中。1960 年—1970 年，认知心理学的研究成果被整合到心理学其他分支和各种现代学科中，如语言学和经济学。认知心理学使用系统化的科学方法，拒绝内省的研究方式，与弗洛伊德心理学的现象学研究方法不同；认知心理学认定内在心理状态的存在（如信仰、欲望和动机），与行为主义心理学不同。到 20 世纪 70 年代，认知心理学已成为心理学的主要流派，其理解心智运作的方式在过去几十年变得非常普遍。

3.18 人工智能的诞生（1956年）

近年来，AIGC、ChatGPT、Deepseek 等人工智能（AI，即 artificial intelligence）相关概念与产品给人类社会带来了巨大的变化。在此，笔者带大家简要回顾一下人工智能的诞生始末。

人工智能的思想萌芽可追溯到 17 世纪的德国希伯来语和天文学教授威廉·希卡德（Wilhelm Schickard，1592 年—1635 年），法国数学家、物理学家、宗教哲学家布莱斯·帕斯卡（Blaise Pascal，1623 年—1662 年）和德国哲学家、数学家、“全能天才”戈特弗里德·威廉·莱布尼茨（Gottfried Wilhelm Leibniz，1646 年—1716 年）。其中，希卡德在 1623 年、帕斯卡在 1642 年分别发明了能进行加减的机械计算器，莱布尼茨大约在 1670 年发明了能进行加减乘除的机械计算器。

1823 年，英国数学家、“通用计算机之父”查尔斯·巴贝奇（Charles Baggage，1791 年—1871 年）发明了巴贝奇差分机，这是世界上第一台机械计算机，也是人工智能硬件的前身。他在 1834 年构思的分析机，已具备现代计算机的 5 个部分：处理器、控制器、存储器、输入与输出装置。同是在 19 世纪，英国数学家、逻辑学家奥古斯塔·德·摩根（Augustus de Morgan，1806 年—1871 年）提出了德·摩根定律（De Morgan's Laws，也称为反演律），在数理逻辑、集合运算及计算机等方面发挥了重要作用[1]。1847 年，英国数学家、布尔代数之父乔治·布尔（George Boole，1815 年—1864 年）出版了《逻辑的数学分析》（*The Mathematical Analysis of Logic*），搭起逻辑和代数之间的桥梁。1854 年，布尔又出版了《思维定律》（*The Laws of Thought*），创立了作为计算机科学和数字电子学基础的布尔逻辑和布尔代数。据此，芯片、微处理器和互联网才得以发明。

1936 年，英国数学家、逻辑学家、密码分析学家、“理论计算机科学与人工智能之父”阿兰·麦席森·图灵（Alan Mathison Turing）在论文《论可计算数及其在判定问题中的应用》[2-3]中提出图灵机模型，奠定了现代计算机逻辑工作方式的基础。他还提出了图灵完备的概念，并设计了自动计算引擎，这成为后来世界上第一台个人计算机的基础。1950 年，图灵在《计算机与智能》中提出了图灵测试，用于判定机器是否具有智能。他还创建了世界上第一个 AI 程序，撰写了第一份人工智能宣言书《智能机器》。

1939 年，美国物理学家、爱荷华州立大学物理学教师、“电子计算机之父”约翰·文森特·阿塔纳索夫（John Vincent Atanasoff，1903 年—1995 年）在他的学生克利福德·贝瑞（Clifford Berry，1918 年—1963 年）的辅助下，发明了世界上第一台电子数字计算机——阿塔纳索夫 – 贝瑞计算机（Atanasoff–Berry computer）。

1945 年，匈牙利裔美国数学家、物理学家、计算机科学家、“现代计算机之父”约翰·冯·诺伊曼（John von Neumann，1903 年—1957 年）起草了“存储程序通用电子计算机方案”EDVAC，对研发中的 ENIAC 的设计提出关键性建议。EDVAC 计算机由运算器、控制器、存储器、输入和输出设备组成，该结构始见于巴贝奇分析机，并非冯·诺伊曼首创。EDVAC 计算机采用二进制，这也不是冯·诺伊曼首创。EDVAC 中真正由冯·诺伊曼首创的是“存储程序控制原理”（即“冯·诺依曼原理”），指计算机在执行程序时，将程序和数据存在内存中，程序按一定顺序执行，每条指令都需从内存中读取，执行后再将结果存回内存中，程序执行顺序由程序计数器控制，程序计数器指向下一条要执行指令的地址。EDVAC 计算机模型，被称为“冯·诺依曼机”，该体系结构被称为“冯·诺依曼体系结构”，奠定了现代计算机的基础。

客观地说，世界上第一台电子数字计算机是阿塔纳索夫 – 贝瑞计算机，而世界上第一台通用电子数字计算机是由阿塔纳索夫设计并由约翰·威廉·莫奇利（John William Mauchly）和约翰·亚当·普雷斯珀·埃克特（John Adam Presper Eckert Jr.）研制成功的 ENIAC 计算机。这几位科学家都为电子计算机及人工智能的问世作出了卓越贡献。

1956 年，麦卡锡和明斯基等人在美国达特茅斯学院开会研讨“如何用机器模拟人的智能”，首次提出“人工智能”概念，标志着人工智能学科的诞生。麦卡锡和明斯基紧随图灵，被誉为“人工智能之父”。其中，约翰·麦卡锡（John McCarthy，1927 年—2011 年）是美国计算机科学家、图灵奖得主，他将数学逻辑应用到人工智能的早期形成中，并在 1958 年发明了至今仍广泛用于人工智能领域的 LISP 语言；马文·李·明斯基（Marvin Lee Minsky，1927 年—2016 年）是美国计算机科学家、图灵奖得主、人工智能框架理论的创立者（见图 3-21）。

图 3-21 麦卡锡（左）和明斯基（右）

简要回顾了人工智能的诞生始末后，笔者想指出，包括人工智能在内的各种前沿科技归根结底都要为人类服务，所以当把这些高科技“封装”进产品时，总要考虑相应的用户体验问题。前沿科技的迅猛发展给用户体验研究、设计与优化工作提出了新的挑战。

3.19 认知失调

（1956 年—1957 年）

认知失调（cognitive dissonance）是一个值得用户体验从业者认真掌握、仔细体会的心理学理论，它被描述为当人们的信念（beliefs）和行为（actions）不一致、相互矛盾时，人们所感受到的心理不适，这最终会促使人们改变其中一个因素（信念或行动）以获得一致[1]。除了信念和行为外，与认知失调相关的因素还包括感受（feelings）、想法（ideas）、价值观（values）和环境中的事物（things in the environment）。认知失调通常表现为心理压力，这种压力是当上述因素中有两个或多个相违背时产生的。根据认知失调理论，当一种因素与另一种因素在心理上不一致（例如人的信念与感知到的新信息相冲突）时，就会引起不适感，人们就会尽其所能改变其中的一种因素，以获得一致，从而减少不适感[1]。

认知失调由费斯廷格在其 1956 年—1957 年的两部著作《当预言失败时：一个预言世界毁灭的现代群体的社会和心理研究》（*When Prophecy Fails: A Social and Psychological Study of a Modern Group That Predicted the Destruction of the World*，1956 年）和《认知失调理论》（*A Theory of Cognitive Dissonance*，1957 年）中提出，认为人类努力追求内在心理的一致性，以便在现实世界中发挥心理作用[2]。认知失调理论是现代社会心理学中最具影响力的理论之一[3]，它有助于理解：人们的个人偏见[4]，人们如何在头脑中重构情境以保持积极的自我形象，以及为什么人们在寻找或拒绝某些信息时会追求与自己的判断不一致的某些行为[5-6]（见图 3-22）。

图 3-22　认知失调

提出认知失调理论的利昂·费斯廷格（Leon Festinger，1919 年—1989 年），1919 年生于纽约[7]，1939 年毕业于纽约城市学院（City College of New York），随后在爱荷华大学（University of Iowa）获得儿童心理学（child psychology）博士学位[7]，是美国社会心理学家。费斯廷格最初进入心理学领域是受到“现代社会心理学之父”库尔特·勒温（Kurt Lewin）及其格式塔心理学工作的启发，费斯廷格的大部分学术生涯都是在勒温的指导下度过的。费斯廷格创立了认知失调理论（cognitive dissonance theory）和社会比较理论（social comparison theory），他还在社交网络理论（social network theory）中因对邻近效应（proximity effect 或 propinquity effect）的研究成果而闻名[8-9]。他的理论和研究证明了刺激－反应条件反射对人类行为的描述是不充分的，从而摒弃了以前占主导地位的行为主义社会心理学观点。他也因推动了社会心理学中实验室实验的使用而受到赞誉。在 2002 年美国心理学会的一篇文章中提到，费斯廷格紧追 B. F. 斯金纳（B. F. Skinner）、简皮亚杰（Jean Piaget）、西格蒙德・弗洛伊德（Sigmund Freud）和阿尔伯特・班杜拉（Albert Bandura），被评为 20 世纪最杰出心理学家的第五名[10]。

费斯廷格认为，经历内部不一致的人往往会在心理上感到不舒服，并有动力减少认知失调[1]。费斯廷格将避免认知失调解释为："告诉他你不同意，他就会转过身去。向他展示事实或数据，他会质疑你的信息来源。诉诸逻辑，他会无法理解你的观点。"[8] 费斯廷格还认为，应对相互矛盾的想法或经历的细微差别是一种精神压力，人们需要精力和努力去面对那些看似相反、实则真实的事物，有些人会不可避免地通过盲目相信他们想相信的东西来解决这种失调[11]。

费斯廷格指出，为了在社会现实中发挥作用，人类不断调整自己的心理态度和个人行为的对应关系，这种认知和行动之间的持续调整，导致了 3 种关系[2]：①协调的关系：两种认知或行为相一致，如外出吃饭时不想喝醉，点的是水而不是酒；②无关的关系：两种认知或行为相互无关，如外出穿衬衫时不想喝醉；③失调的关系：两种认知或行为不一致，如外出时不想喝醉，但后来又喝了更多的酒。

在认知失调中，有一个重要概念——"失调程度"（magnitude of dissonance），指的是认知失调对人造成的不适程度，目前还没有客观的方法来明确测量失调程度[12]，只能采用主观测量。失调程度由两个方面决定：

（1）认知的重要性：失调因素的个人价值越大，矛盾关系中的失调程度就越大。当两个失调因素的重要性都很高时，很难确定哪个是正确的。至少在主观上，两者都在头脑中占有一席之地。因此，当理想与行动发生冲突时，人们很难决定哪个优先。

（2）认知比例：失调因素与协调因素的比例。每个人内心都有一定程度的、可以接受的不适。当人处于舒适水平时，失调因素就不会干扰其功能。然而，当失调因素很多且彼此不够一致时，个体就需要经过一个过程来调节并将比例恢复到可接受的水平。个体一旦选择保留其中一个失调因素，就会很快忘记另一个因素，以恢复内心的平静[13]。在做决定时，因为一个人所获得的知识和智慧的数量和质量在不断变化，所以人的内心总会有一定程度的失调。

3.20
减少认知失调
（1956 年—1957 年）

由费斯廷格在 1956 年—1957 年提出的认知失调理论认为，人们会在自己对生活的期望和现实世界之间寻求心理上的一致性。为达成这种一致性，人们会不断减少认知失调，使认知与行为一致。甚至有人提出，“所有涉及认知处理的行为都是由不一致认知的激活引起的，其功能是增加感知的一致性”。也就是说，所有行为的功能都是在信息处理的某个层面上减少认知失调及其程度[1]。心理一致性的建立，可以让认知失调者通过减少认知失调程度的行为来减轻心理压力，这些行为可以通过改变导致心理压力的矛盾来实现，也可以通过为其辩护或对其漠不关心来实现[2]。

以正减肥与吃蛋糕的认知失调为例，减少认知失调程度的方法包括更改对自己行为的认知（“我并没吃很多”）、增加一致的认知（“蛋糕很有营养”）、降低矛盾的重要性（“人生苦短，我其实不在意超重”）、否定两种认知间的关联（“没有实验证明那块蛋糕会导致肥胖”）、降低对自身控制的认知（“是她让我吃的，拒绝那块蛋糕就等于拒绝她”）与更改自己的思想与态度（“我不需要减肥”）。

另一种减少认知失调的方法是选择性接触（selective exposure）。该理论从费斯廷格发现认知失调的早期阶段就开始被讨论了。他注意到，人们会选择性接触媒体信息，即倾向于接触和关注与自己观点相符的媒体信息，而避开与自己观点相悖的媒体信息[3]。通过选择性接触，人们会主动（有选择性地）选择适合自己当前心理状态、情绪或信仰的内容来观看、浏览或阅读[4]。换言之，人们会选择跟自己态度与状态一致的信息，回避跟自己态度与状态相悖的信息[5]。因为，选择跟自己态度与状态相悖的信息会增加认知失调。

例如，1992 年，一家养老院给最孤独的老人（那些没有家人或很少有人来探望的老人）观看了多家媒体拍摄的 6 部讲述老人生活的纪录片，其中 3 部讲述的是“非常快乐、成功的老人”，另外 3 部讲述的是“不快乐、孤独的老人”[6]。看完纪录片后，老人们表示，他们更喜欢拍摄“不快乐、孤独的老人”的媒体。这说明这些老人自身感到孤独，当他们看到同龄人的快乐和成功时，就会感到认知失调。这解释了人们如何选择与他们的情绪一致的媒体。看一部主角境遇与自己相似的电影比看一部主角和自己同龄但比自己成功的电影会让人更舒服。

认知失调有 4 种理论范式（paradigm）：信念失认（belief disconfirmation）、诱导顺从

（induced compliance）、自由选择（free choice）和努力辩护（effort justification），分别解释了一个人在做出与其知识观点不一致的行为后会发生什么；一个人在做出决定后会发生什么；以及一个人为实现目标付出巨大努力后会受到什么影响。其中，诱导顺从可以指导与用户体验相关的产品设计与用户运营工作，值得详细介绍。

诱导顺从是一种心理现象，指个体在面对与其信念或态度相悖的行为时，为减轻认知失调，会改变原有信念或态度。1959 年发表的《强迫服从的认知后果》（“Cognitive Consequences of Forced Compliance”）提到，研究人员利昂·费斯廷格（Leon Festinger）和詹姆斯·梅里尔·卡尔史密斯（James Merrill Carlsmith，1936 年—1984 年，美国社会心理学家）以 71 名斯坦福大学男生为被试者，研究人员让他们花一小时完成一系列重复乏味的任务，比如以固定的时间间隔将木钉转动 1/4 圈，然后让他们说服另一组参与者（事先安排好的“托”）相信这项乏味的任务是有趣而令人兴奋的。这些被试者被分成三组：第一组每人的报酬是 20 美元，第二组每人的报酬是 1 美元，第三组是对照组（不用去说服“托”）。

费斯廷格和卡尔史密斯发现，当被要求对这项乏味的任务进行评分时，第二组被试者（1 美元报酬）比第一组被试者（20 美元报酬）对任务的评价更积极，而第一组被试者（20 美元报酬）对任务的评价只比对照组的被试者稍微积极一点——获得了报酬的被试者的反应是认知失调的证据。费斯廷格和卡尔史密斯认为，被试者在相互冲突的认知之间经历了失调——“我告诉别人这项任务很有趣”，但“我实际上觉得它很无聊”。获得了 1 美元报酬的被试者被诱导服从，被迫内化（internalize）“这项任务很有趣”的心理态度，因为他们没有其他理由。而获得了 20 美元报酬的被试者是在明显的外部理由的诱导下，将“这项任务很有趣”的心理态度内化，他们所经历的认知失调程度低于只获得 1 美元报酬的被试者[7]。由于只获得 1 美元报酬的被试者撒的谎没得到足够补偿，所以他们只好说服自己相信该任务是有趣的。这样，他们在告诉另一组参与者（“托”）“这项任务很有趣”时就能从心理上感觉更好受一些，因为从技术上讲，他们并没有撒谎[7]。

图 3-23　伊索寓言《狐狸和葡萄》

其实，减少认知失调离我们的生活并不遥远，在伊索寓言《狐狸和葡萄》（见图 3-23）中，“狐狸没吃到葡萄就说葡萄是酸的”就是为了减少认知失调，这种辩解行为减少了狐狸对无法实现的欲望所产生的认知失调的焦虑。认知失调理论可以解释人们生活中的很多现象，相信对产品经理、用户体验研究员、设计师、运营经理等用户体验专业人员会有很强的启发和指导意义。

3.21
赫茨伯格双因素理论
（1959 年）

1959 年，美国心理学家、行为科学家、企业管理领域最具影响力的人物之一弗雷德里克·欧文·赫茨伯格（Frederick Irving Herzberg，1923 年—2000 年）提出了双因素理论（two-factor theory 或 dual-factor theory），也称为激励－保健理论（motivation-hygiene theory 或 motivator-hygiene theory），指出工作场所中有某些因素会使员工感到满意，而另一些因素会使员工感到不满意，这两种因素是相互独立的[1]。

1950 年代末期，赫茨伯格访谈了美国匹兹堡地区的 203 名员工，主要包括工程师和会计师。访谈主要围绕两个问题：①在工作中，哪些事项是让员工感到满意的，并估计这种积极情绪会持续多长时间；②有哪些事项是让员工感到不满意的，并估计这种消极情绪会持续多长时间。通过分析访谈记录，赫茨伯格发现，员工并不会满足于在工作中所能得到的低层次需求，例如与最低工资水平或安全愉快的工作相关的需求。相反，员工会寻求与成就、认可、责任、进步及工作本身性质有关的更高层次的心理需求的满足。

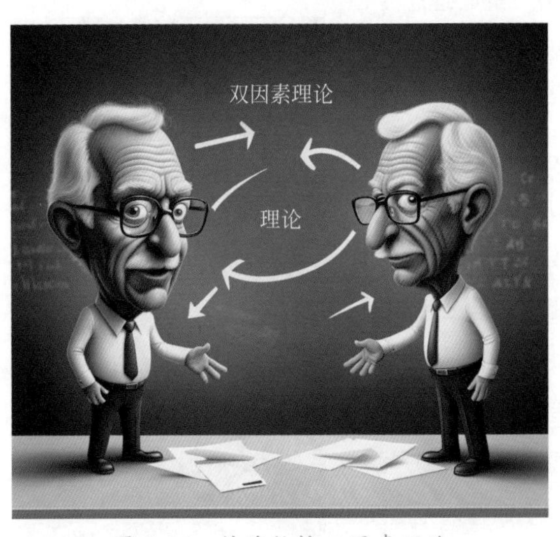

图 3-24　赫茨伯格双因素理论

据此，赫茨伯格提出了双因素理论（见图 3-24）。尽管赫茨伯格的理论中的感受、态度及其与工业心理健康的联系都跟马斯洛需求层次理论相似，但赫茨伯格开创性地提出了一个关于激励的双因素模型，该模型包含的两个因素是激励因素和保健因素。激励因素（motivation factors）是属于工作本身或工作内容方面的因素，包括成就、能力、认可、地位、晋升、责任、参与决策、个人价值、自我实现、对工作的内在兴趣等。激励因素对“员工感到满意”的贡献很大，实现激励因素可以使员工感到快乐和满足；同时，激励因素对“员工感到不满意”的贡献很小，缺乏激励因素并不会导致员工不快乐和不满足。笔者认为，这里的“激励”实际就是“动机”“积极性”的意思。保健因素（hygiene factors，或称为“KITA”因素，即“kick in the ass”的首字母缩略词，意思是维护性的因素，即提供激励或惩罚威胁以促使某人做某事的因素）是属于工作环境或工作关系方面的因素，包括公司政策、行政实践、监督、人际关系、工作条件、工作保障、地位、工资、福利、保险、假期等[2-3]。保健因素对“员工感到满意”的贡献很小，实现保健因素并不会给员工带来积极的满足感；同时，保健因素对“员工感到不满意”的贡献很大，缺乏保健因素会导致员工不满意。

赫茨伯格认为，满意和不满意不是一个连续体（即一个增加，另一个减少），而是独立的现象；为了提高工作态度和生产力，管理者必须同时认识并注意激励因素和保健因素，而不是假设满意的增加会导致不满意的减少。一方面，如果管理层希望提高员工对工作的满意度，就应该重视激励因素，关注工作本身或工作内容能给员工提供的获得地位、承担责任和自我实现的机会。另一方面，如果管理层希望减少员工的不满，那么就应该把重点放在保健因素上，关注工作环境或工作关系[1]。如果管理者既希望提高员工对工作的满意度，又希望减少员工的不满，就应该同时重视激励因素和保健因素。

根据赫茨伯格双因素理论，可分为 4 种可能的组合。①高积极性和高保健（high motivation and high hygiene）：员工积极性高、很少抱怨，这是理想状态。②高积极性和低保健（high motivation and low hygiene）：员工积极性高，但有很多抱怨，工作是令人兴奋和具有挑战的，但工资和工作条件没有达到标准。③低积极性和高保健（low motivation and high hygiene）：员工积极性不高，但很少抱怨，这份工作仅被视为一份薪水。④低积极性和低保健（low motivation and low hygiene）：员工积极性不高，有很多抱怨，这是最差情况。该理论表明，要调动员工积极性，就要着眼于“满足”二字。首先，激励因素是员工对工作本身的要求，满足这种因素就称为直接满足，它可以使员工受到内在激励；其次，保健因素是员工对外部条件的要求，满足这种因素就称为间接满足，它可以使员工受到外在激励。

赫茨伯格双因素理论是以企业员工为研究目标的，其实这种“激励－保健”的双因素模型也完全适用于以用户为研究目标，这时关注点就转化为用户的满意和不满意的情况，即我们通常所说的“产品的用户满意度”。对于任何产品，总会有一些需求是激励因素，满足了这些需求，用户满意度就会大幅提升，不满足这些需求，用户也能凑合接受；同时也总会有一些需求是保健因素，这些需求应该得到满足，否则会显著降低用户满意度，但是这些需求被满足到一定程度后，即使进一步改进，用户满意度也不会再上升。

所以，作为一名用户体验从业者，要积极识别出产品中的激励因素与保健因素，分而治之，对症下药——对于保健因素性质的需求，要敢于“够用就好”，不要在这类需求上花费太多时间，而要瞄准激励因素性质的需求，把优势资源集中起来，投入到这类需求中去，只有这样才能打造出用户满意度分数高的优秀产品。

3.22 确认偏差

（20 世纪 60 年代）

确认偏差是用户体验从业者应该掌握的心理学知识，在此笔者给大家介绍一下。确认偏差（confirmation bias 或 confirmatory bias）是伦敦大学学院认知心理学家、推理心理学先驱彼得·凯斯卡特·瓦森（Peter Cathcart Wason，1924 年—2003 年）创造的一个词语，也称为我方偏差（myside bias）或意气相投偏差（congeniality bias），指的是一种认知偏差，即人们倾向于寻找、解释、偏爱和回忆那些能够确认、支持或加强自己信念或价值观的信息，而且一旦确认就很难消除[1-2]。当人们选择支持自己观点的信息，而忽略相反的信息，或者当他们把模棱两可的证据解释为支持自己现有的态度时，就会表现出确认偏差。模拟试验可以让研究人员在现实环境中检验确认偏差，如图 3-25 所示。

图 3-25　模拟试验可以让研究人员在现实环境中检验确认偏差

一些心理学家用“确认偏差”一词指选择性收集支持自己已确信结论的证据，而忽略或拒绝支持不同结论的证据。另一些心理学家则把该词用得更广泛，指在寻找、解释或回忆证据时，保留自己现有信念的倾向[3]。20 世纪 60 年代的一系列心理学实验表明确认偏差是广泛存在的，可解释为：人们倾向于确认他们现有的信念。后来又有了新的解释：人们倾向于以片面的方式检验想法，只关注一种可能性，而忽视其他可能性。

确认偏差发生在信息处理过程中，不同于行为确认效应（behavioral confirmation effect），即通常所说的自我实现预言（self-fulfilling prophecy）——在行为确认效应中，一个人的预期会影响自己的行为，从而带来预期的结果[4]。对于期望的结果、情绪化的问题和根深蒂固的信念来说，确认偏差的影响是最强的。确认偏差是无意识策略的结果，而不是故意欺骗[5-6]。确认偏差无法避免或消除，只能通过提高教育水平和批判性思维技能等方式加以控制。确认偏差是一个宽泛的概念，有许多解释，比如通过证伪进行假设检验、通过积极的检验策略进行假设检验，以及信息加工解释。一些心理学家把确认偏差简单地解释为一厢情愿的想法和人类处理信息的能力有限，另一些心理学家则认为，之所以会出现确认偏差，是因为人们在务实地评估犯错的代价，而不是以中立、科学的方式进行调查。

确认偏差的具体类型包括：有偏差的信息搜索（biased search for information）、有偏差的信息解释（biased interpretation of this information）和有偏差的记忆回忆（biased memory recall）。这些确认偏差的具体类型经常被用来解释 4 种特定效应：态度两极分化（attitude polarization，即当各方接触到的证据相同时，分歧仍变得更加极端）、信念的持久性（belief perseverance，即当信念的证据被证明是错误的之后，信念仍然存在）、非理性首因效应（irrational primacy effect，即更依赖于一系列信息中早期出现的信息）和错觉关联（illusory correlation，即当人们错误地认为两个事件或情况之间存在关联时）。

在广泛的政治、组织、金融和科学背景下，都发现了由确认偏差而导致的错误决策。这些偏差会导致对个人信念的过度自信，并在面对相反证据时维持或加强信念。例如，在基于归纳推理（逐渐积累支持性证据）的科学研究中，确认偏差会产生系统性错误。同样，一名警探可能会在调查初期确定一名嫌疑人，但随后可能只寻求确认而非否定的证据。再如，医生可能在诊断过程中过早地将注意力集中在某一特定疾病，然后只寻求确凿的证据。

在工作招聘中，无意识认知偏差（包括确认偏差）会影响招聘决定并阻碍营造工作场所的多元化和包容性。影响招聘决定的无意识偏差有很多种，但确认偏差是最主要的一种，尤其在面试阶段[7]。面试官往往会选择能证实自己想法的候选人，即使其他候选人同样合格或更优秀。

在社交媒体中，确认偏差是社会永远无法摆脱"过滤气泡"和"算法编辑"（只显示用户同意的信息，不显示用户反对的信息[8]）的原因，因为从心理上讲，人们总是习惯于寻找与其既有价值观和信念一致的信息[9]；反之，"过滤气泡"和"算法编辑"的使用又放大了确认偏差。社交媒体的兴起助长了假新闻的传播，即从看似可靠的来源以可信的新闻形式呈现的虚假和误导性信息。确认偏差（即选择或重新解释证据以支持自己的信念）、捷径启发法（shortcut heuristics，即当不堪重负或时间紧迫时，人们会依赖简单的规则，如群体共识或信任专家）和社会目标（social goals，即社会动机或同伴压力会干扰对手头事实的客观分析）是导致批判性思维在这种情况下误入歧途的三大障碍[10]。为了打击假新闻的传播，社交媒体已开始使用数字推送（digital nudging）[11]，包括两种形式：信息推送（nudging of information，提供免责声明或标签，质疑或警告信息来源的有效性）和表述推送（nudging of presentation，让用户接触未寻求过的新信息，向他们介绍一些观点，以消除他们的确认偏差[12]）。

3.23
单纯曝光效应
（20 世纪 60—90 年代）

单纯曝光效应（mere-exposure effect），又称为多看效应、熟悉原则（familiarity principle），是用户体验从业者应了解的心理学知识，指人们倾向于单纯因为熟悉某事物就对其产生好感。该效应已在很多事物（如英语单词、汉字、绘画、人脸图片、几何图形和声音）上得到证明[1]。人际吸引力研究也表明，人们见到某人的次数越多，就对此人越有好感。

1876 年，古斯塔夫·费希纳（Gustav Fechner）最早研究了单纯曝光效应[2]。1910 年，爱德华·铁钦纳（Edward Titchener）在《心理学教科书》（*Textbook of Psychology*）中也记录了单纯曝光效应[3]。生于波兰的美国社会心理学家罗伯特·扎荣茨（Robert Zajonc，1923 年—2008 年）发现，所有生物体在接触新奇刺激时，最初都会产生恐惧和回避，随后每接触一次，恐惧就会减少一点，兴趣则会增加一点，反复接触后，就会对这种刺激产生好感。这一发现促成了 20 世纪 60—90 年代他对单纯曝光效应的研究[4]。

20 世纪 60 年代，扎荣茨用一系列实验表明，只要让被试者见到熟悉的刺激物（如多边形、绘画、表情照片、无意义的单词和商标），他们就会对该刺激物作出比其他未见过的类似刺激物更积极的评价[4]。1980 年，扎荣茨提出了情感至上假说（affective primacy hypothesis）并试图通过单纯曝光实验为该假说提供证据，即情感判断是在没有事先认知过程的情况下做出的。

一项测试单纯曝光效应的实验使用了能孵化的鸡蛋。孵化前，分别向两组鸡蛋播放两种不同频率的音调；孵化后，再向两组小鸡播放这两种音调。扎荣茨发现，每组小鸡都一致地“选择”了孵化前播放的音调[1]。另一项实验让两组被试者短时间接触汉字。然后，实验人员告诉被试者这些汉字代表形容词，并要求他们对这些汉字的积极或消极含义进行评价。被试者对之前见过的汉字的评价始终高于未见过的汉字。在一个类似的实验中，人们并没有被要求对汉字的含义进行评价，而是要求他们描述实验后的心情。反复接触过某些汉字的小组成员报告说，他们的心情比没有接触过的人要好[1]。在另一种变体中，被试者在速示器（tachistoscope）上看到一个图像，持续时间很短，因而在意识上无法感知，这种潜意识曝光产生了同样的效果[5]。

根据扎荣茨的说法，单纯曝光效应可以在没有有意识认知的情况下发生[6]。他解释说，如果偏好（或态度）仅仅基于附带情感的信息单元，那么说服就会相当简单，但事实并非如此[6]。

他指出，对刺激的情感反应比认知反应发生得更快，而且这些反应往往更加自信；认知（思维）和情感（感觉）是不同的，认知不能脱离情感，情感也不能脱离认知："我们称之为感觉的经验形式伴随着所有的认知。"[6] 扎荣茨认为，没有经验证据表明认知先于任何形式的决策，更有可能的情况是，决策是在几乎没有认知的情况下做出的。他将决定某件事等同于喜欢它，这意味着，与作出决定相比，我们更容易认识到让决定合理化的理由[6]。换句话说，我们先做出判断，然后通过合理化（rationalization）来证明自己的判断是正确的。

查尔斯·戈青格（Charles Goetzinger）也进行了与单纯曝光效应相关的实验。1968年，他让一个学生套在一个黑色大袋子里，只露出脚，坐在俄勒冈州立大学（Oregon State University）的教室里。结果，班上的学生们先是对套着黑色大袋子的学生充满敌意，但随着时间的推移，敌意变成了好奇，最后变成了友谊[4]。该实验证实了扎荣茨的单纯曝光效应。

单纯曝光效应最明显的应用领域是广告。印度海得拉巴商业建筑上的广告牌，如图3-26所示。在一项研究中，被试者被要求阅读计算机屏幕上的一篇文章，同时横幅广告在屏幕上方闪烁。研究结果支持单纯曝光效应——被试者对多次看到的广告的评价要高于对不常出现或根本不出现的广告的评价[7]。另一项研究表明，媒体曝光率越高，公司声誉越低，即使曝光大多是正面的[8]。研究人员给出了解释：媒体曝光会带来大量联想，而这些联想往往既有利又不利[9]。如果一家公司或一款产品对消费者来说是新的、陌生的，那么这时的广告曝光最有可能起到帮助作用。广告的"最佳"曝光水平可能并不存在。在第三项研究中，一组口渴的消费者在获得饮料之前，会先看到一张开心的脸，而另一组则会看到一张不开心的脸。与那些看到不开心的脸的人相比，那些看到开心的脸的人购买了更多的饮料。这证实了扎荣茨的观点，即选择并不需要认知。买家通常会选择他们"喜欢"的东西，而不是他们经过深思熟虑的东西[10]。单纯曝光效应表明，消费者无须对广告进行思考，简单的重复就足以在消费者头脑中留下"记忆痕迹"，并在不知不觉中影响其消费行为。

图3-26 印度海得拉巴商业建筑上的广告牌

3.24 海尔迈耶发明液晶显示器（1964年）

液晶显示器（LCD，即 liquid-crystal display）是一种平板显示器或其他电子调制光学设备，它利用了液晶与偏振片结合的光调制特性。液晶不直接发光[1]，而使用背光或反射器产生彩色或单色图像[2]。液晶显示器可用于显示或隐藏任意图像、文字、数字，其应用范围很广，包括液晶电视、计算机显示器、仪表板、飞机驾驶舱显示器及室内外标牌。小型液晶显示器在便携式消费设备（如数码相机、手表、计算器和智能手机）中很常见。构建在液晶显示器之上的各种产品功能设计常常能体现出用户体验专家、产品经理们的智慧和水平。

1888年，奥地利植物学家和化学家弗里德里希·理查德·赖因策尔（Friedrich Richard Reinitzer，1857年—1927年）发现了从胡萝卜中提取的胆固醇苯甲酸酯（cholesteryl benzoate）的液晶性质，即两个熔点和颜色的产生[3]。1904年，德国物理学家、“液晶之父”奥托·莱曼（Otto Lehmann，1855年—1922年）发表了他的作品《液晶》（*Liquid Crystals*），正式命名了“液晶”这种物质。1922年，法国矿物学家和晶体学家乔治·弗里德尔（Georges Friedel，1865年—1933年）根据液晶的结构和性质将其分为3种类型：向列型（nematics）、近晶型（smectics）和胆固醇型（cholesterics）。1927年，俄罗斯物理学家弗塞沃洛德·弗雷德里克斯（Vsevolod Frederiks，1885年—1944年）设计出电动开关光阀，也被称为弗雷德里克斯转换开关，这是所有液晶显示器技术的基础。

1962年，美国RCA公司（Radio Corporation of America）的理查德·威廉姆斯（Richard Williams）通过施加电压在液晶薄层上产生条纹图案，实现了电光效应（electro-optical effect）；保罗·魏玛（Paul K. Weimer，1914年—2005年）开发出薄膜晶体管（TFT，即 thin-film transistor）。1964年，美国工程师乔治·哈里·海尔迈耶（George Harry Heilmeier，1936年—2014年，见图3-27）在RCA实验室通过场诱导（field-induced）二色性染料在同向异性取向液晶中重新排列，实现了颜色切换，制成了基于动态散射模式（DSM，即 dynamic scattering mode）的可操作液晶显示器。海尔迈耶被认为是液晶显示

图 3-27　乔治·哈里·海尔迈耶

器的发明人而入选美国国家发明家名人堂[4]。

1970 年，扭曲向列（TN，即 twisted-nematic）型液晶技术由瑞士霍夫曼－拉罗氏（Hoffmann-LaRoche）公司申请专利，德国物理学家、发明家沃尔夫冈·赫尔弗里希（Wolfgang Helfrich，1932 年—）和瑞士物理学家、发明家马丁·沙特（Martin Schadt，1938 年—）被列为发明人[5]。霍夫曼－拉罗氏公司将其授权给瑞士布朗博韦里西耶（Brown，Boveri & Cie）公司，后者在 20 世纪 70 年代为包括日本电子工业在内的国际市场生产了用于手表和其他应用的 TN 显示器。1972 年，有源矩阵（active-matrix）薄膜晶体管液晶显示面板在美国匹兹堡市西屋电气公司由 T. 彼得·布罗迪（T. Peter Brody，1920 年—2011 年）团队进行了原型设计[6]。1973 年，布罗迪等人演示了世界上第一个薄膜晶体管液晶显示器（TFT LCD）[7-8]。截至 2013 年，所有高分辨率和高质量的电子显示设备都使用 TFT 有源矩阵显示器[9]。

1980 年，日本服部精工（Hattori Seiko）公司的研发小组开始开发彩色液晶袖珍电视。1982 年，精工爱普生（Seiko Epson）公司发布了首款液晶电视——爱普生电视手表（Epson TV Watch），这款手表配备了一个小型有源矩阵液晶电视[10-11]。1984 年，爱普生公司推出了 ET-10，这是第一台全彩色袖珍液晶电视。同年，西铁城公司推出了西铁城袖珍电视（Citizen Pocket TV），这是一款 2.7 英寸彩色液晶电视，首次采用了商用 TFT 液晶显示器。1988 年，夏普公司展示了一款 14 英寸有源矩阵全彩色全动态 TFT 液晶显示器。日本由此启动了液晶显示器产业，开发了包括 TFT 计算机显示器和液晶电视在内的大尺寸液晶显示器[12]。

1984 年，飞利浦（Philips）公司的西奥多鲁斯·韦尔岑（Theodorus Welzen）和阿德里安努斯·德·范（Adrianus de Vaan）发明了一种视频速度驱动方案，解决了 STN 液晶显示器响应速度慢的问题，在 STN 液晶显示器上实现了高分辨率、高质量和平滑移动的视频图像。1985 年，韦尔岑和范又解决了使用低压（基于 CMOS）驱动电子器件来驱动高分辨率 STN 液晶显示器的问题，允许在笔记本电脑和移动电话等电池供电的便携式产品中应用高分辨率和高视频速度的液晶显示器面板。爱普生公司在 20 世纪 80 年代开发了 3LCD 投影技术，并于 1989 年发布了爱普生 VPJ-700，这是世界上第一台紧凑型全彩色液晶投影机。

1996 年，韩国三星集团开发出实现多域液晶显示器的光学图案技术。随后，多域和平面内切换技术一直是液晶显示器的主流设计，直至 2006 年[13]。20 世纪 90 年代末，液晶显示器行业开始从日本转向韩国和中国台湾[12]，后来又转向中国大陆。2007 年，液晶电视的图像质量超过了 CRT（阴极射线管）电视的图像质量[14]。2007 年第四季度，液晶电视的全球销量首次超过 CRT 电视[15]。

3.25 恩格尔巴特发明鼠标（1964 年）

鼠标（mouse）是一种经典的计算机外接输入设备，也是计算机显示系统横纵坐标定位的指示器。作为一种手持式指向设备，鼠标通常在二维空间中控制光标（即指针）的移动，它将手的前后左右移动转换为等效的电子信号，这些电子信号反过来用于移动光标，从而实现对计算机图形用户界面（GUI）的流畅控制。

1946 年，英国皇家海军科学处的拉尔夫・本杰明（Ralph Benjamin）发明了一种与鼠标相关的装置——轨迹球（trackball）[1-2]，作为"综合显示系统"（Comprehensive Display System，使用模拟计算机，根据用户用操纵杆提供的几个初始输入点计算目标飞机的未来位置）的输入设备的一部分，但当时只制造出了用一个金属球在两个涂有橡胶的轮子上滚动的原型。

另一种轨迹球由英国电气工程师肯扬・泰勒（Kenyon Taylor）等人制造，泰勒于 1952 年参与了加拿大皇家海军数字自动跟踪和解析系统（DATAR）的工作[3]。该轨迹球用 4 个圆盘（X 和 Y 方向各两个）捕捉移动，用几个滚轴提供机械支撑。当球滚动时，圆盘旋转，外缘上的触点与导线周期性接触，球的每次移动都会产生脉冲，通过计算脉冲，可确定球的移动轨迹。

斯坦福研究所（现为 SRI International）的恩格尔巴特在众多书籍中[4-9]被认定为计算机鼠标的发明人。1925 年，美国发明家、计算机和互联网先驱道格拉斯・卡尔・恩格尔巴特（Douglas Carl Engelbart，1925 年—2013 年）出生于美国俄勒冈州波特兰市，有着德国、瑞典和挪威血统（见图 3-28）。1948 年，他从俄勒冈州立大学（Oregon State University）获得电气工程学士学位，1953 年和 1955 年分别获得加州大学伯克利分校电气工程硕士和博士学位[10]。

图 3-28　恩格尔巴特

1957 年，恩格尔巴特来到位于加州门罗帕克（Menlo Park）的斯坦福研究所（Stanford Research Institute）工作。20 世纪 60 年代初，他在探索人与计算机的互动时，开始研发鼠标。1963 年，他在内华达州里诺市（Reno）参加计算机图形学会议时，开始思考如何将平面测量仪（planimeter）的基本原理用于输入 X 和 Y 坐标数据[4]。他记录了关于"虫子"（bug）的创意。这是一种三点式造型，有一个落点和两个正交的轮子[4][11]，使用起来会"更容易、更自然”，而且与触控笔不同，它在放手后会保持不动，“与键盘的配合要好得多”[4]。

1964 年，恩格尔巴特在斯坦福研究所首席工程师比尔·英格利希（Bill English，1929 年—2020 年）的协助下发明了鼠标（当时被称为“用于显示系统的 *X-Y* 位置指示器”）并制造出了第一款鼠标原型[4,12]，单个滚轮或一对滚轮被用来将鼠标的移动转化为屏幕上光标的移动（见图 3-29）。该专利于 1967 年申请，1970 年颁发。

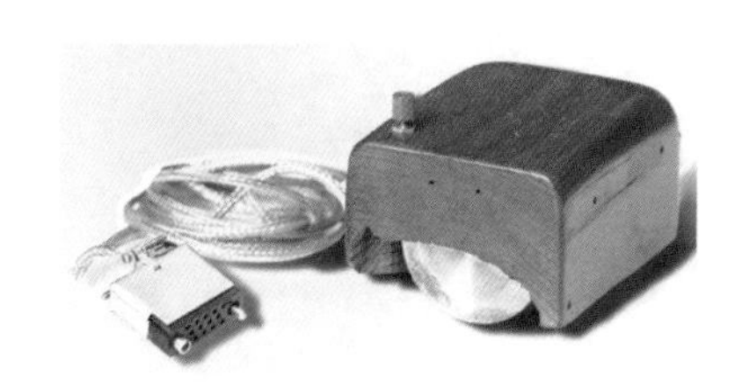

图 3-29 恩格尔巴特发明的鼠标

已知最早使用“鼠标”一词来指代计算机指向设备是在英格利希 1965 年的出版物《计算机辅助显示控制》（*Computer-Aided Display Control*）中[13]。这可能因为鼠标的形状和大小与老鼠相似，而鼠标电线与老鼠的尾巴相似[4]。据英格利希手下的硬件设计师罗杰·贝茨（Roger Bates）说，“鼠标”这个词的由来还因为屏幕上的光标不知出于什么原因被称为 CAT，在团队看来，它似乎在追逐新的桌面设备[11,14]。

1968 年，恩格尔巴特创建了斯坦福研究院增强研究中心（Augmentation Research Center），并担任主任一职。同年，他率领该中心的一群计算机科学家和电气工程师，在旧金山联合计算机大会上，进行了后来被誉为“所有演示之母”（Mother of All Demos）的 90 分钟公开多媒体演示，对计算机领域乃至全世界都产生了深远的影响。这是个人和交互式计算在全球的首次亮相，以控制网络计算机系统的鼠标为特色，演示了超文本链接、实时文本编辑、具有灵活视图控制的多窗口、阴极显示管和共享屏幕远程会议等当时的最尖端科技。

1973 年，施乐公司帕洛阿托研究中心（Xerox PARC）推出了 Xerox Alto。这是为个人使用而设计的首批计算机之一，被认为是第一台使用鼠标的现代计算机[15]。艾伦·凯（Alan Kay，1940 年—）设计了 16×16 的鼠标光标图标，其左边缘垂直，右边缘呈 45 度，在位图上显示效果良好[16]。到 1982 年，施乐公司的 Xerox 8010 可能是当时最著名的带鼠标的计算机。1982 年，罗技（Logitech）公司在拉斯维加斯的 Comdex 展览会上推出了 P4 鼠标，这是其第一款硬件鼠标。

鼠标的发明使基于图形用户界面的计算机操作更加简单直观、方便快捷，使人们在很大程度上免于再通过键盘输入大量复杂繁琐的指令。可以说，鼠标的投入使用极大地提升了整个“人－机－环境”系统在用户体验、人因与工效学、人机交互等方面的性能，是人类打造、使用现代化科技设备中的一次质的飞跃。

3.26
摩尔定律
（1965 年）

图 3-30　戈登·摩尔

摩尔定律（Moore's law）是半导体、计算机与互联网领域赫赫有名的经验定律，也是网络世界三大基础定律——摩尔定律、吉尔德定律（Gilder's law）、梅特卡夫定律（Metcalfe's law）之首。摩尔定律是由仙童半导体（Fairchild Semiconductor）公司研发总监、英特尔公司（Intel Corporation）联合创始人戈登·摩尔（Gordon Earle Moore，1929 年—2023 年，见图 3-30）提出的。摩尔定律是内行人摩尔的经验之谈，它虽然不是自然科学定律，但在一定程度上揭示了信息技术进步的速度[1]。作为一名用户体验专业人员，有必要了解一下这一定律。

1965 年 4 月 19 日，《电子学》杂志（*Electronics Magazine*）发表了时任仙童半导体公司研发总监摩尔撰写的文章《让集成电路填满更多的元件》（“Cramming More Components onto Integrated Circuits”）[2-3]。文中提到，从过往的观察中，他发现每个集成电路上的元器件（晶体管、电阻器、二极管或电容器）[4] 数量大约每年会翻一番，并预测至少在未来十年仍将如此。这就是摩尔定律最初的版本。摩尔定律呈现了器件复杂性（以更低的成本实现更高的电路密度）与时间之间的对数线性关系[5-6]。

1975 年，在电气与电子工程师协会国际电子器件会议（IEEE International Electron Devices Meeting）上，摩尔将摩尔定律的内容修正为“半导体的复杂性将继续每年翻一番，直到 1980 年左右，之后将下降到大约每两年翻一番的速率”[7-9]。此后不久，加州理工学院教授卡弗·米德（Carver Mead）普及了“摩尔定律”一词[10-11]。

而经常被引用的“18 个月”，则是由摩尔的同事、英特尔高管大卫·豪斯（David House）在 1975 年提出的，即计算机芯片的性能大约每 18 个月翻一番[12]。摩尔定律预测，由于晶体管尺寸缩小和其他改进，每个集成电路上的晶体管的数量将每两年翻一番[13]。而由于尺寸缩小，根据登纳德缩放比例定律（dennard scaling law），单位面积的功耗将保持不变。综合这些因素，豪斯推断计算机芯片的性能大约每 18 个月翻一番。

摩尔定律被广泛接受为半导体工业的目标，并被竞争激烈的半导体制造商引用，以指导长期规划和设定研发目标，从而在某种程度上成为了自我实现的预言[14-15]。数字电子技术的进步，比如经质量调整的微处理器价格的降低、内存容量的增加、传感器的改进，甚至数码相机中像素的数量和大小，都与摩尔定律密切相关。数字电子技术的这些持续创新发展一直是技术和社会变革、生产力和经济增长的推动力。半导体行业大致按照摩尔定律发展了半个多世纪，对 20 世纪后半叶的世界经济增长做出了贡献，并驱动了一系列科技创新、社会改革和生产效率的提高。个人计算机、因特网、智能手机等技术改善和创新都离不开摩尔定律的延续[16]。

尽管几十年来摩尔定律一直都成立，但它仍应被视为对现象的观测或对未来的推测，而不应被视为物理定律或自然界规律。再者，未来的增长率在逻辑上无法保证跟过去的数据一样，即逻辑上无法保证摩尔定律会持续下去。随着电子元器件与集成电路逐渐接近性能极限，摩尔定律的未来适用性受到质疑。近年来，业内专家尚未就摩尔定律何时停止适用达成共识。微处理器架构师报告称，自 2010 年以来，整个行业的半导体发展速度已放缓，略低于摩尔定律预测的速度。2022 年 9 月，英伟达（NVIDIA）公司首席执行官黄仁勋（Jensen Huang）认为摩尔定律已死[17]，而英特尔公司首席执行官帕特・基辛格（Pat Gelsinger）则持相反观点[18]。OpenAI 公司首席执行官、“ChatGPT 之父”萨姆・奥特曼（Sam Altman）表示，新版摩尔定律很快要来了。人工智能时代的摩尔定律或许正在孕育中，这可能是对摩尔最好的致敬。

自 1965 年提出至今，摩尔定律一路伴随着人们经历了个人计算机、互联网、移动互联网和人工智能时代。很难说是摩尔定律促进了这些产业的发展，还是这些产业促进了摩尔定律的延续。因为，每当摩尔定律发展势头消退时，总会出现由高新科技催生的新一波“爆点”，使摩尔定律得以延续。迄今为止，摩尔定律可以说是最通俗易懂，也最有公众认知度的科技定律。它揭示了集成电路性能、价格与时间的关系。摩尔定律的历史意义在于，它为半导体行业提供了一个长期的发展目标和预测，对半导体行业的研发投产、发展规划产生了巨大影响，激励了各国科学家、工程师和技术人员不断创新与突破技术难关，推动了计算机、电子工程、自动化、通信、人工智能等领域的飞速发展，在一定程度上改变了人们的生产和生活。

现今，摩尔定律已成为文化路标，代表着人类科技不断向前的脚步。然而，作为一名用户体验从业者，我们应该清醒地看到，随着摩尔定律的步履维艰，终端性能的提高终将受限于芯片性能的提高，摩尔定律引发的计算速度提升已很难对产品的用户体验产生巨大影响了，事实上摩尔定律带来的新功能的堆砌是让人迷惑的。在这个拥有足够计算能力的新世界中，产品经理、用户体验专家只有对产品功能细节更加精雕细琢，才能赢得用户的“芳心”。

3.27
人际吸引力得失理论
（1965 年）

人际吸引力得失理论是对产品经理、用户体验专家、运营专员和增长专员等用户体验专业人员的日常工作具有启发意义的心理学理论，在此笔者给大家介绍一下。

1965 年，美国心理学家艾略特・阿伦森（Elliot Aronson，1932 年—）和达文・林德（Darwyn Linder）在《实验社会心理学期刊》（*Journal of Experimental Social Psychology*）上发表了论文《尊重的得失是人际吸引力的决定因素》（"Gain and Loss of Esteem as Determinants of Interpersonal Attractiveness"），提出了人际吸引力得失理论（gain-loss theory of interpersonal attractiveness）[1]。

图 3-31　艾略特・阿伦森

这篇论文的第一作者艾略特・阿伦森是一位美国心理学家（见图 3-31），他改进了认知失调（Cognitive Dissonance）理论，发明了拼图课堂（jigsaw classroom）教学法，提出了人际吸引力得失理论和出丑效应（pratfall effect）。他是美国心理学会 120 年历史上唯一一位包揽杰出著作奖（1975 年）、杰出教学奖（1980 年）和杰出研究奖（1999 年）三项大奖的心理学家[2]。2002 年出版的《普通心理学评论》（*Review of General Psychology*）调查报告将阿伦森列为 20 世纪被引用次数最多的心理学家的第 78 位[3]。

在这篇经典论文中，阿伦森和林德详细地描述了实验经过。男女学生以两人一组的形式进行了一系列简短的会面。每次会面后，被试者都可以偷听（eavesdrop）主试者和她的搭档之间的对话，在对话中，这位搭档对被试者进行了评价。根据评价的不同，形成了 4 种实验条件：①所有评价都是非常正面的；②所有评价都是非常负面的；③最初的几项评价是负面的，但逐渐变成正面的；④最初的几项评价是正面的，但逐渐变成负面的。

实验结果表明，当这位搭档对被试者的评价从负面转为正面时，被试者最喜欢这位搭档；当这位搭档对被试者的评价从正面转为负面时，被试者最厌恶这位搭档。将实验结果用通俗的话来讲就是，人们对于原先否定自己而最终肯定自己的交往对象喜欢程度最高，明显高于对一直肯定自己的交往对象的喜欢程度；人们对于原先肯定自己而最终否定自己的交往对象喜欢程度最低，明显低于对一直否定自己的交往对象的喜欢程度。这一结果意味着，在人际交往上，我们对别人的喜欢程度不仅取决于别人对我们的喜欢程度，还取决于别人对我们喜欢程度的变化与性质。我们最喜欢的是那些对我们的喜欢程度不断增加的人，而最厌恶的是那些对我们的喜欢程度不断减少的人。后来的相关实验研究也印证了这一发现，人们就把这一发现称为人际吸引力得失理论，或直接简称为得失理论（gain-loss theory）。

人际吸引力得失理论也被幽默地称作“对婚姻不忠的定律”，意指从陌生人处获得的赞许往往比从配偶处获得的赞许更有吸引力；配偶对自己的喜欢程度可能随着生活中的争执而降低，从而导致自己对配偶的好感度降低，而陌生人对自己由淡漠转向赞许时，就会提升自己对陌生人的好感度。在友谊的破裂与婚姻的解体过程中，人际吸引力得失理论发挥着特殊的作用。

对人际吸引力得失理论有几种解释。阿伦森认为，人们在遭到否定评价时，会产生焦虑和自我怀疑，从而使人们更需要被他人所肯定，此时获得的肯定评价比通常的赞扬更有意义。美国社会心理学家乔纳森·L. 弗里德曼（Jonathan L. Freedman）解释道，人们会认为一直肯定自己的人，也会以同样方式来评价别人，因此缺乏对人的区分或诚意，这种肯定的意义不大。而对于那些由否定变得肯定自己的人，人们更倾向于相信他们，因而高估了来自他们的肯定的价值，并回报以更高程度的喜欢。

中国社会心理学家金盛华与章志光则用自我价值定向理论解释人际吸引力得失理论：自我价值支持力量的增强意味着自我价值的提升。因此，新增加的喜爱要比原先已有的同等强度的喜爱更引人注目，人们被激发后做出回报的愿望也更强烈。对于一直否定自己的力量，人们在自我价值概念中已将其置于一个特定的位置并适应其存在，不用时刻对其设定心理上的防卫。而如果原先肯定我们的人转为否定我们，就说明我们正在丧失既有的自我价值支持力量。人们在自我价值受到威胁时的优先反应，不是否定自己，而是尽力维护自己。这样，由肯定转为否定我们的对象，会激发我们强烈的自我价值保护，使我们对其持高度否定和拒绝态度。正因如此，我们对这种人的否定和拒绝，比对原先就同样否定我们的人更强烈。

人际吸引力得失理论有很多现实例子。比如，当赞美来自一个经常批评别人的人，而不是来自一个持久的支持者时，赞美会更有意义。又如，如果一对夫妇最初不喜欢彼此，那么他们在一起之后，会对彼此的意见更加重视[4]。再如，配偶或恋人长年付出，接近极限，可能会让彼此产生审美疲劳和忽视，这时陌生人略微的一点付出，不经意间的一句赞美，就往往会带来显著效果。人际吸引力得失理论告诉我们，人际关系中的“稳定收入”会让人越来越麻木，而“增益”却总能让人提起兴趣，这值得用户体验专业人员深入思考并善加运用。

3.28 出丑效应（1966 年）

出丑效应（pratfall effect）是对用户体验专业人员具有启发意义的心理学理论，在用户体验设计、产品设计、用户运营与市场营销中都具有一定的实践指导价值。

出丑效应属于社会心理学的范畴，是由美国心理学家艾略特·阿伦森（Elliot Aronson）于1966 年提出的[1]，指的是在个人出丑（即犯低级尴尬的错误）之后，其人际关系吸引力根据个人的可感知能力而发生变化的趋势——能力很强的人（或非常受尊敬的人）在出丑后会变得更讨人喜欢，而看起来一般的人在出丑后会变得更不讨人喜欢。出丑效应偶尔被称为瑕疵效应（blemishing effect）[1]，当用作一种营销形式时，出丑效应通常被用来解释犯错带来的违反直觉的好处。

出丑效应的细节最早是由阿伦森在他的实验中描述的，他测试了一个简单失误对感知吸引力的影响。被试者由明尼苏达大学的男学生组成，他们会听一名假装参加“大学碗”（College Bowl）比赛的“演员”的录音。这些录音中包含了对“演员”的采访，“演员”需要回答一些困难的问题，“演员”要么扮演一个知识渊博的人，几乎总是回答对问题（92%），要么扮演一个平庸的人，只回答对几个问题（30%）。在提问之后，表现出色的演员承认他的高中生涯在学业和非学业上都取得了成功，而表现平庸的演员则描述了他的高中生涯，成绩平平，很少参加课外活动。在采访结束时，一些“演员”洒了一杯咖啡并为此道歉，而另一些“演员”则省略了这一部分作为对照。

阿伦森的研究发现，知识渊博的出丑者（即洒了咖啡的“演员”）被认为更有吸引力，而越平庸的出丑者的吸引力则越低[2]。阿伦森解释说，这个实验结果意味着成功人士犯错之后，他们得到的同情增加了。后来的研究表明，除了被试者对准确自我评价的渴望之外，被试者和出丑“演员”之间的自我比较也可以解释出丑效应。对平庸“演员”的贬低出现在其出丑之后，因为幽默允许个体轻松地将吸引力与立即感受到的（负面）情绪进行更一致的评价[3]。这些情绪因被试者的能力而异，普通被试者感到最不舒服，因为他们与平庸“演员”相似，而且他们也可能犯平庸“演员”所犯的错误[4-5]。作为自尊受到威胁的结果（在被试者中），可感知到的平均个体吸引力被评为较低。被认为有能力的人在出丑后得分更高，因为有能力的人看起来更有亲和力，因此更平易近人，更讨人喜欢[6]。

后来的研究受到阿伦森的启发，在实验中将吸引力定义为喜欢和尊重的结合，结果复现了与阿伦森实验相类似的情况[3]。其中一项研究表明，犯一个笨拙的错误会增加一个与众不同的人的吸引力，而犯同样的错误会降低普通人的吸引力。此后，心理学家们还开展了大量研究，以分离性别、自尊和失误严重程度对吸引力和亲和力（appeal and likability）变化的影响。

出丑效应表明，才能平庸的人固然不会受人倾慕，而全然无缺点、能力很强的人也未必讨人喜欢，最讨人喜欢的人是能力出众却带有小缺点、会无意中犯点小错误的人。因为这会让人们感到此人和大家一样都有缺点，就因为此人显露出平凡的一面而使周围的人们都感到了安全，从而增加了对此人的好感。

出丑效应有一个著名例子：被美国民众视为完美男人、声望甚高的约翰·菲茨杰拉德·肯尼迪（John Fitzgerald Kennedy，1917 年—1963 年，见图 3-32）在担任总统期间，秘密资助和指挥了失败的猪湾战役（Bay of Pigs Invasion），但在随后的盖洛普民意测验（Gallup poll）中肯尼迪的个人声望竟然升高了。一位总统犯下美国历史上最为严重的错误之一，美国人民却更加喜欢他。对于这种匪夷所思的结果，一种可能的解释是，肯尼迪以往可能“过于完美”，而能力超群的人偶尔犯下错误，往往会令普通公众对他产生新的认同感。

图 3-32　约翰·肯尼迪

偶尔犯错、销售有瑕疵的产品、主动揭短自嘲的商业品牌，也往往会受到这种出丑效应的影响。市场营销中最著名的出丑效应案例可能要数 20 世纪 50—60 年代大众甲壳虫汽车在美国的广告宣传。当时甲壳虫汽车是大多数美国消费者都不想要的汽车，小、丑、德国味，但大众汽车的广告宣传强化了典型美国消费者不喜欢甲壳虫的一切：宣传活动的标题诸如“柠檬”（Lemon）、“拥有它的好处之一就是把它卖掉”“如果没油了，你很容易推着它走”，甚至是“人无完人”。正是这种主动揭短自嘲的广告宣传使这款汽车大受欢迎，取得巨大的商业成功。在阿伦森还未提出出丑效应之前，大众汽车就已经利用了该效应在市场营销上打了一场漂亮的翻身仗。

3.29 登门槛技巧（1966 年）

登门槛技巧（FITD technique，即 foot-in-the-door technique），也称为得寸进尺法，是一种诱导对方遵从的策略或技巧[1-3]，通过让对方先同意一个小的请求，从而让对方同意一个大的请求。该技巧的工作原理是在请求者和被请求者之间建立一种联系，如果较小的请求得到同意，那么被请求者就会觉得自己有义务继续同意更大的请求，以保持与最初的同意相一致。研究发现，在产生行为持久性方面，登门槛技巧比任何激励策略都更有效[4]。“foot-in-the-door”原指上门推销员用脚挡住门，让顾客别无选择，只能听其推销[5]，中文文献一般将其意译为“登门槛”，相应的现象就被称为“登门槛效应”（Foot-in-the-door Effect）。

1966 年，斯坦福大学的美国社会心理学家乔纳森·L. 弗里德曼（Jonathan L. Freedman）和斯科特·弗雷泽（Scott Fraser）提出了登门槛技巧[1]。当时他们在美国加州帕洛阿托（Palo Alto）进行了一项实验，在实验中他们拜访了当地的两组住户。对于第一组住户，弗里德曼和弗雷泽直接询问住户们是否愿意在自家前院竖起一块非常难看的大牌子，上面写着：“小心驾驶”（Drive Carefully），结果只有 17% 的住户愿意这么做。对于第二组住户，弗里德曼和弗雷泽先是请求住户们在自家前窗挂上一个 3 英寸（1 英寸 =2.54 厘米）的小牌子，上面写着“做一个安全的司机”（Be a Safe Driver），几乎所有住户都同意了。两周后，弗里德曼和弗雷泽再次上门，询问这些住户是否愿意在自家前院竖起写着“小心驾驶”的大牌子（就是第一组住户遇到的那种牌子），结果有 76% 的住户表示愿意。弗里德曼和弗雷泽将这项实验的结果总结成了“答应较小的请求会导致答应较大的请求”的登门槛技巧[1]（见图 3-33）。

图 3-33　登门槛技巧

弗里德曼和弗雷泽认为，一旦人们对某种小请求找不到拒绝的理由，就会增加同意这一类请求的倾向；而当他们卷入了这种活动的一小部分，就会产生倾向于这种活动的知觉、态度或自我概念。这时如果他们拒绝后来的更大的请求，就会出现认知上的不协调，于是恢复协调的内部压力就会促使他们同意更大的请求。登门槛技巧得益于被社会学家称为“连续渐进”

（successive approximations）的一项人类基本特点，即向对方提出小的请求或做出小的行为越多，对方越有可能按照计划的方向转变自己的态度、行为，并渐渐感觉自己有必要准许那些“更过分”、更大的请求。

解释登门槛技巧背后原因的最著名理论是由康奈尔大学教授、社会心理学家达里尔·贝姆（Daryl Bem）提出的自我认知理论（self-perception theory）。该理论指出，登门槛技巧之所以有效，是因为人们的行为是由内心想法驱动的，当一个人最初做出某项决定时，他们会问自己为什么会这样决定，当他们认定这确实是他们的愿望，并未受到任何其他因素影响时，他们就会觉得之后有必要与自己最初的决定保持一致，从而会同意更大的请求[6]。

盖冈（Guéguen）指出，登门槛技巧不仅在面对面时有效，在网上也很有效[7]。他发现通过电子邮件请求学生们帮助将文档保存为 RTF 文件会提高这些学生完成通过电子邮件发送给他们的在线调查的意愿。将盖冈的研究与斯汪森（Swanson）等人的研究[8]相结合可以发现，学生们对最初的、小的、中立的请求的遵从，增加了他们对随后的、更大的、令人焦虑的请求的遵从意愿，而且与对照组相比，在登门槛组中令人焦虑的请求会被认为不那么令人焦虑。

登门槛技巧的应用非常广泛。比如，施瓦茨瓦尔德（Schwarzwald）等人在 1983 年就指出该技巧在上门筹款时很有效。他们将参与者分成对照组（一上来就直接被请求进行慈善捐款）和登门槛组（在被请求进行慈善捐款的两周前先被请求在慈善请愿书上签名）。结果显示，登门槛组的捐款人数比例与捐款数额均高于对照组的相应数据。又如，有些电商网站会在访客到来时，让其选择一份免费礼物，以促进访客对产品和购物车的熟悉，这使此后的付费购买变得水到渠成。类似的例子还有电信运营商提供免费流量包，以及化妆品专柜提供免费试用。再如，App 上的注册表单可帮助产品快速获得潜在用户，这种表单设计得越简单越好，以确保用户能尽快达成“初始承诺”，从而增加日后成功唤起用户“遵守承诺”的可能性。

登门槛技巧对于产品经理、用户体验设计师、运营专员和增长专员等用户体验专业人士有很强的实践指导意义。比如，要想让用户接受比较大的关于产品功能或运营规则的改变，可以先尝试让用户接受同种类型的比较小的改变，在此过程中，应该让用户表达他们的意见、价值观或偏好，之后循序渐进地对产品功能或运营规则进行改变，并时常提醒用户当初对比较小的改变的认同态度，这样一点一点让用户从心理上接受产品和运营中比较大的改变。

3.30
西蒙效应
（1967 年）

西蒙效应（Simon effect）以 1967 年首次提出该效应的小理查德·西蒙（J. Richard Simon，1929 年—2017 年）[1] 的名字命名，也被称为刺激－反应相容性效应（stimulus-response compatibility effect），是指刺激和反应位于同一侧的试验与位于相反一侧的试验之间在准确性或反应时间上的差异；当刺激和反应位于相反一侧时，反应通常较慢且准确性较低。

西蒙效应在概念上类似于斯特鲁普效应（Stroop effect）[2]。斯特鲁普效应可以用斯特鲁普色词测验（SCWT，即 Stroop color and word test）来证明。这种测验呈现了当对特定刺激特征的处理阻碍了对第二个刺激属性的同时处理时，认知被抑制和干扰的情况 [3]。西蒙效应是斯特鲁普效应的延伸，但与斯特鲁普任务不同的是，西蒙任务的干扰不是由刺激本身的特征产生的，而是由空间特征产生的 [4]。

刺激和反应之间的空间一致性是影响认知操作的重要影响因素之一。西蒙效应表明，在一般情况下，当刺激特征（如位置在左或朝左的箭头）与所要求的反应（如右手）不匹配时，其反应时一般要长于刺激特征（如位置在左或朝左的箭头）与反应（如左手）匹配时，反应的错误率也更高。

在西蒙最初的研究中，两束光（刺激）被放置在一个旋转的圆形面板上。这个装置会以不同的角度（远离水平面）旋转。西蒙想看看相对于反应键（response keys），空间关系的改变是否会影响反应时间。正如西蒙预测的那样，各组的反应时间会根据光刺激的相对位置而增加，增加的比例约为 30%[5]。

西蒙和鲁德尔（Rudell）在 1967 年所做的实验通常被视为西蒙效应的第一个真正证明 [1]。在这个实验中，被试者被要求对随机出现在左耳或右耳的单词“左”（left）和“右”（right）做出反应。实验发现，虽然听觉位置与任务完全无关，但如果刺激的位置与要求的反应不同（例如，要求他们对右耳出现的单词做出左反应），被试者的反应时间就会显著增加。

根据西蒙自己的研究 [6]，刺激的位置虽然与任务无关，但由于一种“对刺激源做出反应”的自动倾向，会直接影响反应选择。虽然也有人提出了其他的解释 [7]，但对西蒙效应的解释一般都是指在决策的反应选择阶段（response-selection stage）出现的干扰。从神经学角度看，这可能与背外侧前额叶皮层（dorsolateral prefrontal cortex）和前扣带皮层（anterior cingulate cortex）有关，后者被认为负责冲突监控（conflict monitoring）。西蒙效应表明，位置信息是不容忽视的，即使被试者知道这些信息是不相关的，还是会影响决策。

西蒙效应的一个典型例子是把一个被试者放在一台计算机显示器和一个有两个按钮的面板前，如图 3-34 所示。被试者被告知，当他们看到屏幕上出现红色的东西时，他们应该按右边的按钮，当他们看到蓝色的东西时，他们应该按左边的按钮。被试者通常被告知忽略刺激的位置，并根据与任务相关的颜色做出反应。可以观察到，被试者通常会通过按面板右侧的按钮对屏幕右侧出现的红灯做出更快的反应（一致性实验），而当红色刺激出现在屏幕左侧，被试者必须按面板右侧的按钮（不一致实验）时，反应通常较慢。同样的，蓝色刺激也是如此。尽管刺激在屏幕上的位置相对于面板上按钮的物理位置与任务无关，也与哪个反应是正确的无关，但“不一致实验”的反应较慢这种情况还是会发生，这说明西蒙效应在发挥着作用。

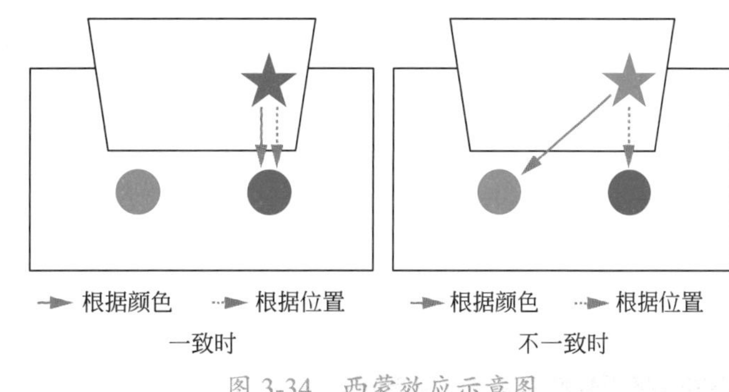

图 3-34 西蒙效应示意图

西蒙效应的知识在人机界面的设计中很有用。例如，飞机驾驶舱需要飞行员对飞行突发情况做出快速反应，而具有良好人机界面设计的飞机通常会把左侧发动机指示灯放在右侧发动机指示灯的左侧，这样的设计以一种与人们应该做出的响应类型相匹配的方式显示信息。一旦飞机左侧发动机出了问题，根据西蒙效应，飞行员就可以根据左侧发动机指示灯的亮灯迅速判断出是左侧发动机出了问题，从而将误操作的可能性降低。而如果在进行人机界面设计时把左侧发动机指示灯放在了右侧发动机指示灯的右侧呢？虽然看起来问题不大，却在实际上大大提高了飞行员误操作的可能性，严重时甚至可能导致飞行事故。

西蒙效应表明，人类拥有对刺激做出反应的先天趋势，用户体验设计师可以对这一点善加利用。可以说，遵循西蒙效应的设计布局是一种良好的、能起到“四两拨千斤”作用的隐性设计。通过这种设计，我们可以在无形中提高用户的操作体验（一方面能提高用户操作的顺畅度和连贯性，另一方面还能降低用户误操作的可能性），而又无须对操作过程做出过多的细节说明和指令引导。

3.31
皮格马利翁效应
（1968 年）

作为一名用户体验从业者，应该学习一些经典的心理学效应，作为日常工作中必要的知识储备。皮格马利翁效应就是这样一个经典的心理学效应，笔者在此给大家介绍一下。皮格马利翁效应（pygmalion effect），也被称为罗森塔尔效应（rosenthal effect），是一种社会心理现象，在这种现象中，高期望会导致在特定领域的绩效提升，而低期望会导致绩效下降[1]。

图 3-35　法尔康涅的雕塑《皮格马利翁和伽拉忒亚》

皮格马利翁效应是以希腊神话中的雕塑家皮格马利翁（Pygmalion）的名字来命名的，他深深爱上了自己创作的一尊少女雕像并为其起名为伽拉忒亚（Galatea），期望自己的爱能被雕像所接受，他的真诚感动了阿佛洛狄忒女神（Aphrodite，希腊神话中代表爱情、美丽与性欲的女神，奥林匹斯十二主神之一），女神赋予了雕像生命并让其化身为少女成为皮格马利翁的妻子，从而实现了皮格马利翁的美好期望（见图 3-35）。

虽然以皮格马利翁的名字来命名，但是皮格马利翁效应实际上是由出生于德国的美国心理学家、加州大学河滨分校（University of California，Riverside）心理学教授罗伯特·罗森塔尔（Robert Rosenthal，1933 年—2024 年）和美国加州南旧金山联合学区一所小学的校长莱诺·雅各布森（Lenore Jacobson）在出版于 1968 年的著作《课堂上的皮格马利翁》（*Pygmalion in the Classroom*）中提出的，所以这个效应也被称为罗森塔尔效应[2-3]。

罗森塔尔和雅各布森在 20 世纪 60 年代末通过实验研究发现，教师对学生的期望会影响学生的表现——如果教师认为某些孩子聪明，对他们有积极期望，预期他们以后智力会发展很快、学习成绩也会提高，那么过一段时间后，就会发现这些孩子的智力果真得到了较快发展、成绩也真的有所提高；相反，如果教师对孩子有消极期望、预期较低，那么后来就会发现这些孩子的表现真的会变差[3]。

在罗森塔尔和雅各布森的研究开始时，加利福尼亚州一所小学的所有学生都接受了一项伪装的智商测试，测试得到的分数并没有向教师透露。教师们被告知，他们的一些学生（在全校随机抽取的约 20% 的学生）在那一年有望成为“智力绽放者”（intellectual bloomers），与其他学生相比，这些“智力绽放者”的表现比预期的要好。这些“智力绽放者”的名字被告知给了教师们。在研究结束时，所有学生再次接受了与研究开始时相同的智商测试。从测试前到测试后，实验组和对照组的所有六个年级的学生的智商都有了平均增长。不过，一年级和二年级的学生在统计数据上显示出明显的进步，这有利于实验组的“智力绽放者”。由此得出的结论是，教师的期望，尤其是对最年幼儿童的期望，会影响学生的成绩。

罗森塔尔和雅各布森指出，当教师面对“智力绽放者”时，态度或情绪会对这些学生产生积极的影响。当这些学生遇到困难时，教师可能会更加关注，甚至会区别对待。罗森塔尔预测，小学教师的行为可能会下意识地促进和鼓励学生取得成功。研究结束后，罗森塔尔提出，未来的研究可以聚焦于在不改变教学方法的情况下，找到能够自然鼓励学生的教师。

罗森塔尔和雅各布森认为，这两类孩子原本并没有什么差别，而且他们几乎是在完全相同的教育环境中成长的，所以他们智力发展及成绩变化的差异只能由教师期望的不同来解释，因而他们的研究结果支持了这样一个假设：孩子的成绩会受到教师期望的积极或消极影响，高期望将导致更好的表现，低期望将导致更差的表现[1]。罗森塔尔指出，有偏差的期望（biased expectancies）会影响现实，造成自我实现的预言（self-fulfilling prophecies）[4]。

根据皮格马利翁效应，期望的目标内化了积极或消极的标签（internalize positive or negative labels），拥有积极标签的人将会有出色表现，而拥有消极标签的人将会有糟糕表现。皮格马利翁效应背后的思想是，增加领导者对下属表现的期望将促使下属有更好的表现。在社会学中，皮格马利翁效应经常被引用到教育和社会阶层方面。

皮格马利翁效应在现实生活中有着广泛的应用。例如，在一家疗养院，护士被告知有些病人的康复进程会比其他病人快。结果发现，这些病人与期望值一般的病人相比，抑郁程度果真较低，需要住院的次数也真的较少[5]。再如，研究发现，在对酒精依赖症的治疗中，将客户描述为“有动力”（motivated）的治疗师的成功率比将客户描述为“无动力”（unmotivated）的治疗师的成功率要高[6]。

皮格马利翁效应对用户体验专业人员有着很强的实践指导意义，它带给我们一个启示：当一个人得到别人的期望、信任、赞美时，他就会感觉得到了社会的支持，从而增强了对自我价值的认可，使自己变得更具自信与自尊，充满积极向上的动力，力求达到对方的期望，以避免对方失望，而这种积极向上的努力往往能取得良好的效果，使他真的达到对方期望的目标或标准，从而维持住这种社会支持的连续性。

3.32
VR
（1968年）

VR是英文“virtual reality”的缩写，中文译作“虚拟现实”。它是一种模拟体验，采用姿势跟踪和三维近眼显示技术，让用户身临其境地感受虚拟世界。目前，标准的VR系统使用VR头盔或多重投影环境生成逼真的图像、声音和其他感觉，模拟用户在虚拟环境中的实际存在。使用VR设备的人可以环顾虚拟世界，在其中移动，并与虚拟功能或物品进行交互。VR发展至今已经有几十年的历史了，以下进行简要回顾。

1934年，美国作家斯坦利·温鲍姆（Stanley Grauman Weinbaum，1902年—1935年）出版了探讨VR的第一部科幻小说《皮格马利翁的眼镜》（*Pygmalion's Spectacles*），首创VR概念，并描述了基于嗅觉、触觉和全息护目镜的VR系统。

20世纪50年代，美国VR技术先驱和电影制片人莫顿·海利格（Morton Heilig，1926年—1997年）撰文描述了涵盖所有感官的“体验剧场”（experience theatre）。1960年，他获得了“Telesphere面罩”专利，力争给观众提供完整的真实感，包括移动的三维彩色图像及100%的周边视野、双耳声音、气味和微风[1]。1962年，他制作了机械装置“Sensorama”，并用其播放了5部短片，同时调动了视觉、听觉、嗅觉和触觉等多种感官。

1968年，美国计算机科学家、计算机图形学和互联网先驱伊万·萨瑟兰（Ivan Sutherland，1938年—）在他的学生鲍勃·斯普劳尔（Bob Sproull）等人的帮助下，创造了用户界面和视觉逼真度都很原始的第一个用于沉浸式模拟应用的头戴式显示系统“达摩克利斯之剑”（The Sword of Damocles）。

1978年，麻省理工学院制作了阿斯彭电影地图（Aspen movie map）。用户可以在夏季、冬季和多边形这三种模式中任选一种，漫步于科罗拉多州阿斯彭（Aspen）的街道上。1979年，埃里克·豪利特（Eric Mayorga Howlett，1926年—2011年）发明了LEEP光学系统。1985年，斯科特·费舍尔（Scott Fisher，1951年—）为美国国家航空航天局艾姆斯（Ames）研究中心的首个VR装置——虚拟界面环境工作站（VIEW，即virtual interface environment workstation）重新设计了最初的LEEP系统[2]，这为大多数现代VR头盔奠定了基础[3]（见图3-36）。到20世纪80年代末，虚拟现实（virtual reality，VR）一词由杰伦·拉尼尔（Jaron Lanier，1960年—）推广开来。

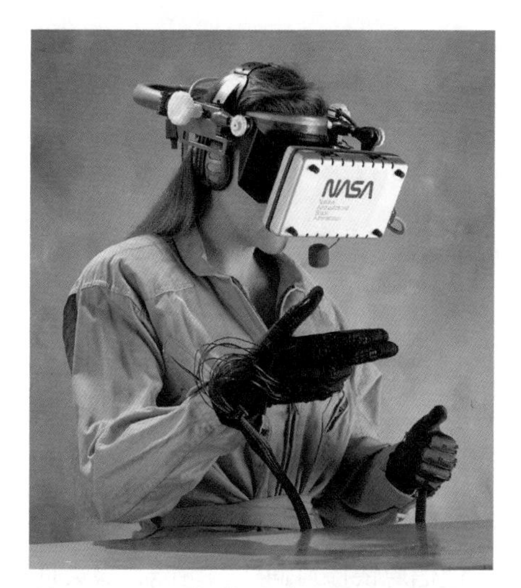

图 3-36 操作员正在 NASA 艾姆斯控制虚拟界面环境工作站

1991 年，电子可视化实验室的卡罗琳娜·克鲁兹－内拉（Carolina Cruz-Neira）等人创建了第一个立方体沉浸式房间——洞穴自动虚拟环境（cave automatic virtual environment）。1992 年，路易斯·罗森伯格（Louis Rosenberg）在阿姆斯特朗实验室（Armstrong Labs）用一副完整的上半身外骨骼实现了三维混合现实（mixed reality in 3D），可将物理上真实的三维虚拟物体与用户看到的真实世界叠加，产生增强现实（AR，即 augmented reality）体验。

进入 21 世纪，2007 年，谷歌公司推出“街景”（Street View）服务以显示地球上众多道路和建筑的全景。2013 年，瓦尔夫（Valve）公司发现并免费分享了低持久性显示器这一突破性技术，使无延迟、无污点地显示 VR 内容成为可能。到 2016 年，至少有 230 家公司在开发 VR 相关产品，亚马逊、苹果、脸书、谷歌和微软等公司都有专门的 VR 小组。2021 年，欧洲航空安全局（EASA）批准了首个基于 VR 技术的飞行模拟训练设备，为旋翼机飞行员提供了在虚拟环境中练习危险动作的可能性。至此，VR 已开始与用户体验、人因与工效学深度融合。

VR 重新定义了用户与数字界面交互的界限，使用户不仅能浏览网站或应用程序，还被带入到一个可以与数字元素进行完全沉浸式互动的全新世界，极大地增强用户与产品或服务的情感联系，创造出一种超越传统界面所能提供的更深层次的黏性。VR 改变了用户与数字产品和服务的互动方式，也重塑了用户对优质数字体验的期望。随着整个社会进一步进入数字时代，创造这种沉浸式互动体验的能力将成为数字产品和服务获得成功的一个越来越重要的因素。

将 VR 整合到用户体验设计中不仅要提供视觉上引人入胜的交互界面，还要设计出完整的、沉浸式的体验，让用户在多个感官层面上参与进来，这代表着传统界面设计的重大转变——VR 正将用户体验设计从二维体验提升到多维体验。传统的用户体验设计侧重于在基于屏幕的二维界面中创建直观和高效的交互，关注的是能让用户轻松浏览界面并实现想要的结果，而 VR 超越了屏幕的限制，引入了多个全新的维度，让用户可以更自然地与数字内容进行交互。

要想实现 VR 的效果，就需要进行全新的设计考虑（如空间音频、深度感知、运动跟踪等），拥抱从二维到多维的转变，适应更复杂的可访问性和包容性。这种挑战无疑是巨大的，但回报也是非常可观的——可以为用户提供比以往任何时候都更具沉浸感、互动性和吸引力的用户体验。VR 技术的持续发展必将进一步重塑数字交互的格局，为用户体验设计师提供更多令人兴奋的机会。用户体验设计的未来，不仅在我们的屏幕上，而且在我们的身边。

3.33 因特网（1969 年）

因特网（Internet，首字母为大写字母 I；而首字母为小写字母 i 的 internet 泛指互联网）是全球计算机网络互联系统，使用因特网协议套件 TCP/IP 让网络中的不同设备可以彼此通信。它是一个网络的网络，由私人、公共、学术、商业和政府网络组成，通过广泛的电子、无线和光学网络技术连接起来。因特网承载着大量的资源和服务，让信息快捷互通成为可能，极大地改变了世界人民的生活。与其相关的各种产品与服务在全球范围内被人们广泛使用，随之而来的用户体验话题也被相关人士持续关注和重视。

因特网的起源可追溯到对计算机资源分时共享和分组交换的研究 [1]。20 世纪 60 年代初，美国心理学家和计算机科学家约瑟夫·卡尔·罗伯内特利克莱德（Joseph Carl Robnett Licklider，1915 年—1990 年）开发了 BBN 分时共享系统 [2]。20 世纪 60 年代初波兰裔美国工程师、计算机网络发展先驱保罗·巴兰（Paul Baran，1926 年—2011 年）和 1965 年英国威尔士计算机科学家唐纳德·戴维斯（Donald Watts Davies，1924 年—2000 年）各自独立完成了关于分组交换的开拓性工作 [1,3]。在 1967 年的操作系统原理研讨会之后，分组交换技术被纳入由 ARPA（即美国国防部高级研究计划局）提出的资源共享实验网络——阿帕网（ARPANET）的设计中 [4-6]。

阿帕网的发展始于 1969 年在加州大学洛杉矶分校和斯坦福国际咨询研究所（SRI International）之间互联的两个站点 [7]，之后加州大学圣巴巴拉分校和犹他大学也加入进来。到 1971 年年底，已有 15 个站点与阿帕网相连 [7-8]，阿帕网逐渐发展成为美国区域学术和军事网络互联的主干网 [9]。第一条阿帕网 IMP 日志，如图 3-37 所示。1973 年，阿帕网与挪威地震台阵（Norwegian Seis-mic Array）[10] 和伦敦大学学院彼得·柯尔斯顿（Peter Kirstein）研究小组建立了连接，为英国学术网络提供了一个网关，形成了第一个资源共享互联网络 [11]。1981 年，NSF（美国国家科学基金会）资助建立了 CSNET（计算机科学网络），扩大了阿帕网的访问范围。

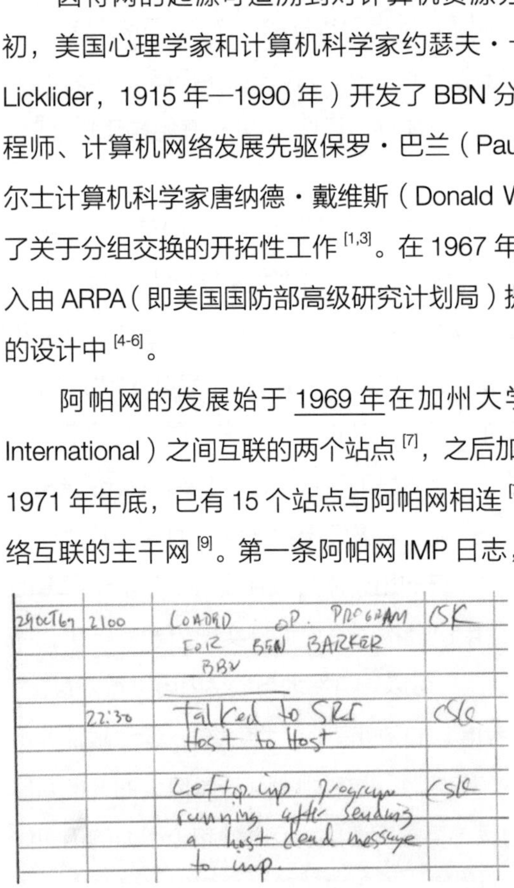

图 3-37 第一条阿帕网 IMP 日志

1982 年，因特网协议套件 TCP/IP 实现了标准化，使互联网络得以在全球普及。1986 年，TCP/IP 网络访问再次扩大，NSFNet（美国国家科学基金会网络）成为新的主干网，为研究人员提供了访问美国超级计算机站点的服务 [12]。NSFNet 和其他商业扩展网络纷纷获得资助，这鼓励了全世界参与开发新的网络技术，并促使许多网络使用 ARPA 的因特网协议套件进行合并 [13]。1988 年—1989 年，NSFNet 扩展到欧洲、澳大利亚、新西兰和日本的学术和研究机构 [14-15]，标志着因特网作为洲际网络的开端。1989 年，美国和澳大利亚出现了商业因特网服务提供商 [16]。1990 年，阿帕网退役。

1989 年，MCI Mail 和 Compuserve 建立了与因特网的连接，向 50 万用户提供电子邮件服务 [17]。1990 年，PSInet 公司推出了可供商业使用的备用互联网主干网，这成为后来商业因特网核心的网络之一。1990 年 3 月，在康奈尔大学和欧洲核子研究中心（CERN）之间安装了 NSFNet 和欧洲之间的第一条高速 T1 链路，实现了比卫星通信更强大的通信能力 [18]。1991 年，商业因特网交换中心成立，使 PSInet 能与 CERFnet 和 Alternet 等其他商业网络进行通信。

1989 年，英国计算机科学家蒂姆·伯纳斯 – 李（Tim Berners-Lee，1955 年—）在欧洲核子研究中心（CERN）工作时发明了万维网（world wide web，简称 WWW 或 Web）。到 1990 年圣诞节，伯纳斯 – 李已经发明了网络运行所需的所有工具：超文本传输协议（HTTP）[19]、超文本标记语言（HTML）、第一个网络浏览器、第一个 HTTP 服务器软件（后来称为 CERN httpd）、第一个网络服务器 [20]，以及描述项目本身的第一个网页。

上述商业因特网和万维网的出现，标志着现代因特网的诞生 [21]。在 20 世纪 80 年代只供学术界使用的因特网在 20 世纪 90 年代得以商业化，其服务和技术融入了现代人类社会的方方面面。大多数传统媒体和沟通方式都被因特网重塑：电视被重塑成因特网电视，报纸被重塑成数字报纸和在线新闻聚合网站，电话被重塑成因特网电话，纸质邮件被重塑成电子邮件。通过即时通信、博客、在线论坛和社交网络服务，因特网使新的人际互动形式成为可能。网上购物呈指数增长，使零售商能扩展业务，服务更大的市场。金融机构相继开通网上银行服务，为普通大众带来便利 [22]。到 1995 年，随着 NSFNet 退役，使用因特网传输商业流量的最后限制被取消了 [23]，因特网在美国实现了全面商业化。

2006 年，因特网被列入《今日美国》的新七大奇迹名单 [24]。据估计，在 1993 年，因特网仅传输了 1% 的双向电信信息流；到 2000 年，这一数字增长到 51%；到 2007 年，这一数字进一步增长到 97% 以上 [25]。根据 2024 年《数字全球概览报告》（由数据分析公司 Datareportal 与 Meltwater、We Are Social 联合发布），截至 2024 年 4 月，全球因特网用户总数为 54.4 亿，占全球人口总数的 67.1%。

第四章
壮大期
（1971 年—1995 年）

笔者把 1971 年至 1995 年这 24 年命名为用户体验简史的“壮大期”。在这一时期，与用户体验相关的学术理论、科技成果、业界实践都大踏步地向前迈进，可谓硕果累累，用户体验学科领域整体上得以显著壮大。

其中，1971 年是个人计算机时代来临的年份。1971 年，费德里科・法金开发了世界上第一款商用单芯片微处理器英特尔 4004，这标志着微型计算机（个人计算机属于微型计算机的范畴）的诞生，同年，被计算机历史博物馆认定为世界上第一台个人计算机的 Kenbak-1 发布。英特尔 4004 的诞生和 Kenbak-1 的发布一起标志着个人计算机时代的来临。而 1995 年是“用户体验”一词被苹果公司的唐纳德・阿瑟・诺曼（Donald Arthur Norman）、吉姆・米勒（Jim Miller）和奥斯汀・亨德森（Austin Henderson）首次公开发表的年份。自此，“用户体验”一词才开始在世界范围内得以广泛的传播与应用。

在壮大期中，各种新技术、自动装置以及电子计算机的应用，促进了生产领域的革命。同时，在科学领域中，系统工程学、控制论、信息论、仿生学等学科迅速发展，使人们对系统理论的研究应运而生，这给跟用户体验密切相关的人因与工效学的研究人员提出了许多新的课题，如人 - 机 - 环境系统的最佳化、劳动条件的舒适化、管理制度的科学化等。这类课题的研究促使人因与工效学进入了系统的研究阶段。

在壮大期的这 24 年中，与用户体验相关的重要内容包括个人计算机时代的来临、认知偏差的提出、世界上第一台带有 GUI（图形用户界面）的计算机的推出、马丁・库珀手机的发明、PARC 对计算机发展的开拓性贡献、MS-DOS 磁盘操作系统的问世、可用性测试的使用、客户满意度的提出、人机交互概念的普及、客户旅程地图的提出、Windows 操作系统的问世、以用户为中心的设计的流行、设计思维的提出、启发式评估的发明、尼尔森十大可用性原则的提出、卡片分类法的使用、峰终定律的提出、万维网及马赛克浏览器的发明、大数据时代及互联网时代的到来，等等。下面，笔者给大家详细介绍一下。

4.1 个人计算机（1971 年）

现今构建在个人计算机之上的与用户体验相关的各种使用、研究、设计场景，构成了用户体验从业者的“主战场”之一。个人计算机（PC，即 personal computer）也称为个人电脑，是大小、性能和价格都适于个人使用，并由最终用户直接操控的多用途微型计算机的统称[1]。它与批处理计算机或分时系统等一般同时由多人操控的大型计算机相对。从台式机（也称为台式电脑、桌面电脑）、笔记本电脑到平板电脑、智能手机都属于个人计算机的范畴。

个人计算机是从大型通用计算机演变来的，1946 年 2 月 15 日，世界上第一台通用计算机 ENIAC 在美国宾夕法尼亚大学问世。此后，计算机的发展共经历了四代，以构成计算机的电子逻辑元件来划分。第一代计算机（1946 年—1958 年）是电子管计算机，其主要逻辑元件是电子管。第二代计算机（1958 年—1964 年）是晶体管计算机，其主要逻辑元件是晶体管。第三代计算机（1964 年—1971 年）是集成电路计算机，其主要逻辑元件是中小规模集成电路。第四代计算机（1971 年至今）是大规模集成电路计算机，其主要逻辑元件是大规模和超大规模集成电路。

1962 年 11 月 3 日，《纽约时报》（*New York Times*）首次使用“个人计算机”一词[2]。1968 年，斯坦福研究所（Stanford Research Institute）的研究员道格拉斯・恩格尔巴特（Douglas Engelbart）在“所有演示之母”（mother of all demos）中，用鼠标演示了后来成为个人计算机主要特色的各种功能：电子邮件、超文本、文字处理和视频会议等。

1971 年，意大利裔美国物理学家、工程师和发明家费德里科・法金（Federico Faggin，1941 年—）开发了世界上第一款商用单芯片微处理器 Intel 4004[3]（见图 4-1），标志着微型计算机（个人计算机属于微型计算机）的诞生。第一台基于微处理器的微型计算机在 20 世纪 70 年代早期被研制出来。从 20 世纪 70 年代中期开始，微处理器在商业上得到广泛应用。同是在 1971 年，被计算机历史博物馆（Computer History Museum）认定为全球首台个人计算机

图 4-1 Intel 4004

的 Kenbak-1 发布，它由约翰·布兰肯贝克（John Blankenbaker）设计，由小型集成电路构成，未使用微处理器。

1973 年，施乐（Xerox）公司帕洛阿托研究中心（Palo Alto Research Center）开发的施乐阿托计算机（Xerox Alto）在个人计算机领域开创性地配备了图形用户界面（GUI，即 graphical user interface），这成为后来的苹果麦金塔（Macintosh）和微软视窗（Windows）操作系统的灵感来源。同年，惠普公司推出了完全基于 BASIC 语言的可编程微型计算机。

1974 年，微型仪器和遥测系统（micro instrumentation and telemetry systems）公司推出了第一台真正意义上的个人计算机——Altair 8800[4-5]。它基于 8 位 Intel 8080 微处理器[6]，被广泛认为是点燃微型计算机革命的火花[7]，是第一台商业上成功的个人计算机[8]。1976 年，苹果公司出售了包含大约 30 个芯片的 Apple I 型计算机电路板。

1981 年，IBM 公司推出个人计算机 IBM PC，为个人计算机设定了大众市场标准[9]。受其影响，家用计算机和商用计算机的区别几乎消失了。家用计算机使用与商用计算机相同的处理器和操作系统，家用计算机具有与几年前的专用工作站相当的图形功能和内存，就连最初用于让商用计算机共享昂贵的大容量存储和外围设备的局域网也成了家用计算机的标配。20 世纪 80 年代，IBM 公司推出使用英特尔公司 Intel x86 硬件架构和微软公司 MS-DOS 操作系统的个人计算机。之后，英特尔加微软的 Wintel 架构全面取代了 IBM 在个人计算机领域的主导地位，英特尔公司微处理器和微软公司操作系统的发展也几乎等同于个人计算机的发展历史。

1995 年，微软公司发布了 Windows 95 个人计算机操作系统，它基于 MS-DOS，引入了本地 32 位应用程序、即插即用硬件、抢占式多任务处理、最多 255 个字符的长文件名，还重新设计了面向对象的用户界面，用开始菜单、任务栏和 Windows 资源管理器外壳取代了程序管理器，而且比之前版本的稳定性更高。Windows 95 让微软公司获得了巨大的商业成功。2001 年，微软公司发布了 Windows XP 个人计算机操作系统，旨在将面向消费者的 Windows 9x 系列与 Windows NT 的体系结构统一起来，而且还引入了重新设计的用户界面、精简的多媒体和网络功能、Internet Explorer 6 等。Windows XP 让微软公司再次获得了商业上的成功。

经过半个多世纪的发展，现今的个人计算机已经成为人们工作、学习、娱乐的必备设备。职员们可以使用个人计算机来处理文档、发送电子邮件、管理日程、制作演示文稿；学生们可以使用个人计算机来查找资料、完成作业、撰写报告、进行在线学习；在娱乐场景下，人们可以使用个人计算机看视频、听音乐、打游戏。功能强大的个人计算机与互联网基础设施相结合，再加上网络浏览器访问方法的标准化，在很大程度上为现代生活奠定了基础。

4.2
自我决定理论与德西效应
（1971 年）

图 4-2　爱德华·德西（左）和理查德·瑞安

自我决定理论（self-determination theory）是关于人的动机和个性的宏观理论，涉及人的先天成长倾向和先天心理需求，旨在探讨人在没有外部影响和干扰时，做出选择的动机，聚焦于人类行为的自我激励和自我决定的程度[1-3]。

20 世纪 70 年代，对自我决定理论的研究从比较内在动机和外在动机[4]，以及越发认识到内在动机在个体行为中的主导作用[5]演变而来。1985 年，美国罗切斯特大学心理学和社会科学教授、人类动机项目负责人爱德华·L. 德西（Edward L. Deci，1942 年—）和澳大利亚天主教大学积极心理学和教育研究所教授兼美国罗切斯特大学研究教授理查德·M. 瑞安（Richard M. Ryan）出版了《人类行为中的内在动机和自我决定》（*Intrinsic Motivation and Self-Determination in Human Behavior*）一书[6]，使自我决定理论成为一种可靠的实证理论（见图 4-2）。

自我决定理论认为，人的自然本质会使人反复持续出现正向信念，努力达成自我承诺（又称为“内在增长趋势”）；人有三个与生俱来（无须后天学习）而且跨文化、时间、种族性别都适用的内在需求（即内在动机）——胜任（competence）[7-8]、归属（relatedness）[9]和自主（autonomy）[10-11]，来驱动自我激发（self-motivation）与个性整合（personality-integration）。当这些内在需求被满足时，就会带来最佳的发展与进步，否则就会出现自我疏离。自我决定理论关键之处在于内在动机（指做一件事是因为这件事本身有趣和令人满意，即该行为本身能带来娱乐与满足感，而不是为了获得外部目标而做这件事）与外在动机（指为了获得外部奖励或避免惩罚而做一件事，它代表有外在诱因促使个人做出该行为）的相对关系[12-13]。

在对自我决定理论的研究中，德西发现了被中文学术界称为“德西效应”的理论，即适度的奖励有利于巩固个体的内在动机，但过多的奖励却有可能降低个体对事情本身的兴趣，降低其内在动机[14]。在发现德西效应的过程中，德西于 1971 年进行了 3 个经典实验，研究外部奖励对内在动机的影响。

在实验一的第一阶段，实验组和对照组都无奖励；第二阶段，实验组的每位被试者完成任务后能得到 1 美元奖励，对照组仍无奖励；第三阶段，实验组和对照组都无奖励。在实验间隙自由休息时，德西会观察被试者是否仍在做任务，以判断被试者对任务的兴趣（动机）。德西发现，第二阶段引入外部奖励后，实验组被试者在自由休息时花在任务上的时间比第一阶段多，第三阶段取消外部奖励后，他们在自由休息时花在任务上的时间比第一阶段少。这说明，实验组被试者对任务的兴趣减少了。而对照组的被试者在三个阶段自由休息时始终都会花很多时间做任务，这说明他们对任务保持了较大兴趣。所有被试者都觉得该任务很有趣，说明被试者有完成任务的内在动机；但向被试者提供外部奖励后，其内在动机下降了。实验一证实了德西的假设，即如果一个人有内在动机去完成任务，那么引入外在奖励会减弱完成任务的内在动机。德西认为，对有内在动机的行为给予外部奖励会损害人的自主性，当人的行为受到外部奖励的影响时，人就会感到对自己行为的控制力减弱，内在动机也就会随之减弱。

实验二的观察对象是一所大学为双周校报写标题的学生们（他们没有意识到正在被观察）。用任务（写标题）完成速度来衡量动机，用缺席来衡量态度。第一阶段，实验组和对照组都无奖励；第二阶段，实验组每位学生每写一个标题就得到 50 美分，对照组仍无奖励；第三阶段，实验组和对照组都无奖励；第四阶段，为评估观察到的效果的稳定性，学生们被继续观察两周。实验二的结果表明，金钱奖励降低了学生们的内在动机，又一次证实了德西的假设。

实验三将实验一第二阶段的外部奖励由金钱改为口头表扬，其余方面都与实验一相同。结果证实了德西的假设，即以口头强化和积极反馈的形式对人们完成任务的内在动机给予社会认可，会增强内在动机。与第一阶段相比，学生们在第三阶段的表现显著提升，说明口头表扬作为一种外部奖励，可增强内在动机、提高人们在内在动机驱使下完成任务的表现。德西认为，金钱奖励和口头表扬这两种外部奖励对内在动机有不同的影响。当一个人有内在动机去完成任务时，如果金钱被引入任务中，此人就会在认知上重新评估任务重要性，完成任务的内在动机（享受任务乐趣）就会转变为外在动机（获取金钱奖励）。而当一个人有内在动机去完成任务时，如果仅提供口头表扬，就会增强内在动机，因为这不受外部因素的控制，人们会将该任务视为自主完成的愉快任务。

自我决定理论及德西效应已被广泛应用于工作需求[15]、养育子女[16]、教学[17]、医疗健康[18]（包括接种疫苗的意愿[19]）、体育、道德[20]和技术设计[21]等众多领域，是用户体验从业者应该认真掌握并合理运用的心理学理论。

4.3
拼图课堂教学法
（1971 年）

有很多心理学方法对用户体验专业人士的日常工作具有实践指导价值，拼图课堂教学法就是这样一种方法，它对用户体验研究与设计项目，尤其是需要多名用户参与的项目（如焦点小组、头脑风暴、用户参与式设计）很有启发意义。

图 4-3　1972 年时的艾略特·阿伦森

拼图课堂（jigsaw classroom）教学法是 1971 年由美国心理学家艾略特·阿伦森（Elliot Aronson，见图 4-3）首创的一种组织课堂任务的教学方法。其名称来源于拼图游戏（jigsaw puzzle），因为拼图课堂教学法需要将课堂任务的各个部分放在一起拼成一个完整的结论[1]。拼图课堂教学法是一种合作学习方法，既能体现个人的责任，又能实现团队的目标[2]。拼图课堂教学法能使学生们相互依赖，共同取得成功，还能减少种族间的敌意和偏见并提升自尊心。约翰·哈蒂（John Hattie）的一项研究发现，拼图课堂教学法有利于学生们的学习[3]。

1971 年，美国得克萨斯州奥斯汀市（Austin）新废除种族隔离的多所学校都面临着种族暴力危机[4]。学校里充斥着打斗、歧视和仇恨犯罪，白人至上主义团体和充满仇恨的白人学生不断恐吓着新生。这让学生们在学校里很没有安全感，也损害了他们的学习能力。学生们往往很难相安无事地坐在同一间教室里，更不用说一起学习了。整整一代学生都被猖獗的仇恨和歧视分散了学习的注意力，这给教师、学生、家长和社区都带来了巨大的困扰。

正是在这个时候，心理学家们纷纷被学校请来出谋划策。当时，得克萨斯大学奥斯汀分校（The University of Texas at Austin）的心理学家阿伦森就接受邀请，为奥斯汀市一个学区的多所学校提供建议，指导他们如何化解课堂里充满敌意和学生之间不信任的问题。阿伦森注意到这些学校高度竞争的氛围促使学生们互相嘲弄，歧视那些与他们不同的人，试图以此提升自己的地位，这加剧了本已紧张的种族对抗[5]。于是，阿伦森与他的研究生们一起，开始探索新型的教学实践模式，力求让学生们在课堂上加强合作、减少竞争、消除交流的阻力。最终，阿伦森成功开发出了拼图课堂教学法。该方法能鼓励学生们追求共同的学习目标，并分享相互支持、彼此信任的文化[5]。阿伦森还在拼图课堂教学法中增加了同理心角色扮演（empathetic role-taking），使学生们能够从另一个学生的角度来理解事情。

在运用拼图课堂教学法时，班级里的学生们被分成若干混合小组（按种族和能力混合），合作完成一项课堂任务[6]，比如阅读一位历史人物的传记。传记会被分成几个部分，每个混合小组里都有一位成员负责阅读传记的一个部分[6]，然后每位成员都需要将自己阅读的那部分内容讲给自己小组的其他成员听。接下来，学生们被按主题重新分组，每位学生要向新组内的其他成员讲述自己阅读的那部分传记内容。在相同主题的小组中，学生们调和观点并综合信息，一起撰写一份报告。最后，原混合小组再次开会，听取每位成员的发言，最后的报告让所有小组成员了解自己的材料，以及从特定主题小组的讨论中产生的结论。

用拼图课堂教学法布置的课堂任务使混合小组中的每位成员都同等重要。学生们必须集中注意力，从其他小组成员那里获取大量信息。这种责任分工意味着学生们有动力互相倾听，每个人都扮演着对他人有价值的角色[6]。混合小组中的每位成员都能为大局添砖加瓦，因此每位成员对混合小组都很重要。这让学生们学会了相互依赖，减少了彼此之间的竞争态度，因为他们需要小组里的每个人都做得很好，他们的成绩取决于其他同学[7]。

与传统课堂环境的比较表明，拼图课堂环境对学习成绩、自尊和对待其他族裔的态度都有积极的影响[8]。与传统课堂的学生相比，拼图课堂的学生减少了偏见和刻板印象，更喜欢小组内和小组外的成员，表现出更高的自尊水平，在标准化考试中表现得更好，更喜欢学校，更少缺勤，并且在课堂以外的地方愿意与其他种族的学生相处。

由于效果良好，拼图课堂教学法后来在北美数百所学校得到应用[5]，从最初的三年级到五年级，扩展到其他年级。在柯伦拜高中（Columbine High School）事件之后，阿伦森又倡导将拼图课堂教学法作为化解校园暴力背后的社会分歧的方法之一。后来，开发拼图课堂教学法的成功鼓励了阿伦森将他的研究应用到其他政策问题上，包括节约能源和老年人待遇[5]。

4.4 图优效应与双码理论（1971 年）

图优效应（picture superiority effect），又被称为“图片优势效应”，是指图片（picture）和图像（image）比文字（word）更容易被记住的现象[1-6]。图优效应基于“人类记忆对事件信息的符号表达方式极其敏感”这一概念[7]。目前，对于图优效应的解释并不具体，而且仍在争论中。一种从进化论角度给出的解释是，视觉有很长的历史，可以追溯到数百万年前，对过去的生存至关重要，而阅读是相对较新的发明，需要特定的认知过程，比如解码符号并将其与意义联系起来。

图优效应的基础是由加拿大西安大略大学心理学教授、前健美运动员艾伦·派维奥（Allan Urho Paivio，1925 年—2016 年）在 1971 年提出的双码理论（dual-coding theory，又被称为“双重编码理论”）。图优效应由派维奥运用双码理论进行了首次论证。

双码理论是一种认知理论，它认为大脑通过两种不同的渠道处理信息：语言和视觉，这是派维奥在 1971 年提出的假设。在发展双码理论的过程中，派维奥使用了这样一个观点，即心理图像的形成通过图优效应帮助学习[8]。根据派维奥的说法，一个人可以通过两种方式扩展所学材料：语言联想（verbal associations）和意象（imagery）。双码理论假定感官意象和语言信息都被用来表示信息[9-10]。在人的大脑中，图像信息和语言信息是通过不同的渠道进行处理的，每种渠道处理的信息都会产生不同的表征。与这些表征相对应的心理代码被用来组织接收到的信息，以便采取行动、存储和检索，供后续使用。可视化讲故事，如图 4-4 所示。

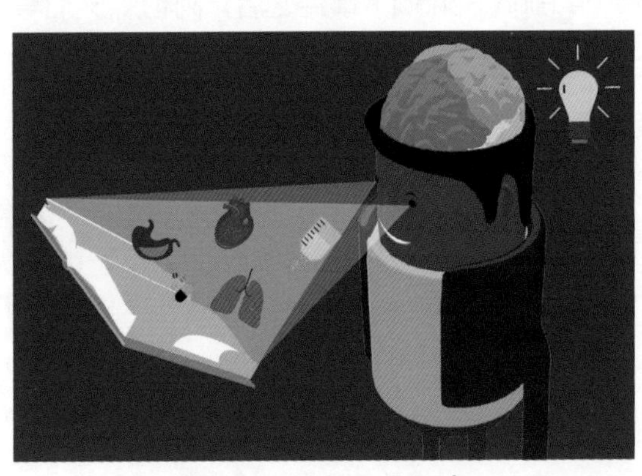

图 4-4　可视化讲故事

派维奥认为，在回忆信息时，语言联想和意象都可以被使用[10]。例如，一个人把“狗”这个刺激概念存储为“狗”这个词和狗的形象（外观、声音、气味和其他感官信息）。当被要求回忆刺激物时，被试者可以单独回忆文字或图像，也可以同时回忆这二者。如果回忆起的是单词，那么狗的图像就不会丢失，仍然可以在稍后的时间点回忆起。与只对一个刺激进行一种编码的情况相比，对一个刺激进行两种不同编码的能力会增加记忆该刺激的机会。

根据派维奥的双码理论，图像比文字记得时间更久是因为图像在大脑中被编码了两次，而文字只被编码了一次。图片刺激（picture stimuli）比文字刺激（word stimuli）有优势，因为图片刺激是双重编码的；图片刺激产生语言和图像代码，而文字刺激只产生语言代码。图片很可能产生一个语言标签，而文字不太可能产生图像标签[10]。派维奥声称，在存储记忆的编码和检索方面，图片都比文字有优势，因为图片更容易编码，并且可以从符号模式中检索，而使用文字的双重编码过程对编码和检索都更困难。

图优效应的另一种解释是人们对图片对象的熟悉度或使用频率更高[11]。根据双码理论，记忆要么（或同时）存在于口头上，要么存在于图像中。以图片形式呈现的具体概念被编码到这两个系统中；然而，抽象的概念只能口头记录下来。在心理学中，图优效应对归因理论（attribution theory）中的显著性以及可用性启发式（availability heuristic）都有影响。它还与广告和用户界面设计有关。

图优效应已经在使用不同方法的多种实验中得到证实。实验表明，如果只是阅读文本或听音频，那么我们可能会在 3 天后只记住大约 10% 的内容；而如果文本或音频结合相关图片一起呈现给我们，那么我们可能会在 3 天后记住大约 65% 的内容。

其实，人们早就发现图像比文字具有更大、更持久的记忆影响，所以才有了“一图胜千言”这句谚语。现今，图优效应在日常工作与生活中得到广泛应用。比如，学习时，给文字及音频内容配上相关图片，可以让学习者更容易掌握和记忆这些内容；用于通信、营销或广告时，给文字及音频信息配上相关图片，可以使这些信息被更好地吸收和保留更长时间。再如，巨型图片广告牌比布告栏上的长篇文字内容更容易获得关注并让人产生更长久的记忆；带图片的报纸广告比冗长的纯文字广告更吸引人且令人记忆更深刻；带有图片的社交媒体帖子比纯文字帖子能获得更多点赞而且更容易被人记住。

图优效应对于产品经理和用户体验设计师等用户体验专业人士也有很强的实践指导意义。比如，网页内容主要由文字和图片构成，适当的图文搭配可以使信息传递更加高效，而且对于用户的搜索（扫视）操作来说，在纯文字页面上进行信息搜索是很困难的，效率会很低，而如果在不同网页区域里给文字配上大小不同、或彩色或黑白的图片，就会使用户搜索定位到目标信息的效率大大提高。

4.5
加工层次模型
（1972 年）

由加拿大多伦多大学的两位认知心理学家弗格斯·克雷克（Fergus Ian Muirden Craik，1935 年—）和罗伯特·S. 洛克哈特（Robert S. Lockhart）于 1972 年建立的“加工层次模型”（levels of processing model）将对刺激的记忆描述为心理加工深度（depth of mental processing）的函数。加工层次模型表明，较深层次分析比浅层次分析能产生更精细、更持久、更强烈的记忆痕迹[1]。浅层加工（如基于语音和正字法的加工）会导致记忆痕迹脆弱，容易迅速衰减；而深层加工（如语义加工[2]）则会产生更持久的记忆痕迹。简言之，经过深层加工的信息会比只经过浅层加工的信息更容易被记住。

在加工层次模型（见图 4-5）中，心理加工（即分析）过程被分为 3 个层次：①结构加工层次（structural processing level）或视觉加工层次指我们只记住单词的物理特性，比如单词的拼写和字母的外观；②语音加工层次（phonemic processing level）指通过单词的发音来记忆单词，比如“tall”与“fall”押韵；③语义加工层次（semantic processing level）指我们将单词的意思与另一个意思相似或相近的单词进行编码，一旦感知到这个单词，大脑就会进行更深层次的加工。加工层次模型表明，简单重复练习并不能增强长时记忆，但对事物进行深层加工却可以增强长时记忆。

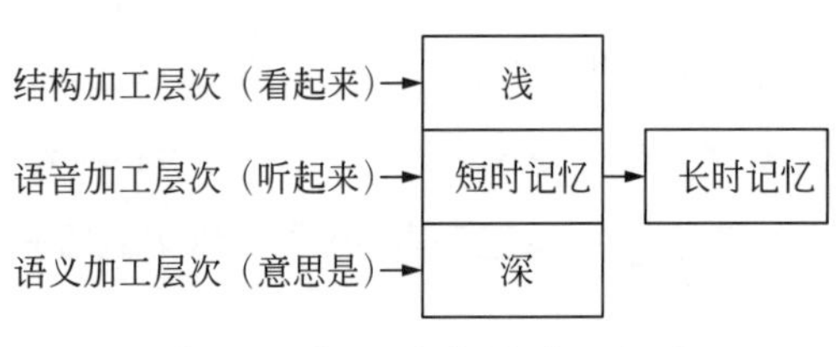

图 4-5　加工层次模型示意图

熟悉程度、加工的特异性、自我参照效应和刺激的外显性质是可以影响心理加工深度的主要调节因素（modifier），我们可以通过改变这些因素来调节心理加工层次。

熟悉程度（familiarity）：如果一个刺激与已有的语义结构高度吻合，那么它就会有更高的回忆价值[2]。根据语义网络理论（semantic network theories），这是因为这样的刺激会与其他编码记忆有许多联系，而这些联系会根据语义网络结构的密切程度被激活[3]。

加工的特异性（specificity of processing）：当刺激以输入的方式呈现时，该刺激的回忆价值会增加。例如，听觉刺激（口语单词和声音）在被试者说话时具有最高的回忆价值，而视觉刺激在被试者看到图像时具有最高的回忆价值[4]。在写作任务中，如果单词是经过语义编码的

（由被试者自己生成与特定含义相关的单词），那么使用语义线索（要求输入具有特定含义的单词）时，单词的记忆效果最好。如果单词是读出来的，而不是由被试者生成的，那么使用数据驱动线索（单词补全）时，单词的记忆效果最好[5]。

自我参照效应（self-reference effect）：如果一个刺激在语义上与被试者相关，那么被试者对该刺激的回忆能力就更强。这是因为与某人生活中的某事相关的刺激会在此人的语义网络中产生广泛激活[6]。例如，当被试者被问及某一性格特征形容词是否适用于自己时，其回忆价值要高于被问及该性格特征形容词是否与另一性格特征形容词相似时的回忆价值[7]。

外显记忆（explicit memory）与内隐记忆（implicit memory）：与外显记忆测试不同，内隐记忆测试会根据被试者后来在与刺激相关的任务中的表现来衡量刺激的回忆价值，被试者不会明确回忆起刺激，但之前的刺激仍会影响其表现[8]。例如，在单词补全内隐记忆任务中，在被试者阅读了包含单词“dog”的列表后，当被要求提供以“d”开头的三个字母的单词时，他们更容易提供“dog”这个单词。

在每种感官模式（sensory mode）中，上述影响心理加工层次的调节因素都有很大的激活空间。不过，不同的感官模式，就其本质而言，涉及不同深度的加工，通常在某些感官中产生的回忆价值要高于在其他感官中产生的回忆价值。在所有感官刺激中，视觉刺激具有最强烈的回忆价值，也允许最广泛的加工层次调节。听觉刺激遵循传统的加工层次规则，但与视觉刺激相比，听觉刺激在一般回忆价值上要弱一些。一些研究表明，听觉刺激的弱点只存在于外显记忆（直接回忆）中，而不存在于内隐记忆中[9]。嗅觉刺激比视觉刺激要弱，嗅觉刺激的回忆识别率仅为视觉刺激的 70% ~ 80%[10]。如果要求被试者将气味“视觉化”（visualize）并与特定图片联系起来，就会发现嗅觉记忆中的加工层次效应（levels-of-processing effect）。触觉刺激表征在本质上与视觉刺激表征相似，尽管没有足够的数据来比较这二者的强度。一项研究表明，因为触觉刺激表征和视觉刺激表征存在先天差异，所以心理加工层次也存在差异[11]。

加工层次模型对产品经理、用户体验专家、运营与增长专家都有一定的实践指导意义。要想增强用户对某个产品功能的印象，那么在产品设计上就要尽量引导用户不能只从结构（即该功能的视觉外观等）和语音上对该产品功能进行浅层加工，还要从语义层次（即该功能的预期操作目标和具体操作方法）上进行深层加工。比如，可以让用户通过提示在对话框中输入几个字来加深对当前功能的语义理解。

4.6
认知偏差
（1972 年）

要想做好用户体验工作，就要对目标用户有深入的理解。为了实现这一目标，就需要学习一些心理学理论，认知偏差就是这样一种需要用户体验从业者细细品味并认真掌握的理论。

认知偏差（cognitive bias）是在判断中偏离规范或理性的系统模式 [1]。人们会根据对输入的感知建构自己的“主观现实”，但这种建构并不是客观输入的，可能决定人们在这个世界上的行为。认知偏差往往会导致感知扭曲、判断不准确、解释不合逻辑和非理性 [2-4]。简单来说，认知偏差是人们在感知自身、他人或外部环境时，常因自身或情境的原因而使感知结果出现失真的现象。通俗来讲，就是大脑创造了一些快捷方式，在处理信息时会去自然地调用这些快捷方式，但这种操作在快速高效的同时，也会对我们的决策过程产生危害，比如我们会选择性忽略一些信息或者自发地对信息进行脑补，这样的认知模式导致我们产生了非理性的偏差。

与吉格伦泽（Gigerenzer）的观点（1996 年）相似 [5]，哈塞尔顿（Haselton）等人（2005 年）指出认知偏差的内容和方向并不是任意的 [6]。认知偏差看起来可能是负面的，但有些认知偏差其实是适应性的 [7]。此外，当及时性比准确性更有价值时，允许认知偏差的存在可加快决策速度，这在启发式方法中得到了体现。其他认知偏差是人类处理能力有限的“副产品” [1]，原因包括缺乏适当的心理机制（有限理性）、个人体质和生物状态的影响，或者仅仅是信息处理能力有限 [8-9]。

在过去 60 年里，随着在认知科学、社会心理学和行为经济学等领域中人们对人类判断和决策的研究，一系列认知偏差被识别出来。对于认知偏差的研究对临床判断、创业、金融和管理等领域颇具现实意义 [10-11]。

图 4-6　2009 年时的卡尼曼

认知偏差的概念是由以色列认知和数学心理学家阿莫斯·内森·特沃斯基（Amos Nathan Tversky，1937 年—1996 年）和以色列裔美国作家、心理学家和经济学家、2002 年诺贝尔经济学奖得主丹尼尔·卡尼曼（Daniel Kahneman，1934 年—2024 年，见图 4-6）于 1972 年提出的 [12]，源于他们对人们的数学盲（innumeracy，即无法凭直觉推理出更大数量级）的经验。

特沃斯基、卡尼曼和同事们展示了人类判断和决策不同于理性选择理论的几种可复制的方式。特沃斯基和卡尼曼用启发式方法（heuristics）解释了人类在判断和决策方面的差异。启发式方法涉及心理捷径（mental shortcuts），能迅速估计不确定事件发生的可能性[13]。启发式方法对大脑来说计算起来很简单，但有时会带来“严重的系统性错误”[14]。例如，代表性启发式被定义为通过事件“与典型案例相似的程度”来“判断其发生频率或可能性的倾向”[13]。

认知偏差可以在多个维度上加以区分。认知偏差的类型主要包括：①群体特有的偏差（如风险转移）与个人层面的偏差；②影响决策的偏差，在决策时必须考虑选项的可取性，如沉没成本谬误；③影响判断某件事的可能性或某件事是否是另一件事的原因的偏差，如虚幻相关性；④影响记忆的偏差[15]，如一致性偏差（记忆中一个人过去的态度和行为与现在的态度更为相似）；⑤反映被试者动机的偏差[16]，例如对积极自我形象的渴望导致自我中心偏差和避免令人不快的认知失调。

其他偏差是由于大脑感知、形成记忆和做出判断的特定方式造成的。这种区别有时被描述为“热认知”（hot cognition）和“冷认知”（cold cognition），因为动机推理可能涉及一种唤醒状态。在“冷”偏差中，有些是由于忽略了相关信息（如忽略概率），有些是由于决策或判断受到了无关信息的影响（如框架效应，即同一问题因描述方式不同而得到不同的回应；或区分偏差，即一起呈现的选择与单独呈现的选择结果不同），还有一些偏差则是由于过分重视问题中不重要但突出的特征（如锚定偏差）。

因为某些偏差反映了动机，特别是对自己持积极态度的动机[17]，所以说明了许多偏差是自我激励或自我导向的（如不对称洞察力的错觉、自我服务偏差）。被试者在评价内群体（in-groups）或外群体（out-groups）时也会出现偏差，他们会认为内群体更多样化，在很多方面都“更好”，即使这些群体是任意定义的（内群体偏差、外群体同质性偏差）。

有些认知偏差属于注意偏差亚类，指的是对某些刺激物的注意增加。例如，有研究表明，酗酒和吸食毒品的人会更多地注意与毒品有关的刺激。测量这些偏差的常见心理测试有斯特鲁普任务（Stroop task）[18-19]和点探针任务（dot probe task）。

个体对某些类型的认知偏差的易感性可以通过耶鲁大学管理学院教授谢恩·弗雷德里克（Shane Frederick）于 2005 年开发的认知反射测试（CRT，即 cognitive reflection test）来测量[20-21]。

4.7
消除认知偏差
（1972 年）

由阿莫斯·特沃斯基和丹尼尔·卡尼曼于 1972 年提出的认知偏差有很多现实意义，例如确认偏差（confirmation bias，指个人选择性地回忆、搜集有利细节，忽略不利或矛盾的信息，来支持自己已有的想法或假设的倾向）在现实生活中就很常见。许多社会机构都依靠个人做出理性判断。比如，证券监管制度就在很大程度上假设所有投资者都是完全理性的人。事实上，真正的投资者面临着来自偏见、启发式和框架效应的认知限制，无法做到完全理性。再如，公平的审判要求陪审团忽略案件无关特征，适当权衡相关特征，以开放的心态考虑不同可能性，并抵制诉诸情感等谬论，但心理学实验表明，人们往往做不到所有这些事情[1]。在一些学科中，对偏差的研究非常流行。偏差是一种广泛存在并得到深入研究的现象，因为大多数涉及企业家思想和心灵的决策在计算上都是难以处理的[2]。

认知偏差会造成在日常生活中出现其他问题。一项研究表明，认知偏差，特别是接近偏差（approach bias），与抑制控制（inhibitory control）之间的联系会影响一个人吃多少不健康的零食[3]。科学家们发现，吃了更多不健康零食的参与者往往抑制控制能力较弱，更依赖于接近偏差。还有人假设，认知偏差可能与各种饮食失调以及人们如何看待自己的身体和身体形象有关[4-5]。一些药物和其他保健治疗方法依靠认知偏差来说服那些易受认知偏差影响的人使用其产品。许多人认为这是在利用人们天生的判断和决策能力。

认知偏差似乎是影响房产售价和价值的一个因素。实验参与者先看到一处住宅房产[6]。之后，他们又看到了另一处与第一处房产完全无关的房产。他们被要求说出他们认为第二处房产的价值和售价。研究人员发现，向参与者展示无关的房产确实会影响他们对第二处房产的估值。

认知偏差可以以非破坏性的方式加以利用。在团队科学地、集体地解决问题的过程中，优势偏差（superiority bias）可能是有益的，它可以防止过早地就次优解决方案达成共识，从而促进小组内解决方案的多样性，尤其是在复杂问题中。这个例子说明，通常被视为障碍的认知偏差如何通过鼓励对各种可能性进行更广泛的探索来加强集体决策。

由于认知偏差会造成系统性错误，因此无法通过将几个人的答案平均化的群众智慧技术来弥补认知偏差。认知偏差缓解（cognitive bias mitigation）和认知偏差修正（cognitive bias modification）正是专门适用于认知偏差及其影响的消除偏差（指通过激励、暗示和培训来减少判断和决策中的偏差）形式。参考类预测（reference class forecasting）是一种系统地消除估计和决策偏差的方法，基于丹尼尔·卡尼曼所称的外部视角（outside view）。

此外，认知偏差是可以控制的，可以通过鼓励个人使用受控处理而不是自动处理来减少偏差[7]。在减少基本归因错误（fundamental attribution error）方面，金钱激励[8]和告知被试者他们将对自己的归因负责[9]都与增加准确归因有关。

培训也能减少认知偏差。凯里·K. 莫尔维奇（Carey K. Morewedge）及其同事在 2015 年发现，被试者在接受一次性培训干预（如教授缓解策略的教育视频和去偏差游戏）后，其 6 种认知偏差的发生率在第一时间和长达 3 个月后都有显著下降[10]。

认知偏差修正指的是修正健康人认知偏差的过程，也指针对焦虑、抑郁和成瘾的心理（非药物）疗法中一个不断扩大的领域，即认知偏差修正疗法（cognitive bias modification therapy）。该疗法是心理疗法中的一个分支，其基础是改变认知过程，无论是否伴有药物治疗和谈话治疗，有时该疗法也被称为应用认知处理疗法（applied cognitive processing therapies）。认知偏差修正可以指修正健康人的认知过程，而认知偏差修正疗法是一个不断发展的循证心理治疗领域，通过修正认知过程来缓解严重抑郁[11]、焦虑[12]和成瘾[13]带来的痛苦[14-15]。认知偏差修正疗法是一种技术辅助疗法，可在没有临床医生支持时通过计算机进行。该疗法结合了焦虑认知模型（cognitive model of anxiety）[16]、认知神经科学（cognitive neuroscience）[17]和注意力模型（attentional model）[18]的证据和理论。认知偏差修正疗法也被用来帮助那些有强迫症的人减少强迫观念和行为[19-20]。

作为产品经理、用户体验研究员和设计师、运营专员、增长专员等用户体验从业者，应该对认知偏差、习惯和社会习俗之间的关系（见图 4-7）进行深入的思考，并且通过了解和运用认知偏差知识来创造既让用户满意又平衡商业利益的双赢体验。但由于用户体验从业者本身也是人类，与用户有着同样的思考机制，因此在日常调研分析和设计的过程中也要警惕认知偏差的影响，不要因为某个方案倾注了自己的心血，就觉得它是最好的，而要不断深入了解用户，使用科学的验证方法来完善自己的构想，并持续迭代反思。

图 4-7　认知偏差、习惯和社会习俗之间的关系仍然是一个重要问题

4.8 SHELL 模型（1972 年）

笔者认为人因与工效学是与用户体验关系最为密切的学科，而一直以来在人因与工效学及用户体验所在的交叉学科领域都有一个重要的研究方向，就是如何防止或减少人为错误和人为失误的发生。在这方面，比较有代表性的理论有海因里希法则、事故三角形、海因里希多米诺理论和 SHELL 模型。其中，SHELL 模型主要适用于人因学中的一个研究历史悠久且成果颇丰的子领域——航空人因学（aviation human factors）。该模型对用户体验从业者进行日常工作具有一定的借鉴意义与启发价值。

SHELL 模型，也称为 SHEL 模型，是一个代表现代航空系统的人因概念模型，它阐明了航空人因学的范畴，强调人以及人与航空系统其他组件（组成部分）之间的接口[1]，有助于理解航空系统中资源、环境与人之间的人因关系[2-3]，还有助于解释航空环境中人为错误和人为失误的位置和原因[2-3]。SHELL 模型最初由人类工效学家、航空心理学家埃尔温·爱德华兹（Elwyn Edwards，1932 年—1993 年）于 1972 年提出[4-5]，后来由弗兰克·霍金斯（Frank Hawkins）于 1975 年修改为“积木式”（building block）结构[2]，如图 4-8 所示。

SHELL 是一个首字母缩略词，其中 S 指软件（software），H 指硬件（hardware），E 指环境（environment），L 指人件（liveware，即相关工作人员）。因为除了要描述人件与软件、人件与硬件、人件与环境之间的接口外，还要强调人件与人件之间的接口，所以在 SHELL 中 L 字母出现了两次。软件、硬件、环境和人件分别代表了航空领域人因研究的一个组成部分[6]。

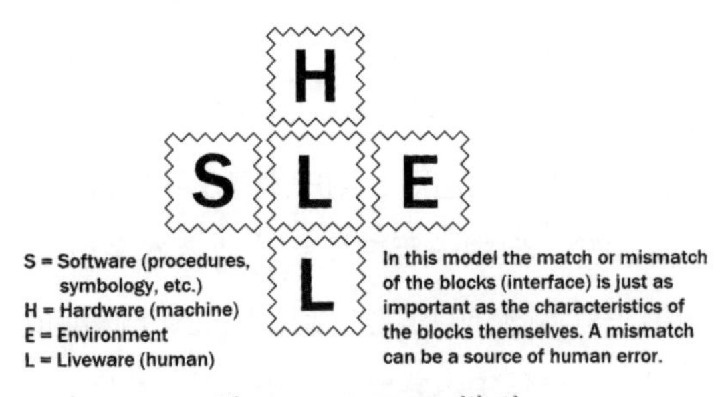

图 4-8　SHELL 模型

在 SHELL 模型中，软件指航空系统的非物质、无形元素，它决定着航空系统的运行方式和系统内信息的组织方式[2]，包括航空法律法规、指令、习惯和标准操作程序等，包含在诸如图表、地图、出版物和应急操作手册等内容中[7]。硬件指航空系统的有形元素，如飞机（控制装置、表面、显示器、功能系统和座椅）、操作设备、建筑物、车辆、传送带等[7-9]。环境指飞机和航空系统资源（软件、硬件、人件）

的运行环境[7-8]。人件指航空系统中人的因素或人员，如操作飞机的机组人员、客舱乘务员、地勤人员、管理和行政人员，人件考虑了人的表现、能力和局限性[10]。SHELL 模型的各个组件之间并不孤立，而是与中心人类组件相互作用的[11]。SHELL 模型指出了人与其他组件之间的关系，为航空系统的优化提供了一个框架。

SHELL 模型采用了一种系统视角，认为人很少（如果有的话）是发生事故的唯一原因[12]。这种系统视角考虑了航空系统中与人类操作员相互作用、影响操作员表现的各种环境因素和任务相关因素[12]。因此，SHELL 模型同时考虑了航空系统中的主动故障和潜在故障。在 SHELL 模型中，人的因素或人件处于中心或枢纽位置，是最关键、最灵活的组件，直接与其他组件（即软件、硬件、环境和人件）相互作用[2]。然而，中心人类组件块的边缘是变化的，以表示人类的局限性和表现的变化。因此，其他系统组件块必须仔细调整并与中心人类组件块相匹配，以适应人类的局限性，避免航空系统出现压力和故障（事件 / 事故）[2]。要实现这种匹配，就必须了解中心人类组件块的特点、一般能力和局限性，具体涉及以下 6 个方面：

（1）物理尺寸和形状：在航空工作场所和设备的设计中，人体测量是至关重要的因素[2]。设计决策必须考虑并满足人类维度（人种、年龄和性别等）和人口百分比[2]。飞机机舱设备、应急设备、座椅的设计，以及货舱的通道和空间要求，都与人的物理尺寸和形状有关。

（2）生存要素：人类需要食物、水和氧气等生存要素[2]。

（3）信息处理：人类在信息处理能力（如工作记忆能力、时间和检索考虑因素）方面存在局限性，这些局限性也会受到其他因素的影响，如动机、压力或高工作量[2]。飞机显示、仪表和警报 / 警告系统的设计需要考虑到人类信息处理的能力和局限性，以防止人为错误。

（4）输入特性：人类收集重要任务和环境相关信息的感官无法探测到所有可用的信息[3]。例如，由于光线不足，人眼无法在夜间看到物体，这对飞行员在夜间飞行时的表现会造成影响。除了视觉，其他感觉还包括听觉、嗅觉、味觉和触觉（运动和温度）。

（5）输出特性：输出涉及决策、肌肉动作和通信。设计应考虑的因素包括操作飞机门、舱口和货物设备所需的可接受的人力，可接受的控制运动方向，控制阻力和编码，以及语音通信程序设计中的语音特征[2]。

（6）环境忍耐力：人们只有在狭窄的环境条件范围（人类最佳表现所能承受的范围）内才能有效地发挥作用，因此人们的表现和健康受到物理环境因素的影响，如温度、振动、噪声、重力和一天中的时间，以及时区转换、枯燥 / 紧张的工作环境、高度和封闭空间等[2]。

4.9 GUI（1973 年）

用户图形界面（graphical user interface，GUI），与用户体验密切相关，是一种用户界面形式，它允许用户通过图形图标和音频指示器（而不是通过基于文本的用户界面、输入命令标签或文本导航）与电子设备进行交互。命令行界面需要用户在计算机键盘上输入命令，而 GUI 的出现正是为了避免产生这种陡峭的学习曲线[1-3]。大型 GUI 部件（如窗口）通常为网页、电子邮件或绘图等主要展示内容提供框架或容器。较小的 GUI 部件通常充当用户输入工具。

GUI 综合利用各种技术和设备，为用户提供了一个可以进行交互的平台，以完成收集和生成信息的任务。与 GUI 进行有效交互的人机接口设备包括计算机键盘（特别是与键盘快捷键一起使用）、指点设备（控制光标或指针）：鼠标、指点杆、触摸板、轨迹球、操纵杆、虚拟键盘和抬头显示器。良好的 GUI 设计与系统结构的关系较小，而与用户的关系更大。

GUI 从萌芽到普及，经历了几十年的时间。

1963 年，伊万・萨瑟兰（Ivan Sutherland）开发了 Sketchpad，它被公认为第一个图形化计算机辅助设计程序，是现在 CAD（即计算机辅助绘图）的先驱。它使用一支轻巧的笔，来创建和操作工程图纸中的对象，并实时协调图形。20 世纪 60 年代末，斯坦福研究所（Stanford Research Institute）在道格拉斯・恩格尔巴特（Douglas Engelbart）的领导下，开发了“在线系统”（On-Line System），使用基于文本的超链接，通过当时的新设备——鼠标进行操作。1968 年，在“所有演示之母”上，恩格尔巴特首次使用鼠标进行人与 GUI 的交互。

20 世纪 70 年代，Xerox PARC（施乐公司帕洛阿托研究中心）的研究人员，特别是艾伦・凯（Alan Kay），完善了恩格尔巴特的想法，将其扩展到图形领域，超越了基于文本的超链接，用 GUI 作为 Smalltalk 编程语言的主界面。大多数现代通用 GUI 都源自这一系统。Xerox PARC GUI 由窗口、菜单、单选按钮和复选框等图形元素组成，后来大卫・坎菲尔德・史密斯（David Canfield Smith）又引入了图标的概念，这些图形元素被称为 WIMP（即窗口、图标、菜单、指向设备）范式，给缺乏计算机操作技能的用户带来了极大的便利。这些努力使施乐公司于 1973 年推出世界上第一台带有 GUI 的计算机——Alto（见图 4-9）。1981 年，施乐公司最终以 Xerox Star（就是 Xerox 8010）的形式将 Alto 商业化。

苹果、数字研究（digital research）、IBM 和微软等公司在开发产品时采用了施乐公司的许多想法，IBM 公司的通用用户访问规范构成了微软公司 Windows、IBM 公司 OS/2 演示管理器以及 Unix Motif 工具包和窗口管理器的 GUI 基础。这些理念不断发展，形成了目前 Windows、macOS 和 Linux 等桌面环境中的界面。1983 年，苹果公司推出世界上第一款搭载 GUI 的个人计算机——Apple Lisa，提出了菜单栏和窗口控制的概念。1984 年，苹果公司又推出 Macintosh 个人计算机，使 GUI 首次流行。1992 年，微软公司发布 Windows 3.1，增加了多媒体支持。1995 年，微软公司发布 Windows 95，其窗口操作系统的外观基本定型，在市场上大获成功。2001 年，微软发布 Windows XP，实现了主题支持。苹果公司在 2007 年推出 iPhone[4]，在 2010 年推出 iPad[5]，这是移动设备发展的里程碑[6]，普及了多点触控屏幕的后 WIMP 交互方式。

图 4-9 Xerox Alto

截至 21 世纪 10 年代中后期，广为人知的 GUI 有：用于台式机和笔记本电脑的 Microsoft Windows 和 macOS 界面，以及用于手持设备的安卓、iOS、Windows Phone、塞班和黑莓 OS[7-8] 界面。除了通用 GUI，目前还广泛存在着各种满足垂直市场需求的特定 GUI。例如，自动取款机触摸屏、餐厅自助点餐机触摸屏[9]、超市自助结账机触摸屏、火车站和机场的自助售票机触摸屏、博物馆和公园等公共场所的信息亭触摸屏、掌上游戏系统的特定触摸屏，以及采用实时操作系统的嵌入式工业应用中的显示器或控制屏。

在人机交互领域，设计 GUI 的视觉构成和时间行为是软件应用程序设计的重要组成部分。它的目标是提高存储程序底层逻辑设计的效率和易用性，这是一门名为可用性的设计学科。以用户为中心的设计方法可确保设计中引入的视觉语言与任务相匹配。应用程序的可见图形界面功能有时被称为 Chrome 或 GUI[10-11]。通常情况下，用户通过操作可视化小部件（widgets）与信息进行交互，这些小部件允许进行与所持数据类型相适应的交互。精心设计的界面所选择的小部件可支持实现用户目标所需的操作。

在用于 GUI 开发的软件设计模式中，以 MVC（model-view-controller，即模型 – 视图 – 控制器）模式最为著名。其中，模型负责处理数据和业务逻辑，视图负责展示数据和用户界面，控制器负责协调模型和视图之间的交互。该模式允许采用灵活的结构，其中界面独立于应用功能，并与应用功能间接相连，因此很容易对 GUI 进行定制。这样，用户就可以随意选择或设计不同的界面，设计人员也可以根据用户需求的变化轻松改变界面。

4.10 库珀发明手机

（1973 年）

手机，也被称为移动电话（mobile phone）或蜂窝电话（cellphone），是一种便携式电话，与固定位置电话（座机电话）不同，当用户在电话服务区域内移动时，可通过射频链路拨打和接听电话。射频链路与移动电话运营商的交换系统建立连接，后者提供接入公共交换电话网（PSTN）的服务。现代移动电话服务采用蜂窝网络架构，因此在北美，移动电话被称为“蜂窝电话”。只提供基本功能的移动电话被称为功能手机；提供先进计算能力的移动电话被称为智能手机[1]。除了电话功能，智能手机还支持各种其他服务，如短信、多媒体消息、电子邮件、互联网接入（通过 LTE、5G NR 或 Wi-Fi）、短距离无线通信（红外、蓝牙）、卫星接入（导航、消息连接）、商业应用、视频游戏和数码摄影。

手机给人们带来便捷的通信方式，极大地改变了人们的生活，而无论是手机本身的功能和外观设计，还是手机搭载的各种 App 的功能设计，都是用户体验专业人员一展身手的舞台。在此，笔者想带着大家简要回顾一下手机的发展历程。

时至今日，手机的发明与演进，已然经历了 100 多年的历程。

1917 年，芬兰发明家埃里克·马格努斯·坎贝尔·泰格斯特（Eric Magnus Campbell Tigerstedt，1887 年—1925 年）申请了“口袋大小的折叠电话，带有一个非常薄的碳素麦克风”的专利。手机的早期前身包括来自轮船和火车的模拟无线电通信。第二次世界大战后，许多国家开始竞相研制真正的便携式电话设备。手机的演进可以追溯到连续的“几代”，从早期的第 0 代（0G，即 zeroth-generation）服务开始，例如贝尔系统（Bell System）的移动电话服务及其继任者改进的移动电话服务。然而，这些 0G 系统不是蜂窝系统，支持的同步呼叫很少，而且非常昂贵。

1973 年，摩托罗拉公司总裁兼首席运营官[2]约翰·弗朗西斯·米切尔（John Francis Mitchell，1928 年—2009 年）[3]和摩托罗拉公司工程师、“手持蜂窝电话之父”（father of the handheld cell phone）[4]、第一部手持蜂窝移动电话（handheld cellular mobile phone）的发明人马丁·库珀（Martin Cooper，1928 年—，见图 4-10）展示了重达 2 公斤（4.4 磅）[5]的世界上第一部手持蜂窝移动电话。1973 年 4 月 3 日，库珀在纽约市曼哈顿的人行道上进行了世界上首次公开的手持移动电话通话[6]。

1975 年，美国联邦通信委员会（FCC）确定了陆地移动电话通信和大容量蜂窝移动电话的频谱，为移动电话投入商用作好了准备。1979 年，日本电报电话公司（NTT，即 Nippon Telegraph and Telephone）在日本推出了世界上第一个商用自动蜂窝网络（1G）[7]。1981 年，北欧移动电话（NMT，即 Nordic Mobile Telephone）系统在丹麦、芬兰、挪威和瑞典同时推出[8]。其他几个国家随后在 20 世纪 80 年代初至中期跟进。这些第一代（1G）系统可以支持更多的同时呼叫，但仍然使用模拟蜂窝技术。1983 年，世界上第一款商用手持移动电话摩托罗拉 DynaTAC 8000X 面世了。

图 4-10　马丁·库珀

1991 年，第二代（2G）数字蜂窝技术（digital cellular technology）在芬兰由运营商 Radiolinja 基于 GSM 标准推出。GSM 标准是欧洲在欧洲邮政和电信会议（CEPT）上提出的一项倡议。法国和德国的研发合作证明了技术上的可行性，1987 年，13 个欧洲国家签署了一份谅解备忘录，同意在 1991 年之前推出商业服务。手机被认为是一项重要的人类发明，因为它一直是使用最广泛、销量最大的消费科技产品之一[9]。在一些地方，手机的普及速度很快，例如在英国，1999 年手机的总数超过了房屋的数量[10]。

2001 年，日本移动电话运营商 NTT DoCoMo 基于 WCDMA 标准推出了第三代（3G）数字蜂窝技术[11]。随后是基于高速分组接入（HSPA）系列的 3.5G、3G+ 或 turbo 3G 增强，使 UMTS 网络具有更高的数据传输速度和容量。国际上 3G 手机有 3 种制式标准：欧洲的 WCDMA 标准、美国的 CDMA2000 标准和由中国科学家提出的 TD-SCDMA 标准。到 2009 年，在某种程度上，3G 网络被带宽密集型应用（如流媒体）的增长所淹没[12]。因此，业界开始寻求数据优化的第四代（4G）技术——其速度比 3G 技术提高 10 倍。最早推出的两种商用 4G 技术是由运营商 Sprint 在北美推出的 WiMAX 标准和由运营商 TeliaSonera 在斯堪的纳维亚推出的 LTE 标准。

从 1983 年到 2014 年，全球移动电话用户增长到 70 多亿[13]。2016 年第一季度，全球最大的智能手机开发商是三星、苹果和华为；智能手机销量占手机总销量的 78%[14]。截至 2016 年，功能手机（feature phone）的销量最高的品牌是三星、诺基亚和阿尔卡特[15]。2018 年，全球超过 220 个国家的 50 亿用户使用 GSM。GSM（2G）已经演变成 3G、4G 和 5G。现今手机在全球范围内无处不在[16]，在世界上几乎一半的国家，超过 90% 的人口拥有至少一部手机[17]。

4.11 锚定效应（1974 年）

锚定效应（anchoring effect），又称沉锚效应、锚定陷阱（anchoring trap），是一种心理现象，也是一种认知偏差，指的是人们在做定量估测时，会不自觉地给予最初获得的信息过度的重视，这些信息被视为参考值，会像“锚”（anchor）一样制约着人们的判断和决策，而这个“锚”可能跟要估测的事物完全不相关。

一旦锚定的值被设置，人们所做的后续参数和估计可能会与没有锚定的情况有所不同。例如，如果一辆汽车 A 与一辆更贵的汽车 B（锚点）放在一起，人们就更有可能购买汽车 A。在买汽车谈价时，低于固定价格（锚点）的标价可能看起来是合理的，甚至会让买方觉得便宜，即使所标价格仍然相对高于该汽车的实际市场价值[1]。又如，在估计火星的轨道时，人们可能以地球的轨道（365 天）为锚点，以此开始向上调整，直到达到一个合理的值（通常小于 687 天，正确的答案）。再如，在《行为金融学杂志》（*Journal of Behavioral Finance*）上的一项对股票购买行为的研究发现[2]，投资者的首次股票购买价格会作为未来股票购买的锚点；而当投资者一开始只购买少量股票时，从长远来看，他们最终的累计投资会比较少。一个生活中常见的锚定效应的例子，如图 4-11 所示。

图 4-11　锚定效应的例子

关于锚定效应的最初描述来自于心理物理学（psychophysics）。当沿着一个连续体判断刺激（stimuli）时，人们注意到，第一个和最后一个刺激常被用来比较其他刺激——这也被称为“终点锚定”（end anchoring）。1958 年，对社会判断理论和现实冲突理论有所贡献的美籍土耳其裔社会心理学家穆扎费尔・谢里夫（Muzafer Sherif，1906 年—1988 年）等人在他们的文章《对判断的锚定刺激的同化和影响》（“Assimilation and Effects of Anchoring Stimuli on Judgments”）中将这一理论应用于态度[3]。

1974 年，以色列认知和数学心理学家阿莫斯・内森・特沃斯基（Amos Nathan Tversky）

和以色列裔美国作家、心理学家和经济学家、2002 年诺贝尔经济学奖得主丹尼尔·卡尼曼（Daniel Kahneman）基于一系列研究的结论，首次正式提出锚定效应。

在特沃斯基和卡尼曼最初的一项研究中，被试者被要求在 5 秒内计算数字 1 ～ 8 的乘积，被试者看到的算式要么是 1×2×3×4×5×6×7×8，要么是 8×7×6×5×4×3×2×1。因为被试者没有足够的时间来计算完整的答案，他们不得不在开始的几次乘法之后做出估计。当第一次乘法得到一个小答案时（因为这个序列从小数字开始），估计的中位数是 512；当序列从较大的数字开始时，估计的中位数是 2250（正确答案是 40320）。在这个例子中，第一次乘法的结果成了被试者心中无形的“锚”。

在特沃斯基和卡尼曼的另一项研究中，被试者被要求估计非洲国家在联合国的比例。在估计之前，被试者首先观察了一个轮盘赌（roulette wheel），这个轮盘赌被预定在 10 或 65 处停止。研究发现，轮子停在 10 的被试者的猜测值（平均 25%）低于轮子停在 65 的被试者的猜测值（平均 45%）[4]。在这个例子中，轮盘赌停住时所在的数值成了被试者心中的“锚”，尽管这个“锚”跟非洲国家在联合国的比例完全不相关。

在由以色列裔美国作家、杜克大学心理学和行为经济学（behavioral economics）教授丹·艾瑞里（Dan Ariely，1967 年—）负责的另一项研究中，他首先要求被试者写下他们社会安全码（social security number）的最后两位数字，并考虑他们是否会为那些他们不知道价值的东西支付这个数字的价格，比如葡萄酒、巧克力和计算机设备。然后，被试者被要求为这些物品出价，结果是，社会安全码最后两位数字比较大的被试者所提交的出价比那些社会安全码最后两位数字比较小的被试者的出价高出 60% ～ 120%。当被问及他们是否相信这个数字能说明物品的价值时，相当多的被试者说是的[5]。显然，在这个例子中，社会安全码最后两位数字成为了被试者心中的“锚”，而这个“锚”与葡萄酒、巧克力和计算机设备完全不相关[6]。

锚定效应对用户体验研究员和设计师、产品经理、运营专家、增长专家等用户体验从业者的日常工作是有实际指导意义的。大多数用户在做判断和决策时，都会基于以往的经历和经验，也就是说在用户心中会有一个“锚”，或者说是一种心理预期或操作预期，好与坏都是和这个“锚”对比之后产生的。正因为用户心中有“锚”，所以我们构建产品时不能过于背离用户心中的“锚”，否则可能导致产品的转化率不高。比如，根据以往的经验，用户会认为网页超链接一般都会用明显不同的颜色、粗体字和下画线标示——这些特征就是用户对网页超链接的认知“锚”，如果我们的设计过于背离这种预期，就会让用户看不懂、不会用，最后导致该网页超链接的点击率比较低，从而导致页面打开率、转化率也会相应比较低。

4.12 基本归因错误（1977 年）

图 4-12　基本归因错误

认知偏差是与我们的日常生活密切相关的心理学知识，作为一名用户体验从业者，应该对其有所了解。认知偏差种类丰富，已经被提出的就有几百种之多，在本书中，笔者挑选了几种重要的认知偏差给大家做简要介绍。在本章节中给大家介绍的认知偏差是基本归因错误（见图 4-12）。

在社会心理学中，基本归因错误（fundamental attribution error）也被称为对应偏差（correspondence bias）或归因效应（attribution effect），是一种认知归因偏差，即观察者低估行为者行为的情境和环境因素，而过分强调性格或人格因素。换句话说，观察者倾向于将他人的行为过多地归因于他们的个性（例如，他迟到是因为他自私），而过少地归因于情境或背景（例如，他迟到是因为堵车）。虽然人格特质和性格倾向在心理学中被认为是可观察到的事实，但基本归因错误之所以是一种错误，是因为它曲解了人格特质和倾向的影响。造成基本归因错误的一个主要原因是与情境因素相比，行为者的行为是更容易观察到的信息。

1967 年，美国社会心理学家爱德华・埃尔斯沃思・琼斯（Edward Ellsworth Jones，1926 年—1993 年）和维克多・哈里斯（Victor Harris）进行了一项实验[1]。他们根据对应推理理论（correspondent inference theory）提出假设，即人们会将明显是自由选择的行为归因于性格，而将明显是偶然导向的行为归因于情境。该假设受到了基本归因错误的干扰。

实验中，被试者阅读了一些支持和反对菲德尔・卡斯特罗（Fidel Castro）的文章。然后，他们被要求对这些文章作者们对卡斯特罗的支持态度进行评分。当被试者认为文章作者们可以自由选择支持或反对卡斯特罗的立场时，他们通常会认为喜欢卡斯特罗的人对卡斯特罗的态度更积极。然而，与琼斯和哈里斯最初的假设相矛盾的是，当被试者被告知文章作者们的立场是由抛硬币决定的时，他们对支持卡斯特罗的文章作者们的评价仍然是，平均而言，他们对卡斯特罗的态度比反对卡斯特罗的作者更积极。换句话说，被试者无法正确地看到情境约束对文章作者们的影响；他们无法避免将真诚的信念归因于文章作者们。

在琼斯和哈里斯进行上述实验的 10 年后，1977 年，加拿大裔美国社会心理学家李·大卫·罗斯（Lee David Ross，1942 年—2021 年）创造出了“基本归因错误”这个词语[2]，他在一篇颇受欢迎的论文中指出，基本归因错误构成了社会心理学领域的概念基石。包括丹尼尔·托德·吉尔伯特（Daniel Todd Gilbert，1957 年—）在内的一些心理学家用“对应偏差”来形容基本归因错误[3]。而其他心理学家则认为，基本归因错误和对应偏差是相关但独立的现象，前者是后者的常见解释[4]。有以下 4 种理论对基本归因错误进行了解释：

（1）公正世界谬误（just-world fallacy）。由梅尔文·J. 勒纳（Melvin J. Lerner，1929 年—）于 1977 年首次提出[5]，认为我们所处的世界是绝对公平的，所以一个人所获得的一切成功都是由于他付出了对应的努力而应得的，而一个人遭遇的所有不幸都是由于他自身存在问题所得到对应的处罚。公正世界谬误将失败归咎于性格原因，而不是情境原因（无法控制），满足了我们心理上的需求——我们相信世界是公平的，我们可以控制自己的生活，这样可以减少我们感知到的威胁[6-7]，从而带给我们安全感，帮助我们在困难和不安的环境中找到存在的意义[8]。

（2）行为者的显著性（salience of the actor）。我们倾向于将观察到的结果归因于吸引我们注意力的潜在原因。当我们观察他人时，人是主要的参照点，而情境则被忽视了，仿佛它只是背景而已。因此，对他人行为的归因更有可能集中在我们看到的那个人身上，而不是我们可能没有意识到的作用于那个人的情境力量上[9-11]。这种向内取向与向外取向的差异[12]说明了行为者与观察者之间的偏差。

（3）缺乏努力的调整（lack of effortful adjustment）。有时，即使我们意识到当事人的行为受到情境因素的制约，我们仍然会犯基本归因错误，这是因为我们没有考虑同时用行为和情境信息来描述行为者的性格特征[13]。我们需要深思熟虑，有意识地努力调整自己的推断，考虑情境限制。因此，当情境信息没有被充分考虑到时，未经修正的倾向性推断就会造成根本性的归因错误。这也解释了为什么人们在认知负荷较重时，即在处理情境信息的动力或精力不足时，会在更大程度上犯下基本归因错误[14]。

（4）文化。有些人认为文化差异会导致基本归因错误[15]——来自个人主义（西方）文化的人更容易犯基本归因错误，而来自集体主义文化的人则不那么容易犯这种错误。向日本和美国被试者展示卡通形象的研究表明，集体主义被试者可能更容易受到情境信息的影响（例如，在判断面部表情时更容易受到周围面孔的影响[16]）；而个人主义被试者更倾向于关注焦点对象，而不是情境[17]，这可能是因为个人主义被试者将自己和他人都视为独立的行为主体，因此更关注个人而非情境细节[18]。

4.13 BBS（1978 年）

BBS（bulletin board system，即电子公告板系统），也称为 CBBS（computer bulletin board service，即计算机公告板服务）[1]，是一种计算机系统，允许用户使用终端程序连接到该系统，在电信网络上交换信息和数据。在 BBS 上，用户可以上传和下载软件和数据，阅读新闻和公告，并通过公共留言板与其他用户交换信息；有些 BBS 提供聊天室，让用户相互交流；还有些 BBS 提供在线游戏，让用户在游戏中竞逐。在许多方面，BBS 都是现代万维网、社交网络和互联网其他方面的先驱，对现今的用户体验从业者打造互联网产品具有一定的启发意义。

1973 年，在加州伯克利启动的 Community Memory 系统是公共 BBS 的雏形。当时还没有实用的微型计算机，调制解调器又贵又慢。因此，该系统是在一台大型计算机上运行的，并通过旧金山湾区几个社区的终端进行访问[2-3]。20 世纪 70 年代末，商业系统开始出现，以 PLATO 系统为代表，它拥有成千上万的用户。1978 年，芝加哥地区计算机爱好者交流中心（CACHE）的成员沃德·克里斯滕森（Ward Christensen）和兰迪·苏斯（Randy Suess）创建了第一个 BBS，这是一个公共拨号 BBS，名为计算机化公告牌系统（CBBS，即 Computerized Bulletin Board System）[4-5]。在退役前，它共接通了 253301 个来电。

海耶斯（Hayes）公司推出的智能调制解调器掀起了第一波真正意义上的 BBS 系统浪潮。20 世纪 80 年代初，异步调制解调器的速度提升到 2400 比特/秒，这使 BBS 的普及率大幅上升。大多数信息使用普通 ASCII 文本或 ANSI 艺术（ANSI art，见图 4-13）来显示，但也有一些系统使用基于字符的 GUI。到 20 世纪 80 年代末，许多 BBS 系统都拥有大量的文件库，这吸引了大量用户为了文件而调用 BBS，并催生了一类新的 BBS 系统，专门用于文件上传和下载。

图 4-13　ANSI 艺术的例子

20 世纪 90 年代初，BBS 开始大受欢迎，出现了一些专门运营 BBS 软件的中型软件公司，BBS 的服务数量也达到了顶峰，并催生出 3 本月刊：《板块观察》（*Boardwatch*）、《BBS 杂志》（*BBS Magazine*），以及在亚洲和澳大利亚发行的《芯片与比特杂志》（*Chips'n Bits*

Magazine），这些杂志对软件和技术创新及其背后的人物进行了广泛报道，并列出了美国和世界各地的 BBS[6]。

与通常由第三方公司在商业数据中心托管的现代网站和在线服务不同，BBS（尤其是小型论坛）通常是在系统操作员的家中运行的。因此，访问可能并不可靠，而且在许多情况下，同一时间只能有一个用户访问系统。最早的 BBS 使用自制软件，通常由系统操作员自己编写或定制。1981 年，IBM 推出了第一台基于 DOS 的 IBM PC，DOS 很快成为运行大多数 BBS 程序的操作系统。直到20世纪90年代中期，MS-DOS一直是最流行的BBS操作系统。到1995年，许多基于 DOS 的 BBS 开始转向现代多任务操作系统，如 OS/2、Windows 95 和 Linux。

早期 BBS 使用简单的 ASCII 字符集（文本），而一些家用计算机制造商扩展了 ASCII 字符集，以利用其先进的色彩和图形功能。BBS 软件作者在软件中加入了这些扩展字符集，终端程序作者也在调用兼容系统时加入了显示这些字符集的功能。由椰子（Coconut）计算机公司制作的 COCONET BBS 系统，于 1988 年发布，仅支持 GUI，并可在 EGA/VGA 图形模式下运行，这使它在基于文本的 BBS 系统中脱颖而出。当时流行的在线图形是 ANSI 艺术，它将 IBM Extended ASCII 字符集的区块和符号与 ANSI 转义序列相结合，允许根据需要更改颜色，提供光标控制和屏幕格式化，还能发出基本的音乐。20 世纪 80 年代—90 年代初，大多数 BBS 都使用 ANSI 来制作精美的欢迎屏幕和彩色菜单，从而催生了一个完整的 BBS“艺术场景”亚文化。许多系统还尝试了基于 GUI 的界面，使用从主机发送的字符图形或者使用自定义的基于 GUI 的终端系统。

由于大多数早期的 BBS 都是由计算机爱好者运营的，因此它们通常以技术为主题，用户社区围绕硬件和软件展开讨论。随着 BBS 的发展，特殊兴趣板块也越来越受欢迎，在 BBS 中几乎可以找到所有的爱好和兴趣，包括音乐、约会和另类生活方式等。许多系统操作员还为整个 BBS（欢迎屏幕、提示、菜单等）定制了某种主题，常见的主题往往基于幻想，或者旨在给用户营造一种身临其境的幻觉，比如在疗养院里、在魔法师的城堡里或者在海盗船上。

20 世纪 90 年代初，低成本、高性能的异步调制解调器推动了在线服务和 BBS 的使用。1994 年，仅在美国就有 6 万个 BBS 为 1700 万名用户提供服务。20 世纪 90 年代中期，拨号互联网服务开始在美国各大学和研究实验室以外的普通公众中普及，价格低廉的拨号上网服务和马赛克网络浏览器的流行，导致美国 BBS 技术突然过时，其市场从 1994 年底到 1996 年初迅速消失。而在中国，BBS 起步稍晚。大约在 1991 年，中国上线了第一个 BBS。但直到 1995 年，随着计算机及外设大幅降价，BBS 才在中国被人们所认识。1996 年，发展迅速的中国 BBS 开始分化成免费和商业两种性质。其中的免费 BBS 大都是由志愿者进行开发的，不仅有利于用户在网上进行学习与交流，更有力地推动了中国计算机网络的健康发展，提高了广大计算机用户的应用水平。

4.14 三哩岛核事故（1979 年）

三哩岛核事故（Three Mile Island nuclear accident），又称三哩岛核泄漏事故，简称 TMI-2 事故，是指1979 年 3 月 28 日发生在美国宾夕法尼亚州伦敦德里镇萨斯奎哈纳河上的三哩岛核电站（TMI，即 Three Mile Island Nuclear Generating Station）2 号反应堆的一次部分堆芯熔毁事故（见图 4-14）。这是美国商业核电站历史上最严重的一次事故[1]，在 7 级制国际核事件分级表中被评为 5 级——具有更广泛后果的核事故[2-3]。

图 4-14 TMI-2，左边是冷却塔，右边是装有反应堆安全壳的乏燃料池

事发地靠近宾夕法尼亚州首府哈里斯堡（Harrisburg），从 1979 年 3 月 28 日凌晨 4 点开始[4-5]，事故反应堆向周围环境释放了大量放射性气体和放射性碘，并且无限期地保持着放射性，反应堆不得不永久关闭。这次事故致使核电站附近的居民惊恐不安，约 20 万人逃离该地区[6]，令全美震惊。事故发生后，美国各大城市的群众和正在修建核电站的地区的居民纷纷举行集会示威，要求停建或关闭核电站，这导致此后 30 多年美国都没建起新的核电站。

复盘后可以发现这次事故源于一个问题：一个冷却阀在释放压力后未能关闭，导致每分钟有 1000 多磅核废料泄漏。虽然问题本身不难解决，但其解决方案却因控制室的界面设计而变得复杂。这种界面设计，而不是问题本身，是困扰操作员并将局势推向核事故的关键因素。

这次事故能识别出来的第一个问题是系统状态不清的问题。当阀门灯熄灭造成阀门已成功关闭的误导后，混乱就出现了。实际上，阀门灯熄灭只是表明关闭阀门的命令已发出，并不能表明阀门已成功关闭。这凸显出用户体验经典理论尼尔森十大可用性原则之系统状态可见（visibility of system status）的重要性[7]——该原则强调需要给用户适当的反馈，以便让用户了解当前状态，并允许他们采取相应的行动。在这方面，三哩岛核电站的阀门灯设计有关键性缺陷，因为它导致操作人员误以为阀门已成功关闭，而实际上并没有。

另一个问题也涉及用户体验：控制室里的 2000 多个仪器中竟没有一个能显示出反应堆里的冷却剂数量，尽管当时已能实现智能计算，但工作人员只能通过测量反应堆内部压力来手动计算，这增加了不必要的复杂性和认知负荷。在此，如果能设计出能清晰显示冷却剂液位的指示器，就可以提高控制室的可用性，使操作员能快速了解反应堆的状态，而无须人工计算。

再一个问题是控制室混乱与认知过载。事发现场有数以千计的仪表、灯和开关，警示灯疯狂亮起，警报声不断响起，让操作员不知所措，而此时他们的注意力对找出问题原因至关重要。一位研究人员 [8] 指出，试图在一片闪烁的警示灯中找出问题之所在几乎是不可能的，“机器不仅产生了噪声，而且在操作员的脑海中产生了混乱” [9]。这种情况极有可能给操作员带来认知过载，因为他们工作记忆的容量和保存信息的时间有限，无法处理大量分心和需要注意的诊断问题 [10]。尽管有大量警告，但操作员会感觉自己就像缺乏信息的盲人和聋人。美国行为心理学家、用户体验专家苏珊·温琴克（Susan Weinschenk，1953 年—）[11] 认为，无法集中注意力意味着信息会从工作记忆中丢失，认知过载会影响表现和能力，这在高风险系统中尤其不可取。

为了弄清当时的情况，操作员只得“翻阅应急手册”，这表明该用户体验设计的溃败，因为设计良好的系统只需极少的外部指导。休斯敦大学教授威廉·利德维尔（William Lidwell）[12] 指出，“系统中盲点的数量使理解和解决问题变得极其困难”。该控制室的复杂系统显示出失败的多米诺效应——一个失败导致另一个失败，一个警示灯亮导致另一个警示灯亮。

那么，这样一起重大事故到底应归咎于人为错误（human mistakes）、设计缺陷（design flaws），还是应归咎于人为失误（human slips）？一块关于这场灾难的纪念牌上写着：“由于技术故障和人为失误，三哩岛 2 号反应堆发生了全美最严重的商业核事故。”显然，这里将责任部分地归咎于操作员的人为失误。但问题是，操作员如何在没有任何预警的情况下识别问题呢？特别是在现场有大量干扰性警报的情况下。所以，将该事故归咎于人为失误是不公正的。该事故更可能源于系统设计缺陷（会大概率造成人为错误），而不是源于偶然（人为失误）。温琴克 [11] 指出，无论系统的设计成本有多高，最大限度地减少人为错误的可能性都是至关重要的。

现代历史上一些著名的事故被归咎于人为失误是不公正的，因为这些事故在很大程度上受到设计缺陷（属于用户体验）的影响。当重要的设计理念和原则被忽视时，设计可能会产生巨大的、潜在的致命后果。美国加州大学圣地亚哥分校教授唐纳德·阿瑟·诺曼（Donald Arthur Norman）[13] 总结道：“人为差错（注：笔者认为人为差错分为人为错误和人为失误，这里指的是人为错误）通常是糟糕设计的结果：它应该被称为系统错误。”人不是机器，因此我们应引入以人为本的设计理念，充分考虑到人的认知能力，尽量减少发生问题的可能性，从而创造卓越的用户体验。

4.15 前景理论（1979 年）

历史上有很多学者研究过在风险及不确定性条件下的决策，提出的理论非常多，其中由匈牙利裔美国数学家、物理学家、计算机科学家约翰·冯·诺依曼（John von Neumann）和出生于德国的美国经济学家奥斯卡·摩根斯特恩（Oskar Morgenstern，1902 年—1977 年）于 1944 年提出的预期效用理论（expected utility theory）曾经是最常用的风险决策理论。

预期效用理论假定人们都是理性人（rational agents）。各人主观追求的效用函数不同、对各种可能性发生所认为的主观概率不同，导致了判断和决策因人而异。但为保持理性，效用函数必须具有一致性（同一结果有同样效用），主观概率也必须满足贝叶斯定理等概率论基本原理。预期效用理论是标准化模型，提供了数学公理化方法，解决了当面对风险选择时人们应该怎样行动的问题。但在 1970 年后，该理论不能解释众多异象，它的几个基础性公理与实验数据相悖，大量实证研究表明了人的决策的复杂性，亟须有新的理论来分析人的行为决策，这促使了一些解释在风险或不确定性条件下个人行为的理论的发展，前景理论就是其中之一。

20 世纪 70 年代，以色列裔美国心理学家和经济学家、2002 年诺贝尔经济学奖得主丹尼尔·卡尼曼（Daniel Kahneman）和以色列认知和数学心理学家阿莫斯·内森·特沃斯基（Amos Nathan Tversky）对风险决策进行了系统的实证研究，将来自于心理学研究的综合洞察力应用于经济学中，于 1979 年提出了关于风险决策的新理论——前景理论（Prospect Theory），也称为展望理论，认为人们基于不同的参考点，会有不同的风险态度[1]。该理论打破了理性人假设的桎梏，从风险与收益的关系入手进行实证研究，从人的心理特质、行为特征等方面揭示了影响选择行为的非理性心理因素，认为人们通常不是从财富的角度，而是从输赢的角度考虑问题，关心收益和损失的多少。

前景理论描述了人们如何以不对称的方式评估损失和收益。例如，对人们来说，失去 1000 美元带来的痛苦往往只能通过赚取 2000 美元带来的快乐来弥补。与预期效用理论（模拟完全理性人会做出的决定）不同，前景理论旨在描述人们的实际行为。“前景”一词最初指彩票的可预测结果，后来也用于预测其他行为和决策。对比可见，理性人假设下的预期效用理论属于传统经济学，是规范性的经济学，教导人们应该怎样做；而前景理论则属于行为经济学，是实证性的经济学，是最早使用实验方法建立的经济学理论之一，描述人们事实上是怎样做的。

前景理论源于“损失厌恶”（loss aversion），即人们会不对称地感到损失大于同等的收益，认为人们会从相对于某个参考点的收益和损失中总结出自己的效用。这个参考点对每个人来说都是不同的，是相对于他们各自情况而言的。因此，决策不是像理性人那样做出的（使用预期效用理论并选择最大值），而是在相对性而非绝对性的基础上做出的[2-3]（见图 4-15）。

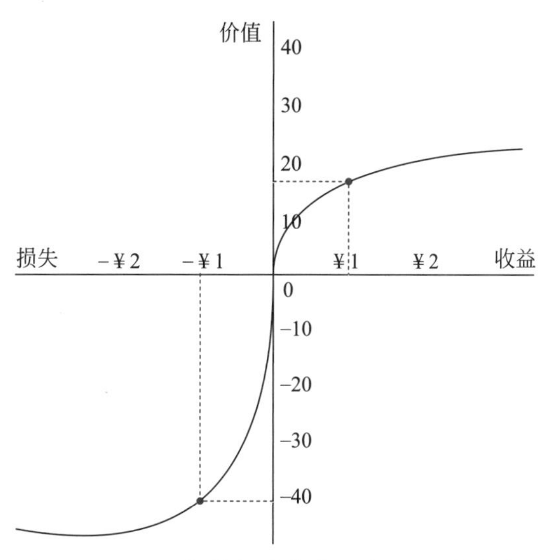

图 4-15　经过参考点的价值函数呈不对称的 S 形，损失比收益的价值函数更陡峭

考虑两种情况：①有 100% 机会获得 450 美元，或有 50% 机会获得 1000 美元；②有 100% 机会损失 450 美元，或有 50% 机会损失 1000 美元。前景理论认为：对于情况①，当面对收益时，人们是风险厌恶者，倾向于选择确定性结果（凹值函数），所以即使风险收益的预期效用更高，人们也会选择具有确定性的“有 100% 机会获得 450 美元”；而对于情况②，当面对损失时，人们会寻求风险，倾向于选择有可能避免损失的结果（凸值函数），所以即使预期效用较低，人们也会选择“有 50% 机会损失 1000 美元”，以保有避免损失的可能性。

由上述例子可见，前景理论与预期效用理论相悖。前景理论通过实验观测发现，人们的决策选择取决于结果与展望（即预期）的差距，而非结果本身。人们在决策时会在心里预设一个参考点，然后衡量每个结果是高于还是低于该参考点。对高于参考点的收益型结果，人们往往表现出风险厌恶，偏好确定的小收益；对低于参考点的损失型结果，人们又表现出风险喜好，希望靠好运来避免损失。而收益的凹性和损失的凸性意味着与钱少者相比，钱多者对固定数额收益的渴望较低，对固定数额损失的厌恶也较低。此外，前景理论还认为，人们会对大概率事件估计不足，而对小概率事件反应过度，人们可能会不自觉地把概率为 99% 的结果当作概率为 95%，而把概率为 1% 的结果当作概率为 5% 的结果，这导致了决策论中的阿莱悖论（Allais Paradox），是人们的真实心理反应，例如中彩票概率虽小，却总有人去做发财梦。

前景理论对用户体验工作启示颇多：①营销方案应明确而实在，避免用户产生风险厌恶情绪；②不应轻易取消营销措施，应提供替代方案，避免用户感到吃亏；③营销措施应有持续性，人们对损失比对收益更敏感，与其停止优惠招致不满，还不如当初就不优惠；④多项营销措施，应分别推出；⑤多项价格上调，应一起推出；⑥一个大的好消息和一个小的坏消息，应一起推出；⑦一个大的坏消息和一个小的好消息，应分别推出。

4.16
PARC
（20世纪70—80年代）

PARC（Palo Alto Research Center，即帕洛阿托研究中心），是一家位于加州帕洛阿托（Palo Alto）的研发公司[1]，也是人机交互、交互设计、GUI（图形用户界面）等与用户体验密切相关的概念和技术的孵化者，对计算机的发展做出过卓越贡献，值得给大家介绍一下。

PARC由美国物理学家、施乐（Xerox）公司首席科学家雅各布·高德曼（Jack Goldman，1921年—2011年）创立于1969年。它最初是施乐公司的一个部门，负责创建计算机技术相关产品和硬件系统[2-3]。1970年7月1日，PARC正式开业[3]。该研究中心与施乐公司位于纽约州罗切斯特市的总部有3000英里（1英里≈1.61公里）的距离，这给了科学家们很大的自由来开展工作。

早年，由于美国国防部高级研究计划局（DARPA，即Defense Advanced Research Projects Agency）、美国国家航空航天局（NASA，即National Aeronautics and Space Administration）和美国空军的资助开始减少，PARC在西海岸的位置帮助它从附近的斯坦福研究所增强研究中心（SRI ARC）雇佣了许多员工。通过在斯坦福研究园区租赁土地，PARC鼓励斯坦福大学研究生参与其研究项目，并鼓励其科学家与学术研讨会和项目合作。

20世纪70—80年代，PARC在计算机领域做出了很多开拓性贡献。这些贡献大部分是在罗伯特·威廉·泰勒（Robert William Taylor，1932年—2017年）的领导下取得的。泰勒从1970年到1977年担任PARC的计算机科学实验室副主任，从1977年到1983年担任主任。作为施乐公司最为出名的研究机构，PARC为随后大范围普及的个人计算机的设计形态和交互逻辑定下了基调。泰勒作为一名训练有素的心理学家和工程师，带领团队构建出了人机交互领域最重要也是最普及的工具，包括GUI和鼠标。随后苹果公司CEO史蒂夫·乔布斯（Steve Jobs）和微软公司CEO比尔·盖茨（Bill Gates）先后访问了PARC，参考了施乐之星的设计，为苹果公司和微软公司开辟了通往未来之路。

PARC的许多概念和技术在长达20多年的时间跨度里都是计算机行业的标杆，始终处于计算机发展的核心位置，一直没有被同行赶上或超越，这在快节奏的高科技世界里堪称奇迹。PARC发明和孵化了许多与现代计算机相关的元素，包括：①激光打印机[3]，②计算机生成的位图（bitmap）图形，③以拟物化的窗口和图标为特色、用鼠标操作的GUI[3]，④名为 Bravo 的所见即所得（WYSIWYG）的模态文本编辑器 [4]，⑤名为 Interpress 的与分辨率无关的图形页面描述语言，是 PostScript 的前身，⑥作为局域计算机网络的以太网（Ethernet）[3]，⑦在 Smalltalk 编程语言和集成开发环境中形成的面向对象编程（OOP），⑧ Self 编程语言中基于原型的编程，⑨模型 – 视图 – 控制器软件体系结构，⑩名为 AspectJ 的 Java 编程语言的面向方面编程（AOP，即 aspect-oriented programming）扩展，⑪ 普适计算（ubiquitous computing），⑫ 电子纸，⑬ 非晶硅（a-Si，即 amorphous silicon）应用，⑭ 半导体大规模集成电路（VLSI）。其中，以激光打印机、以太网、图形用户界面、拟物化的窗口和图标、计算机鼠标、面向对象编程和半导体大规模集成电路最为著名。

然而，施乐公司一直受到来自于商业历史学家的严厉批评，因为它没有正确地将 PARC 的创新商业化，也没有利用 PARC 的创新获利 [5]。一个广为流传的例子是关于 GUI 的，GUI 最初是 PARC 为施乐阿托计算机（Xerox Alto）开发的，最后作为施乐之星（Xerox Star）的重要功能而出售。它对未来的系统设计产生了重大影响，但在商业上却是失败的。另一个例子是，PARC 的一个由大卫·利德尔（David Liddle）和查尔斯·伊尔比（Charles Irby）领导的小组成立了隐喻（Metaphor）计算机系统，将星形桌面概念（star desktop concept）扩展为动画图形和通信办公自动化模型，但最后却草草出售给了 IBM。微软公司 CEO 盖茨曾表示，施乐公司的 GUI 对微软公司和苹果公司都产生了影响。苹果公司 CEO 乔布斯也曾说：“施乐公司本可以拥有整个计算机行业，本可以成为 20 世纪 90 年代的 IBM 或微软。”[6-7] 施乐公司的管理层没有看到 PARC 诸多发明的潜力，致使许多 GUI 工程师离开 PARC 而加入了苹果公司。

在 PARC 的杰出研究人员中，共有 4 位获得过世界计算机领域最高奖图灵奖，他们是 1992 年获奖的巴特勒·兰普森（Butler Lampson，1943 年—）、2003 年获奖的艾伦·凯（Alan Kay）、2009 年获奖的查尔斯·萨克（Charles Patrick Thacker，1943 年—2017 年）和 2022 年获奖的罗伯特·梅特卡夫（Robert Melancton Metcalfe，1946 年—）。

2002 年，在作为施乐公司的一个部门工作了 30 年后，PARC 转型为施乐公司的独立全资子公司 [8]。2020 年 PARC 鸟瞰图，如图 4-16 所示。2023 年 4 月，施乐公司将 PARC 及其相关资产捐赠给了斯坦福国际咨询研究所（SRI International）——这是一家总部位于美国加州门洛帕克（Menlo Park）的非营利性科研机构和组织，其前身为斯坦福研究所。作为交易的一部分，施乐公司将把大部分专利权保留在 PARC，并从与 SRI/PARC 的优先研究协议中受益 [9]。

图 4-16　2020 年 PARC 鸟瞰图

4.17
MS-DOS 磁盘操作系统
（1980 年）

MS-DOS（Microsoft disk operating system）是一个主要由微软公司开发的基于 x86 的个人计算机磁盘操作系统，对现今与用户体验密切相关的个人计算机操作系统和手机操作系统都影响至深。在美国微软公司推出 Windows 1.0、Windows 3.0、Windows 95 以前，DOS 是 IBM PC 及兼容机中的最基本配备，而 MS-DOS 则是个人计算机中最普遍使用的 DOS 操作系统。

1980 年，美国西雅图计算机产品（Seattle Computer Products）公司的一名 24 岁程序员蒂姆・帕特森（Tim Paterson，1956 年—）只花费了 4 个月时间就编写出了由 4000 行汇编代码组成的 86-DOS 操作系统。之所以在这么短的时间内就完成了编写，主要是因为 86-DOS 基本上是数字研究（Digital Research）公司的 CP/M（用于 8080/Z80 处理器）的克隆，只是移植到 8086 处理器上运行而已。86-DOS 的第一个版本于 1980 年 8 月发布[1]。

当时，微软公司需要为 IBM 公司的个人计算机开发一个操作系统[2-3]，于是在 1981 年 5 月聘请了帕特森，并于 1981 年 7 月以 75000 美元从西雅图计算机产品公司购买了 86-DOS 1.10。微软公司保留了 86-DOS 的版本号，但将其重命名为 MS-DOS。MS-DOS 被改进成一个可以在任何 8086 系列计算机上运行的操作系统。每台计算机都有自己独特的硬件和自己的 MS-DOS 版本，类似于 CP/M 的情况，MS-DOS 模仿与 CP/M 相同的解决方案以适应不同的硬件平台。为此，MS-DOS 被设计成具有内部设备驱动程序（DOS BIOS）的模块化结构，最小限度地用于主磁盘驱动器和控制台，与内核集成并由引导加载程序加载，也可以通过其他设备的可安装设备驱动程序在引导时加载并集成。微软公司将 MS-DOS 1.10/1.14 授权给 IBM 公司，IBM 公司在 1981 年 8 月将其命名为 PC DOS 1.0，作为其个人计算机 IBM 5150 或 IBM PC 的三种操作系统之一[1,4]。

最基本的 MS-DOS 系统，由一个基于主引导记录的 BOOT 引导程序和 3 个文件模块组成。这 3 个模块是：输入输出模块（IO.SYS）、文件管理模块（MSDOS.SYS）及命令解释模块（COMMAND.COM）。不过在 MS-DOS 7.0 中，MSDOS.SYS 被改为启动配置文件，而 IO.SYS 增加了 MSDOS.SYS 的功能。除此之外，微软还在零售的 MS-DOS 系统包中加入了若干标准的外部程序（即外部命令），这才与内部命令（即由 COMMAND.COM 解释执行的命令）一同构建起一个在磁盘操作时代相对完备的人机交互环境。MS-DOS 一般使用命令行界面来接受用户的指令，不过在后期的 MS-DOS 版本中，DOS 程序也可以通过调用相应的 DOS 中断来进入图形模式，即 DOS 下的图形界面程序。早期版本的 MS-DOS 为 FAT12 与 FAT16，从 MS-DOS 7.0 开始，尤其是 MS-DOS 7.10 版本则已全面支持 FAT32、长文件名和大硬盘等。

MS-DOS 共经历了 8 个版本，直到 2000 年停止开发。最初，MS-DOS 针对的是在使用软盘的计算机硬件上运行的英特尔 8086 处理器，它不仅可以存储和访问操作系统，还可以存储和访问应用软件和用户数据。渐进式版本发布提供了对更大尺寸和格式的其他大容量存储介质的支持，以及对较新的处理器和快速发展的计算机体系结构的附加功能支持。

从 20 世纪 80 年代起，MS-DOS 出现在包括 Windows 1.x、Windows 2.x、Windows 3.x，一直到 Windows 9.x/Me 系列的几代图形化的微软 Windows 操作系统中。早期版本的 Windows，如 16 位版本的 Windows（3.11 之前）是在 MS-DOS 基础上运行的 GUI（图形用户界面）。在 Windows 95、98 和 Me 系统中，MS-DOS 的作用被微软简化为引导加载器，MS-DOS 程序在 32 位 Windows 中的虚拟 DOS 机器中运行，而直接引导到 MS-DOS 的功能则被保留下来，作为需要以真实模式访问硬件的应用程序的向后兼容选项，这在 Windows 中通常是不可能实现的[5]。

只有 Windows NT 系列不需要 MS-DOS，但 Windows NT 在 2000 年之前并不流行。Windows NT 引入的命令提示符虽然不是 MS-DOS，但与 MS-DOS 共享某些命令。在 Windows 2000 之前，用户界面和图标一直沿用 MS-DOS 原生界面（见图 4-17）。一直到 Windows 2000（NT 5.0）、Windows XP（NT 5.1），Windows Vista（NT 6），Windows 7（NT 6.1）等提供 GUI 的操作系统问世，MS-DOS 才逐渐被边缘化。时至今日，各个版本的微软 Windows 操作系统仍然还有一个 MS-DOS 或类似 MS-DOS 的命令行（command-line）界面，称为 MS-DOS 提示符（MS-DOS Prompt），它将输入重定向到 MS-DOS，并将 MS-DOS 的输出重定向到 MS-DOS 提示符或者命令提示符（Command Prompt）。它可以在同一个命令行会话中运行许多 DOS 和各种 Win32、OS/2 1.x 和 POSIX 命令行实用程序，允许在命令之间进行管道连接。

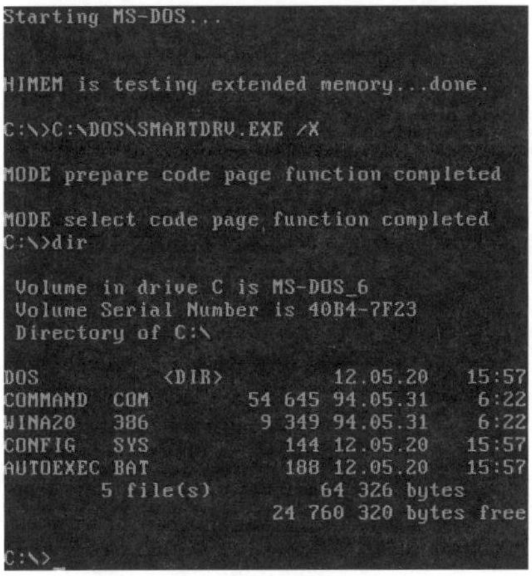

图 4-17 MS-DOS 界面

MS-DOS 是使微软公司从一家编程语言公司发展成为一家多元化软件开发公司的关键产品，为微软公司提供了必不可少的收入和营销资源。它也是早期版本的 Windows 作为 GUI 运行的底层基本操作系统。从 20 世纪 80 年代初往后的 30 多年里，由 Wintel 架构（是英特尔公司推出的微处理器和微软公司推出的操作系统的合称）全面取代了 IBM 在个人计算机领域的主导地位，Wintel 架构的发展史几乎等同于这 30 年间世界个人计算机的发展史。

4.18
禀赋效应
（1980 年）

在心理学和行为经济学中，禀赋效应（endowment effect），又称为剥夺厌恶（divestiture aversion），是一种认知偏差，与社会心理学中的单纯所有权效应（mere ownership effect）有关[1]，指当一个人拥有某项物品或资产时，他对该物品或资产的价值评估要大于没有拥有这项物品或资产时。如果要用一个中文成语来形容禀赋效应，那就是“敝帚自珍”。换言之，人们更有可能保留自己拥有的物品，而不是在不拥有该物品时获得该物品[2-5]。禀赋效应是对用户体验专业人士的日常工作有启发意义和“实战”价值的心理学效应。

禀赋效应通常用两种范式来说明[3]：评估范式和交换范式。在评估范式（valuation paradigm）中，人们获得一件物品的最大支付意愿（WTP，即 willingness to pay）通常低于他们拥有同一件物品时愿意接受的最低放弃意愿（WTA，即 willing to accept），即使没有依恋的原因，或者即使该物品是几分钟前才获得的[5]。在交换范式（exchange paradigm）中，获得一种商品的人们不愿意用它交换成另一种价值相似的商品。例如，首先得到一支钢笔的被试者通常不愿意把这支钢笔交换成等值的咖啡杯，而首先得到一个咖啡杯的被试者通常也不愿意把这个咖啡杯交换成等值的钢笔[6]。

禀赋效应最早可追溯至古希腊时期。古希腊哲学家亚里士多德（Aristotle，公元前 384 年—公元前 322 年）在《尼各马可伦理学》第九卷（*The Nicomachean Ethics Book IX*）中就写道：“因为大多数东西在拥有者和希望得到者眼中的价值是不同的：属于我们的东西和我们送出的东西对我们来说总是非常珍贵的。”心理学家早在 20 世纪 60 年代就注意到消费者 WTP 和 WTA 之间的差异[7-8]。

图 4-18　理查德·塞勒

“禀赋效应”一词最早是在 1980 年由美国经济学家、芝加哥大学布斯商学院行为科学与经济学教授、2015 年美国经济学会主席、因对行为经济学的贡献而获得 2017 年诺贝尔经济学奖的理查德·塞勒（Richard H. Thaler，1945 年—，见图 4-18）提出的，是指机会成本的权重偏低，当消费者禀赋中的商品比非禀赋中的商品更受重视时，消费者在选择过程中产生的惯性[9]。塞勒提出过很多著名的“非理性行为”理论，除了禀赋效应外，他还提出过沉没成本谬误和心理账户等理论。塞勒对禀赋效应的概念化与公认的经济理论形成了强烈对比，后者假设人类在做决定时是完全理性的。塞勒通过对比鲜明的观点，能够对人类如何做出经济决策提供更清晰的理解 [10]。在随后几年里，研究人员对禀赋效应进行了广泛调查，产生了大量有趣的实证和理论发现 [11]。

关于禀赋效应最著名的例子之一来自丹尼尔·卡尼曼（Daniel Kahneman）、杰克·克内什（Jack Knetsch）和理查德·塞勒的一项研究 [5]，他们给康奈尔大学的本科生一个马克杯，然后让他们有机会卖掉它，或者用它来换取同等价值的替代品（钢笔）。卡尼曼等人发现，当被试者确定拥有马克杯的所有权之后，再想从被试者手里买走马克杯时，被试者所要求的补偿金额大约是他们愿意为购买马克杯所支付的金额的两倍。再举一个例子，2010 年《经济学人》（*The Economist*）杂志上讨论的侯赛因（Hossain）和李斯特（List）的研究 [12] 表明，工人为保持对临时奖金的所有权而付出的努力，要比他们为获得潜在的、尚未发放的奖金而付出的努力大。除了这些例子外，在不同的群体中，使用不同的商品 [11] 也观察到了禀赋效应，这些群体包括儿童 [13]、类人猿 [14] 和猴子 [15]。

禀赋效应是前景理论的应用，常常用于行为经济学的分析中，可以用行为经济学中与所有权相关的损失厌恶（loss aversion）理论来解释，该理论认为一定量的损失给人们带来的效用降低要多过相同的收益给人们带来的效用增加。由于禀赋效应，人们在决策过程中往往会产生偏见——对利害的权衡是不均衡的，对“避害”的考虑远大于对“趋利”的考虑，出于对损失的畏惧，人们在出卖物品或资产时，往往会索要比物品或资产本身价值更高的价格。禀赋效应的存在会导致买卖双方的心理价格出现偏差，从而影响市场效率。

除了损失厌恶理论外，还有几种理论也对禀赋效应做出了解释。其中，伊利诺伊大学芝加哥分校（University of Illinois at Chicago）市场营销学教授大卫·盖尔（David Gal）提出了禀赋效应的心理惯性（psychological inertia）解释 [16-17]。在这种解释中，卖方要求的出售价格高于买方愿意支付的价格，因为双方对物品都没有一个明确的、精确的估价，因此存在一个价格范围，在这个范围内，买卖双方都没有多少动力进行交易。例如，在卡尼曼等人 1990 年的经典马克杯实验中，卖家要价约 7 美元来出售他们的杯子，而买家平均只愿意支付约 3 美元来购买一个杯子，在这之间存在一个价格范围（4 美元到 6 美元），使买家和卖家没有太多动力去购买或出售这个杯子。因此，买卖双方出于惯性而维持现状。不过，相对高价（7 美元或更高）一旦出现，就会促使卖家出售杯子；相对低价（3 美元或更低）一旦出现，就会促使买家购买杯子。

4.19
沉没成本谬误
（1980 年）

在经济学和商业决策中，沉没成本（sunk cost），也称为追溯成本（retrospective cost）是指已发生且无法收回的成本[1-2]。沉没成本与预期成本形成对比，后者是如果采取行动就可以避免的未来成本[3]，而沉没成本则是一种历史成本，是过去已支付的款项，与现有决策不再相关，对现有决策而言是不可控成本，却会在很大程度上影响人们的行为方式与决策。

根据古典经济学和标准微观经济学理论，只有预期（未来）成本与理性决策有关[4]。在任何时候，唯一重要的都是未来的结果[5]，过去的错误与此无关[6]。无论什么决定，在做出之前该发生的成本都已发生了。已发生的费用只是造成当前状态的某个因素，当前决策所应考虑的是未来的费用及收益，而不应考虑以往的费用。换言之，人们不应让沉没成本影响决策，沉没成本与理性决策无关。例如，如果某项目最初预计价值是 1 亿元，但在花费了 3000 万元之后，预计价值降到了 6500 万元，那么这时决策者就应放弃该项目，而不应追加 7000 万元来完成它。相反，如果该项目预计价值降到了 7500 万元，那么就应继续实施该项目。这就是所谓的“既往不咎原则”（bygones principle）[5,7] 或“边际原则”（marginal principle）[8]。

现实世界的行为并不总是符合既往不咎原则，沉没成本经常影响决策[9-10]。尽管经济学家认为沉没成本与未来的理性决策不相关，但人们在日常生活中经常会把以前在修理汽车或房屋等情况下的支出纳入他们未来对这些财产的决策中。人们认为用沉没成本证明进一步的支出是合理的[11]；人们表现出“一旦投入了金钱、精力或时间，就更倾向于继续下去”[12-13]，这就是沉没成本谬误（sunk cost fallacy），又被称为沉没成本效应（sunk cost effect）、协和谬误（Concorde fallacy，如图 4-19 所示，尽管协和飞机经济效益差，但是英国和法国无法脱身，仍继续为此提供资金），是一种认知偏差，由芝加哥大学行为科学与经济学教授、诺贝尔经济学奖得主理查德·H. 塞勒（Richard H. Thaler）于 1980 年提出。

图 4-19　协和飞机

沉没成本谬误可以被描述为“把好钱扔到坏钱后面”[9,14]，同时拒绝止损[9]。人们会继续维持一段失败的关系，因为他们“已投入了太多而不能离开”。陷入沉没成本谬误中的人，忽略了现在的选择并不能纠正既往的事实，他们过于关注过去消耗的金钱、精力、时间，而不关心未来的结果。雷戈（Rego）等人指出，沉没成本谬论存在于承诺关系中。他们设计的两个实验表明：在一段关系中投入了金钱和精力的人更有可能维持而不是结束这段关系；虽然人们在一段关系中投入了足够的时间，但他们倾向于投入更多的时间[15]。这意味着人们陷入了沉没成本谬误。虽然人们在规划未来的时候应该忽略沉没成本，做出理性的决定，但是金钱、精力和时间往往会让人们继续维持这种关系，相当于继续投资已失败的项目。

沉没成本谬误常被用于分析商业决策。例如，品牌推广的成本通常无法收回，不可能“降级”品牌以换取现金。再如，研发成本一旦支出，就会沉淀下来，不应对未来的定价决策产生影响。制药公司以需要收回研发成本为理由，来为药品的高定价进行辩护是荒谬的。药品的研发成本和收回这些成本的能力是制药公司决定是否将资金投入研发的因素，但与药品定价高低无关。沉没成本谬误可能导致成本超支，常见于对价值降低或失去价值的项目的投资。例如，如果已投资2000万元建造的发电厂尚未完工，那么现在发电厂的价值就是零，因为未完工意味着很难出售或回收投资。决策者可以再花1000万元将发电厂建成，也可以放弃它再建造其他设施。后者很可能是更理性的决定，但这往往意味着承担原始支出（沉没成本）的全部损失。

行为经济学的证据表明，沉没成本谬误可能反映了对效用的非标准衡量，而效用归根结底是主观的，是个人独有的。沉没成本谬误背后至少有4个特定的心理因素：①框架效应（framing effect），即人们会根据选项的积极或消极含义来做出选择；②过度乐观的概率偏差，即在投资后，对投资收益红利的评估会增加；③个人责任的必要条件，沉没成本似乎主要作用于那些对被视为沉没成本的投资负有责任的人；④不想显得浪费，人们之所以希望把好钱投到坏钱上，一个原因是，如果停止投资，就等于承认之前投资的钱是浪费了。

沉没成本谬误作为经典的行为经济学和心理学理论，在用户体验工作中有很大的施展空间。例如，我们在进行问卷调查时，往往需要问用户一些人口统计学（demographic）问题（如年龄、性别等），而用户通常不太愿意回答这类问题。所以我们应把这类问题放在问卷的最后部分。这时用户如果不愿回答，就无法完成问卷，用户从珍视自己已回答的劳动成果（为此付出的精力和时间就是沉没成本）、不愿放弃沉没成本的角度出发，一般就会把这些人口统计学问题答完，然后提交问卷。这样，我们就能大大提高问卷的回收率。

4.20
心理账户
（1980 年）

心理账户（mental accounting 或 psychological accounting）是能够指导用户体验日常工作的经典理论，由芝加哥大学行为科学与经济学教授、诺贝尔经济学奖得主理查德·H. 塞勒（Richard H. Thaler）于 1980 年提出。它是一个行为经济学概念，也是一种消费者行为模型，用来描述人们在心理上对经济结果进行编码、分类和评估的过程[1]，解释人们为什么会受到“沉没成本谬误”的影响——由于心理账户的存在，消费者在做消费决策时往往会违背一些简单的经济运算法则，做出非理性的消费行为。

1985 年，塞勒发表了《心理账户与消费者行为选择》（“Mental Accounting and Consumer Choice”）一文[2]，阐述了心理账户理论，分析了心理账户如何导致人们违背最简单的经济规律。他认为，小到个体、家庭，大到企业集团，都有或明确或潜在的心理账户系统。在做经济决策时，这种心理账户系统常常遵循一种与经济学运算规律相悖的潜在心理运算规则，其心理记账方式与经济学和数学的运算方式都不相同，因此经常以非预期的方式影响决策，使决策违背最简单的理性经济法则。塞勒提出，人们在心理运算过程中并不是盲目追求理性认知上的效用最大化，而是追求情感上的满意最大化，也就是说情感体验在人们的决策中起着重要作用。

1999 年，塞勒发表了《心理账户很重要》（“Mental Accounting Matters”）一文，对近 20 年的心理账户研究进行了全方位总结。他认为，心理账户是人们在心理上对经济结果的编码、分类和估价的过程，揭示了人们在进行资金决策时的心理认知过程。心理账户有 3 个部分最值得关注：①对决策结果的感知以及决策结果的制定和评价，心理账户系统提供了决策前后的收益与损失分析；②特定账户的分类活动，根据来源和支出，资金被划分成不同类别（住房、食物等），消费行为有时要受制于特定账户的预算，不同账户有不同用途，不可相互混淆替代；③账户评估频率，账户可按每天、每周或每年的频率来权衡，时限可宽可窄。

心理账户结合了前景理论（prospect theory）和交易效用理论（transactional utility theory）的概念，以评估人们如何以心理账户的形式区分财务资源，这反过来又影响购买者决策过程和对经济结果的反应[3]。研究表明，人们建立心理账户是一种自我控制策略，用来管理和记录支出和资源变动[4]。人们把钱存进心理账户中，用于消费支出（如支付煤气费、水电费以及购买衣服）[5]或储蓄（以实现更大目标，如攒钱买房）[6]。这导致人们对某些心理账户表现出更大的损失厌恶，从而造成认知偏差，使人们系统性地偏离理性。通过加深对心理账户的认识，可以更好地理解人们基于不同资源的决策差异，以及基于相似结果的不同反应。

塞勒认为，心理账户影响消费的一个主要心理机制是它对支付之痛（pain of paying）的影响，而支付之痛是与经济损失相关的负面情绪，例如当人们看到出租车计价器上的金额增加时，会产生不愉快的感觉。在考虑一项支出时，消费者会将该支出与它所在的账户金额做比较[7]，支出与账户金额的比值越大，支付之痛就越大。例如，买一件衣服要花 30 美元，从钱包中的 50 美元中提取时的支付之痛，主观上就比从支票账户中的 500 美元中提取时要大。

塞勒指出，心理账户有两个主要原则：得失分离（即收益和损失分离）原则和账户参考点原则[8]。得失分离原则是指人们倾向于将收益和损失划分到不同的心理账户中，而不是合并到整体账户中。账户参考点原则是指人们倾向于根据同一心理账户中的先前结果来设定当前决策的参考点，因此在确定整体效用时，先前结果的影响会融入到当前决策中。例如，赌徒们更倾向于在当天的最后一场赌博中进行冒险投注[8]。这是因为赌徒们先把当天的收益和损失分隔到不同的账户中，再把收益和损失整合到一个账户中[8]，在一天结束时进行冒险投注体现出损失厌恶——赌徒试图平衡他们的日常账户。

心理账户一直被用于解释消费者行为，特别是在刷卡消费和捆绑定价等方面。一个例子是，消费者在使用信用卡时比使用现金时愿意支付更多的钱[9]（见图 4-20）。刷信用卡延后了付款日期，并将其整合到一个较大的金额[10]。这种延后导致付款在我们的记忆中不那么清晰显著，而且人们不再孤立地看待付款——这被看作是对本已很大的信用卡账单的相对小幅增加，比如是从 1200 美元到 1205 美元的变化，而不是常规的支付 5 美元，因此支付之痛减少了。心理账户有助于营销人员进行捆绑定价和产品分离。当损失被整合、收益被分离时，客户会对营销措施做出更积极的反应。例如，当汽车经销商将可选功能捆绑到一个价格中，但将捆绑中的每项功能（如天鹅绒座套、铝合金轮毂、防盗车锁）分开时，就能从这些原则中获益[11]。

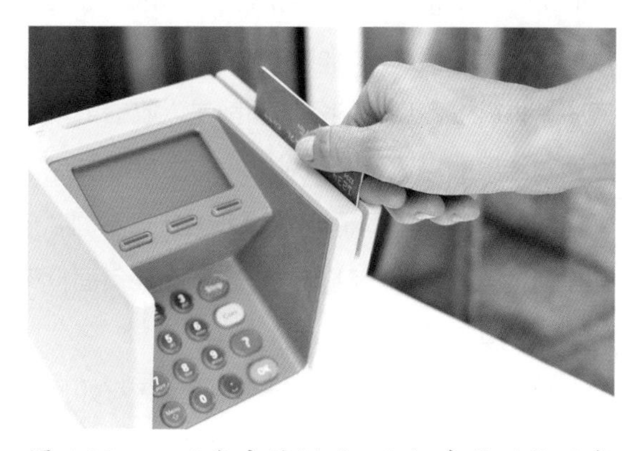

图 4-20　心理账户的例子：人们在使用信用卡时比使用现金时愿意支付更多的钱

4.21 框架效应（1981 年）

框架效应（framing effect）是一种认知偏差，在这种效应下，人们会根据选项的正面或负面含义来决定到底选择哪个选项[1]：当选项用正面框架呈现时，人们倾向于选择规避风险（risk-avoidant）的选项，而当选项用负面框架呈现时，人们则倾向于选择规避损失（loss-avoidant）的选项。框架效应表明，人们会根据客观上相同问题的不同描述做出不同的决策判断。换言之，人们的决策会被表达方式所影响。同一个问题在逻辑相似的不同说法下，会产生不同的判断。框架效应是沉没成本谬误的基础。

1981 年，框架效应由以色列认知和数学心理学家阿莫斯・内森・特沃斯基（Amos Nathan Tversky）和以色列裔美国作家、心理学家和经济学家、2002 年诺贝尔经济学奖得主丹尼尔・卡尼曼（Daniel Kahneman）首次提出[2]。在特沃斯基和卡尼曼对框架效应的相关研究中，供被试者选择的各选项都是以收益或损失的概率来表示的。收益和损失在各选项中被定义为对结果的描述，例如对生命的挽救或放弃，对病人的治疗或不治疗，金钱的收益或损失[2]。虽然同一选项在不同框架中的表达方式不同，但所描述的实际含义却是相同的。例如，选项 A 在正面框架中会用一种描述方式，而在负面框架中会用另一种方式描述，但两种方式描述出的选项 A 的实际含义是相同的。

特沃斯基和卡尼曼研究了不同的措辞如何影响被试者在假设的生死情境中对选项的反应[2]。被试者被要求为 600 名患有致命疾病的人从治疗方案 A 和 B 中选择一种。在正面框架（即表述为“救活”）下，治疗方案 A 被描述为“能救活 200 人”，治疗方案 B 被描述为“有 33% 的概率能救活所有 600 人，有 66% 的概率一个人都救不活”；在负面框架（即表述为“会死”）下，治疗方案 A 被描述为“400 人会死”，治疗方案 B 被描述为“有 33% 的概率没人会死，有 66% 的概率 600 人全会死”。特沃斯基和卡尼曼在实验中发现，当选项以正面框架进行呈现时，治疗方案 A（“能救活 200 人”）被 72% 的被试者选中，而当选项以负面框架进行呈现时，治疗方案 A(“400 人会死”）仅被 22% 的被试者选中。特沃斯基和卡尼曼的实验结果表明，在人际沟通中，关键不在于说什么，而是怎么说。

框架效应的例子有很多：①当强调延迟注册的罚款时，93% 的博士生提前注册，但当提前注册以折扣的形式出现时，只有 67% 的博士生提前注册[3]；②如果一项经济政策强调的是就业率，而不是相关的失业率，那么会有更多的人支持这项政策[4]；③有观点认为，审前羁押可能会增加被告接受认罪求情协议的意愿，因为认罪将被视为促使其提前获释的事件，而非将其投入监狱的事件[5]；④在寻找消毒剂时，人们会选择声称能杀死 95% 病菌（正面框架）的产品，而不会选择声称只有 5% 病菌能存活（负面框架）的产品；⑤你担心自己的血糖水平，所以选择了 90% 无糖（正面框架）的巧克力，而不是 10% 含糖（负面框架）的巧克力；⑥为了保持较高的 GPA，你想从两门选修课中选择容易得 A 的一门，其中一门课的教授告诉你，20% 的学生都能拿到 A（正面框架），而另一门课的教授告诉你，80% 的学生都拿不到 A（负面框架），最后你选择了前者；⑦你应该说“使用节能电器，每年可节省 100 美元”（收益框架），而不应该说“不使用节能电器，每年会损失 100 美元”（损失框架），因为收益框架下的信息会促使更多的人采取行动。一个生活中框架效应的例子，如图 4-21 所示。

图 4-21 框架效应的例子

框架效应一直被证明是决策过程中最大的偏见之一[6]。一般来说，年龄越大，越容易受到框架效应的影响。在考虑医疗保健[7-9]和财务决策时，年龄因素尤为重要[10]。对框架的敏感性（susceptibility）会影响老年人对信息的感知和反应，有可能导致较差的选择，从而产生持久的后果。例如，在医疗保健领域，决策会对福祉产生深远影响，框架效应会根据医疗信息的呈现方式，左右老年人对某些治疗方案的选择。同样，在财务决策中，退休规划或投资风险的框架可能会对人们的选择产生重大影响，可能会影响他们晚年的财务安全和生活状况[10]。然而，当使用外语（非母语）时，框架效应似乎消失了[11-12]。对这种消失的一种解释是，外语比母语提供了更大的认知和情感距离[12]。外语的自动处理程度也低于母语。这会导致更多的深思熟虑，从而影响决策，使决策更具系统性[12]。

框架效应是一种很实用的理论知识，既可以用于我们日常的人际沟通中，也可以在产品构建、用户运营、用户增长、活动策划等用户体验相关工作中得以施展。通过合理运用框架效应，我们可以对用户“切中要害”，引导用户选择我们希望有更多用户参与的选项，实现用户数量大规模增长并踊跃参加我们策划的各项活动的积极效果，帮助我们完成运营与增长目标。

4.22
可用性测试
（1981 年）

可用性测试（usability testing）是一种评估产品或系统在实际使用中的可用性效果和用户体验的方法，通常会让用户在真实或模拟环境中完成特定任务，以发现潜在问题和改进点。可用性测试也是在以用户为中心的交互设计中使用的一种技术，通过邀请用户进行测试来评估产品。这可以看作是一种不可替代的可用性实践，因为它可以直接了解真实用户是如何使用系统的[1]。可用性测试更关注产品的设计直观性，并对没有接触过产品的用户进行测试。

1981 年，Xerox PARC（施乐公司帕洛阿托研究中心）的一名员工记录了在 Xerox Star（Xerox 8010 Information System，见图 4-22）开发过程中引入可用性测试的经过，这是第一次有记录的可用性测试。1982 年，苹果公司编写了一本可用性测试手册[2]，建议开发者“尽快让朋友、亲戚和新员工参与测试”[2]，而测试方法是在一个房间里安装 5 ~ 6 个计算机系统，每次安排 2 ~ 3 组、每组 5 ~ 6 名用户试用系统；同时在房间里安排 2 名设计师（人数再少，就会错过很多情况；人数再多，就会让用户觉得有人在盯着他们）。苹果公司指出，95% 的问题是通过观察用户肢体语言发现的[2]，设计师应注意用户眯起的眼睛、耸起的肩膀、摇晃的脑袋及深深的叹息；不应猜测用户困惑的原因，而应直接问用户，从而发现当用户迷失方向时，他们到底认为程序在做什么。

图 4-22　Xerox Star 8010

1989 年，可用性先驱雅各布·尼尔森（Jakob Nielsen）在第三届人机交互国际会议上发表了《打折可用性工程》（“Usability Engineering at a Discount”）一文，提出了打折可用性工程（Discount Usability Engineering）这一概念。1990 年，尼尔森与可用性顾问罗尔夫·莫利奇（Rolf Molich）合作发明了启发式评估方法，并提出了与启发式评估方法配套使用的启发式原则（heuristics）——尼尔森十大可用性原则[3-4]。

20 世纪 80 年代初—90 年代末，产品设计的专业术语经历了从“功能性”到“可用性”及“可用性工程”，再到“以用户为中心的设计”的转变。到了 21 世纪初，“用户体验”一词开始在招聘广告中出现。传统的可用性包含易学习性和效率，而美国认知科学家和可用性工程师唐纳德·阿瑟·诺曼（Donald Arthur Norman）[5-6] 等可用性先驱鼓励人们跳出传统的可用性关注范围，用更宽广的视角关注与用户体验相关的各个方面，如可信性、可达性、审美和愉悦等。

可用性测试的重点是衡量产品达到预期目的的能力，食品、消费品、网站或应用程序、计算机界面、文档和设备等产品通常都能从可用性测试中获益。可用性测试不是向用户展示一份草稿，然后问“你能看懂吗？”，而是观察人们如何尝试使用产品来达到预期目的。可用性测试通常是在受控条件下进行系统观察，以确定人们使用产品的程度 [7]。可用性测试补充了传统的调查前测方法（survey pretesting methods），如认知前测（人们如何理解产品）、试点测试（调查程序如何运作），以及由调查方法方面的主题专家进行的专家评估。可用性测试最常在网络调查中进行，重点是人们如何与调查互动，如浏览调查内容、输入调查回复和查找帮助信息。可用性测试测量一个或一组特定对象的可用性，而一般的人机交互研究则试图制定通用原则。简单收集对一件物品或一份文件的意见，是市场调研或定性研究，而不是可用性测试。不过，可用性测试和定性研究通常会结合使用，以便更好地了解用户的行为、动机和看法。

在进行可用性测试时，要精心设计一个场景（scenario）或现实情境，让被试者在观察者的注视和记录下，使用被测产品完成一系列任务。例如，要测试电子邮件程序的附件功能，就需要描述一个人发送电子邮件附件的情境，并要求他们执行这项任务。这样做的目的是观察人们是如何以一种真实的方式进行操作的，以便开发人员找出问题所在并加以解决。可用性测试中常用的数据收集技术包括大声思考协议（think aloud protocol）、共同发现学习（co-discovery learning）和眼动跟踪（eye tracking）。

20 世纪 90 年代初，在太阳微系统（Sun Microsystems）公司工作的尼尔森推广了在开发中的不同阶段使用大量小型可用性测试的想法，通常每次测试只有 5 名参与者。尼尔森认为，一旦发现有两三个人完全被主页弄糊涂了，就不必让更多人忍受这种有缺陷的设计了。精心设计的可用性测试是对资源的浪费。最好的结果来自于不超过 5 个用户的测试，并在你能承受的范围内进行尽可能多的小型测试。值得注意的是，尼尔森并不主张在 5 个用户进行一次测试后就停止；他的观点是，对 5 个用户进行测试，修复他们发现的问题，然后用 5 个不同的用户测试修改后的网站，这比用 10 个用户进行单一的可用性测试更好地利用了有限的资源。在实践中，可用性测试可在整个开发周期中每周运行 1 ~ 2 次，每轮使用 3 ~ 5 个测试对象，并在 24 小时内将结果交付给设计人员。因此，项目期间实际测试的用户数量很容易达到 50 ~ 100 人。

4.23
客户满意度
（1981 年）

客户满意度（customer satisfaction）指对公司、公司产品或服务的体验（评价）超过既定的满意度目标的客户数量或占客户总数的百分比[1]。它是用来评价客户体验的一个术语，衡量一家公司提供的产品或服务在多大程度上满足或超越客户期望。它不仅与产品质量有关，还与服务质量、购买时的公司氛围以及其他各种无形因素有关。在一项对近 200 名高级营销经理的调查中发现，71% 的人认为客户满意度指标在管理和监控他们的业务方面非常有用。客户满意度反馈终端，如图 4-23 所示。

图 4-23　客户满意度反馈终端

1981 年，主营美国数据分析、软件和消费者情报并以提供汽车行业排名而闻名的泡尔公司（J.D. Power）创建了著名的美国汽车客户满意度指数（U.S. automotive customer satisfaction index）[2-3]。

1984 年，日本教育家、作家、质量管理顾问、东京理工大学教授狩野纪昭（Noriaki Kano）提出了狩野模型，这是一种产品开发和客户满意度理论，将客户需求（对应着产品 / 服务质量）分为 5 类：必备（基本）型、期望（一维）型、魅力（兴奋）型、无差异型和反向型[4]。

1985 年—1988 年，帕拉苏拉曼（Parasuraman）、瓦拉丽・泽塔姆尔（Valarie Zeithaml）和伦纳德・贝瑞（Leonard Berry）[5] 为衡量客户对服务的满意度提供了依据，他们利用客户对服务表现的期望值与他们对服务表现的感知体验之间的差距来衡量客户对服务的满意度。这为测量者提供了客观的、定量的满意度“差距”。后来，克罗宁（Cronin）和泰勒（Taylor）提出了“确认 / 不确认”理论（confirmation/disconfirmation theory），发展了帕拉苏拉曼、泽塔姆尔和贝瑞的“差距”概念，根据期望对绩效进行单一测量。

1990 年，帕拉苏拉曼、泽塔姆尔和贝瑞在《提供优质服务》（*Delivering Quality Service*）一书中提出 RATER 模型，包含了评估客户服务质量的 5 个关键指标：可靠性（reliability）、保证性（assurance）、有形性（tangibles）、同理心（empathy）和响应性（responsiveness）。RATER 模型作为一个服务质量框架，已被纳入很多权威客户满意度调查中[6]。

1994 年，美国密歇根大学罗斯商学院的国家质量研究中心（National Quality Research Center）制定了 ACSI（American Customer Satisfaction Index，即美国客户满意度指数）。ACSI 是首个从客户角度衡量商品和服务质量的全国性指标，也是一种衡量客户满意度的科学标准[7]。ACSI 的创始人是被誉为“客户满意度之父”的克莱斯·福奈尔（Claes Fornell）。

2003 年，贝恩公司（Bain Company）的合伙人弗雷德·雷克海尔德（Fred Reichheld）创造了 NPS（Net Promoter Score，即净推荐值）。NPS 基于一个调查问题，值的范围从 0 到 10，衡量客户向他人（朋友或同事）推荐公司的意愿。NPS 在实践中得到了广泛应用[8]。

2003 年，研究人员沃茨（Wirtz）和孟（Meng）发现[9],6 项 7 分语义差异量表（6-item 7-point semantic differential scale）在享乐型服务和功利型服务中的表现都是最好的——满意度负荷最高，项目可靠性最高，误差方差最小。4 项 7 分语义差异量表是第二好的测量方法。第三好的测量方法是单项 7 分两级量表（one-item 7-point bipolar scale）。

客户满意度被视为企业的一项关键绩效指标，通常是平衡计分卡（Balanced Scorecard）的一部分。客户满意度是客户购买意愿和忠诚度的领先指标[1]。在竞争激烈的市场中，企业为争夺客户而竞争，客户满意度被视为一个主要的差异化因素，并日益成为企业战略的一个重要组成部分[10]。提高客户满意度和客户留存率（customer retention rate）并培养客户忠诚度对企业至关重要[11]。企业能否成功在很大程度上取决于能否吸引和留住忠诚客户。据估计，吸引一个新客户的成本是留住一个老客户成本的 5 ~ 7 倍。但是，客户满意度很难跟踪。研究表明，直接向企业表达不满的客户不到 5%，但平均每位不满的客户会向朋友、家人和同事等大约 9 个人表达不满；反之，客户不会广泛传播他们的满意，满意的客户大约只会向其他 5 个人讲述他们获得的优质产品或服务。

客户满意度数据经常通过李克特量表（Likert scale）来收集[12]。在一个 5 分制量表上，那些把自己的满意度评为 5 分的人很可能成为回头客，甚至可能为公司做宣传[13]。推荐意愿（willingness to recommend）是与客户满意度相关的一个关键指标，指的是“表示愿意向朋友推荐某个品牌的受访客户的百分比”。研究表明，当客户对一种产品感到满意时，他或她可能会向朋友、亲戚和同事推荐该产品[14]。法里斯（Faris）等人指出，“将满意度评为 1 分的人不太可能再次光顾。此外，他们还可能向潜在客户发表对公司的负面评论，损害公司利益”[1]。

提高客户满意度的运营策略有很多，但最根本的还是要了解客户的期望。最近，人们越来越关注利用大数据（big data）和机器学习（machine learning）方法，以行为和人口特征为指标来预测客户满意度，从而采取有针对性的预防措施，避免客户流失、投诉和不满[15]。

4.24
破窗理论
（1982 年）

在犯罪学（criminology）和犯罪心理学（criminal psychology）中，破窗理论（broken windows theory）指的是，明显的犯罪迹象、反社会行为和内乱造成的城市环境会助长进一步的犯罪和混乱，包括严重犯罪[1]。破窗理论认为，针对破坏他人财产、游荡、公共场合饮酒、乱穿马路和逃票等轻微犯罪的治安管理方法有助于营造有序、合法的氛围。

1969 年，美国心理学家、斯坦福大学教授菲利普·乔治·津巴多（Philip George Zimbardo，1933 年—）进行了一项关于破窗理论的先驱性实验。他把一辆没有牌照、引擎盖竖起的汽车闲置在布朗克斯（Bronx）街区，另一辆汽车以同样状态停在帕洛阿托。布朗克斯街区的这辆汽车在被遗弃后几分钟内就遭到了袭击，24 小时内车上所有值钱的东西都被洗劫一空，车窗被打碎，零件被撕裂，内饰被撕破。而停在帕洛阿托的那辆汽车完好地闲置了一个多星期，直到津巴多自己用大锤把它砸了，不久后人们也加入了破坏行列。津巴多认为，在布朗克斯这样的社区，丢弃财产和盗窃行为更普遍，社区显得更冷漠，所以破坏行为发生得更快。当社区屏障（相互尊重的意识和文明的义务）被冷漠行为降低时，任何文明社区都可能发生类似事件[1-2]。

1982 年，哈佛大学教授、政治学家和公共行政学权威詹姆斯·奎恩·威尔逊（James Quinn Wilson，1931 年—2012 年）和罗格斯大学纽瓦克分校刑事司法学院教授、犯罪学家乔治·李·凯林（George Lee Kelling，1935 年—2019 年）在《大西洋月刊》（*The Atlantic Monthly*）上发表了《破窗》（“Broken Windows”）一文，提出破窗理论——“如果一栋楼的一扇窗户被打破而不修补，那么其他窗户很快也会被打破……一扇窗户破了而没人修补就是一个信号，表明没人在乎，因此打破更多窗户并不用担心负什么责任”[1]（见图 4-24）。

图 4-24　宾夕法尼亚州兰开斯特县曼海姆镇斯特利丝绸厂破碎的窗户

破窗理论表明，环境会向人们传递信息。一扇破窗向犯罪分子传递的信息是该社区缺乏正式的社会控制，无法或不愿抵御犯罪分子。重要的不是破窗，而是破窗向人们传递的信息。它象征着社区的无助、脆弱和缺乏凝聚力。破窗理论强调建筑环境，但也会考虑人的行为 [3]。一扇破碎的窗户不修理会导致更严重的问题，居民们开始改变他们对社区的看法，减少在公共空间逗留的时间，以避免陌生人潜在的暴力袭击 [1]。破碎的窗户，让社区风气缓慢恶化，改变了人们在其公共空间的行为方式，这反过来又会进一步破坏人们对社区的控制。所以，一个社区应有自己的标准，并通过社会控制向罪犯传达一个强烈的信息，即当地居民不能容忍犯罪行为。然而，如果一个社区无法独自抵御潜在的罪犯，那么警察的介入就会有所帮助。将不受欢迎的人赶出街道，居民就会感到更安全，对保护他们的人也会有更高的评价。

1985 年，戴维・冈恩（David Gunn）在担任纽约市交通管理局局长时，聘请了《破窗》的作者之一凯林担任顾问，实施基于破窗理论的政策和程序，去消除纽约地铁系统中的涂鸦。1990 年，威廉・布拉顿（William Bratton）成为纽约市交通警察局局长，对逃票者采取了更强硬的立场。1993 年，鲁迪・朱利安尼（Rudy Giuliani）当选纽约市市长后，指示警方更严格地执行针对地铁逃票、公共场合饮酒、随地大小便和乱涂乱画的法律，他还恢复了《纽约市歌舞厅法》，禁止在无证场所跳舞。根据凯林和威廉・索萨（William Sousa）2001 年对纽约市犯罪趋势的研究，在上述政策实施后，轻罪和重罪的犯罪率均显著下降，在接下来的十年里，犯罪率继续下降。这表明，基于破窗理论的政策是有效的 [4]。

1996 年，凯林和凯瑟琳・科尔斯（Catharine Coles）出版了犯罪学和城市社会学书籍《修复破碎的窗户：恢复我们社区的秩序并减少犯罪》（*Fixing Broken Windows: Restoring Order and Reducing Crime in Our Communities*）以 1982 年威尔逊和凯林发表的《破窗》一文为基础，进行了更详细的阐述，讨论了与犯罪有关的理论以及遏制或消除城市社区犯罪的策略 [5]。根据凯林和科尔斯的说法，防止破坏的一个成功策略是防微杜渐，比如在很短的时间内，就修理好破损的窗户，这样，破坏公物的人就不太可能打破更多的窗户。

破窗理论对用户体验工作具有一定的启发意义。其核心观点是“重要的不是破窗，而是破窗向人们传递的信息——它象征着社区的无助、脆弱、缺乏凝聚力；而具有强烈凝聚力的社区会快速修复破窗，维护社会责任，有效控制自己的空间”。这在用户体验工作中也可以找到相似之处：如果一家企业不重视产品与服务的用户体验缺陷，不进行用户体验优化，而是听之任之，那么这种缺陷就会越来越多。所以，企业领导应持续推进用户体验优化工作，以此传递出一个信号：该企业无法容忍低下的用户体验水平。这样才能鞭策员工，把不断提升用户体验水平作为工作重点。如果说费茨定律和希克定律等理论是在帮助企业追求产品和服务的用户体验水平上限，那么破窗理论就是在警示企业要守住产品和服务的用户体验水平下限。

4.25
诱饵效应
（1982 年）

诱饵效应（decoy effect），也称为吸引效应（attraction effect）、不对称优势效应（asymmetric dominance effect），是一种依赖情境的选择模式（context-dependent choice）。作为认知偏差的一种（属于认知偏差中的认知与决策偏差），诱饵效应是指在市场营销中，消费者在面对具有不对称优势的选项 B 时，会倾向于在选项 A 和选项 C 之间发生特定偏好变化的现象[1]。1982 年，诱饵效应由杜克大学（Duke University）的乔尔·休伯（Joel Huber）等人首次提出[1]。

诱饵效应解释了当消费者在选项 A 和选项 C 之间犹豫不决时，向他们展示第三个、具有不对称优势、充当诱饵的选项 B，将如何强烈影响他们的选择。这里说选项 B 具有不对称优势，是指选项 B 在所有方面都不如选项 C，同时选项 B 在某些方面不如选项 A，而在另一些方面却优于选项 A。这里的选项 C 就是所谓的优势选项（dominating option）。在这场市场营销中，选项 C 是想诱导消费者选中的“目标”，选项 A 是“竞争者”，选项 B 就是“诱饵”。当具有不对称优势的选项 B 存在时，比选项 B 不存在时，有更高比例的消费者会选择优势选项 C。因此，具有不对称优势的选项 B 是增加对优势选项 C 的偏好的诱饵。换言之，当消费者在两个选项（选项 A 和选项 C）之间做出选择时，一个不吸引人的第三个选项（选项 B）可能会改变消费者对其他两个选项（选项 A 和选项 C）的感知偏好[2]。

笔者觉得引入“依赖情境”“不对称优势”等学术说法来解释诱饵效应，会让读者很难看懂，如堕五里雾中，所以下面笔者用更通俗易懂的话再来解释一下。诱饵效应就是指人们对两个不相上下的选项（比如选项 A 和选项 C）进行选择时，因为一个新选项（比如选项 B，即“诱饵”）的加入，会使某个旧选项（比如选项 C）显得更有吸引力。被“诱饵”（比如这里的选项 B）帮助的选项通常称为“目标”（比如这里的选项 C），而另一个选项则被称为“竞争者”（比如这里的选项 A）。

再换句话来说，诱饵效应就是当消费者面对两个具备不同特质的选项而纠结不已时，突然来了第三个与前两个选项中的一个很相似、但各方面又都稍逊一筹的选项（也就是“诱饵”选项），这个新选项的加入让消费者突然发现了与之相似的那个旧选项的好处并最终选择了它。其实，把这个新来的“诱饵”选项称为“陪衬”可能更好一些，因为它就是用来衬托那个相似而更优的旧选项的。

诱饵效应最先在消费品的选择中被发现，现已被证明是相当普遍的现象。经济学家认为，人们在做选择时很少做不加对比的选择。那么，为了让消费者做出有利于商家利益的选择，市场营销人员便会安排一些诱人的“诱饵”，从而诱导消费者作出“正中商家下怀”的决策。

使用诱饵效应的最经典案例，莫过于以色列裔美国作家、杜克大学心理学和行为经济学教授丹·艾瑞里（Dan Ariely，1967 年—）在他的经典畅销书《怪诞行为学》（*Predictably Irrational:The Forces That Shape Our Decisions*）中提到的《经济学人》征订套餐定价案例（在此稍作修改，见图 4-25）。套餐一中，仅有 35% 的人选择了“电子版 + 印刷版”的捆绑套餐；而套餐二比套餐一多了一个“印刷版”的选项，它是个明显的诱饵，因为它与“电子版 + 印刷版”价格相同，却少了电子版，让人觉得“电子版 + 印刷版”这个选项就是白送了一个价值 59 美元的“电子版”，所以结果是在套餐二中有 85% 的人选择了“电子版 + 印刷版”的捆绑套餐，这个在套餐一中平淡无奇的捆绑套餐选项在有诱饵选项存在的套餐二中变得无比抢手了。

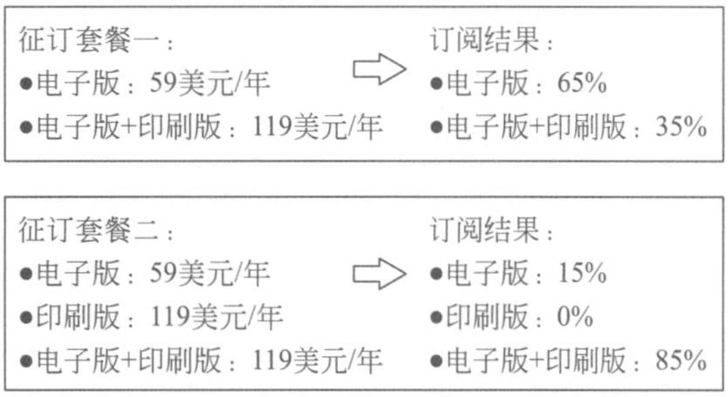

征订套餐一：		订阅结果：
●电子版：59美元/年	⇨	●电子版：65%
●电子版+印刷版：119美元/年		●电子版+印刷版：35%

征订套餐二：		订阅结果：
●电子版：59美元/年	⇨	●电子版：15%
●印刷版：119美元/年		●印刷版：0%
●电子版+印刷版：119美元/年		●电子版+印刷版：85%

图 4-25　征订套餐定价案例

另一个使用诱饵效应的经典案例是《国家地理》杂志所做的爆米花实验。这个实验是在《国家地理》杂志所录制的一期视频节目中呈现的。当人们在电影院门口买爆米花时，很多人会倾向于买 3 美元的小桶，因为他们觉得吃不完 7 美元的大桶，没必要多花钱。可是当实验者在选项中加入 6.5 美元的中桶时，人们又突然觉得大桶才是最棒的——只贵 0.5 美元就可以多吃到这么多爆米花，太划算了！

除此之外，诱饵效应在生活中的其他方面也很常见，比如旅行、购物、相亲、招聘、医疗，等等。但凡是有选择的场合，都是诱饵效应可以一展身手的舞台。比如，你要去欧洲度蜜月，在伦敦和巴黎之间好像很难抉择；可是如果选项变成“伦敦含早餐”“巴黎含早餐”“巴黎不含早餐”，那是不是就容易选择多了呢？“巴黎含早餐”必然胜出啊！

诱饵效应被用于产品设计时，既没有限制用户的选择自由，又没有违背用户的主观意愿，因而是一种有效的“助推”方式，被商家和政策制定者们广泛使用。诱饵效应是现今产品设计与市场营销领域最常用到的心理学效应之一，对产品经理、用户体验专家、用户运营专家、用户增长专家的日常工作都有很强的实践指导意义，建议大家多花一些时间仔细研习一下。

4.26 多尔蒂门槛（1982 年）

多尔蒂门槛（Doherty threshold）指的是让用户在与计算机系统进行交互时保持专注力、保持工作效率、不会失去兴趣的计算机系统响应时间的上限——400 毫秒。20 世纪 70 年代后期，计算机研究人员依然认为计算机系统可以花费两秒的时间对使用者的操作做出反馈，所以两秒一度成为了当时计算机系统响应时间的标准值。直到 1979 年计算机的算力开始大幅提升，也有了足够的能力在两秒内做出响应，这时 IBM 公司的研究员沃尔特·多尔蒂（Walter J. Doherty）进行了一系列研究来评估算力的增长对生产力的影响。

多尔蒂的研究结果表明，计算机系统的响应速度直接影响了用户做出下一个决定所要花费的时间（这个时间被称为用户响应时间），换句话说，计算机系统响应的时间越长，用户思考和决定下一步操作的时间也就越长，工作效率也就越低。多尔蒂认为人们会将工作需要的一系列操作步骤存储在短时记忆中，如果计算机系统响应时间太长，就会打断人们的短时记忆，换句话说，思路都不连贯了。1982 年，沃尔特·多尔蒂和阿赫温德·塔达尼（Ahrvind J. Thadani）把研究结论以《快速响应时间的经济价值》（"The Economic Value of Rapid Response Time"）为题发表在《IBM 系统杂志》（*IBM Systems Journal*）上[1]，将计算机响应时间的上限从此前的两秒缩短至 400 毫秒。

根据多尔蒂门槛，如果计算机在 400 毫秒之后才出现响应，那么用户就会失去兴趣，也就是说 400 毫秒的多尔蒂门槛是让用户在与计算机交互时保持完全投入的等待时间的上限。计算机系统只有在 400 毫秒内对使用者的操作做出响应，才能让用户保持专注力和工作效率。多尔蒂认为，响应时间低于 400 毫秒的系统或程序会让人上瘾。多尔蒂门槛给出了响应时间的上限，而后续研究给出了更细致的响应标准，比如元素的点击响应应该控制在 0.1 ~ 0.14 秒，单个元素入场 / 退场时间应该控制在 0.2 秒左右（入场一般比退场稍慢），而页面的转场时长根据页面大小和转场动效的复杂度尽量控制在 0.3 ~ 0.4 秒。只有响应时间符合上述标准，才不会让用户对产品的流畅性有所怀疑。

从用户体验的角度来看，多尔蒂门槛是设计反应灵敏、引人入胜的界面的基本指导原则。它强调了即时响应的必要性，以保持用户的参与度和满意度。其实，多尔蒂门槛并不仅仅是关于设计快速系统，更是关于设计尊重和迎合人类心理的系统。我们要明白，用户感到高效和投入，与用户感到沮丧和不投入之间的差别可能只有几分之一秒。通过遵循多尔蒂门槛，用户体验设计师可以帮助用户消除痛苦的等待感，创造即时流畅的体验。这样，不仅能提高用户满意度和参与度，还能显著提高用户的整体工作效率。

在实际使用计算机、手机等系统时，我们经常会遇到系统响应时间长、超出多尔蒂门槛的情况，比如在 App 刚启动时、在网速慢时，以及在执行下载任务时，不可能一瞬间就把眼前的系统状态跳过去，用户必须等待几秒甚至几分钟的时间。这时就需要仔细考虑如何减少用户等待的焦灼感、优化等待时的用户体验，比如呈现有趣的加载页面（见图 4-26）、提示用户闭目休息一两分钟等，都是可以使用的设计方案。

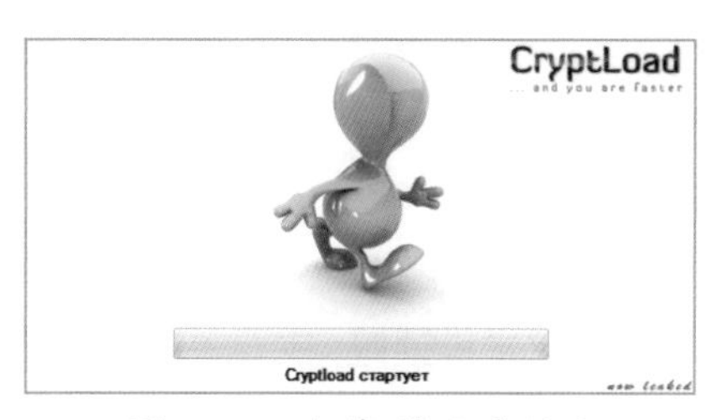

图 4-26 加载页面的例子

在用户体验设计中，多尔蒂门槛的精髓在于理解人类对时间的感知以及响应时间对用户参与度的影响。然而，有必要说明的是，多尔蒂门槛的应用不仅仅局限于实际的响应速度。它还包括营造一种即时响应的假象，即后台进程正在运行。例如，采用进度条或反馈通知等技巧可以掩盖实际的处理时间。当你点击打开一个大文件时，应用程序可能会显示一个带有百分比的进度条或旋转的轮子，以显示它正在工作。虽然处理时间可能长于 400 毫秒，但这些视觉提示能让用户保持参与，让人感觉系统正在立即做出响应。

此外，积极的强化也能在增强速度感方面发挥作用。例如，当你在社交媒体上“点赞”一个帖子时，会立即得到回应——图标颜色会改变，可能会有声音响起，或者计数器会增加。即使这些操作对你在平台上的主要目标没有直接帮助，这些快速、有回报的互动也能让整体体验更有响应性和满足感。

当然，用户体验是一门关于情感和逻辑的学问，而不仅仅是用一个统计数字就能解释的。让系统和程序对用户某一操作的反馈时间（反馈时间 = 响应时间 + 动画时间）符合用户对该操作的预期才是让用户“上瘾”的关键。所以，就算我们的计算机和手机等系统已经可以做到在 1 毫秒之内做出响应，快到在用户还没反应过来的情况下就已经给出反馈和结果，我们依然需要“时长合适”的动画来作为系统反馈和用户大脑反应之间的润滑剂，而不至于让系统或程序显得太“突兀”，也不至于让用户大脑一直处于应激反应的状态而倍感疲劳。

4.27
人机交互
（1983 年）

人机交互（HCI，即 human-computer interaction）是对计算机技术的设计和使用进行研究的交叉学科领域，主要关注人与计算机之间的接口，是与用户体验密切相关的交叉学科领域。美国计算机学会（简称 ACM）将人机交互定义为“一门关注人类使用的交互式计算系统的设计、评估和实施，以及研究与之相关的主要现象的学科”[1]，并认为，由于人机交互研究的是人与机器之间的交流，因此它汲取了机器（如计算机图形学、操作系统、编程语言和开发环境）与人（如传播理论、图形和工业设计学科、语言学、社会科学、认知心理学、社会心理学以及人的因素）两方面的辅助知识，而且工程和设计方法也与之相关[1]。

人机交互研究人员观察人类与计算机交互的方式，并设计允许人类以新颖方式与计算机交互的技术。作为一个研究领域，人机交互位于计算机科学、行为科学、设计、媒体研究和其他几个研究领域的交叉点。由于人机交互的多学科性质，与人机交互相关的多个学科背景的研究人员与工程师都对人机交互领域的发展做出了贡献。

1976 年，卡莱尔（Carlisle）在《评估办公自动化对高层管理沟通的影响》（“Evaluating the Impact of Office Automation on Top Management Communication”）一文中首次使用了“人机交互”这一术语[2]。1983 年，Xerox PARC（施乐公司帕洛阿托研究中心）高级研究员、将人的因素应用于人机交互的先驱斯图尔特 · K. 卡德（Stuart K. Card），计算机科学家和认知心理学家、图灵奖得主艾伦·纽厄尔（Allen Newell），IBM 阿尔马登（Almaden）研究中心工程师、《人机交互》期刊创办人兼主编、美国科学院院士托马斯 · P. 莫兰（Thomas P. Moran）合著并出版了《人机交互心理学》（*The Psychology of Human-Computer Interaction*）一书，推广并普及了“人机交互”这一概念[3]。

“人机交互”这一术语意在表达，与其他具有特定和有限用途的工具不同，计算机具有多种用途，这些用途通常涉及用户和计算机之间的开放式对话。对话的概念将人机交互比作人与人之间的交互：这一类比对该领域的理论考虑至关重要[4-5]。“人机交互”这一术语有多种类似的表述方式：① human-computer interaction，简称：HCI，中文：人 – 计算机交互；② computer-human interaction，简称：CHI，中文：计算机 – 人交互；③ human–machine interaction，简称：HMI，中文：人 – 机器交互；④ man-machine interaction，简称：MMI，中文：人 – 机器交互。

美国伊利诺伊大学厄巴纳 – 香槟分校心理系教授、工程心理学、人因工程及用户体验这个交叉学科领域的主要奠基人之一克里斯托弗·D. 威肯斯（Christopher D. Wickens）等人于 1997 年在其著作《人因工程导论》（*An Introduction to Human Factors Engineering*）中定义了与人机交互息息相关的 13 条显示设计原则，认为这些人类感知和信息处理的原则可以用来创建一个有效的显示设计，以减少错误、减少所需的培训时间、提高效率和提高用户满意度。

人机界面（human-computer interface，即人与计算机之间的界面、沟通点及交互设备），对于人机交互至关重要（见图 4-27）。在人机界面的实践中，当今流行的 GUI（图形用户界面）被应用于桌面应用程序、互联网浏览器、掌上电脑和计算机信息亭中[1]；而 VUI（voice user interfaces，即语音用户界面）则被应用于语音识别和合成系统中。设计不良的人机界面会导致许多意想不到的问题。例如，三哩岛核事故（一场核熔毁事故）的调查结论显示，人机界面的设计缺陷至少是造成该事故的原因之一[6-8]。再如，很多航空事故是由制造商使用非标准飞行仪表或油门布局造成的，因为飞行员已经习惯了标准布局。

图 4-27 显示器在计算机和用户之间提供了一个可视界面

自 20 世纪 80 年代人机交互概念被普及以来，逐渐兴起了一系列人机交互方法论，主要包括活动理论（activity theory）、以用户为中心的设计（UCD，即 user-centered design）、用户界面设计原则（principles of UI design）、价值敏感设计（VSD，即 value sensitive design）等。人机交互在很多领域都得到了纵深发展，这些领域包括社会计算（social computing）、知识驱动的（knowledge-driven）人机交互、情感和人机交互、脑机接口（brain-computer interfaces）、安全联动（security interactions）。人机交互的发展还催生了许多新研究领域，不同研究分支不再设计常规界面，而是将重点放在多模态而非单模态（unimodality）、智能自适应界面而非基于命令 / 动作的界面、主动界面而非被动界面等概念上[9]。

人机交互的发展从 20 世纪 70 年代概念诞生、80 年代概念普及，至今已经走过了近半个世纪的时光。现今人类与计算机的互动方式仍在迅速发展。人机交互受到计算机技术发展的巨大影响，包括：硬件成本的降低带来了更大的内存和更快的系统，硬件的小型化和功耗需求的降低带来了可移植性的提升，新的显示技术带来了新的计算设备封装形式，网络通信和分布式计算的不断发展，输入技术（如声音、手势、笔）的不断创新，等等。

4.28 GOMS 模型

（1983 年）

1983 年，GOMS 模型由施乐公司帕洛阿托研究中心高级研究员斯图尔特·卡德、计算机科学家和认知心理学家艾伦·纽厄尔、IBM 阿尔马登研究中心工程师托马斯·莫兰在《人机交互心理学》一书中首次提出[1]。卡德等人指出，GOMS 模型是"一组目标，一组操作元，一组实现目标的方法，以及一组选择规则，用于在实现目标的竞争方法中进行选择"[1]。

GOMS 模型是人机交互领域中最著名的用户行为模型，用于分析交互系统中用户行为的复杂性，对用户体验从业者的日常工作具有很强的实践指导意义。GOMS 模型是计算机系统设计人员及可用性专家广泛使用的方法，因为可以用它分别从定性和定量两个角度来预测某个交互界面的操作效率。GOMS 模型由用于实现特定目标的方法组成。这些方法由操作元（即不能再分割的最基本操作单元）组成，操作元是用户执行的特定步骤，被分配了特定的执行时间。如果一个目标可以通过一种以上的方法来实现，那么就使用选择性规则来确定到底使用哪种方法。GOMS 模型背后的概念及其关系，如图 4-28 所示。

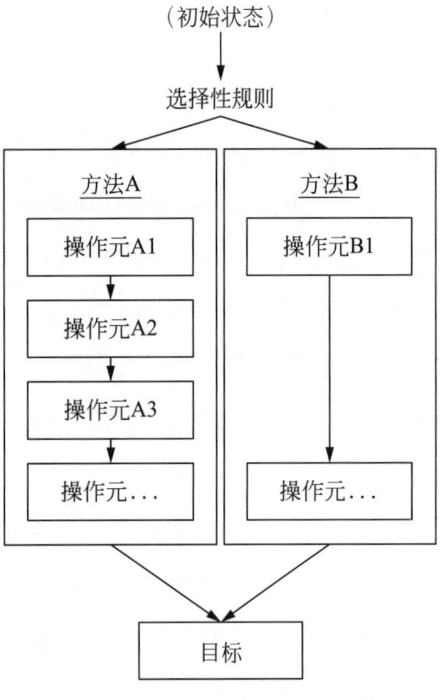

（初始状态）
选择性规则
方法A
操作元A1
操作元A2
操作元A3
操作元...
方法B
操作元B1
操作元...
目标

图 4-28　GOMS 模型背后的概念及其关系

"GOMS"是一个缩写。其中，G 表示目标（goals），指要实现的操作目标。O 表示操作元（operators），指不能再分割的最基本操作单元，是基本的感知、运动或认知行为。M 表示方法（methods），指为了实现操作目标而采用的一系列具体步骤。S 表示选择性规则（selection rules），用来从实现操作目标的多种方法中选择一种。

GOMS 模型的常见操作元包括：击键（即敲击键盘上的某个按键），通常用 K（keystroke）表示；用鼠标指向，通常用 P（point）表示；放置或复位（即把手放到键盘或其他操作设备上，或者把手从键盘或其他操作设备上恢复到人体自然位置上），通常用 H（home）表示；在网格上画一个线段，通常用 D（draw）表示；心理准备，通常用 M（mentally prepare）表示。此外，系统响应虽然不是用户的操作行为或者心理认知行为，但也是需要考虑的，一般用 R（response）表示。每种操作元都有一个执行时间的估计值，可以是单个值，也可以是参数化的估计值，但都是通过成千上万次的实验测量得到的。GOMS 模型的使用难点主要是如何在具体操作步骤中放置心理准备 M——它属于操作元的一种，用户进行心理准备是要花费心理准备时间的。

GOMS 模型的优点是：它能让交互过程的各个细节一览无余，能让分析人员轻松地对特定交互过程所需具体步骤进行定性估计，并把交互过程所需的时间定量计算出来。GOMS 模型的缺点是：它只适用于熟练用户，而不适用于初学者或中级用户，因为初学者或中级用户在计算过程中一旦发生错误，就可能导致对操作效率的估算与实际情况相差甚远 [2]。此外，GOMS 模型也不适用于学习系统或较长时间未使用某系统后再回来使用该系统的用户 [2]。再者，在 GOMS 模型中没有处理心理工作负荷（mental workload）和疲劳（fatigue），从而使这二者成为不可预测的变量 [2]。GOMS 只处理系统上任务的可用性，而不处理其功能性 [2]。还有，任何 GOMS 模型都不考虑用户个性、习惯或身体限制（如残疾），而是假定所有用户完全相同。当然，最近有了一些改观：某些 GOMS 扩展已允许制定描述残疾用户交互行为的 GOMS 模型 [3-5]。

GOMS 模型主要有 5 种变体：KLM-GOMS 模型、CMN-GOMS 模型、NGOMSL 模型、CPM-GOMS 模型和 SGOMS 模型。这些变体允许对人机交互界面的不同方面进行准确的研究和预测。对于所有的变体，主要概念的定义是相同的，但每种变体都有不同的复杂性和活动的变化。其中，KLM-GOMS 模型，即击键级别 GOMS 模型，是卡德等人创建的第一个也是最简单的 GOMS 模型 [5]。使用该模型时，分析人员必须指定用于完成每个特定任务实例的方法。此外，指定的方法仅限于序列形式，并且仅包含击键级别的操作元。估算任务的执行时间是通过列出操作元序列，然后将单个操作元的执行时间加总来完成的。如果用 $T_{execute}$ 表示执行时间，用 T_K 表示执行 K 操作的时间，用 T_P 表示执行 P 操作的时间，用 T_H 表示执行 H 操作的时间，用 T_D 表示执行 D 操作的时间，用 T_M 表示心理准备时间，用 T_R 表示系统响应时间，那么计算执行时间的公式如下 [1]：

$$T_{execute} = T_K + T_P + T_H + T_D + T_M + T_R$$

GOMS 模型自 1983 年问世以来，已经走过了四十多个春秋。现今，GOMS 模型已经被广泛用于人机交互界面的人因与工效学评估中，通过 GOMS 模型，可以定性和定量地估算出人机交互界面的可用性、操作时间和操作效率，帮助产品经理、用户体验研究员和设计师、运营专员、增长专员等用户体验专业人士在工作项目中节省大量的时间成本和金钱成本。

4.29 渐进式呈现（1983 年）

图 4-29　渐进式呈现

渐进式呈现（progressive disclosure）是一种交互设计模式，它能对跨多个屏幕的信息和操作（例如，一步一步的注册流程）进行排序，随着用户在数字产品的用户界面上操作的进展，它通过逐渐呈现更复杂信息或功能的方式（即将一些高级或很少使用的功能推迟到次一级界面）来降低用户界面的复杂性、减少用户的认知负荷，从而减小用户对所遇到的内容感到不知所措的概率，使应用程序更容易被用户学习，也使用户更不容易出错[1]（见图 4-29）。打印对话框是渐进式呈现的一个经典例子。一开始打印对话框只会显示重要的、适于所有用户的一小部分选项，比如要打印的页面范围以及要打印多少份，而用户如果想做更高级的打印设置，那么可以点击“打印机属性”按钮，让更多的设置信息显示在下一个界面（可能是一个弹出窗口）上。

其实，不仅在计算机与手机屏幕的虚拟世界中可应用渐进式呈现，在现实世界中也可找到这种模式的用武之地，比如现代主题公园设计师就采用了渐进式呈现。因为长时间的排队会吓跑游客，所以设计师就充分运用渐进式呈现使得游客从任何位置都只能看到队伍的一小部分，当人们在队伍中向前移动时，他们只能看到整个队伍的离散部分。这种渐进式呈现的主题公园排队路线及沿途景观设计减轻了游客排长队时的焦灼感，增加了游客对等待的容忍度。

1983 年，约翰·M. 卡罗尔（John M. Carroll）和玛丽·罗森（Mary Rosson）在 IBM 的实验室工作时，采用“训练轮”（training wheels）的方法研究了单一计算机应用程序（文字处理器）和单一界面风格（基于菜单的控制），发现了采用渐进式呈现的良好效果——早期隐藏高级功能可提高后期使用的成功率。尽管卡罗尔和罗森采用的“训练轮”研究方法是为数不多的验证渐进式呈现效果的方法之一，并没有更多实证证据存在，但他们的研究还是使渐进式呈现引起了用户界面专家的注意。

1985 年，苹果公司人机界面小组（human interface group）的创始成员之一克里斯蒂娜·胡珀·伍尔西（Kristina Hooper Woolsey）撰文提出“在设计界面时，我们还必须仔细考虑如何有选择性地向用户提供有关特定系统的信息，提供经过精心挑选的零碎片段，以构成对系统的总体理解”[2]。该观点被认为是关于“有选择地向新用户披露系统如何工作（即渐进式呈现）”的开创性想法。

2003 年，弗雷斯特研究（Forrester Research）公司以互联网配置工具为例指出：“取而代之的是，通过在整个场景中的适当时间提供适当程度的细节，最大限度地减少令人不安的过渡。渐进式呈现是一种设计技术，它通过提供界面层来降低交互的复杂性，根据客户在应用程序中的进展情况逐步引入内容和功能。”

2004 年，弗兰克·斯皮勒斯（Frank Spillers）提到，渐进式呈现是一种交互设计技术，它将信息和操作跨多个屏幕进行排序，以减少用户的不知所措感。斯皮勒斯认为，渐进式呈现意味着“将复杂和不太常用的选项从主用户界面移到次要界面上”“要让更多的信息触手可及，但不要让所有的功能和可能性压得用户喘不过气来”。

2006 年，可用性先驱雅各布·尼尔森（Jakob Nielsen）撰文认为，交互设计师面临两难境地：一方面，用户需要强大的功能和足够的选项来满足他们所有的特殊需求（在某种程度上，每个人都是特例）；另一方面，用户需要的是简单，他们没有时间深入学习大量功能，以选择最适合自己需求的几项。而渐进式呈现是满足这两个相互冲突的要求的最佳方式之一。最初，只向用户展示几个最重要的选项，可根据要求提供更多的专业选项。只有当用户要求时才呈现这些次要功能，这意味着大多数用户可以继续他们的任务，而不必担心增加的复杂性。

渐进式呈现是网站和应用程序交互设计的主要指导原则之一，因为大多数网站和应用程序都已经变得如此复杂，有如此多的命令、特性和选项。对于这些网站和应用程序来说，渐进式呈现是一个好主意，将一些命令、特性和选项推迟到次一级界面去呈现是有意义的。通过渐进式呈现信息，交互设计师一开始可以只向用户呈现最重要的部分，换句话说，某些信息出现在初始界面上的事实本身就告诉用户它很重要。这种呈现信息的模式有助于用户对网站和应用程序复杂性的把控。对于新手用户来说，这可以让他们只把时间花在最有可能对他们有用的功能上。通过隐藏高级设置，渐进式呈现可以帮助新手用户避免错误，并节省他们花在考虑不需要的功能上的时间。对于高级用户来说，较少的初始显示也节省了他们的时间，因为他们不必浏览一大堆他们很少使用的功能。

4.30
狩野模型
（1984 年）

随着世界经济发展，客户消费偏好（或者说用户使用需求）也在悄然改变，形成了追求个性化、多样化、高端化、品牌化的趋势，这给全世界的企业带来了新难题，那就是如何提升产品与服务质量，以迎合客户偏好。而解决这个难题的关键就在于，如何以客户满意度（customer satisfaction）的相关变化为基础，精准分析客户需求。在这方面，有一套经典理论——狩野模型（Kano model），也音译为卡诺模型，它是一种对客户需求分类和优先级排序的有用工具，以分析客户需求对客户满意度的影响为基础，体现了产品功能（对应着客户需求）和客户满意度之间的非线性关系，是用户体验从业者需要掌握的客户 / 用户需求定性分析方法。

狩野模型的理论可以溯源至 1959 年，由美国心理学家、行为科学家、企业管理领域最具影响力的人物之一弗雷德里克・欧文・赫茨伯格（Frederick Irving Herzberg）提出的双因素理论（two-factor theory 或 dual-factor theory），也被称为激励 – 保健理论[1]。双因素是指激励因素和保健因素。激励因素对"人感到满意"的贡献很大，对"人感到不满意"的贡献很小。保健因素对"人感到满意"的贡献很小，对"人感到不满意"的贡献很大。

受赫茨伯格双因素理论的启发，1979 年，日本教育家、作家、质量管理顾问、东京理工大学教授狩野纪昭（Noriaki Kano，1940 年—）和同事们发表了《质量的保健因素和激励因素》一文，第一次将满意与不满意标准引入质量管理领域，并于 1982 年在日本质量管理大会第 12 届年会上宣读了研究论文《魅力质量与必备质量》（"Attractive Quality and Must-be Quality"）。该论文于 1984 年 1 月 18 日正式发表在日本质量管理学会的杂志《质量》总第 14 期上，文中首次提出狩野模型，以产品质量与满意 / 不满意标准作为两个维度，构建出了满意度的二维模式，标志着狩野模型的创立和魅力质量理论的成熟[2]。

狩野模型将产品 / 服务的质量（或功能、属性）分为 5 类：①必备（基本）型质量（must-be（basic）quality）；②期望型质量（one-dimensional（performance）quality）；③魅力（兴奋）型质量（attractive（excitement）quality）；④无差异型质量（indifferent quality）；⑤反向型质量（reverse quality）。这 5 类质量对应着客户的 5 类需求（或偏好）：必备型需求、期望型需求、魅力型需求、无差异型需求、反向型需求。

必备型需求，又称为基本型需求，是客户对企业所提供的产品 / 服务的基本要求，是客

户认为产品 / 服务理应、必须具备的质量、功能、属性[3-4]。当此类需求得到满足或表现良好时，客户只持中立态度，不会表现出满意；当此类需求未得到满足或表现不好时，客户会非常不满意。

期望型需求是指客户满意度与需求满足程度成线性关系的需求。当此类需求得到满足或表现良好时，客户会表现出满意，企业提供的产品 / 服务的水平超出顾客期望越多，顾客的满意度就越高；当此类需求未得到满足或表现不好时，客户会表现出不满意。

魅力型需求，又称为兴奋型需求，指不会被客户过分期望的需求。对于此类需求，随着满足客户期望程度的增加，客户满意度会急剧上升。一旦得到满足，即使表现得并不完善，客户也会表现出非常高的满意度；反之，即使在期望不被满足时，客户也不会表现出明显不满意。

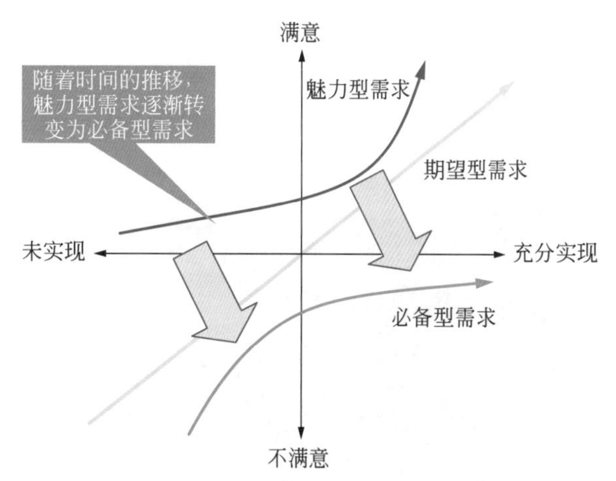

图 4-30 魅力型需求相继转变为期望型需求和必备型需求

无差异型需求是指无论提供与否，都对用户体验无影响，既不会使客户满意也不会使客户不满意的需求。

反向型需求是指引起客户强烈不满的质量特性，因为并非所有的客户都有相似的喜好。

值得一提的是，因为客户的期望会随着竞争产品性能水平的变化而变化，所以客户的需求也会从魅力型需求转变为期望型需求，然后再转变为必备型需求，如图 4-30 所示。

狩野模型的数据通常是通过标准化问卷收集的。问卷可以写在纸上，也可以通过访谈收集，还可以通过在线调查进行（可使用一般的在线调查软件，同时也有专门用于狩野模型及其分析的专用在线工具）。基于问卷的狩野模型客户需求定性分析方法，主要分为 5 个步骤：①从客户的角度认识产品 / 服务需求；②设计问卷；③投放并回收问卷；④将问卷结果分类汇总，建立质量原型；⑤分析质量原型，识别具体测量指标的敏感性。

狩野模型提供了对客户偏好的洞察方法，将客户对调查问卷的反应映射到该模型上，它侧重于区分产品功能，揭示了客户对产品 / 服务属性的见解。狩野模型一般不用于直接测量用户的满意度，而用于识别用户对新功能的接受度，帮助企业了解不同层次的用户需求，找出客户和企业的接触点，挖掘出能让客户满意的关键性因素。狩野模型是一个非常实用的框架，可以帮助用户体验从业者通过这种系统的方法来确定各类需求的优先级。

4.31
威肯斯所著教科书
（1984 年 /1997 年）

美国心理学家、人因与工效学家克里斯托弗·D. 威肯斯（Christopher D. Wickens）从用户体验概念形成之前的 20 世纪 80 年代至今，一直深耕于用户体验及相关的工程心理学、人因与工效学等领域。作为第一作者，他出版了两本用户体验相关领域的经典教科书：《工程心理学与人的作业》（*Engineering Psychology and Human Performance*）和《人因工程学导论》（*An Introduction to Human Factors Engineering*）。其中，《工程心理学与人的作业》第 1 版出版于 1984 年，《人因工程学导论》第 1 版出版于 1997 年，如图 4-31 所示。

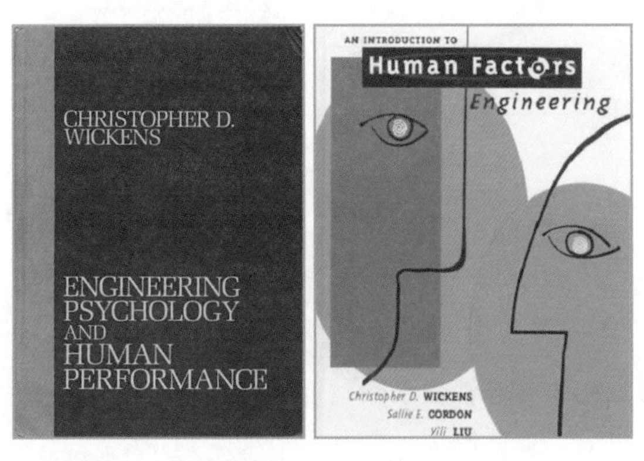

图 4-31　威肯斯的两本教科书的第 1 版封面

这两本书一经出版就引起学术界的巨大兴趣，迄今为止已经分别更迭多版，并被翻译成多国文字。其中，《人因工程学导论》的中文版是由威肯斯教授的学生、发展中国家科学院院士，曾任国际心理学联合会（IUPsys）副主席、中国心理学会理事长、中国人因学会理事长、中国科学院心理研究所所长的张侃院士亲自领衔翻译出版的。自这两本书问世以来的几十年里，“用户体验”的概念被公开提出，并得以广泛传播与普及，用户体验相关理论体系得到不断构建和完善。在此期间，威肯斯的这两本教科书一直作为美国和中国等国家高校用户体验相关专业的经典教科书，引领了世界各国学子步入精彩纷呈的用户体验相关学术世界。

在介绍了这两本经典教科书的概貌后，笔者想给大家介绍一下在《人因工程学导论》中提到的 13 项显示设计原则（thirteen principles of display design）[1]，这是进行用户体验设计时需要遵循的 13 项基本人因工程学原则。这些人类感知和信息处理原则可以用来创建有效的显示设计，以减少错误、缩短培训时间、提高效率和用户满意度。在这 13 项原则中，有些原则可能只适于某种显示情况，还有些原则可能相互冲突，无法简单地说明某项原则比另一项原则更重要。这些原则可以根据具体的设计情况进行调整，在这些原则之间取得功能上的平衡对于有效的设计至关重要[2]。这 13 项显示设计原则主要分为 4 个部分：感知原则、心智模型原则、基于注意力的原则和记忆原则，以下给大家详细介绍一下。

感知原则（perceptual principles），包括 5 项具体原则：①使显示清晰可读（或清晰可听）。显示的易读性（legibility）或易听性（audibility）是设计一个可用显示的关键和必要条件。如果显示的字符或对象不能被识别，操作人员就不能有效地使用它们。②避免绝对的判断限制。不要要求用户根据单一的感官变量（如颜色、大小、响度）来确定变量的级别。③自上而下地加工。根据用户的体验，信号很可能被感知和解释。如果一个信号与用户的期望相反，那么可能需要提供更多的物理证据来确保它被正确理解。④冗余增益。如果一个信号被多次呈现，那么它就更有可能被正确理解。⑤相似会造成混淆：使用可区分的元素。看似相似的信号可能会引起混淆。不必要的相似特征应被删除，不相似的特征应被突出显示。

心智模型原则（mental model principles），包括 2 项具体原则：①绘画写实主义原则（principle of pictorial realism）。显示应看起来像它所代表的变量。如果有多个元素，则可以将它们配置成所代表的环境中的样子。②移动部件原则（principle of the moving part）。移动部件的移动模式和方向应与用户对系统实际移动方式的心智模型相一致。

基于注意力的原则（principles based on attention），包括 3 项具体原则：①尽量降低信息获取成本或交互成本。当用户的注意力从一个位置转移到另一个位置时，就会产生相应的时间或精力成本。显示设计应尽量减少这种成本，把经常访问的信息源放在最近的位置。②接近相容性原则（proximity compatibility principle）。为完成一项任务，可能需要在两个信息源之间分配注意力。这些信息源必须在心智上融为一体，并被定义为具有密切的心智接近性。③多资源原则（principle of multiple resources）。让用户可以很容易地跨不同资源处理信息。例如，视觉信息和听觉信息可以同时呈现。

记忆原则（memory principles），包括 3 项具体原则：①用视觉信息取代记忆。让用户无须将重要的信息单独保存在工作记忆中，也无须从长期记忆中检索。有效的设计必须兼顾用户头脑中的知识和世界上的知识。②预测性辅助原则（principle of predictive aiding）。主动行动通常比被动行动更有效。显示应消除对资源要求较高的认知任务，代之以较简单的感知任务，以减少用户的心理资源。这将使用户能专注于当前情况，并考虑未来可能出现的情况。③一致性原则（principle of consistency）。如果设计一致，那么来自于其他显示的旧习惯就将很容易被转移到新显示的处理中，让用户的长时记忆触发预期的适当动作。

4.32
泰思勒定律
（20 世纪 80 年代中期）

泰思勒定律（Tesler's law），又称为复杂性守恒定律（law of conservation of complexity）[1-2]，是用户体验及人机交互（human-computer interaction）领域的一句格言，指任何系统都有一定程度的整体复杂度，我们对系统的整体复杂度可以进行简化，但这种简化存在一个临界点，超过了这个临界点，就无法再对系统的整体复杂度做进一步简化了，而只能通过产品构建、交互设计、编程开发去设法平衡和转移这种整体复杂度。泰思勒定律示意图，如图 4-32 所示。泰思勒定律由美国计算机科学家劳伦斯·戈登·泰思勒（Lawrence Gordon Tesler，1945 年—2020 年，见图 4-33）于 20 世纪 80 年代中期提出。

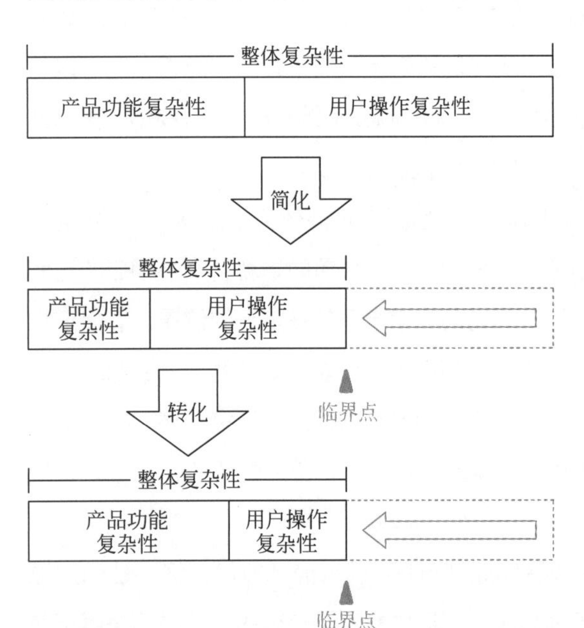

图 4-32　泰思勒定律示意图

图 4-33　劳伦斯·戈登·泰思勒

泰思勒长期从事人机交互领域的研究，曾在 Xerox PARC（施乐公司帕洛阿托研究中心）、苹果、亚马逊和雅虎等公司工作。在 Xerox PARC 工作期间，泰思勒的成果包括 Smalltalk（第一个动态面向对象的编程语言）和 Gypsy（带有图形用户界面的第一个文字处理器，用于 Xerox Alto）。他意识到用户与应用程序的交互方式与应用程序本身同样重要。泰思勒与同事蒂姆·莫特（Tim Mott）一起提出了非模态软件（modeless software）的理念，还发明了我们现今在操作计算机时高频使用的剪切、复制和粘贴功能[3]，这使广大非计算机专业的用户，也能更加轻松地使用计算机。

在毕业于卡耐基梅隆大学的交互设计专家丹·萨弗（Dan Saffer）于 2006 年出版的《交互设计：创建智能应用程序和智能设备》（*Designing for Interaction: Creating Smart Applications and Clever Devices*）一书中，有一段对泰思勒的采访，在采访中对泰思勒定律进行了讨论。从那以后，作为一个专业的参考依据，泰思勒定律开始在用户体验及人机交互领域广为流传。泰思勒定律曾经引发了一场争论——到底是应该让产品主创人员（包括产品经理、用户体验研究员和设计师、软件开发工程师等）多花一些时间去降低应用程序的使用难度，还是应该让广大的用户多花时间去克服这种使用难度呢[4]？泰思勒给出的答案是：产品主创人员应该多花一周时间来降低应用程序的复杂性，而不应该让数百万用户因为额外的复杂度而多花一分钟。这一争论本身也反映出泰思勒定律的普适性，而不仅限于软件和应用程序领域。

当泰思勒定律被应用于产品的交互设计中，去平衡和转移产品的整体复杂度时，有 3 点需要注意：①当我们把产品的整体复杂度简化到超过了临界点而无法再进一步简化时，产品的整体复杂度就成了一个常数，这时候如果想为用户提供更简单的功能，就势必会增加其他方面的复杂度，这提醒我们要注意用户体验的提升不是绝对指标，任何产品在设计和开发的过程中都需要考虑综合成本。②产品的整体复杂度在转移过程中和转移之后都会产生成本，我们需要找到最低成本的转移方式，并且为这种转移找到充足的理由，这样的转移才可以持续进行。③不要把产品的整体复杂度降得太低，尤其是与用户进行交互的界面不能设计得过于简单，因为过于简单的界面会使用户失去兴趣，只有当任务操作难度与用户技能水平相匹配时，用户才会更加投入心力、更渴望达成目标、获得成就感，从而更愿意去使用产品。

泰思勒定律的案例不胜枚举，比如，手机的设计演变。在诺基亚手机流行的年代，手机样式基本都是上方一块显示屏（尺寸较小）、下方一个按键区（排列着多行密密麻麻的物理按键）。这样的手机，浏览体验和按键体验都不太理想。苹果手机的横空出世及全面屏智能手机的问世，彻底改变了手机的设计风格和操作体验——屏幕更大，增加了手势操作，去掉了物理按键区。智能手机简化了物理按键，通过手势操作降低了手机的操作复杂度，而这种操作复杂度的降低是通过大量研发投入（提高了技术实现端的复杂度）才实现的，这就充分体现了泰思勒定律。

再如，电视遥控器的设计演变。比起老式电视机遥控器，现今的智能电视遥控器的按钮要少很多，设计上更简洁，使用上更便捷，按钮少了使操作决策的效率提高了，操作复杂度降低了。再来看电视机界面，老式电视机界面都很简单，开机后界面上显示的肯定是一个频道的画面，不会出现复杂的选择页面；而智能电视界面就不同了，开机后界面显示很复杂，交互操作也很复杂。我们如果把遥控器和电视机界面放在一起，就可以发现，虽然遥控器的操作复杂度降低了，但是电视机界面的操作复杂度却上升了。遥控器与电视机界面的整体复杂度是基本没有变化的，复杂度只是从遥控器转移到电视机界面上了，这又一次体现了泰思勒定律。

4.33 客户旅程地图（1985 年）

用户体验和客户体验是一对既相似、相关，又有所不同的概念。用户体验关注的是用户，即使用产品或服务的人；而客户体验关注的是客户，即购买产品或服务的人。如果客户购买产品或服务供自己使用，那么这时客户与用户就指同一个人；而如果客户购买产品或服务供他人使用，那么这时客户和用户就分指不同的人。这种强相关性，使客户体验的发展对用户体验的发展起到了推动作用。在此，笔者打算给大家介绍一个客户体验理论——客户旅程地图。

客户旅程地图（customer journey map）是描绘一位典型客户与一家公司的营销和销售漏斗相接触的可视化表示或“时间轴”，包括相关渠道中的所有触点。简单来说，客户旅程地图就是以图形化的方式直观地再现客户与企业品牌、产品或服务产生关系的全过程（而非某一节点），以及该过程中客户的需求、体验和感受。在绘制客户旅程地图时，首先要用一系列客户目标和行动构建时间轴，然后要用客户的想法和情感去充实时间轴以创建一个叙述，最后要将这种叙述浓缩成一种可视化形式来传达设计过程中的见解。

1985 年，客户旅程地图由两位美国商业作家、客户忠诚度及服务创新顾问奇普·贝尔（Chip Bell）和罗恩·泽姆克（Ron Zemke）发明[1-2]。当时一家大型电话公司发现他们接到的客户敌意电话比往常多很多，于是就委托贝尔和泽姆克查找原因。贝尔和泽姆克采访了大量客户，让他们讲述端到端的经历（end-to-end experiences），以了解住宅电话中断问题的细节和客户对维修的期望。贝尔和泽姆克在巨型海报纸上按顺序勾勒出客户实际旅程后，将其提交给该电话公司的高级管理层。这些海报贴满了电话公司会议室的墙壁，让公司首席执行官看了之后都惊呆了，并评论道：“难怪我们的客户在呼叫中心终于找到人解决问题时会大发雷霆，看看我们让他们经历了什么。”这就是客户旅程地图的诞生过程，它让我们从客户的角度深入了解他们的体验——“从客户的角度”这几个字最为关键。

讲故事（storytelling）和可视化（visualization）是客户旅程地图绘制的基本要素，因为它们是以令人难忘、简明扼要的方式传递信息的有效机制，并能创造共同愿景。在以部门或小组为单位分配和衡量关键绩效指标的组织中，长期存在着理解支离破碎的现象，因为许多组织从未从用户的角度出发，将整个体验拼凑在一起。这种共同愿景是客户旅程地图绘制的关键目标，因为如果没有共同愿景，就永远无法就如何改善客户体验达成一致。客户旅程地图可创建客户体验的整体视图，而正是这种汇集并可视化不同数据点的过程，能吸引来自不同群体的原本不感兴趣的利益相关者，并促进合作对话和变革。

虽然客户旅程地图可以采取多种形式，但是一般都包含如下关键要素：

（1）视角（point of view）。首先，选择故事的"演员"（actor），即这张客户旅程地图是关于谁的。"演员"通常与人物角色（persona）相一致。作为一项指导原则，为了提供一个强有力且清晰的叙事，每张客户旅程地图应该自始至终使用同一个视角。

（2）场景（scenario）。然后，确定要绘制的具体体验。这可能是一个现有旅程，绘制者将发现当前体验中的积极和消极时刻；也可能是一个未来体验，绘图者将为一个尚未存在的产品或服务设计一个旅程。客户旅程地图最适合描述一系列事件的场景，如购买行为或旅行。

（3）行动、心态和情感（actions，mindsets，and emotions）。客户旅程地图叙述的核心是客户在旅程中的所作所为、所思所感。这些数据点应基于定性研究，如实地研究、背景调查和日记研究。表述的粒度可以根据绘制客户旅程地图的目的而有所不同。

（4）接触点和渠道（touchpoints and channels）。客户旅程地图应将接触点（"演员"与公司实际互动的时间点）和渠道（沟通或提供服务的方法）设置成与用户的目标和行为相一致。这些要素值得特别强调，因为它们往往是发现品牌不一致和体验脱节的地方。

（5）洞察力和自主权（insights and ownership）。绘制客户旅程地图的意义在于发现客户体验中的不足，然后采取行动优化体验。洞察力和自主权是经常被忽视的关键因素。应明确列出客户旅程地图中得出的任何见解，还应为客户旅程地图的各个部分分配所有权，以明确谁负责客户旅程的哪个方面。没有主导权，任何人都没有责任或权力去改变任何事情。

绘制客户旅程地图（见图 4-34）的目的是"进入客户的内心世界"，从而"看到"并理解客户每时每刻所经历的一切。有了这一视角，企业就能更好地设计或重新设计流程和接触方式，从而更加以客户为中心。因为客户的需求和期望在不断变化，所以绘制客户旅程地图是一项需要持续开展的工作。

图 4-34 绘制客户旅程地图

4.34
Windows 操作系统
（1985 年）

20 世纪 80—90 年代，个人计算机在全世界范围内得到普及，被逐渐用于人们的工作与生活中。在此期间，人与计算机进行交互的各种场景中的用户体验也被人们自然而然地重视起来。在摩尔定律的支配下，一方面，个人计算机技术日臻成熟，芯片、内存、硬盘等硬件性能飞速提升；另一方面，以微软公司 Windows（视窗）操作系统为代表的软件操作系统也不断进行着版本升级，配合着硬件性能的提升，一起为全世界用户带来更好的计算机软硬件体验。

Windows 操作系统主要包括：早期版本、Windows 3.x、Windows 9x、Windows NT、Windows XP、Windows Vista、Windows 7、Windows 8、Windows 10 及 Windows 11。

Windows 操作系统的早期版本可追溯到 1981 年，当时微软公司开始开发一款名为“界面管理器”（interface manager）的程序。1983 年 11 月，该程序以“Windows”的名称发布。但直到 1985 年 11 月，Windows 1.0 才对外发布。它并不是一个完整的操作系统，而只是 MS-DOS 磁盘操作系统的图形外壳，以响应人们对 GUI（图形用户界面）日益增长的兴趣[1]。1987 年 12 月，Windows 2.0 发布[2]。

经历了 Windows 1.0 和 2.0 在商业上的失败后，1990 年发布的 Windows 3.0 和 1992 年发布的 Windows 3.1，由于在用户界面、人性化、内存管理等多个用户体验相关方面进行了巨大改进，终获用户认可。其中，Windosw 3.1 在最初发布的 2 个月内，销量就超过了 100 万份，一举奠定了微软公司在全球计算机软件领域的霸主地位。

图 4-35　Windows 95 之前的版本须用软盘安装

1995 年 8 月，Windows 95 发布。它仍基于 MS-DOS，但引入了对本地 32 位应用程序、即插即用硬件、抢占式多任务处理、最多 255 个字符的长文件名的支持，还重新设计了面向对象的用户界面，用“开始”菜单、任务栏和 Windows 资源管理器外壳取代了以前的程序管理器。Windows 95 获得了重大商业成功。Windows 95 之前的版本须用软盘安装，如图 4-35 所示。1998 年 6 月发布的 Windows 98，支持 USB 复合设备、ACPI、休眠、多显示器配置，还集成了 Internet Explorer 4，这些在用户体验方面的巨大提升，让消费者眼前一亮，进一步巩固了微软公司在个人计算机操作系统市场的领头羊地位。

1993 年 7 月，第一个基于混合内核的 Windows 操作系统——Windows NT 3.1 发布。1996 年 6 月，Windows NT 4.0 发布，将重新设计的 Windows 95 界面引入 NT 系列。2000 年 2 月 17 日，Windows 2000 发布，继承了 Windows NT 4.0，但不再使用 Windows NT 的名字[3]。

2001 年 10 月，Windows XP 发布，旨在将面向消费者的 Windows 9x 系列与 Windows NT 引入的体系结构相统一，以提供比基于 DOS 的各种版本更好的性能。Windows XP 引入了重新设计的用户界面（包括更新的“开始”菜单和“面向任务”的 Windows 资源管理器）、精简的多媒体和网络功能、Internet Explorer 6，以及与 .NET Passport 服务的集成[4-5]。Windows XP 分为“家庭”（针对普通消费者）和“专业”（针对商业环境和高级用户）两个版本。

Windows Vista 于 2006 年 11 月面向批量许可用户发布，2007 年 1 月面向普通消费者发布。它包含了许多新功能，重新设计了外壳和用户界面，尤其侧重于安全功能。

2009 年 10 月 22 日，Windows 7 发布，目标是对 Windows 产品线进行更集中的渐进式升级，兼容 Windows Vista 已经兼容的应用程序和硬件[6]。Windows 7 支持多点触控，重新设计了 Windows 外壳，更新了任务栏，增加了可显示的跳转列表，包含了特定应用程序常用文件的快捷方式和应用程序内任务的快捷方式[7]，还增加了 HomeGroup 家庭网络系统[8]。

Windows 8 继承了 Windows 7，于 2012 年 10 月发布。Windows 8 引入了基于微软 Metro 设计语言的用户界面，针对平板电脑和一体机等触摸设备做了优化，其开始屏幕使用了方便触摸交互的大型平铺窗口，允许显示持续更新的信息，还引入了为触摸设备而设计的新应用程序。

2015 年 7 月，Windows 10 发布，作为 Windows 8 的继任者，Windows 10 解决了 Windows 8 首次引入的用户界面的缺陷。Windows 10 的变化包括开始菜单的回归，一个虚拟桌面系统，以及在桌面窗口内而不是全屏模式下运行 Windows Store 应用程序的能力。

2021 年 10 月，Windows 11 发布[9-10]。作为 Windows 10 的继任者，Windows 11 被设计得更加用户友好（user-friendly）和易于理解。

40 多年来，微软公司 Windows 操作系统持续进行着版本迭代升级，在 GUI 直观性与可操作性上都有了巨大提升，引入了“开始”菜单、任务栏和 Windows 资源管理器等对用户友好的功能；集成了 Internet Explorer 网络浏览器，方便用户上网；分别推出专业版与家庭版，以贴近不同用户的使用场景；还根据平板电脑和一体机的特点，设计了适于触摸交互的具有大型平铺窗口的开始屏幕，并引入了主要为触摸设备而设计的新应用程序。正是这样在产品功能与用户体验方面的持续重视与不懈努力，才使微软公司 Windows 操作系统长期处于市场领先地位，这种成功使人们深刻体会到了用户体验对于高科技公司打造前沿产品的巨大意义。

4.35 切尔诺贝利核电站事故（1986 年）

切尔诺贝利核电站事故（Chernobyl nuclear power plant accident，见图 4-36）是一件发生在苏联时期距乌克兰普里皮亚季市（Pripyat）仅 3 公里远的切尔诺贝利核电站的一次严重核事故。1986 年 4 月 26 日，该核电站的第四号反应堆发生了连续爆炸，引发了大火并向大气层中散发了大量高能辐射物质，辐射尘随着大气飘散到苏联的西部地区，以及东欧地区和北欧的斯堪的纳维亚半岛，造成了大面积的生态灾难。

图 4-36 切尔诺贝利核电站事故

切尔诺贝利核电站事故被认为是人类历史上最严重的核电事故[1-2]，是首例在 7 级制国际核事件分级表（international nuclear event scale）中被评为最高一级——7 级的特大核事故（第二例是 2011 年 3 月 11 日发生在日本福岛县的福岛核事故），乌克兰普里皮亚季市因此被废弃。切尔诺贝利核电站事故也是人类历史上损失最惨重的灾难，据估计总共造成了 2000 多亿美元的损失[3]。

在历史档案中，很少有事件能如此警醒地提示人们技术与人为错误之间的复杂关系。这场核灾难是由一系列因素引发的，包括有用户体验缺陷的反应堆设计、一些操作指令容易被人忽视、对操作人员的培训不足以及操作人员糟糕的应变能力。操作人员的人为错误既源于控制面板过于复杂的布局设计——有许多按钮、开关和指示器都没有很好地标记，也不容易使用，又源于操作人员对反应堆复杂系统的不熟悉。

然而，可以说最大的错误最终不在于操作人员，而在于设计者。也就是说，这次事故的主要原因不在于偶发性的人为失误（human slips），而在于必然性的人为错误（human mistakes）。可以说切尔诺贝利核电站是由一群物理学家为另一群物理学家而设计的，但最后并不是真的由物理学家管理和操作，而只是由普通工人来进行管理和操作的。所以可以说，在设计之初，就没有搞清楚这家核电站未来的目标用户（即操作人员）到底是谁，目标用户对核电站专业技术的认知水平如何，以及目标用户未来将在什么样的环境和情境下完成这些操作。

这场核灾难的另一个关键方面是核电站操作人员在安全测试中犯下了错误。该安全测试旨在模拟蒸汽轮机在失去外部动力并且冷却剂管道破裂的情况下为应急给水泵供电的能力。在安全测试期间，操作人员启动了关闭程序，导致反应堆输出功率显著下降。然而，由于反应堆石墨端控制棒的设计缺陷，反应堆输出功率下降得太低、接近于零，这促使操作人员做出了一个错误的决定——他们试图通过关闭一些安全系统和移除更多的控制棒来恢复电力。这是一个严重的错误，因为控制面板并没有提供在这种情况下采取适当步骤的明确指导。

关闭安全系统和移除控制棒的结合导致了无法控制的电力激增。反应堆堆芯迅速过热，引发了蒸汽爆炸和熔毁，进而导致了反应堆容器（安全壳）破裂。随后反应堆堆芯起火，大火一直持续到 1986 年 5 月 4 日，其间向大气中释放了大量放射性污染物，扩散到整个苏联和欧洲[4-5]。这导致大批切尔诺贝利核电站工人、应急人员和附近居民立即死亡，并导致普里皮亚季市 45000 名居民撤离（该市至今仍被遗弃）。这场核灾难不仅给苏联本国带来了巨大的损失和伤害，也对欧洲乃至全球造成了深远的负面影响。

事后来看，切尔诺贝利核电站事故以极其惨痛的方式向人们展示了以用户为中心的设计的重要性。这次事故中操作人员所犯的用户体验错误凸显了对直观简洁的交互界面和清晰明确的操作指南的迫切需求，还凸显了对关键系统的操作人员进行充分培训的必要性。

这场核灾难的悲剧性后果警示我们，用户体验在各种系统的安全和功能中都起着至关重要的作用，特别是在那些具有高风险后果的系统中。在建立这些系统之前，不仅要弄清楚系统操作任务是什么，还要弄清楚目标用户是谁，以及他们将在什么环境与情境下完成这些任务——尤其要事先考虑到在紧急情况下，系统的操作界面和交互逻辑是否能让目标用户出现人为错误的概率无限趋近于零，然后我们要在真实环境中测试这些系统并加以改进。我们可能无法预料到所有潜在问题，但只要抓住了哪怕一个潜在问题，我们就有可能避免一场灾难，所以这些重视用户体验的努力是非常值得的。

4.36
以用户为中心的设计
（1986 年）

以用户为中心的设计（UCD，即 user-centered design），或由用户驱动的开发（UDD，即 user-driven development），是用户体验领域的一个核心概念，指的是一种流程框架（不局限于界面或技术），在使用该框架的设计流程的每个阶段，产品、服务或流程的可用性目标、用户特征、环境、任务和工作流程都会受到广泛关注并进行不断地测试。

在从需求、生产前模型到生产后的每个阶段，都会进行测试，从而完成一个证明循环（circle of proof）来确保“以用户为中心进行开发”[1-2]。这样的测试[3]是必要的，因为产品的设计者往往很难直观地了解首次使用其设计体验的用户，以及每个用户的学习曲线可能是什么样子的。以用户为中心的设计基于对用户、用户需求、需求优先级和用户体验的理解。以用户为中心的设计能提高产品的有用性和可用性，因为它能让用户感到满意[3]。

与其他产品设计理念的主要区别在于，以用户为中心的设计试图围绕用户能够、希望或需要如何使用产品来优化产品，这样用户就不会为了适应产品而被迫改变自己的行为和期望。因此，用户就站在两个同心圆的圆心——内圆包括产品的背景、开发目标和运行环境。外圆涉及任务细节、任务组织和任务流程等更细粒度的细节[2]。

图 4-37　唐纳德·阿瑟·诺曼

1977 年，“以用户为中心的设计”一词由美国印第安纳大学（Indiana University）图书馆与信息科学学院信息系统与信息科学教授及计算机科学兼职教授、印第安纳大学跨学科社会信息学中心负责人[4]、计算社会分析（social analyses of computing）的主要创始人[5]和社会信息学（social informatics）专家[6]罗伯·克林（Rob Kling，1944 年—2003 年）创造出来[7]。

后来，“以用户为中心的设计”一词被美国认知科学家和可用性工程师、加州大学圣地亚哥分校设计实验室主任[8]唐纳德·阿瑟·诺曼（Donald Arthur Norman，见图 4-37）[9]所采用并写进他于 1986 年出版的《以用户为中心的系统设计：人机交互的新视角》（*User-Centered System Design: New Perspectives on Human-Computer Interaction*）一书中[10]。这使“以用户为中心的设计”的概念得以广泛流行。1988 年，“以用户为中心的设计”的概念在唐纳德·阿瑟·诺曼的开创性著作《日常事物的心理学》（*The Psychology of Everyday Things*，该书后改名为《日常事物的设计》，*The Design of Everyday Things*，中文也译为《设计心理学》）中得到了进一步的关注和接受。

以用户为中心的设计流程可以帮助软件设计师实现为用户设计产品的目标。用户需求从一开始就被考虑，并包含在整个产品周期中。通过人种学研究（ethnographic study）、情境调查（contextual inquiry）、原型测试、可用性测试和其他方法，对用户需求进行记录和完善；也可以使用生成式（generative）方法，如卡片分类法、亲和图（affinity diagramming）法和参与式设计；还可以通过仔细分析与设计产品类似的可用产品来推断用户需求。

以用户为中心的设计从这些方法中获得了灵感：①合作设计（cooperative design），也称为协同设计（co-design），让设计者和用户平等参与，这是斯堪的纳维亚信息技术产品的设计传统[11]；②参与式设计（participatory design），是与“合作设计”概念相同的北美术语，它受到合作设计的启发，注重用户的参与；③情境设计（contextual design），实际情境中的“以用户为中心的设计”。

以用户为中心的设计的目标是使产品具有很高的可用性。这包括产品使用的方便程度、可管理性、有效（果）性，以及产品映射到用户需求的程度。以用户为中心的设计的各个阶段[2][12]为：①明确指出使用情境；②明确指出需求；③创建设计解决方案和开发；④评估产品；⑤重复上述步骤以进一步完成产品。这些阶段都是一般的方法，而设计目标、团队及其时间表、产品开发环境等因素最终决定了项目的适当阶段及其顺序。你可以遵循瀑布模型、敏捷模型或任何其他软件工程实践方式。

作为以用户为中心的设计观点的一个例子，网站 UCD（即网站的以用户为中心的设计）的基本要素通常是考虑可见性（visibility）、可访问性（accessibility）、易读性（legibility）和语言（language）。可见性有助于用户对文档的心智模型（mental model）进行构建。可访问性指的是无论文档的长度如何，用户都应能够在整个文档中快速轻松地找到信息。易读性指的是文本应易于阅读。语言指的是根据修辞情况的不同，需要使用某些类型的语言。

以用户为中心的设计会用到很多工具，主要包括：①人物角色（persona），是一种用户原型，用于帮助指导有关产品功能、导航、交互甚至视觉设计的决策；②场景（scenario），是一个虚构的关于“日常生活”的故事，或者是一系列以主要利益相关者群体为主角的事件；③用例（use case），表现为一系列简单的步骤，让人物角色通过因果关系实现其目标。

4.37
设计思维
（1987 年）

设计思维（design thinking），也称为设计思考，指设计师在设计过程中使用的一系列认知、策略和实践程序，以及关于人们在处理设计问题时如何进行推理的知识体系 [1-3]。设计思维是一种创意思考、一种创新方法论、一种解决问题的路径，强调以人为本的解决问题的方法论，从人的需求出发，为各种议题寻求创新解决方案，并创造更多的可能性。

设计思维也被称为“设计师式的认知、思考和行动方式” [4] 和“设计师式的思维” [5]，被用来指一种特定的认知风格（像设计师那样思考）、一种一般的设计理论（理解设计师如何工作）和一套教学资源（学习以设计师的方式处理复杂问题） [6-7]。设计思维中的“设计”是指广义的设计，以探索人的需要为出发点，创造出解决方案。设计思维利用设计师的工具包，将人的需求、技术的可能性和企业对成功的追求融为一体。

设计思维是一个迭代的非线性过程，包括情境分析、用户测试、问题发现和框架设计、构思和解决方案生成、创造性思维、草图和绘图、原型设计和评估等活动。设计思维的核心特征包括 4 种能力：①处理不同类型的设计问题的能力，尤其是处理定义不清、棘手的设计问题的能力；②采用以解决方案为重点的策略的能力；③使用归纳推理和生产推理的能力；④使用非语言、图形 / 空间建模媒介（如草图和原型） [8] 的能力。

设计思维的历史源于 20 世纪 40 年代对创造力的心理学研究和 20 世纪 50 年代创造力技术的发展。

1961 年美国心理学家威廉・戈登（William Gordon）和 1963 年头脑风暴法之父亚历克斯・奥斯本（Alex Osborn）出版了最早的两本关于创造力方法的著名书籍 [9-10]。莫里斯・阿西莫（Morris Asimow）在 1962 年（工程学） [11]、布鲁斯・阿彻（Bruce Archer）在 1963 年—1964 年（工业设计） [12]、克里斯托弗・亚历山大（Christopher Alexander）在 1964 年（建筑学） [13] 出版了不同领域的关于设计方法和理论的书籍。1969 年，司马贺（Herbert Alexander Simon）出版了《人工造物工程学》（*The Sciences of the Artificial*）一书 [14]，提出“设计是一种思维方式”的观点。

1972 年，唐・科贝格（Don Koberg）和吉姆・巴格内尔（Jim Bagnall）在《通用旅行者》（*The Universal Traveler*）一书中开创了一种“软系统”设计流程 [15]。1973 年，罗伯特・麦金

（Robert McKim）出版了《视觉思维经验》（*Experiences in Visual Thinking*）一书[16]，首次把设计作为一种思维方式。1979 年，布鲁斯·阿彻（Bruce Archer）在《设计方法论的变迁》（“Whatever Became of Design Methodology”）一文中，声称“存在着一种设计师式的思维和交流方式，它既不同于科学和学术的思维和交流方式，又与科学和学术的探究方法一样，在应用于自身的各类问题时具有强大的威力”[17]。

20 世纪 80 年代，以人为中心的设计（human-centered design）和以设计为中心的企业管理兴起。从 1981 年起，应用设计研究的先驱利兹·桑德斯（Liz Sanders）开始在工业界担任设计研究顾问，当今以人为本的设计和设计思维中使用的许多工具、技术和方法都是由她引入的。1987 年，哈佛大学教授彼得·罗（Peter G. Rowe）出版了《设计思维》（*Design Thinking*）一书[18]（见图 4-38），介绍了建筑师和城市规划师使用的方法和途径，有很多学者认为正是彼得·罗在这本书中首创了“设计思维”这一术语。

图 4-38　彼得·罗所著《设计思维》

1991 年，荷兰代尔夫特理工大学（Delft University）举办了第一届设计思维研讨会[19]。同年，IDEO 设计咨询公司由四家工业设计公司合并而成，成功实现了设计思维的商业化。

2004 年，大卫·凯利（David Kelley）和伯纳德·罗斯（Bernard Roth）创立了斯坦福大学哈索·普拉特纳设计研究院（Hasso Plattner Institute of Design at Stanford）[20]，又名“d.school”，讲授设计思维课程，并提出了设计思维流程：①运用同理心（empathize），是指通过访谈、田野调查、问卷等方式了解用户，从用户的角度出发，探寻用户真正的问题和需求；②定义需求（define），是将搜集到的众多信息，进行架构、删减、深挖、组合，重新对问题进行定义，找出用户的真正需求，并简要描述；③创意构思（ideate），是要找到多种解决方案来解决问题；④制作原型（prototype），是指制作具体的模型，作为团队内部沟通以及与用户沟通的工具；⑤实际测试（test），是利用原型与用户沟通，通过情境模拟，测试该原型是否适于用户，根据用户使用情况和反应，重新定义需求或改进解决方案。

历史上，设计师往往只参与新产品开发过程的后期工作，将注意力集中在产品的美学和功能上。但现今，许多企业和组织都已意识到，将设计作为一种生产性资产嵌入整个组织政策和实践中是非常有用的，设计思维已被用于帮助不同类型的企业和社会组织进行更具建设性和创新性的工作中[21-22]。设计师通过参与产品和服务开发过程的早期阶段，或通过培训他人使用设计方法并在组织内建立创新思维能力，而将他们的方法有效地带入企业[23-24]。

4.38
认知负荷理论
（1988 年）

在认知心理学中，认知负荷（cognitive load）指的是一个人工作记忆（working memory，也称为短时记忆，short-term memory）资源的使用量，即工作记忆中正在使用的注意力或精神力的总量。认知负荷大致可分为 3 种类型：①内在（intrinsic）认知负荷，指与特定教学主题相关的内在难度水平；②外在（extraneous）认知负荷，是由信息或任务呈现给学习者的方式产生的，受教学设计者的控制[1]；③关联（germane）认知负荷[2]，指图式的处理、构建和自动化，是为建立永久的知识存储，即图式（schema），所做的努力。认知负荷理论示意图，如图 4-39 所示。多年来人们一直在研究和质疑这几种认知负荷的相加性，现在人们认为它们是相互循环影响的[3]。

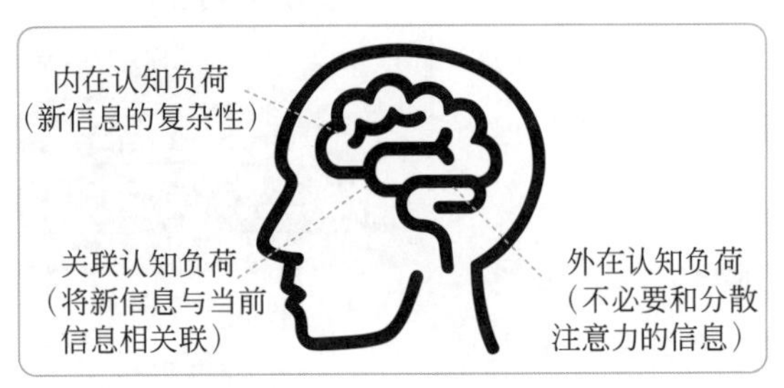

图 4-39　认知负荷理论示意图

认知负荷理论的历史可追溯到 20 世纪 50 年代认知科学的开端和米勒的工作。1956 年，美国心理学家、认知心理学乃至认知科学的创始人之一乔治・阿米蒂奇・米勒（George Armitage Miller）在《神奇的数字七，加减二》一文中指出，人类的工作记忆能力有内在限制，一般只能在工作记忆中保存七加减二个单位的信息[4]。

1973 年，蔡斯（Chase）和西蒙（Simon）首次使用“块”（chunk）来描述人们如何在短时记忆中组织信息[5]。这种记忆成分的分块也被称为图式构建（schema construction）。

1988 年，澳大利亚教育心理学家、新南威尔士大学（University of New South Wales）名誉教授约翰・斯韦勒（John Sweller，1946 年—）提出了认知负荷理论（cognitive load theory）[6]，用来“提供指导方针，促进以鼓励学习者活动的方式呈现信息，从而优化智力表现”[2]。认知负荷理论的基本原理是，如果能更多地考虑工作记忆的作用和局限性，就能提高教学设计的质量。该理论表明，注意力的分散，特别是使用手机造成的注意力分散，使学生们更容易出现认知负荷过高的情况，导致学习成绩下降[7]。

认知负荷理论为教学设计提供了一个通用框架，允许教学设计者在大多数教学材料中控制学习条件。具体来说，该理论提供了基于经验的指导方针，帮助教学设计者减少学习过程中的外来认知负荷，将学习者的注意力集中到相关材料上，从而增加关联认知负荷。斯韦勒建议，教学设计者应通过设计不涉及问题解决的教学材料来避免不必要的认知负荷。斯韦勒的认知负荷理论运用了信息加工理论（information processing theory）的某些方面，强调并发工作记忆负荷对教学过程中学习的内在限制，用图式作为教学材料设计的主要分析单元。斯韦勒认为，教学设计可以用来减轻学习者的认知负荷。

人类认知结构由工作记忆和长时记忆组成，长时记忆容量几乎是无限的，认知负荷理论认为，教学的主要目标就是使学生能在长时记忆中存储信息。知识以图式形式存储于长时记忆中。图式根据信息元素的使用方式来组织信息，提供知识组织和存储的机制。图式可以是任何所学的内容，无论大小，在记忆中都被当作一个实体。子元素或低级图式可被整合到高一级图式中，不再需要工作记忆空间。图式构建使工作记忆尽管处理的元素数量有限，但在处理的信息量上没有明显限制，因此图式构建能降低工作记忆负荷。构建后，经大量实践能实现图式自动化，为其他活动释放空间，使熟悉的任务可被准确流利地操作，不熟悉的任务也因获得较大工作记忆空间而被高效操作。斯韦勒等人发现，学习者经常使用“手段－目的分析”（means-ends analysis）策略来解决问题，这需要较大的认知处理能力，可能无法用于图式构建。

20 世纪 90 年代，认知负荷理论被应用于多个情境，证明了几种学习效应：完成－问题效应（completion-problem effect）[6]、模态效应（modality effect）[8-9]、注意力分散效应（split-attention effect）[10]、工作－实例效应（worked-example effect）[11-12] 和专业知识逆转效应（expertise reversal effect）[13]。

认知负荷理论与用户体验的关系很密切。比如，有个常见的问题：为什么用户喜欢根据已有经验来使用产品？要回答这个问题，就需要从认知负荷理论入手。在短时间内处理大量信息会增加用户大脑的认知负荷，而工作记忆是有容量限制的，当认知负荷接近或超过这个容量的上限时，大脑处理信息的效率就会显著降低，影响判断与决策的质量。在使用产品时，用户需要理解产品界面上的信息，将其存储在工作记忆中。用户需要识别、思考、记忆的信息越多，产生的认知负荷就越大。用户从自身舒适（即认知负荷低，不用太费脑筋）的角度出发，当然希望使用产品时能尽量根据已有经验、思考的内容越少越好。用户如果每行一步都无法根据已有的经验来操作，不得不仔细思考、认真甄别、谨慎尝试，那么就会一直处于高认知负荷的状态中，感到很累、很不舒适，产生负面情绪。所以用户体验良好的产品往往是学习成本很低、可以让用户不假思索就能正确而顺畅使用的产品。

4.39 诺曼的用户体验畅销书（1988 年）

唐纳德·阿瑟·诺曼是（Donald Arthur Norman）“用户体验”这一术语的提出者和用户体验领域的著名学者，也是美国心理学家、认知科学家、可用性工程师、加州大学圣地亚哥分校设计实验室主任、尼尔森·诺曼集团（Nielsen Norman Group）的联合创始人[1]。

诺曼于 1986 年、1988 年和 2004 年出版的 3 本书籍在学术界和工业界都广受好评，成为了用户体验相关领域的经典畅销书，值得给大家简要介绍一下。

图 4-40 《日常事物的设计》第一版封面

1986 年，诺曼出版了《以用户为中心的系统设计：人机交互的新视角》（*User-Centered System Design: New Perspectives on Human-Computer Interaction*）一书，采用了美国印第安纳大学教授罗伯·克林（Rob Kling，1944 年—2003 年）首创的术语“以用户为中心的设计”。这本书使“以用户为中心的设计”这一概念开始流行起来。

1988 年，诺曼出版了他最为著名的一本用户体验及心理学专著——《日常事物的设计》（*The Design of Everyday Things*，中文也常译作《设计心理学》，原名为《日常事物的心理学》，*The Psychology of Everyday Things*）[2]，后来这本书多次再版，并被翻译成中文、法文、西班牙文等多国文字，成为了用户体验、人因与工效学、心理学领域的经典畅销书。《日常事物的设计》第一版封面，如图 4-40 所示。

在《日常事物的设计》中，诺曼讲述了设计如何在用户和产品之间起到沟通的作用，以及如何优化这一沟通渠道，使用户在使用产品时获得愉悦的体验。诺曼通过案例描述了他所认为的“好”和“坏”设计背后的心理学，并提出了设计原则。他强调了设计在我们日常生活中的重要性，以及由糟糕的设计所引起的错误后果。在书中，诺曼描述了一个现象：即使是最聪明的人，也会因为不知道该开哪个开关，或者不知道该推门、拉门还是滑门而感到无能为力。诺曼认为，虽然我们在遇到这些问题时往往热衷于责怪自己，但其实这些问题的源头并不在我们自己身上，而是在于产品经理和设计师忽视了用户的需求和心理学的原理，以至于产品设计中缺乏对用户应有的直观引导。

诺曼在《日常事物的设计》中列举了大量反面案例，其中包括有着糟糕设计的录像机、计算机和办公室电话。诺曼认为，这些糟糕的设计中存在的问题包括模糊和隐藏的控制、控制和功能之间的任意关系、缺乏反馈或其他帮助以及对记忆的不合理要求，等等。同时，诺曼指出，好的、可用的设计是可以实现的，而且规则很简单：让事物可见，利用自然关系将功能和控制结合起来，并巧妙地利用制约因素，目标是引导用户毫不费力地在正确的时间对正确的控件进行正确的操作。

在《日常事物的设计》中，诺曼将詹姆斯・J. 吉布森（James J. Gibson）的生态心理学（ecological psychology）术语[3]"自解释性"（affordance）引入设计领域，认为产品的设计应该具有自解释性[4]。可以推拉的门是自解释性的一个例子，其中的自解释特征主要包括门上用于推动的门板、手指大小的小按钮，以及直观上用作把手的长条形圆杆——门板或按钮表示要被推，而把手或圆杆表示要被拉。

在《日常事物的设计》中，诺曼进一步普及了"以用户为中心的设计"理念。他用"以用户为中心的设计"一词来描述基于用户需求的设计，而把美学等他认为次要的问题放在一边。诺曼认为，以用户为中心的设计包括的要点主要有：简化任务结构（使任何时候可能采取的行动都很直观）、使事物可见（包括系统的概念模型、行动、行动的结果和反馈）、正确映射（在预期结果和规定动作之间建立正确的映射关系）、接受并利用约束的力量、为错误而设计、自解释性以及七个行动阶段。诺曼花了很大的篇幅来详细定义和解释这些要点，举例说明了遵循和违背这些要点的情况，并指出了后果。

2004 年，诺曼出版了另一本用户体验及心理学书籍——《情感化设计》（*Emotional Design: Why We Love（Or Hate）Everyday*），后来这本书也多次再版，并被翻译成各国文字，再次成为了用户体验及心理学领域的经典畅销书。《情感化设计》将人们的情感与普通物品（从榨汁机到汽车）联系起来，指出具有吸引力的东西能更好地发挥作用，设计专家们大大低估了情感在用户体验中的作用。

诺曼对用户体验的发展做出了卓越的贡献。他的三本专著作为用户体验及心理学领域的经典畅销书，不仅深入浅出地为大众普及了用户体验知识，也为广大用户体验设计师指出了在进行设计时容易犯的错误，指明了设计具有良好用户体验的产品的方法和路径，值得各位用户体验从业者认真研读。

4.40
映射及自然映射
（1988 年）

1988 年，美国认知科学家、可用性工程师、用户体验专家唐纳德·阿瑟·诺曼[1-2]出版了《日常事物的心理学》（*The Psychology of Everyday Things*）[3]一书，首创了“映射”及“自然映射”的概念。此后，这一对术语就被人们广泛应用于人机交互和交互设计领域中。

对于“映射”的概念，有多种近似的表述：映射是指两组事物要素之间的关系，通常用于控制与显示的设计上；映射是指控件与它对世界的影响之间的关系；映射是指控件与其产生的功能效果之间的关系。利用映射的概念有助于弥合评估鸿沟（指用户对系统的理解与系统实际状态之间的差距）和执行鸿沟（指用户的目标与如何通过界面实现该目标之间的差距）[4]。当通过映射来反映真实世界时，用户会觉得更容易创建控件的心智模型，也更容易使用控件来实现自己的预期意图。

在《日常事物的心理学》中，诺曼指出，映射是表达“控制－效果”关系的一种方式，即如何用正确的控制形式表达出系统功能的效果；控件与被控制的对象之间需要在布局上或者运动上存在比较强的对应关系，从而让用户的操作变得更直觉化。诺曼提到，在界面设计中，要想建立良好的映射关系，设计师就需要注意两点：①利用好物理类比（physical analogies），比如空间位置类比；②利用好文化标准（cultural standards）和社会建构（social construction），比如升高表示增加。当然需要注意的是，不同文化间的差异，可能会带来对映射关系理解的偏差。在不同的文化中，不同的物体、颜色、手势都有着不同的含义。在设计中，我们应该使设计的含义与用户在现实生活中的认知保持一致。

诺曼还指出，为了创建更有效的用户界面，设计师需要利用所谓的“自然映射”（natural mapping），即利用物理类比、文化标准和社会建构，让人一看就懂、用着顺手而且不易出错的映射。例如，设计师可以使用空间类比：要想向上移动一个物体，就要向上移动控件。要想控制一组灯，就要把控件按照这组灯的模式排列。有些自然映射是基于文化标准和社会建构的。比如，在普遍标准中，上升的水平线代表更多，下降的水平线代表更少。类似地，声音越大代表数量越多，声音越小代表数量越小。

自然映射的真正功能是减少用户在执行任务时对自身记忆中信息的需求。映射和自然映射非常相似，都用于描述控件及其动作和结果之间的关系。唯一不同的是，自然映射为用户提供了适当组织的控件，用户可以立即了解哪个控件将执行哪种操作[3]。如果一个设计依赖于标签，那么它就有可能存在问题。标签是重要的，而且往往是必要的，但适当使用自然映射可以最大限度地减少对标签的需求。

厨房炉灶（kitchen stove controls）是一个很好的关于映射及自然映射的案例（见图 4-41）。我们可能遇到过这样的炉灶设计：4 个燃烧器被布置成一个 2×2 的矩形，而 4 个旋钮（控件）被布置在矩形下面，排成一行。这样的设计就违背了“自然映射”的原则，让用户（尤其是新手用户）很难辨别炉灶和旋钮的对应关系，导致用户需要一段时间来尝试旋钮以熟悉正确的使用方法，这也给用户带来了潜在的危险。所以，这样的设计堪称“糟糕的映射”。

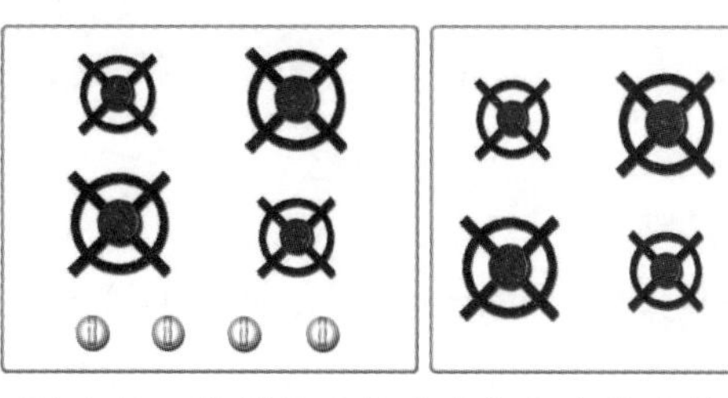

图 4-41　糟糕的映射（左）和自然映射（右）

而如果把 4 个旋钮参照 4 个燃烧器的排列方式，也布置成矩形，那么就很好地践行了“自然映射”原则，有效利用了空间类比，使用户更容易理解和操作，更不容易出现人为错误、导致危险。当然，如果出于美观和艺术风格的考虑，把 4 个燃烧器设计成了梯形布局，那么要想符合“自然映射”原则，就需要把 4 个旋钮也布置成梯形，这样才能方便用户理解并正确使用。

在上述案例中，我们把关注点都放在燃烧器和旋钮的空间类比上了。其实，还有一点也颇为关键——操作与效果之间的关系。我们是通过对旋钮进行旋转操作才产生的热量效果，旋转并不是自然地就与热量有关，因此这种关系是人为的，是一种文化标准和社会建构。

在现实生活中，我们经常可以看到违背“自然映射”的糟糕设计，在这种情况下，即使给操作控件贴上参考标签，用户仍然会感到难以理解和操作，用户出现大概率、经常性的误操作（人为错误）就是意料之中的事了；而一旦我们按照“自然映射”的方式去设计，即使不给操作控件贴上参考标签，用户也仍然会一看就懂，误操作的可能性也就会大大降低。

4.41
五帽架理论
（1989 年）

信息架构（information architecture）是一个重要的用户体验维度，它涉及产品与服务的内容组织和逻辑顺序。这方面的理论并不多，除了前文中已经介绍过的“倒金字塔结构”理论，就要数本章节将给大家介绍的“五帽架”理论了。

五帽架（five hat racks）理论，又被称为 LATCH 原则，由理查德·索尔·沃曼（Richard Saul Wurman，1935 年—，见图 4-42）于 1989 年在他的著作《信息焦虑》（*Information Anxiety*）中首次提出[1]。

图 4-42　理查德·索尔·沃曼

提出五帽架理论的沃曼是美国建筑师和平面设计师，是专注于关注技术、娱乐和设计的 TED 会议（其中 TED 指 technology，entertainment，design）的创始人。1976 年，沃曼定义了“信息架构师”（information architect）一词。

沃曼 1989 年版本的五架帽理论是指 5 种组织信息的方式：①类别（category），指按相似性关系（similarity relatedness）来组织信息；②时间（time），指按时间顺序（chronological sequence）来组织信息；③位置（location），指以地理位置（geographical）或空间参照（spatial references）来组织信息；④字母表（alphabet），指按字母顺序（alphabetical sequence）来组织信息；⑤连续性（continuum），指按大小（magnitude）、从高到低（highest to lowest）、从好到坏（best to worst）来组织信息。

1996 年，沃曼在他关于信息架构（information architecture）和信息设计（information design）的著作《信息架构师》（*Information Architects*）中，介绍了 20 位掌握了清晰呈现信息技巧的同事的创作，并且重新定义了他的五帽架理论，形成了 LATCH 原则，即按位置、字母表、时间、类别、层次来分别组织信息[2]。沃曼提到，“我已经尝试了 1000 次去寻找其他的（信息）组织方式，但我总是用这 5 种中的一种”[2]。沃曼 1996 年版本的五架帽理论（LATCH 原则），按照“LATCH”这一首字母缩略词的顺序，依次是：

（1）“L”：位置（location），指按位置来组织信息。可以是物理位置，也可以是概念上（空间上）的位置。当信息有多个不同来源和场所时，按位置来组织信息就显得非常重要。比如，医生使用人体的不同部位来分组和研究医学。

（2）“A”：字母表（alphabet），指按字母顺序来组织信息。当信息量特别大时，这是最佳的组织方式之一。通常每个人都熟悉字母表，当不是所有受众都熟悉不同类型的分组或类别时，建议按字母顺序来组织信息。比如，字典和通讯录通常都按字母顺序来组织信息。

（3）“T”：时间（time），指按时间顺序来组织信息。时间是对在固定时间内发生的事件进行分类的最佳形式。会议安排或我们所使用的日历就是例子。重要人物的工作也可以用时间轴来显示。时间是一个很容易观察到变化并进行比较的框架。

（4）“C”：类别（category），指按类别（即相似性关系）来组织信息。当需要把信息按照相似性或相关性进行排列时，按类别来组织信息是最适合的组织方式。比如，服装零售店分为男装店和女装店。再如，黄页中的商店和服务很容易按类别查找。

（5）“H”：层次（hierarchy），指按层次或连续性来组织信息。当信息可以通过同一种衡量方式来组织时，就可以按层次、连续性、规模、量级来排列。可以使用不同的视觉层级来凸显不同信息层级的重要性。比如，尺寸、量表、能效等级、从小到大、从低到高、从最便宜到最贵、给服务和产品打一颗星到五颗星，等等。

五帽架理论把 5 种组织信息的方法比作 5 顶帽子。为了给用户呈现出清晰易用的信息架构，实现组织信息的最佳方式，往往需要组合使用多顶“帽子”。如果需要的话，甚至可以将 5 种信息组织方式都用上，为信息的展现提供灵活性。比如，按字母顺序的信息组织方法和按类别的信息组织方法一起使用，可以使条目变得井然有序。再如，按时间顺序的信息组织方法和按位置的信息组织方法组合使用，适合规划值得纪念的事件。

在当今的数字世界中，许多用户都希望有多种方式来查看数据。为此，我们需要戴上这 5 顶“帽子”，并以最佳方式使用它们。我们应该记住，最重要的是以用户易于访问和理解的方式组织信息，利用数据回答用户提出的问题。用户是最终获取并使用产品信息的人，所以要让产品在信息架构这个用户体验重要维度上得到用户的首肯，最重要的一点就在于，要以用户能够轻松理解并自然使用的方式来有效组织信息。

4.42 伯纳斯 – 李发明万维网（1989 年）

万维网（world wide web，简称 WWW），通常被称为“网”（Web），是一个基于因特网（Internet）的以超文本链接形式把海量文档互相连接以供人使用的信息系统，是文件、图片、多媒体和其他资源的全球集合，通过对用户友好的方式在因特网上实现内容共享，旨在吸引全球用户[1]。相较于印刷媒体、书籍、百科全书和传统图书馆，万维网能让用户更容易、更即时地访问大量多样的信息，对因特网的普及发挥了至关重要的作用。万维网和马赛克浏览器的出现“引爆”了互联网时代（是指互联网向公众广泛普及，使全球通信和信息获取方式产生根本变化的时期），也给用户体验从业者提供了广阔的舞台。

万维网上的服务器和资源是通过一种被称为 URL（uniform resource locators，即统一资源定位器）的字符串来识别和定位的。万维网允许根据 HTTP（hypertext transfer protocol，即超文本传输协议）的规则在因特网上传输网络信息[1]。万维网上最原始、最常见的文档类型是用 HTML（hypertext markup language，即超文本标记语言）编写的网页——网络应用程序就是作为应用软件运行的网页。HTML 支持纯文本、图像、嵌入式视频和音频，以及实现复杂用户交互的脚本（简短程序），还支持超链接（即嵌入式 URL），通过超链接可访问其他网络资源。

万维网催生了网站——拥有共同主题和共同域名的多个网络资源组成的网络实体。一个网络服务器可以支持多个网站，而一些网站，尤其是最受欢迎的网站，可能由多个网络服务器提供支持。网站内容由无数的政府机构、组织、公司和个人用户提供；它包含了大量的政府、教育、商业和娱乐信息。用户可通过万维网浏览器软件（如 Internet Explorer、Mozilla Firefox、Safari 和 Chrome）访问网站、浏览网页，使用网页上的图形、音效、文字、影片、多媒体和交互式内容，并通过点击嵌入当前网页的超链接实现向其他网页的跳转。

图 4-43　蒂姆·伯纳斯 - 李

万维网是由在 CERN（欧洲核子研究中心）工作的英国计算机科学家蒂姆·伯纳斯 – 李（Tim Berners-Lee，1955 年—，见图 4-43）于 1989 年发明的[2-4]。1989 年 5 月，伯纳斯 – 李向 CERN 提交了一份提案，但没有给这个系统命名[5]。作为开发的一部分，他定义了 HTTP 协议的第一个版本和基本的 URL 语法，并隐式地使 HTML 成为主要的文档格式。到 1990 年圣诞节，伯纳斯－李已实现了一个可运行的系统，包括一个名为 World Wide Web 的浏览器（这成为了该项目和网络的名称）和一个在 CERN 运行的 HTTP 服务器。伯纳斯－李的灵感来自于在 CERN 这个庞大且不断变化的组织中存储、更新和查找文件和数据，以及向 CERN 以外的合作者分发这些文件和数据的问题。1991 年 1 月，CERN 开始向外部的其他科研和学术机构推广万维网——当时被设想为一个“通用链接信息系统”[5-6]，随后于 1991 年 8 月 23 日向整个因特网上的公众开放了万维网。在接下来的两年里，CERN 共创建了 50 个网站[7-8]。

在发明万维网的过程中，伯纳斯－李摒弃了在 CERNDOC 文件系统和 Unix 文件系统中使用的通用树形结构方法，以及在 VAX/NOTES 系统中依靠关键字标记文件的方法，而采用了自己在 CERN 建立私人 ENQUIRE 系统（1980 年）时实践过的概念。当意识到特德·尼尔森（Ted Nelson）的超文本模型（1950 年）可以通过与嵌入文本中的“热点”相关联的超链接，以无约束的方式链接文档时，伯纳斯－李就更加坚信他的概念是正确的[9]。这种模式后来被苹果公司的 HyperCard 系统推广开来。与 Hypercard 不同的是，伯纳斯－李的系统从一开始就支持在独立计算机上多个数据库之间的链接，并允许因特网上任一计算机上的许多用户同时访问。

伯纳斯－李明确指出，万维网系统最终应能处理文本以外的其他媒体，如图形、语音和视频。链接可指向可变数据文件，甚至可启动服务器计算机上的程序。伯纳斯－李构想了“网关”，允许通过系统访问以其他方式组织的文档（如传统计算机文件系统）。最后，他坚持认为这个系统应该是去中心化的，对链接的创建没有任何中央控制或协调[2-5]。

伯纳斯－李还创立了万维网联盟（W3C，即 World Wide Web consortium）。该联盟于 1996 年创造了 XML，并建议用更严格的 XHTML 取代 HTML[10]。与此同时，开发人员开始利用称为 XMLHttpRequest 的 IE 特性来制作 Ajax 应用程序，并发起了 Web 2.0 革命。Mozilla 公司、Opera 公司和苹果公司拒绝接受 XHTML，并创建了 WHATWG 来开发 HTML5[11]。2009 年，W3C 放弃了 XHTML[12]，并于 2019 年将 HTML 规范的控制权移交给 WHATWG[12]。

目前，万维网标志性的 www 前缀的使用在逐渐减少，尤其是当网络应用程序试图将其域名品牌化并使其易于发音时。但不可否认的是，万维网自诞生之日起就一直是信息时代发展的核心，也一直是世界上最主要的信息系统平台[13-15]，时至今日仍然是全球数十亿人在因特网上进行互动的主要工具[15-18]。

4.43 打折可用性工程
(1989 年)

可用性(usability)是指用户使用产品时感受到的用户体验的有效果性(effectiveness)、有效率性(efficiency)和满意度(satisfaction)。有效果性是指产品允许用户实现特定目标的难易程度，聚焦在能否轻松顺利地实现目标上。有效率性是指产品允许用户实现特定目标的快慢程度，聚焦在顺利实现目标时的速度与时间上。满意度是指用户对产品的满意程度，是用户的主观评价。越来越多的企业和行业专家认识到可用性对于产品的重要性，但正式的可用性评估往往耗资过多、耗时过长，难以开展，在此背景下，打折可用性工程应运而生。

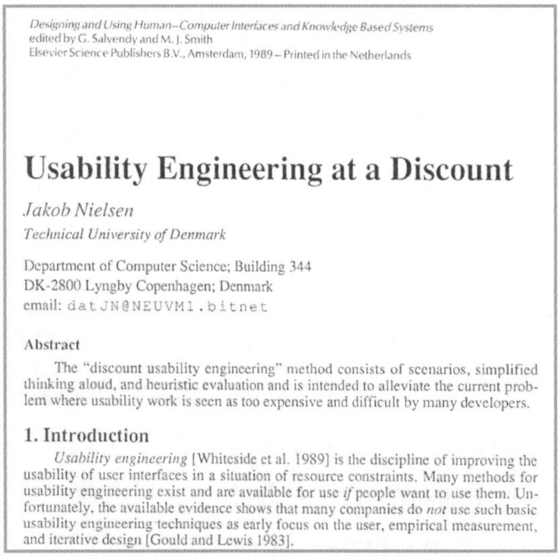

Designing and Using Human–Computer Interfaces and Knowledge Based Systems
edited by G. Salvendy and M. J. Smith
Elsevier Science Publishers B.V., Amsterdam, 1989 – Printed in the Netherlands

Usability Engineering at a Discount

Jakob Nielsen
Technical University of Denmark
Department of Computer Science; Building 344
DK-2800 Lyngby Copenhagen; Denmark
email: datJN@NEUVM1.bitnet

Abstract

The "discount usability engineering" method consists of scenarios, simplified thinking aloud, and heuristic evaluation and is intended to alleviate the current problem where usability work is seen as too expensive and difficult by many developers.

1. Introduction

Usability engineering [Whiteside et al. 1989] is the discipline of improving the usability of user interfaces in a situation of resource constraints. Many methods for usability engineering exist and are available for use *if* people want to use them. Unfortunately, the available evidence shows that many companies do *not* use such basic usability engineering techniques as early focus on the user, empirical measurement, and iterative design [Gould and Lewis 1983].

图 4-44　1989 年尼尔森的论文截图

1989 年，可用性先驱(始于 1983 年)、尼尔森 · 诺曼集团(Nielsen Norman Group)联合创始人雅各布·尼尔森(Jakob Nielsen)在第三届人机交互国际会议文集上发表了《打了折扣的可用性工程》(“Usability Engineering at a Discount”)一文[1]，提出了打折可用性工程(discount usability engineering)的概念——它提供了一种廉价、快速和早期的可用性关注，以及多轮迭代设计。1989 年尼尔森的论文截图，如图 4-44 所示。打折可用性工程有 3 个主要组成部分:

(1)简化的用户测试(simplified user testing)，是一种简单的方法，专注于定性研究，通常邀请少量用户来使用产品执行典型任务，同时让他们在使用时“大声思考”，即一边观察和操作，一边把观察到的内容和操作步骤大声说出来，以便研究人员记录。这种开放式思考过程能让研究人员发现许多可用性问题。数据分析是根据研究人员的笔记和观察结果进行的，取代了录像带或更复杂的捕捉技术，以降低成本。尽管“大声思考”在被尼尔森作为一种打折可用性工程的方法前，已存在了很多年，但测试 5 个用户“足够好”的想法在当时违背了人因正统观念(human factors orthodoxy)，是尼尔森的首创，并在后来的 30 多年中得以推广。

（2）缩小的原型（narrowed-down prototypes），是指一种极端的原型设计，可将系统的功能级别降至最低、特性数量降至最少。缩小的原型通常是纸上原型，支持通过用户界面的单一路径。因为设计纸上原型比设计完整原型要快得多，而且纸上原型所模拟的场景小而简单，所以研究人员可以很早就进行测试，并通过多轮设计进行迭代，从而获得快速而频繁的用户反馈。

（3）启发式评估（heuristic evaluation），是指聘请一组专家，让他们每人都单独根据公认的标准、经验法则和启发式原则对系统进行评估。比起正式的可用性评估动辄使用数百甚至数千条启发式原则，打折可用性工程的启发式原则数量被减少到可控水平——尼尔森建议在打折可用性工程中使用被称为“尼尔森十大可用性原则”的十条启发式原则。

现今，当人们谈论“精益用户体验”（lean UX）时，可能很难理解这些想法在 20 年前是“异端邪说”，当时的黄金标准是用定量指标进行精细且昂贵的研究。即使是现在，这种老方法也仍有可取之处，研究机构有时会用它为独立研究和那些不顾费用想要跟踪指标的大客户进行基准研究。打折可用性（discount usability）通常可以比豪华可用性（deluxe usability）给出更好的结果，因为打折可用性的方法强调早期和快速的迭代以及频繁的可用性输入。

尽管打折可用性工程已经提出 30 多年了，得到了广泛的应用，但是尼尔森认为，现在问题尚存：①大多数公司仍然在每轮可用性测试中浪费资金测试超过 5 个用户。尼尔森在 1989 年的论文中主张只测试 3 个用户以追求最高的投资回报率。后来，他放弃了只测试 3 个用户的“激进”想法，转而主张测试 5 个用户，这适于大多数企业。②人们仍然更多地关注有问题的定量研究，而不是更简单、更有效的定性研究。③大多数设计团队仍然不相信纸上原型，而是耗费大量时间创建复杂原型。④许多人仍然拒绝可用性指南和启发式评估，尽管这已成为第二流行的可用性方法。⑤虽然打折可用性方法与敏捷开发项目完美契合，但许多公司在采用敏捷方法的同时，并没有采取相应的打折可用性方法，结果导致用户体验混乱。

对于可用性方法的鲁棒性，一方面，尼尔森指出，最好的可用性方法才能带来最好的结果，使用更好方法的可用性测试团队往往会发现更多的可用性问题。事实上，研究质量对于发现可用性问题的贡献度是 58%（另外 42% 是由团队成员的才能决定的，可能还有一点纯粹的运气）。另一方面，尼尔森认为，糟糕的用户测试胜过没有用户测试。他发现，表现最好的团队在遵守最佳可用性方法论方面的得分也只有 56%，而那些得分只有 20% ~ 30%（即进行了糟糕的研究）的团队，仍然发现了产品中 1/4 的严重可用性问题。

自 1989 年尼尔森在一个大约 100 人的演讲厅里推出打折可用性工程以来，它已经走过了很长一段路，取得了很大程度上的成功，相信未来它会在世界范围内得到更广泛的普及。

4.44 启发式评估（1990 年）

图 4-45　启发式评估

启发式评估（heuristic evaluation，见图 4-45）是一种用于计算机软件、网页及应用程序，对用户界面设计（包括交互设计和视觉设计）的可用性水平进行评估与检查的方法。它通过用户体验专家根据一组预先定义的启发式原则来识别用户界面设计中潜在的可用性问题。具体来说，就是由评估人员检查界面，判断其是否符合公认的可用性原则。启发式评估被广泛用于新媒体领域，因为用户界面设计往往需在短时间内完成，预算可能会限制其他类型的评估与测试。

1989 年，雅各布·尼尔森（Jakob Nielsen）发起了“打折可用性工程”（discount usability engineering）运动，旨在快速、低成本地改进用户界面，并发明了多种可用性方法，其中就包括 1990 年尼尔森与可用性顾问罗尔夫·莫利奇（Rolf Molich）合作发明的启发式评估。同时他们还提出了与启发式评估配套使用的启发式原则（heuristics）——适于用户界面设计的尼尔森十大可用性原则（也称为尼尔森十大交互设计原则）[1-2]。

启发式评估是人机交互领域的非正式可用性检查方法之一[2]。人们会把发现的可用性问题根据对用户绩效或接受度的影响来分类。启发式评估通常在用例（典型的用户任务）背景下进行，目的是向开发人员提供反馈，说明用户界面符合用户需求和偏好的程度。然而，当请用户参与评估时，需要招募用户、安排时间、预订场所并支付酬金，因此会显得负担沉重。而启发式评估不依赖于用户，其简易性有利于设计初期和用户测试之前的工作。但尼尔森指出，单个评估员的启发式评估“大多相当糟糕”，所以应邀请多位评估员，将结果汇总，以完成评估。

大多数启发式评估可在几天内完成，所需时间因评估对象的规模、复杂程度、评估目的、评估中出现的可用性问题的性质以及评估员的能力而异。在开展用户测试之前进行启发式评估，通常是为了确定评估中应包含的领域，或在基于用户的评估之前消除设计中的问题。虽然启发式评估可在短时间内发现许多重大可用性问题，但经常受到的批评是，评估结果受评估员

（专家）自身的影响很大。比起软件性能测试，不同专家完成的评估结果往往大相径庭。

启发式评估的优点：评估者要参照一份详细标准清单，所以这是一个详细的过程，能为可改进的地方提供良好反馈。而且，评估由多人完成，因此设计者可从多角度获得反馈。此外，这是一个相对简单的过程，因此在组织评估和执行过程中，道德和后勤方面的问题较少。启发式评估的缺点：由于有一套特定的标准，评估的好坏取决于评估员。这就导致了另一个问题，即必须寻找有足够资格的评估专家。此外，评估主要靠个人观察，因此得到的结果没有客观数据的支撑。

尼尔森指出，在一项启发式评估中，应邀请 3 ~ 5 名评估员[3]。超过 5 名评估员不一定能增加洞察力，却肯定会增加评估成本。评估员应先独立做出评估，再进行小组讨论，以减少群体确认偏差（group confirmation bias）[3]。当没有观察员时，成本较低（省去了雇用观察员的费用），但评估员需花费更多时间和精力在书面报告上，研究人员也需花费更多时间来解释书面报告。当有观察员时，评估人员可口头提供分析，而观察员则负责记录和解释评估人员的发现。这会减少评估人员的工作量，也会减少解释评估结果的时间。

与启发式评估方法配套使用的可用性设计启发式原则，主要有 4 套：

（1）施奈德曼八条界面设计黄金法则（Shneiderman's Eight Golden Rules of Interface Design），由本·施奈德曼（Ben Shneiderman）于 1986 年在《设计用户界面：有效的人机交互策略》（*Designing the User Interface: Strategies for Effective Human-Computer Interaction*）一书中提出[4-5]。

（2）尼尔森十大可用性原则（Jakob Nielsen's 10 Usability Heuristics for User Interface Design），由尼尔森与莫利奇于 1990 年提出了 1990 年版本[1-2]，后来又先后更新为 1994 年版本[6]、2005 年版本[7]和 2020 年版本（沿用至今）。尼尔森十大可用性原则是用户界面设计中最常用的可用性启发式原则，尼尔森是启发式评估领域的专家和领军人物。

（3）格哈德 – 鲍尔斯认知工程原则（Gerhardt-Powals' Cognitive Engineering Principles），由吉尔·格哈特 – 鲍尔斯（Jill Gerhardt-Powals）于 1996 年提出，是一套用于提高人机交互性能的认知工程原则[8]，采用了比尼尔森十大可用性原则更全面的评估方法。

（4）温琴克和巴克分类（Weinschenk and Barker classification），由苏珊·温琴克（Susan Weinschenk）和迪安·巴克（Dean Barker）于 2000 年提出，他们将几位主要提供者使用的启发式方法和指导原则分成了 20 种类型[9-10]。

最后，关于启发式评估，有一点值得注意——对于具有特定领域和特定文化的应用程序来说，上述启发式评估方法并不能识别潜在的可用性问题[11]，这时就需要引入针对特定领域（domain-specific）或特定文化（culture-specific）的启发式评估[12]。

4.45
尼尔森十大可用性原则
（1990 年）

一款产品能否赢得用户的良好口碑并取得商业成功，除了要看它的功能是否能满足用户的需求外，还要看它的可用性及用户体验是否能让用户满意，而尼尔森十大可用性原则就是这样一套检验产品（用户界面设计，尤其是交互设计）的可用性及用户体验的经典原则。尼尔森十大可用性原则之所以被称为“启发式原则”，是因为它不是具体的可用性指南，而是宽泛的经验法则。

图 4-46 雅各布·尼尔森

1990 年，雅各布·尼尔森（Jakob Nielsen，1957—，见图 4-46）与可用性顾问罗尔夫·莫利奇（Rolf Molich）合作提出了与启发式评估方法配套使用的适于用户界面设计（包括交互设计与视觉设计）的尼尔森十大可用性原则。1994 年，尼尔森基于对 249 个可用性问题的因素分析[3]，对 1990 年版的尼尔森十大可用性原则进行了改进与修订[4]，之后又分别于 2005 年和 2020 年进行了两次更新[5]，增加了更多解释、示例和链接。虽然定义的语言有所修改，但自 1994 年以来，这十条可用性原则本身一直保持着相关性和不变性。尼尔森认为，这种在过去 30 多年中一直正确的东西，很可能也适于未来的用户界面设计。

尼尔森十大可用性原则包含了 10 条关于用户界面设计的可用性的启发式原则：

（1）系统可见性原则（visibility of system status）：设计应始终在合理的时间内通过适当的反馈让用户了解正在发生的事情。当用户知道当前的系统状态时，他们就会了解之前互动的结果，并决定下一步的操作。可预测的交互会使用户对产品和品牌产生信任。

（2）贴近生活原则（match between system and the real world）：设计应使用用户的语言。使用用户熟悉的单词、短语和概念，而不是内部术语。应遵循现实世界惯例，使信息以自然、合乎逻辑的顺序出现。当设计的控件遵循现实世界惯例并与预期结果相对应（称为自然映射）时，用户就更容易学习和记住界面的工作方式，这有助于打造一种直观的体验。

（3）用户可控原则（user control and freedom）：用户经常会错误地执行操作。他们需要一个有明确标记的“紧急出口”，以便在不需要经过冗长流程的情况下就能离开不想要的操作。

当人们可以轻松退出流程或撤销操作时，就会产生一种自由和自信的感觉。退出可以让用户保持对系统的控制，避免陷入困境和感到沮丧。

（4）一致性和标准化原则（consistency and standards）：应让用户不必纠结于不同的词语、情况或行为是否意味着相同的意思。如果不能保持一致性，就会迫使用户学习新知识，从而增加他们的认知负担。

（5）防错原则（error prevention）：好的出错提示固然重要，但好的设计首先要谨慎防止错误发生。要么消除容易出错的条件，要么检查它们，并在用户执行操作前向其提供确认选项。差错（errors）分为两种：错误（mistakes，是因为设计与用户心智模型不匹配而产生的有意识差错）和失误（slips，或称疏忽，是由于用户注意力不集中造成的无意识差错）。

（6）识别优于记忆原则（recognition rather than recall）：通过使元素、操作和选项可见，尽量减少用户的记忆负荷。让用户不必记住从界面的一个部分到另一个部分的信息。使用产品功能所需的信息（如字段标签或菜单项）应在需要时可见或易于检索。

（7）灵活高效原则（flexibility and efficiency of use）：应使设计既能满足缺乏经验的用户，又能满足有经验的用户。对新手用户隐藏的快捷方式可加快专家用户的交互速度。

（8）优美且简约原则（aesthetic and minimalist design）：界面不应包含无关或很少需要的信息。界面中每一个额外的信息单位都会与相关的信息单位竞争，并降低它们的相对可见度。要确保内容和视觉设计都集中在要点上，确保界面的视觉元素支持用户的主要目标。

（9）容错原则（help users recognize，diagnose，and recover from errors）：出错信息应以通俗易懂的语言表达，准确指出问题之所在，并建设性地提出解决方案。

（10）人性化帮助原则（help and documentation）：系统最好不需要任何额外的解释。不过，可能有必要提供文档，以帮助用户了解如何完成任务。帮助和文档内容应易于搜索，并侧重于用户的任务。要简明扼要，列出需要执行的具体步骤。

尼尔森十大可用性原则从最初发表的 1990 年至今，已经有 35 年了。在这期间，它一直被用户体验专业人士奉为圭臬。其原则精髓与方法论内涵对现今乃至未来的用户界面设计仍然具有很强的实践指导意义，值得大家用心领悟、认真掌握，并且在日常工作中灵活运用。

4.46
卡片分类法
（20 世纪 90 年代初）

卡片分类法（card sorting）是一种用户体验研究与设计方法，用于发现人们是如何理解和归类信息的，从而设计信息架构、工作流程、菜单结构或网站导航路径[1-4]。在卡片分类中，被试者（一组主题专家或用户）将写在卡片上的想法或信息按照他们认为合理的方式归入不同的类别，以生成树状图（dendrogram，即类别树，category tree）或大众分类法（folksonomy）。可以使用虚拟卡片、纸片或在线卡片作为分类工具。

卡片分类有着悠久的历史，尤其在包含分类概念的情况下。古希腊对分类的早期发展功不可没，亚里士多德（Aristotle）为动植物分类奠定了基础[5]。但社会科学中的卡片分类法是最近 100 多年才出现的。最初，扑克牌被用于新兴心理学的各种实验[6]，但很快就被空白卡片取代，在上面写下单词，让被试者进行分类[7]。早期的卡片分类主要涉及确定被试者特征，将分类速度作为心理过程和反应时间的指标[6]；还涉及确定被试者的记忆功能[7-8]和想象力[9]。

早在 1914 年，《科学》杂志上就刊登过一篇文章，显示出心理学界推崇各种基于卡片的活动[10]。卡片分类法还被应用于犯罪学[11]、市场研究[12]、语义学[13]等领域，作为社会科学的标准定性工具[14-15]。但直到20 世纪 90 年代初万维网被广泛使用后，卡片分类法才被应用于组织信息空间、设计信息架构的任务中[16]——此前，只有汤姆·图里斯（Tom Tullis）在 20 世纪 80 年代初将卡片分类法用于操作系统菜单设计中[17]，这是个罕见的例外。

卡片分类法使用的是一种技术含量相对较低的方法。主持测试者首先确定关键概念，并将其写在索引卡或便利贴上。然后，测试对象（个人或小组）将卡片排列起来，以表示他们如何看待这些信息的结构和关系[18]。小组可以是协作小组（焦点小组），也可以是重复的个人。

卡片分类法在以下情况下非常有用：①需整理的项目种类繁多，没有一种现成的分类法可用来整理这些项目；②项目之间存在相似性，很难对其进行明确分类；③受众在如何看待项目之间的相似性和项目的适当分组方面存在巨大差异。

卡片分类法可让我们了解一些在设计网站架构时十分有用的信息：①了解符合使用者习惯的信息分类；②比较设计者与使用者在对网站信息分类上的认知差异，以此作为调整架构的依据；③找出项目命名上的问题。

卡片分类法的执行步骤为：①一位被试者收到一组写有术语的索引卡；②这位被试者按其

认为合乎逻辑的方式对术语进行分组，并给每组取一个类别名称，可以是现有卡片上的名称，也可以是在空白卡片上写下的名称；③研究人员对一组被试者（15 ~ 20 人）中的每一位重复这一过程[19-20]；④研究人员对结果进行分析，以发现其中的规律（见图 4-47）。

图 4-47 卡片分类法

卡片分类法有如下几种变体：

（1）开放式卡片分类法（open card sorting）：参与者可为类别创建名称，这有助于揭示他们是如何对卡片进行心理分类的，还有助于揭示他们对类别使用了哪些术语。此方法具有生成性，通常用于发现参与者分类的模式，这反过来又有助于产生组织信息的想法。

（2）封闭式卡片分类法（closed card sorting）：参与者得到一组预先确定的类别名称，需将索引卡归入这些固定类别。这有助于揭示参与者对哪些卡片属于某个类别的认同程度。此方法是评价性的，通常用于判断一组给定的类别名称能否有效地组织给定的内容。

（3）反向卡片分类法（reverse card sorting，通常称为“树形测试”，tree testing）：对现有类别和子类别结构进行测试。用户需浏览一系列卡片（每张卡片都包含与某个类别相关的子类别名称），从包含顶级类别的主卡片开始，找到与给定任务最相关的卡片，以确保对结构的评估是孤立的，消除了导航辅助工具、视觉设计和其他因素的影响。此方法是评价性的，通常用于判断预先确定的层次结构是否提供了一种查找信息的好方法。

（4）改良德尔菲卡片分类法（Modified-Delphi card sorting）：以德尔菲法（Delphi method）为基础，由塞莱斯特・保罗（Celeste Paul）创造。只有第一位参与者进行完整卡片分类，第二位参与者对第一位参与者的模型进行迭代，第三位参与者对第二位参与者的模型进行迭代，以此类推，以快速达成共识[21]。

（5）在线 / 远程卡片分类（online/remote card sorting）：优点在于能以较低成本接触到更多参与者，还可以用软件帮助分析卡片分类结果；缺点在于卡片分类参与者与卡片分类管理员之间缺乏个人互动，而这种互动可能会产生有价值的见解[22]。

4.47 大数据时代

（20 世纪 90 年代初）

大数据（big data），又称为巨量资料，是指传统数据处理软件不足以处理的超大或超复杂数据集。它是一个庞大的信息体，当仅使用其中的少量信息时，是无法对它从整体上进行理解的[1]。2012 年《纽约时报》的一篇专栏文章中写道，大数据时代已然到来，在商业、经济及其他领域中，决策将日益基于数据和分析而做出，而并非基于经验和直觉。

有些人认为，“大数据”一词在 20 世纪 90 年代初就已出现，是被誉为“大数据之父”的美国计算机科学家约翰・马西（John Mashey，1946 年—）使其流行的[2-4]。另一些人认为，是罗杰・穆加拉斯（Roger Mougalas）和奥莱利传媒集团（O’Reilly Media Group）在 2005 年创造了这一术语。还有人认为，“大数据”的概念直到 21 世纪 10 年代才真正兴起。笔者查阅资料后，认为以 20 世纪 90 年代初作为“大数据”一词出现的时间点，是比较客观的。

大数据与统计学抽样方法不同，它只是观察和追踪发生的事情。条目（行）较多的大数据具有更强的统计能力，而复杂度较高（属性或列较多）的大数据可能会导致较高的错误发现率[5]。大数据包含的数据集大小超出了常用软件在可接受的时间内捕获、整理、管理和处理数据的能力[6]。用于可视化数据的关系数据库管理系统和桌面统计软件包往往难以分析和处理大数据。大数据的分析和处理可能需要在数十、数百甚至数千台服务器上运行的大规模并行软件[7]。

什么是大数据，取决于分析者的工具及能力，不断扩展的能力使大数据成为一个不断变化的目标。对某些组织而言，面对数百 GB 的数据可能引发他们重新考虑数据管理选项。对其他组织而言，可能要达到数百 TB 才会对他们造成困扰[8]。在许多领域，因数据集过大，人们经常在分析处理数据时遭遇限制和阻碍，这些领域包括气象学、基因组学（genomics）、连接组学（connectomics）、生物学、复杂物理模拟和环境研究等[9]。

从 20 世纪 80 年代起，现代科技可存储数据的容量每 40 个月翻一番[10]。随着人们使用移动设备、物联网设备、遥感监测设备、软件日志和无线感测网络等来收集数据，可用数据集的大小和数量得到迅速增长[11-12]。截至 2012 年，全世界每天产生的数据量达 2.5EB（2.5×10^{18} 字节）[13]。IDC（国际数据公司）预测，到 2025 年，全球数据量将达到 163ZB（163×10^{21} 字节）[14]。Statista 预测，到 2027 年，全球大数据市场规模将增长到 1030 亿美元。

2001 年，麦塔集团（META Group，现为高德纳集团，Gartner Group）分析员道格・莱尼（Doug Laney）指出大数据发展面临的机遇和挑战有 3 个方向[15]：容量（volume，指数据大小）、速度（velocity，指数据输入输出速度）和种类（variety）[16]，合称“3V”或“3Vs”[17]，如图 4-48 所示。现在大部分大数据产业中的公司，都使用 3V 来描述大数据。另外，还有机构引入了第 4 个 V：真实性（veracity），指数据的质量、一致性、准确性、完整性和可信性。

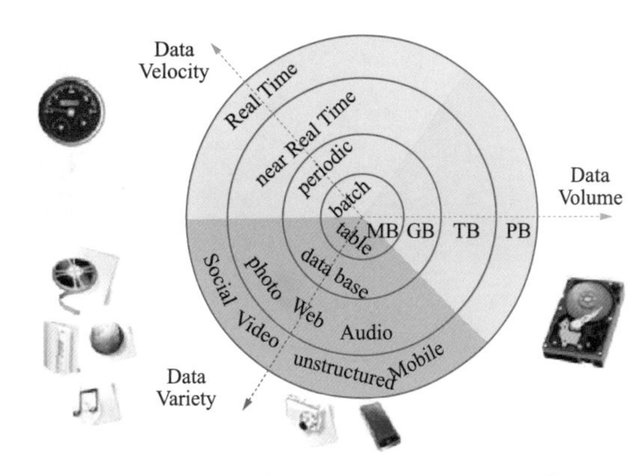

图 4-48 大数据在容量、速度和种类等方面的增长

大数据很不方便，它太大了，无法放在屏幕上、内存中或磁盘上；大数据涉及领域众多，很难用几句话讲完；大数据杂乱无章，要将其整理成可用形态，需做大量工作。大数据这些令人生畏的特点促使世界科技巨头努力探寻可行的方法和技术，提升大数据分析人员的用户体验，以便让他们能更容易地处理、分析大数据，并与之交互。

大数据在用户体验工作中的重要性怎么强调都不为过。大数据可以给产品经理、运营专员和增长专员提供宝贵的洞察力，帮助识别用户行为的模式和趋势。比如，大数据分析可能显示，用户放弃了某 App 的特定功能或页面，这可能表明该 App 存在可用性问题；大数据分析还可能显示，用户在某一页面上花费了超长时间，这可能表明他们在努力寻找信息时遇到了障碍。

过去，用户体验研究员主要依靠问卷、深度访谈和焦点小组等方法来了解用户的需求和偏好。这些方法往往费时费力，而且只能提供有限的用户行为洞察。而随着大数据的兴起，用户体验研究员可以从用户追踪、客户反馈、社交媒体和分析工具等各种来源收集大数据，然后进行分析，以精准了解用户行为、偏好以及与数字产品和服务互动的信息。

数据驱动型设计（data-driven design）使大数据在用户体验设计中兴起，这让设计师能在很大程度上依靠大数据分析为设计决策提供依据，以创造卓越的用户体验。在当今的数字世界中，大数据已成为企业了解客户和提升数字用户体验的宝贵资产。随着对个性化和无缝数字体验需求的不断增加，在用户体验设计中使用大数据变得越来越重要。用户体验设计完全依靠直觉和猜测的时代已一去不复返了。如今，设计师可获取并分析大量用户数据，以更好地了解用户行为、偏好和痛点，从而优化产品的用户体验、提高可用性、参与度及转化率。

4.48 峰终定律（1993 年）

峰终定律（peak-end rule，见图 4-49）是一种心理启发式规则，指人们在很大程度上是基于在顶峰时刻和终点时刻的感受来判断一段体验好坏的，而不是基于每个时刻的感受总和或平均值。无论这段体验是否愉快，都存在这种效应。峰终定律描述了一种认知偏差，会影响人们对过去事情的记忆。人们对一段体验的记忆最强烈部分是顶峰时刻和终点时刻的感受，而在这段体验当中，愉快与不愉快体验的比重和持续时间，对人们的记忆基本没有影响。峰终定律是更普遍的延展忽视（extension neglect）和持续时间忽视（duration neglect）的一种特殊形式。

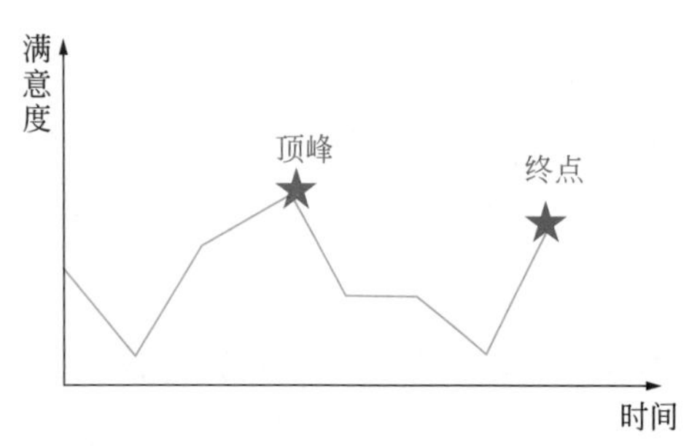

图 4-49　峰终定律示意图

峰终定律是对芭芭拉·弗雷德里克森（Barbara Fredrickson）和丹尼尔·卡尼曼（Daniel Kahneman）的记忆效用快照模型（snapshot model of remembered utility）的阐述，即一段体验不是通过全过程来判断的，而是通过原型（prototypical）时刻或快照（snapshots）来判断的，这是代表性启发式判断的结果[1]。快照的记忆价值主导了这段体验的实际价值，这些快照实际是一段体验中情感最强烈的时刻和终点时刻的感受的平均值[2]。体验的持续时间对回顾性评价的影响极其微小。弗雷德里克森和卡尼曼将这种现象称为“持续时间忽视”[1]。只有当一次体验有明确的开始和终点时，峰终定律才适用。

1993 年，卡尼曼、弗雷德里克森、查尔斯·施赖伯（Charles Schreiber）和唐纳德·雷德梅尔（Donald Redelmeier）在《心理科学》（*Psychological Science*）期刊上发表了《当更多的痛苦比更少的痛苦更受欢迎：增加一个更好的结局》（“When More Pain Is Preferred to Less: Adding a Better End”）一文，报告了一项关于峰终定律的开创性实验研究[3]。参与者要在两轮实验中体验将手浸入冷水中的不适感。第一轮：参与者要将一只手在 14℃水中浸泡 60 秒。第二轮：参与者要将另一只手在 14℃水中浸泡 60 秒，然后继续浸泡 30 秒，其间水温升至 15℃。第三轮：参与者可自行选择重复第一轮或第二轮的实验。

在旁观者看来，参与者对第三轮的合理选择应该是重复第一轮实验。虽然 15℃比 14℃高了 1℃，但仍然令人不适，所以选择 60 秒而不是 90 秒才是合理的。但事实证明，因第二轮实验最后 30 秒水温提升 1℃而使不适程度减轻，改变了参与者对整个第二轮实验的看法——80% 的参与者更喜欢第二轮实验，并选择在第三轮实验中重复第二轮的实验条件。卡尼曼等人据此得出结论："参与者选择更长时间的实验是因为他们更喜欢这段记忆。"[3] 显然，第二轮实验结尾的小小改善，从根本上改变了参与者对这轮实验的整体体验的看法。

许多研究人员对"峰"和"终"进行了深入分析。关于"峰"，各种调查和实验都证明，人们对情绪比较强烈的事件的记忆力更好[4-6]。而且，由于没有对极端记忆的非典型性进行纠正，人们可能会认为这些极端时刻代表了被评判的"集合"。关于"终"，人们对一段体验的记忆情况会表现出序列位置效应（包括首因效应和近因效应），而加尔宾斯基（Garbinsky）等人在 2014 年的一篇论文中指出，有证据表明，体验结束时的记忆比体验开始时的记忆更强（近因效应的效果大于首因效应的效果），这可归因于记忆干扰效应[7]。

现今，峰终定律在许多方面都得到了深入应用。在客户服务方面，因为大多数客户互动都有开始和结束，符合峰终模型，所以客户互动中的负面情况往往都可以被抵消——通过建立稳固的正面顶峰和终点，如播放客户喜欢的音乐、发放免费样品，或在客户离开时为其开门。在餐饮运营方面，考虑到峰终定律的影响，为了提高客户满意度，价位较高的餐厅应把最受欢迎的食物放在最醒目最容易获取的地方；而在价位较低的餐厅，应最后再提供美味的甜点。

峰终定律对用户体验从业者有 3 点启示：①应减弱"负峰"，即减少负面情绪高峰，避免用户对本次体验产生持久的负面印象；②应增强"正峰"，即找到体验过程中有意义的点，努力将其打造成能触及用户内心的"愉悦点"与"难忘点"；③应尽量使产品或服务结束于"正峰"，从而给用户留下长久的美好印象。

如果说峰值体验不易把控，那么终值体验还是相对容易把控的，应该给予更多关注。事实上，很多购物类 App 就做得不错，在用户完成下单之后会返还优惠券、积分甚至现金红包，这就在购物的终点提高了用户的愉悦感，从而提升了用户对本次购物过程的整体体验。

峰终定律是一条大脑存储信息时使用的经验法则，用户体验从业者应在平时多了解一些这样的心理学、人因与工效学知识，并将其应用到产品构建与体验优化中，这将有助于打造具有卓越用户体验的产品和服务，从而俘获用户的"芳心"。

4.49
马赛克浏览器
（1993 年）

万维网和马赛克浏览器的出现“引爆”了互联网时代，让用户体验从业者可以把理论与方法用于网站信息架构、交互逻辑、布局展示、图文搭配及界面风格上，以打造顺畅的使用体验。此前，笔者已给大家介绍了万维网的情况，在此将给大家介绍马赛克浏览器的发明始末。

1991 年，《戈尔法案》（*Gore Bill*）获得通过，这为设在美国伊利诺伊大学厄巴纳－香槟分校（University of Illinois Urbana-Champaign）的 NCSA（美国国家超级计算机应用中心）提供了新的资金支持。大卫・汤普森（David Thompson）向 NCSA 软件设计小组展示了 ViolaWWW，这使两位在 NCSA 工作的程序员马克・安德森（Marc Andreessen，1971 年—，见图 4-50）和埃里克・比纳（Eric Bina）大受启发。基于充裕的资金和技术上的启发，安德森和比纳于 1992 年开始为 Unix 的 X 窗口系统开发 xmosaic[1-4]，并于 1993 年 1 月，发布了该项目的第一个版本（alpha/beta version 0.5）。

图 4-50　马克・安德森

1993 年 4 月，NCSA 正式发布了由安德森和比纳发明的马赛克浏览器（NCSA Mosaic）1.0 版本[5]，随后发布的 1.2 版本，如图 4-51 所示。1993 年 9 月，NCSA 发布了面向微软公司 Windows 和苹果公司 Macintosh 的马赛克浏览器可移植版本。1993 年 11 月，面向 Unix（X Window System）的马赛克浏览器 2.0 版本发布[6]。1994 年—1997 年，美国国家科学基金会（National Science Foundation）为马赛克浏览器的进一步开发提供了支持[7-8]。

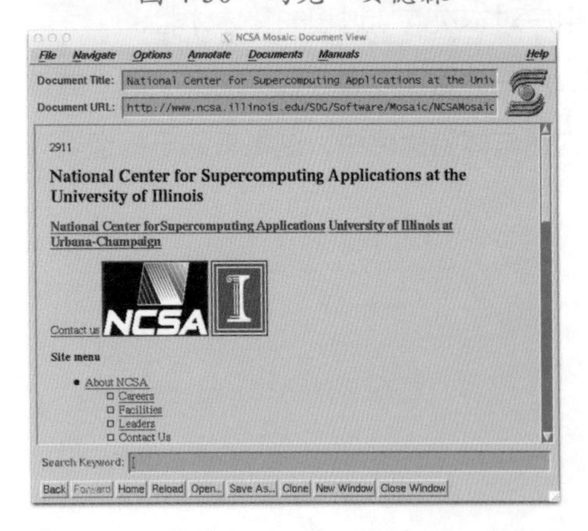

图 4-51　用于 Unix 的 NCSA Mosaic 1.2

马赛克浏览器基于 libwww 库[9-11]，因此支持库中包含的超文本传输协议（HTTP，即 Hypertext Transfer Protocol）、文件传输协议（FTP，即 File

Transfer Protocol）、网络新闻传输协议（NNTP，即 Network News Transfer Protocol）、信息查找协议（Gopher）以及远程登录协议（Telnet）等多种因特网协议 [1][12]。它具有直观的界面、可靠性、对个人计算机的支持以及简单的安装，这些特点使其在网络上大受欢迎 [13]。

马赛克浏览器是互联网历史上第一款被广泛使用的网络浏览器，它将文本和图形等多媒体元素整合在一起，对万维网和因特网的普及起到了重要作用 [14-16]。尽管在它之前已经有 WorldWideWeb、Erwise[1] 和 ViolaWWW 等浏览器可以显示图形，但马赛克浏览器是第一款将图像内嵌到文本中显示而不是把图像在单独窗口中显示的浏览器 [2]，所以马赛克浏览器也被称为第一款图形网络浏览器。同时，它还是第一个可以向服务器提交表单的浏览器、第一个由全职程序员团队编写和支持的浏览器，它可靠且易于安装，做到了让普通人也能访问互联网。

马赛克浏览器主要有两个衍生品：领航员浏览器（Netscape Navigator，其代码后裔为火狐浏览器，Mozilla Firefox）和 IE 浏览器（Internet Explorer）。

领航员浏览器也由安德森负责开发。1994 年，马赛克浏览器开发团队负责人安德森离开了 NCSA，与詹姆斯・克拉克（James Henry Clark，1944 年—）及其他 4 位伊利诺伊大学厄巴纳 – 香槟分校的学生和员工一起创办了马赛克（Mosaic）公司，即后来的网景（Netscape）公司，发布了领航员浏览器——一个全新的 WWW 浏览器，并不与马赛克浏览器共享代码，在程序上改进很大 [17]，将 Java 和 JavaScript 引入了万维网。领航员浏览器很快抢占了市场主导地位，使马赛克浏览器市场份额从 1994 年末开始被蚕食 [18]，到 1997 年项目终止时，只剩下极少数用户。而网景公司于 1995 年成功上市，掀起了网络狂潮，并引发了互联网泡沫 [19]。

马赛克浏览器还衍生了微软公司的 IE 浏览器（IE7 之前的版本都会在“关于”框中注明“基于 NCSA Mosaic”）。其实，微软公司 Windows 操作系统的第一个网络浏览器是托马斯・布鲁斯（Thomas R. Bruce）负责研发的鲜为人知的 Cello 浏览器。之后，先是 Spyglass 公司从 NCSA 获得了技术和商标许可，用于开发网络浏览器 Spyglass Mosaic[20]，后在 1995 年，微软公司又购得了 Spyglass Mosaic 的许可，并将其修改、更名为 IE（Internet Explorer）[21]。通过与 Windows 操作系统捆绑，IE 最终在浏览器大战中胜出，占据着浏览器主导地位长达 14 年 [22]。

万维网和马赛克浏览器的出现，“点燃”了 20 世纪 90 年代的互联网热潮 [23]，安德森也因此被誉为“互联网点火人”。尽管这一时期还出现了 Erwise、ViolaWWW、MidasWWW 和 tkWWW 等浏览器，但都没有像马赛克浏览器那样对公众产生巨大影响 [24]。在互联网时代及随后的移动互联网时代，各种带有互联网标签的产品如雨后春笋般涌现出来；2B、2C、2G 等商业模式让人们目不暇接；台式电脑、笔记本电脑、平板电脑以及手机，使人们尽享万物互联的舒适与便捷。万维网和马赛克浏览器开启了互联网和移动互联网时代的大门，极大地改变了人们的生产和生活方式。同时，这样朝气蓬勃的时代也在科技发展的整体氛围上促进了用户体验这个年轻学科的建立与发展，也使用户体验从业者登上了历史舞台。

4.50
互联网时代
（20 世纪 90 年代）

互联网时代（Internet Age）是指互联网向公众广泛普及，使全球通信和信息获取方式发生根本变化的时期。对这一时期，我们需要厘清三个概念——互联网、因特网和万维网。这三者彼此相关却又不完全相同。其中，互联网与因特网区别不大、经常混用，提到互联网时，往往指的就是因特网。互联网比因特网更口语化、通俗化。互联网的概念很宽泛，凡是由彼此通信的设备组成的网络都可以叫互联网；而因特网是指由成千上万台设备组成的数据网络，是互联网的一种；万维网是因特网的一项服务（Web 服务），除了万维网，因特网还包括电子邮件、文件传输、远程登录等服务。简言之，互联网包括因特网，因特网包括万维网。

因特网的发展以及万维网和马赛克浏览器的发明，为人类开启了互联网时代的大门。一台笔记本电脑连接到互联网上，如图 4-52 所示。

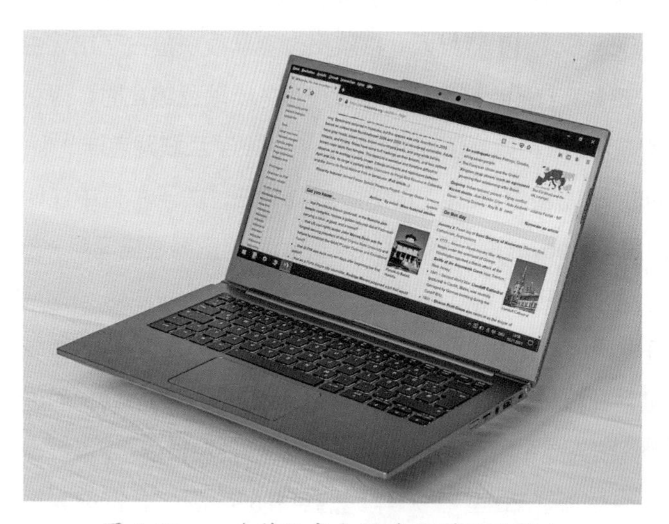

图 4-52　一台笔记本电脑连接到互联网上

因特网起源于 20 世纪 60 年代对计算机资源分时共享和分组交换的研究[1]：约瑟夫·利克莱德（Joseph Licklider）开发了 BBN 分时共享系统[2]；保罗·巴兰（Paul Baran）和唐纳德·戴维斯（Donald Davies）分别独立完成了关于分组交换的开拓性工作[1,3]。1969 年，阿帕网诞生，逐渐发展成美国区域学术和军事互联的主干网[4]，直至 1990 年退役。1986 年，NSFNet（美国国家科学基金会网络）成为新主干网，于 1988 年—1989 年扩展到欧洲、澳大利亚、新西兰和日本的学术和研究机构[5-6]。1989 年，美国和澳大利亚出现了商业因特网[7]。1995 年，NSFNet 退役，取消了使用因特网传输商业流量的最后限制，因特网在美国实现全面商业化。

1989 年，蒂姆·伯纳斯 – 李（Tim Berners-Lee）在 CERN（欧洲核子研究中心）工作时发明了万维网[8-10]。到 1990 年圣诞节，他已发明了网络运行所需的所有工具：超文本传输协议（HTTP）[11]、超文本标记语言（HTML）、第一个网络浏览器（也是 HTML 编辑器，可访问 Usenet 新闻组和 FTP 文件）、第一个 HTTP 服务器软件（被称为欧洲核子研究中心 httpd）、第一个网络服务器[12]，以及描述项目本身的第一个网页（这被普遍认为是第一个真正意义上的网页）。

1993 年，NCSA（美国国家超级计算机应用中心）正式发布了由马克·安德森（Marc Andreessen）和埃里克·比纳（Eric Bina）发明的马赛克浏览器（NCSA Mosaic）1.0 版本[13]，支持超文本传输协议（HTTP）、文件传输协议（FTP）、网络新闻传输协议（NNTP）信息查找协议（gopher）以及远程登录协议（telnet）等多种因特网协议[14-15]。该浏览器是第一款将图像内嵌到文本中显示而不是把图像在单独窗口中显示的浏览器[16]，也是互联网历史上第一款获得广泛使用的网络浏览器，对万维网和因特网的普及起到了重要作用[17-19]。

自 20 世纪 90 年代人类进入互联网时代以来，互联网对文化和商业产生了巨大影响。越来越多的数据通过光纤网络被高速传输，大多数传统通信方式、媒体和媒介，如纸质邮件、电话、广播、电视、报纸和书籍，都被互联网重塑成新的形态，如电子邮件、互联网电话、互联网电视、视频网站、数字报纸、网络提要（feeds）和在线新闻聚合器（aggregators）。互联网通过即时通信、博客、在线论坛和社交网络服务，促成并加速了新形式的个人互动。对于大型零售商、小企业和创业者来说，网上销售已呈指数级增长，因为它使企业能够扩展其“实体店”，为更大的市场提供服务。

随着科技进步和商机推动，摩尔定律所预测的在集成电路上 MOS 晶体管的扩展特征在互联网的发展中也有类似呈现，这就是由菲尔·埃德霍姆（Phil Edholm）于 2004 年提出的埃德霍姆定律（edholm's law）[20]，它预测在 MOS 技术、激光光波系统和噪声性能等方面的进步推动下，互联网接入带宽和数据传输速率将每 18 个月翻一番[20-21]。

20 世纪 70 年代，个人计算机的兴起和图形用户界面的引入，以及 20 世纪 90 年代互联网时代的到来，使更多的人有机会接触到计算机和互联网，同时也更需要了解和优化他们对计算机和互联网的使用。在这一时期，认知心理学、工程心理学、人因与工效学等学科理论，以及设计思维和以用户为中心的理念逐渐成为人机交互领域的基础，而人机交互又普及了可用性和交互设计的概念，这些都成为了用户体验的重要先导。

互联网时代的到来，极大地改变了人们的生产和生活方式，各种互联网产品和服务不断提升用户体验，给人们带来了更多舒适与便捷。同时，在 20 世纪 90 年代中后期的互联网泡沫时期，网页设计师、交互设计师、信息架构师等用户体验职业角色开始登上历史舞台。随着这些从业者的经验越发丰富，对用户体验理论更全面、更深入、更细致的归纳与总结就得以进行；而用户体验理论的日臻成熟又反过来促进了各种用户体验实践，创造出更多社会价值。

4.51
安迪 – 比尔定律
（20 世纪 90 年代）

安迪 – 比尔定律（Andy and Bill's law）指的是新软件总是会消耗新硬件所能提供的任何计算能力的增长。这条定律源于20 世纪 90 年代计算机会议上的一句幽默俏皮话：“安迪给予的，比尔都会拿走”（What Andy gives，Bill takes away）。其中的“安迪”，字面意思是指英特尔公司的前首席执行官安迪・格鲁夫（Andy Grove），背后所指代的是所有硬件厂商；而其中的“比尔”，字面意思是指微软公司的前首席执行官比尔・盖茨（Bill Gates），背后所指代的是所有软件厂商。

图 4-53　安迪・格鲁夫（左）和比尔・盖茨（右）

这句话是对英特尔公司前首席执行官格鲁夫和微软公司前首席执行官盖茨的商业战略的反讽[1]（见图 4-53）。英特尔公司和微软公司在 20 世纪 80—90 年代建立了利润丰厚的合作关系，微软 Windows 操作系统的标准芯片组是英特尔品牌的。尽管英特尔公司从这笔交易中获得了利润，但格鲁夫认为盖茨并没有充分利用英特尔芯片的强大功能，而且他实际上拒绝升级他的软件以达到最佳的硬件性能[2]。格鲁夫对微软软件对英特尔硬件的主导地位的不满公开化了，这催生了这样一个幽默的安迪 – 比尔定律。

直白地讲，安迪 – 比尔定律就是指硬件厂商们刚刚辛辛苦苦地使硬件性能有所提升，软件厂商们就立即开发出更臃肿、更消耗资源的软件，把刚刚提升的硬件性能给抵消掉。不仅个人计算机系统是这样，手机系统也是如此。

造成安迪 – 比尔定律所描述的“软件臃肿化，硬件疲于应付”现象的原因有很多。首先，软件是一个复杂的系统，想要为软件增添 20% 的功能，就很可能导致整个软件系统的复杂度增加一倍，这将不可避免地导致软件越来越臃肿。其次，程序员懒于提高代码质量、快速的开发周期导致程序质量的下降，以及软件公司管理的种种问题，也都导致软件越发臃肿。最后，尽管现今的程序开发语言越来越好用，但是运行效率却越来越低，比如，现今的 Java 语言就比 C++ 语言运行效率低，而 C++ 语言又比此前的 C 语言运行效率低，这就导致新的软件占用资源成指数级地增加。这些因素叠加，造成的现实情况就是，软件臃肿化的问题越来越突出，软件占用的资源越来越多，软件带来的速度减慢抵消了硬件带来的速度提升，最终造成个人计算机系统及手机系统的实际运行速度不升反降。

安迪 – 比尔定律指出的硬件提升与软件膨胀之间的矛盾，可以说是消费电子行业的永恒命题。正是系统和软件的膨胀、臃肿刺激着消费者不断购买搭载最新处理器的新款个人计算机和手机。但对于生产厂商来说，这实在是“剑走偏锋”——与其逼着消费者弃旧换新，不如优化体验，释放更多的空间。现在许多手机厂商研发出的“墓碑机制”就是一个范例。使用该机制时，用户可以在 App 被关掉后再次打开时，立即加载上次的页面，这样既释放了内存，又没有增加切换 App 的操作时间，显著提升了手机的用户体验。解决内存和存储空间过度占用以及卡顿死机等问题的根本动力还是应该来自于厂商。个人计算机和手机厂商打造的革命性技术和创新性体验才是加速用户换机周期的根本动力。

摩尔定理给所有的计算机和手机消费者带来一个希望——如果今天嫌计算机和手机太贵买不起，那么等上一到两年就可以用一半的价钱来买同等性能的机器了。要真是这样简单的话，计算机和手机的销售量就上不去了，需要买计算机和手机的人会多等几个月，已经有计算机和手机的人也没有动力去把机器硬件升级换代了。事实上，在过去 20 年里，计算机和手机的销量在节节攀升。那么，是什么动力促使人们不断地更新自己的硬件呢？答案正是安迪 – 比尔定律。正是由于安迪 – 比尔定律所描述的“软件臃肿化，硬件疲于应付”的现象驱使着用户不断更新操作系统、不断购买新计算机和新手机，把原本属于耐用消费品的计算机、手机等商品“买”成了消耗性商品，客观上刺激着整个 IT、互联网、移动互联网领域的发展。

时代在发展，科技在进步。在人类步入移动互联网及人工智能时代之后，以前单纯靠硬件性能堆砌的“野蛮”增长时代已经一去不复返了。硬件性能并不能代表用户体验，一味地堆砌硬件配置不但不能从底层构建技术壁垒，而且也很难达到差异化的竞争效果。如何通过软硬件协同的方式去打造更加卓越的用户体验已成为摆在个人计算机和手机厂商面前的巨大挑战。

第五章
成熟期
（1995 年—2019 年）

笔者把 1995 年—2019 年这 24 年命名为用户体验简史的“成熟期”。其中，1995 年是“用户体验”一词被苹果公司的唐纳德·阿瑟·诺曼等人首次公开发表的年份，这标志着用户体验学科从“无名无姓”的“蛮荒生长”时期过渡到了“有名有姓”的系统性建构时期。而 2019 年末，一场突如其来的新型冠状病毒感染疫情对世界产生了巨大的影响：工作上，人们纷纷应企业要求在家办公、参加线上会议；生活中，人们由线下实体店购物、就餐转变为更多地进行网上购物、网上订餐，生活习惯有了巨大的改变。

在这 24 年中，用户体验继续向前发展，其理论体系日臻成熟、业界实践硕果累累。笔者搜集了在这一时期中与用户体验密切相关的“用户体验”一词的传播、三位用户体验学科的主要奠基人、电子商务的兴起、移动互联网时代的到来、《用户体验的要素》的出版、净推荐值的提出、用户体验传入中国、Web 2.0 及社交网络服务的兴起、iPhone 的问世、区块链的兴起、HEART 框架的提出、ISO 给出用户体验定义、第四次工业革命的深远影响，以及直播带货的兴起等内容，以下给大家详细介绍。

5.1 “用户体验”一词的传播（1995年）

1993年，任职于苹果公司的美国认知心理学家、可用性工程师和设计师唐纳德·阿瑟·诺曼为了取代他认为过于狭隘的术语“人机界面和可用性”（human interface and usability），而创造了“用户体验”（user experience）一词[1-4]，希望用它涵盖人们对系统进行体验的所有方面，包括工业设计、图形、界面、物理交互和手册。但是，当时“用户体验”这个术语并未公开传播。

“用户体验”一词的首次公开提出是在1995年5月7日至11日在美国科罗拉多州丹佛市（Denver，Colorado）举行的CHI’95创意马赛克－计算机系统中人的因素会议指南（*CHI’95 Mosaic of Creativity - Conference Companion on Human Factors in Computing Systems*）上[5]。该会议指南收录了诺曼等人的论文《你所看到的，未来的一些事情，以及我们如何去做：苹果电脑公司的HI》（“What You See，Some of What’s in the Future，And How We Go About Doing It: HI at Apple Computer”）。

在该论文中，首次出现了“User Experience”一词（见图5-1）。苹果公司的诺曼、吉姆·米勒（Jim Miller）和奥斯汀·亨德森（Austin Henderson）所做的基于该论文内容的演讲，尤其是演讲中的一句话：“在本组织概述中，我们将介绍苹果公司人机界面研究和应用的一些重要方面，或者我们更愿意称之为‘用户体验’”，将“用户体验”一词隆重推向公众[5]。此后，“用户体验”一词才开始在世界范围内得到广泛传播与应用。作为苹果公司的用户体验架构师，诺曼也成为了第一个在自己的职位名称中包含用户体验的人。

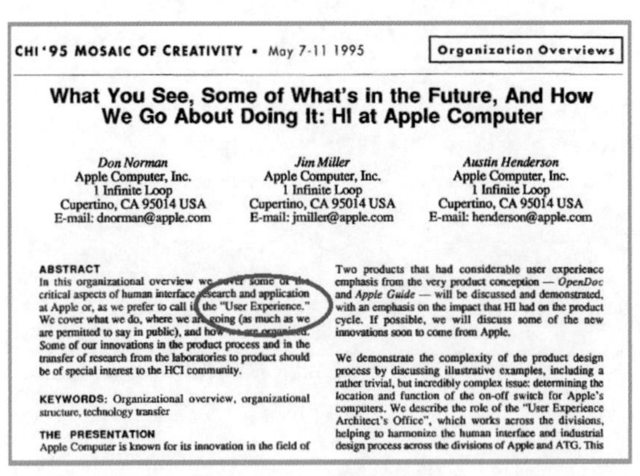

CHI ’95 MOSAIC OF CREATIVITY • May 7-11 1995 | Organization Overviews

What You See, Some of What’s in the Future, And How We Go About Doing It: HI at Apple Computer

Don Norman
Apple Computer, Inc.
1 Infinite Loop
Cupertino, CA 95014 USA
E-mail: dnorman@apple.com

Jim Miller
Apple Computer, Inc.
1 Infinite Loop
Cupertino, CA 95014 USA
E-mail: jmiller@apple.com

Austin Henderson
Apple Computer, Inc.
1 Infinite Loop
Cupertino, CA 95014 USA
E-mail: henderson@apple.com

ABSTRACT
In this organizational overview we cover some of the critical aspects of human interface research and application at Apple or, as we prefer to call it the “User Experience.” We cover what we do, where we are going (as much as we are permitted to say in public), and how we are organized. Some of our innovations in the product process and in the transfer of research from the laboratories to product should be of special interest to the HCI community.

KEYWORDS: Organizational overview, organizational structure, technology transfer

THE PRESENTATION
Apple Computer is known for its innovation in the field of

Two products that had considerable user experience emphasis from the very product conception — *OpenDoc* and *Apple Guide* — will be discussed and demonstrated, with an emphasis on the impact that HI had on the product cycle. If possible, we will discuss some of the new innovations soon to come from Apple.

We demonstrate the complexity of the product design process by discussing illustrative examples, including a rather trivial, but incredibly complex issue: determining the location and function of the on-off switch for Apple’s computers. We describe the role of the “User Experience Architect’s Office”, which works across the divisions, helping to harmonize the human interface and industrial design process across the divisions of Apple and ATG. This

图5-1 首次公开提出“用户体验”一词的论文截图

其实，在线搜索引擎Google Ngram Viewer显示，从20世纪30年代开始，“用户体验”一词就已经被广泛使用了。而且，在计算机软件方面使用“用户体验”一词的时间也早于

1993 年[5]。再者，“用户体验”领域比“用户体验”一词更古老[2]——“用户体验”一词包含的理念已经历了数千年的积累，到 20 世纪 90 年代初，其概念已非常普及，只是缺少一个正式的标签而已。但这些情况都不能掩盖诺曼的历史贡献，正是他匠心独运的命名，给用户体验这个新兴的跨学科领域赋予了勃勃生机，吸引了人们的广泛关注，引发了近年来该领域的迅猛发展。

对诺曼早期工作的回顾[6]表明，“用户体验”一词的使用标志着一个转变——除了传统上在该领域中要考虑用户的行为因素外，以后还要考虑用户的情感因素。事实上，早在“用户体验”一词出现前，许多可用性实践者就已开始研究和关注与最终用户相关的情感因素了[2]。但是，是诺曼使人们更深刻地意识到，要设计一个高水平的用户界面，无论是简单的开关还是复杂交互系统的操作界面，都应以“用户想要做什么”作为出发点，而不应以“该界面能显示什么”作为出发点；用户体验从业者应帮助企业生产出既满足功能性需求，又满足情感性需求的产品。

根据诺曼参与创立的尼尔森·诺曼集团（Nielsen Norman Group）的说法，“用户体验”包括最终用户与公司、公司服务和产品之间互动的所有方面[7]。而人－系统交互的工效学（ergonomics of human-system interaction）国际标准ISO 9241-210:2019将用户体验定义为“用户在使用和 / 或预期使用系统、产品或服务时产生的感知和反应”[8]。根据该定义，用户体验包括用户在使用前、使用中和使用后的情绪、信念、偏好、看法、舒适度、行为和成就。ISO（国际标准化组织）指出，可用性涉及用户体验的各个方面，这两个概念是相互重叠的，可用性包括实用性方面，而用户体验则侧重于用户对系统的实用性和享乐性方面的感受。

从出现的时间来看，“可用性”早于“用户体验”。许多用户体验从业者交替使用“用户体验”和“可用性”这两个术语，部分原因是，实际上，用户至少需要足够的可用性来完成任务，而用户的感受可能并不那么重要。由于可用性关注的就是完成任务，因此用户体验的各个方面，如信息架构和用户界面，都会促进或阻碍可用性。例如，如果一个网站的信息架构设计得很“糟糕”，用户很难找到他们要找的东西，那么用户就无法进行有效、高效和满意的搜索。

近年来，移动、泛在（ubiquitous）、社交和有形计算（tangible computing）的发展，把人机交互带入了人类活动的几乎所有领域。这引发了从可用性到更丰富的用户体验的转变，用户的感受、动机和价值观得到了与效率（efficiency）、效果（effectiveness）和基本主观满意度（basic subjective satisfaction）这 3 个传统可用性指标同等甚至更多的关注[9-10]。用户体验是可用性的扩展和延伸，包括一个人使用一个系统时的整体感觉。用户体验的重点不仅是性能，还包括愉悦感和价值。时至今日，用户体验的定义、框架和要素仍在演变中，这也从一个侧面说明用户体验是一个朝气蓬勃、日益发展的新兴学科领域。

5.2
用户体验奠基人
（1995 年）

尽管与用户体验相关的生产生活实践以及各先导学科的发展可以上溯至世界范围内的古代时期，但如果仅从唐纳德·阿瑟·诺曼（Donald Arthur Norman）于 1995 年首次公开提及“用户体验”这个术语[1]、开始确立“用户体验”这个概念算起的话，用户体验这门学科发展至今只经历了 30 个春秋。这 30 年的时间对于一个人来说或许并不短，但对于一个学科的发展来说，可以说是非常短暂的。所以，笔者给大家介绍用户体验时，经常把它形容为一个非常年轻的学科。

笔者认为，在世界各学科学术理论与实践体系的建构日趋完善的今天，我们谈及任何新兴学科都不应该仅从该学科自身的发展历程着眼，而更应该放眼周边学科以及先导学科，对用户体验也应如此，我们不能仅盯着用户体验这一点范围不放，还应该从与用户体验密切相关的学科入手，全方位、立体化、360 度地审视用户体验产生与发展的时代与社会背景，只有这样，才能把用户体验这门新兴学科建设得更加系统化、完备化，同时拥有更加完善的理论和实践基础。

那么放眼世界学术之林，有哪些学科与用户体验的关系最为紧密呢？笔者认为，主要有 3 门学科，分别是人因与工效学、工程心理学，以及人体测量学。这 3 门学科甚至可以称为用户体验这门学科的基石性学科。正是这 3 门学科的基础理论、方法论与实践理念帮助规范了用户体验的研究范围、展示了用户体验的实践成果，并指出了用户体验未来的发展方向。

在用户体验的术语及概念提出至今的 30 年时间里，用户体验一直保持着快速发展的态势，人因与工效学家以及心理学家可谓功不可没。尤其有 3 位科学家对用户体验的快速发展做出了卓越贡献，依笔者看来，这 3 位科学家可以称得上是用户体验这个学科的主要奠基人、主要创始人。

其中一位当数用户体验这个术语及概念的提出者、美国心理学家诺曼，正是诺曼的睿智，使得用户体验这块“璞玉”得以从心理学、认识科学、行为科学、人因与工效学、计算机（尤其是人机交互）、工业设计等学科领域中脱颖而出，有了自己相对清晰的学术概念和学术范畴。此外，诺曼的两本用户体验书籍《设计心理学（1988 年第 1 版）》（*The Design of Everyday Things*，原名为《日常事物的心理学》，*The Psychology of Everyday Things*）[2] 和《情感化设计

（2004 年第 1 版）》（*Emotional Design: Why We Love（Or Hate）Everyday Things*）[3] 一经出版就广受欢迎，已经被翻译成中文等多国文字，成为用户体验领域的经典畅销书，对用户体验概念及相关设计理念的普及起到了重要作用。

另一位要数诺曼在尼尔森·诺曼集团（Nielsen Norman Group）的搭档、可用性先驱、美国科学家雅各布·尼尔森（Jakob Nielsen），相信大家对他提出的打折可用性工程（discount usability engineering）、启发式评估、尼尔森十大可用性原则、雅各布互联网用户体验定律（Jakob's law of internet user experience）都不陌生。这些实践准则可谓金科玉律，对在互联网及移动互联网的海洋中驾驭用户体验的小船起到了掌舵定方向、初始立规矩，并启发大家积极探索用户体验未来发展道路的积极作用。

还有一位是美国心理学家、人因与工效学家克里斯托弗·威肯斯（Christopher D. Wickens）。威肯斯几十年来在用户体验相关学术与实践领域孜孜以求，从用户体验概念形成之前的 20 世纪 80 年代至今一直深耕于用户体验及其基石学科人因与工效学、工程心理学等领域。以威肯斯作为第一作者的两本教科书《人因工程学导论（1997 年第 1 版）》（*An Introduction to Human Factors Engineering*）[4] 和《工程心理学与人的作业（1999 年第 1 版）》（*Engineering Psychology and Human Performance*）[5] 一经出版就引起了学术界的巨大兴趣，迄今已经更迭多版，并被翻译成包括中文在内的多国文字，其间一直作为美国和中国等国家高校用户体验相关专业的经典教科书，带领各国莘莘学子走进精彩纷呈的用户体验相关学术世界（见图 5-2）。

图 5-2　克里斯托弗·威肯斯（右）与本书作者（左）合影

此外，特别值得一提的是，威肯斯对用户体验学术传承，尤其是用户体验在中国的发展传承做出了卓越的贡献。他在美国伊利诺伊大学厄巴纳 – 香槟分校执教时作为博士生导师，培养出了后来的发展中国家科学院院士，曾任国际心理学联合会（IUPsys）副主席、中国心理学会主席、中国人因学会理事长、中国科学院心理研究所所长张侃院士，而张侃院士留学归国后又为中国培养出了为数众多的用户体验相关领域（包括用户体验、心理学、人因与工效学等）高端科研人才。在现今中国用户体验的学术界和工业界中，有很多都是“威肯斯 – 张侃”学派的传人，这为中国用户体验的学术科研和生产实践做出了巨大贡献。

5.3
美即好用效应
（1995 年）

美即好用效应（aesthetic-usability effect，见图 5-3）是指用户倾向于认为有美学吸引力的产品会有更好的可用性。通俗来说，就是用户倾向于相信好看的东西会更好用——即使它们实际上并不好用、并不是更有效果的（effective）或更有效率的（efficient）。

1995 年，日本日立（Hitachi）设计中心的黑须正明（Masaaki Kurosu）和鹿志村香（Kaori Kashimura）对美即好用效应进行了研究。他们选取了 26 种功能类似、按键数量相同、操作程序相同的自动取款机用户界面。其中一些界面的键盘和屏幕设计很吸引人，而另一些界面的键盘和屏幕设计则中规中矩、缺乏亮点[1]。他们邀请 252 名被试者对这些用户界面的易用性和美感进行评分，发现被试者对美感的评分与感知到的易用性之间的相关性要强于对美感的评分与实际易用性之间的相关性。理论上对用户界面可用性有决定性影响的因素（如数字键布局、操作流程）对用户感知到的可用性的影响微乎其微（影响系数在 0.000 ~ 0.310），反倒是美观性对用户感知到的可用性的影响出乎意料地大（影响系数达到 0.589）[1]。简言之，用户觉得那些外表美观的自动取款机更好用，即使评估产品的基本功能，用户也会受到产品的美学因素的强烈影响[1]。

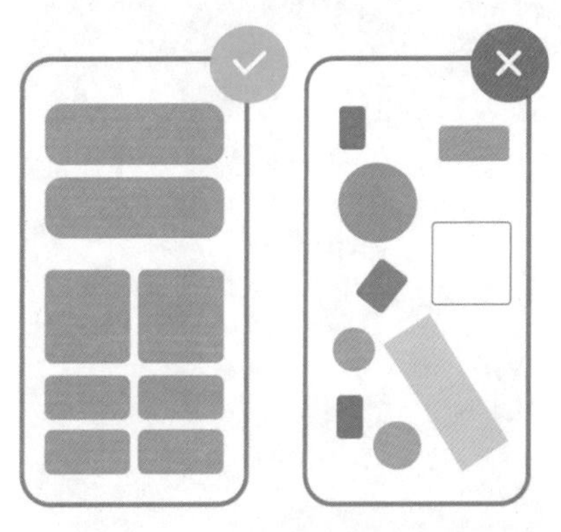
图 5-3　美即好用效应示意图

以色列科学家诺姆・崔克廷斯基（Noam Tractinsky）质疑上述研究结论，认为美即好用效应只适于日本人，并不适于以色列人，因为日本人注重传统美学，而以色列人是行动导向的，不在乎美不美。于是他拿到黑须正明和鹿志村香用到的自动取款机外观布局，将日文译为以色列希伯来文，并采用更严格的实验方法，重做了实验。可结果令他大出所料——不仅再现了日本研究人员的发现，而且在以色列的实验结果更明显，进一步印证了美即好用效应[2-3]。

2004 年，美国认知科学家和可用性工程师、加州大学圣地亚哥分校设计实验室主任[4]唐纳德・阿瑟・诺曼在《情感化设计》（*Emotional Design: Why We Love（Or Hate）Everyday*）一书中，深入探讨了美即好用效应在日常用品中的应用[5]。

因为美即好用效应在发挥作用，所以当用户觉得产品在视觉设计上很吸引人时，就会产生积极的情感反应，从而对产品的可用性问题更能容忍、更有耐心。但这是一把“双刃剑”，一方面，它意味着设计者对产品美观性的投入得到了回报，与用户建立了情感联系；另一方面，这可能妨碍对产品可用性问题的发现。在可用性测试中经常能遇到一种情况：用户在不理想的用户界面中挣扎，遇到许多障碍——从交互设计中的小问题到导航中的严重缺陷，不一而足；但在任务结束后，用户却说产品的配色很棒，易用性也很好——由产品美感所引起的用户的积极情感反应掩盖了产品的可用性问题。

当然，当用户对产品给出好的评价时，也不一定就是美即好用效应在发挥作用，应观察用户行为、倾听用户话语，具体问题具体分析。设想一下，我们正在主持一场面对面的定性可用性测试，观察到被试者在网站上艰难地完成了几项任务，但最终反馈只是含糊地评论了界面的美学吸引力。这时，我们就需要考虑 3 种可能性：①被试者（尤其是新手用户）通常会觉得对网站的视觉设计提出反馈意见更容易；②被试者可能会感到有心理压力，不得不给出一些空洞的赞美，尤其当被试者认为你参与了网站的创建时；③如果能排除前两种可能性，那么这就有可能是美即好用效应在发挥作用了。

一旦我们确定了为什么用户在经历了负面体验后仍会对视觉设计给予积极反馈，我们就可以设法解决这个问题。有时我们可通过引导被试者思考产品视觉层之外的问题来消除美即好用效应的影响。但要注意不要诱导参与者，而应使用一些没有主观诱导（比如“这些信息比较容易找到，是不是？”）、只有客观引导（比如“你对找到这些信息的难易程度有什么评价吗？”）的问题。我们还可以让被试者返回到流程中看起来有挑战性的页面，让其描述发生了什么。

美即好用效应有一定的局限性，美观的用户界面能让用户更宽容地对待小的可用性问题，但不能解决更大的问题。比如，一个电商 App，如果可查找性很差，明明在卖某款商品，可就是让用户找不到，那么即使这个 App 再好看，用户也无法购买。形式（对应着美观性）与功能（对应着可用性）应相互配合。如果在产品功能上存在着严重可用性问题，或为了美观而牺牲了可用性，那么用户就很可能失去耐心而离开。有的设计师给界面添加了动画，虽有趣，却喧宾夺主；也有的设计师在界面上使用灰色文本，虽看起来舒适，但可读性不强；还有的设计师将导航功能极简化，虽美观典雅，却让用户找不到想要的选项……这些都说明，运用美即好用效应要注意尺度，要努力在美观性与可用性之间达成平衡。

5.4 电子商务 （1995 年）

电子商务（electronic commerce 或 e-commerce）是通过在线服务或互联网以电子方式购买或销售产品的活动。电子商务借鉴了移动商务、电子资金转账、供应链管理、互联网营销、在线交易处理、电子数据交换、库存管理系统和自动数据收集系统等技术。电子商务存在的价值在于让消费者可以通过互联网进行网上购物和网上支付，节省了消费者的时间和空间，极大地提高了交易效率，尤其是对于忙碌的上班族来说，更是节省了大量宝贵的时间[1]。

电子商务可分为 5 个基本类别[2]：企业对企业（B2B，即 business to business）、企业对消费者（B2C，即 business to consumer）、企业对政府（B2G，即 business to government）、消费者对企业（C2B，即 consumer to business）、消费者对消费者（C2C，即 consumer to consumer）。电子商务有 3 个领域：在线零售（online retailing）、电子市场（electronic markets）和在线拍卖（online auctions）。跨境电子商务也是电子商务的一个重要领域，它顺应了全球化的趋势，开拓了新业务、拓展了新市场、克服了贸易壁垒。

1981 年，世界上第一个 B2B 在线购物系统汤姆逊假期（Thomson Holidays UK）被建立。

1983 年，美国加州议会举行了第一次关于“电子商务”的听证会。1984 年，《加州电子商务法案》正式颁布。值得一提的是，英语“e-commerce”一词正是由美国加州议会公用事业与商业委员会首席顾问罗伯特·雅各布森（Robert Jacobson）创造并在《加州电子商务法案》的标题和文本中首次使用的。

1984 年，Gateshead SIS/Tesco 推出首个 B2C 在线购物系统[3]。

图 5-4　亚马逊公司的物流配送站

1995 年，杰夫 · 贝佐斯（Jeff Bezos）创立了亚马逊（Amazon）公司。同年，皮埃尔 · 奥米迪亚（Pierre Omidyar）创立了易贝（eBay）公司。亚马逊和易贝都是全球电子商务巨头，其商业模式和运营规范对全行业的发展影响至深。亚马逊公司的物流配送站，如图 5-4 所示。

1999 年，阿里巴巴集团在中国成立。

2020 年 3 月，全球零售网站流量达到 143 亿次[4]，这标志着电子商务在新型冠状病毒感染疫情期间出现了前所未有的增长。后来的研究表明，疫情导致美国的在线销售额增长了 25%，在线杂货购物增长了 100% 以上[5]。与此同时，多达 29% 的受访购物者表示，他们再也不会亲自去购物了。在英国，43% 的消费者表示，即使在疫情结束后，他们仍希望以同样的方式购物[6]。

电子商务使制造商和消费者能跳过中间商进行交易，从而降低交易成本。电子商务给消费者带来了便利，因为他们不需要离开家，只需要在线浏览网站，特别是能购买到附近商店不卖的商品。电子商务可以帮助消费者购买更多种类的商品，节省购物时间。消费者还可以通过网上购物获得更多的选择权。他们可以研究产品，比较各家零售商的价格。

电子商务已成为全球大小企业的重要工具，不仅可以向客户销售产品，还可以吸引客户[7-8]。电子商务没有时间和空间的限制，使企业有更多的机会接触到世界各地的客户，减少不必要的中间环节，从而降低成本价格，并且可以受益于一对一的大客户数据分析，实现高度个性化定制的战略计划，进而全面提升企业的核心竞争力[9]。在线市场和传统市场有不同的经营策略：由于货架空间的限制，传统零售商提供的产品种类较少，而在线零售商通常没有库存，会直接向制造商发送客户订单。传统零售商和在线零售商的定价策略也不同：传统零售商根据店铺客流量和库存成本来定价，而在线零售商则根据送货速度来定价。

当今世界，电子商务蓬勃发展，不仅给各家电子商务企业提供了机遇，也带来了挑战——需要为在线消费者提供完善的电子商务用户体验。如果在这方面没有做到位，那么很可能所有努力都付诸东流。根据辉瑞公司（Pfizer）用户体验 / 用户界面高级顾问约瑟夫·托特（Jozef Toth）的一篇文章，88% 的在线消费者在经历了糟糕的用户体验后，不太可能再次访问同一网站。

要想提升电子商务网站及 App 的用户体验、让在线购物更简单、直接和无缝，就需要做到以下几点：①简化主页 / 登录页上的导航，避免用过多的信息来拖累用户；②用及时的内容和具体的行动号召来迎接用户；③缩短页面加载时间；④提供适当的站内搜索；⑤使用筛选器和分面搜索；⑥在探索模式中激发访客的兴趣；⑦提供个性化用户界面；⑧用定制化字段来提高参与度；⑨添加高质量图片；⑩按比例放置照片；⑪ 添加视频点评；⑫ 使用用户生成的内容；⑬ 允许用户创建清单以保存商品信息；⑭ 显示清晰的订单摘要；⑮ 简化结账流程；⑯ 购买后显示详细的订单确认信息。

现今，电子商务在世界各国都呈现出蓬勃发展的局面。各家电子商务企业应抓住时代大潮中的机遇并迎接挑战，努力提升各自电子商务网站和 App 的用户体验，力求给广大消费者提供一个方便、快捷、满意的在线购物环境。

5.5
移动互联网时代
（1996 年末）

移动互联网（mobile internet）是移动通信技术和互联网技术、平台、商业模式及应用相融合的开放的电信基础网络。移动互联网继承了移动通信随时、随地、随身和互联网技术开放、共享、互动的优势，是一个全球性的、以宽带 IP（internet protocol，即互联网协议，是 TCP/IP 协议的重要组成部分）为技术核心的，可同时提供语音、图像、数据、多媒体等高品质电信服务的新一代互联网络。移动互联网由运营商提供无线接入，由互联网企业提供成熟的应用。通过移动互联网，用户可以使用手机、平板电脑及其他无线终端设备，在移动状态下（如在公交车、地铁上）随时随地获取信息并使用商务和娱乐等各种网络服务。

1996 年末，芬兰通过 Sonera 和 Radiolinja 网络，在诺基亚 9000 Communicator 手机上实现了世界上首次真正意义上的移动互联网接入。移动互联网最早是由美国硅谷公司 Unwired Planet 推广的[1]。1997 年，该公司与诺基亚、爱立信、摩托罗拉一起成立了 WAP（wireless application protocol，即无线应用协议）论坛，旨在创建并统一标准，以方便向带宽网络和小型显示设备过渡。WAP 标准建立在一个三层中间件架构上，推动了移动网络的早期发展，但随着网速的加快、显示屏的增大，以及基于 iOS 和安卓（Android）的智能手机的出现，WAP 标准逐渐落伍。

2000 年，中国移动推出了移动梦网（移动互联网业务品牌），包括了短信、彩信、手机上网（WAP）、手机游戏等服务。在其技术支撑下，涌现出了空中网、雷霆万钧等服务提供商（SP）。2009 年，国际电信联盟指出，全球独立手机用户达 34 亿人，超过世界人口的一半，有 38 亿部手机正在使用，而扬基集团（Yankee Group）报告称，全球 29% 的手机用户在手机上访问基于浏览器的互联网内容。同年，中国移动、中国联通和中国电信收到 3G（第三代移动通信）牌照，这标志着中国进入 3G 时代，3G 移动网络建设掀开了中国移动互联网发展的新篇章[2]。

2010 年，英国广播公司报道，世界上有超过 50 亿名手机用户[3]。2013 年，中国移动、中国联通和中国电信收到 4G 牌照，中国 4G 网络正式铺开[2]。据 Statista 统计，2014 年全球智能手机用户数为 15.7 亿，2017 年为 23.2 亿[4]。截至 2023 年 7 月底，中国 5G 手机用户达 6.95 亿户，占手机用户总数的 40.6%；千兆宽带接入用户达 1.34 亿户，占用户总数的 21.7%[5]。

今天，移动互联网已成为人们学习、工作与生活不可或缺的一部分，手机成为了人们随时随地获取信息的核心工具，移动支付在中国已取代了现金支付，移动社交平台成为了新时代人们交友的主要渠道。移动互联网浪潮推动了全球科技产业的发展，极大地改变了我们的生活方式，让世界变得更加高效与便捷，同时也让用户体验从业者面对众多新的挑战，如移动设备种类不断增加，人们与移动设备的交互方式层出不穷，以及用户希望在所有类型的移动设备上都能获得一致的愉悦体验，等等。

为了应对这些挑战，2015 年，谷歌公司发布了 25 条移动用户体验设计技巧（Google's 25 Mobile UX Design Tips）并对这些技巧进行了持续更新，使其与时俱进，而且还提供了一份可下载的 PDF 文件，以方便移动用户体验项目使用。苹果公司也发布了针对移动设计的《苹果公司人机界面指南》（*Apple's Human Interface Guidelines*），以易于阅读、美观大方的形式，展示了移动设计原则和最佳实践技巧，给用户体验设计师提供了重要的灵感和资源。

还有一些移动用户体验设计建议，可能不像谷歌公司与苹果公司的设计指南那样广为人知，但也很有借鉴意义：①要进行用户体验研究，良好的用户体验在任何情况下都有赖于全面的用户体验研究；②要避免过于复杂，应去掉一切非必要的东西，追求极简，但又不失可用性；③要根据核心目标保持功能高度集中，并通过分析各功能使用率来确定优先顺序；④要确保触摸目标的大小和间距；⑤要确保文字的清晰；⑥要有适当的用户界面反馈（UI feedback）；⑦要具备无障碍性（accessibility，也称为“可及性”或“可访问性”），让占世界人口 15% 的残障人士也能享受到卓越的用户体验。

让时光回到 2007 年，那时史蒂夫·乔布斯（Steve Jobs）刚刚发布第一代 iPhone。虽然 iPhone 的成功并非单靠用户体验，但是通过 iPhone 让大家一下子都了解到用户体验的重要性，使用户的品位和对产品的预期都有了显著的提升，这为用户体验向着移动设备发展创造了良好的人文环境和群众基础。随着移动互联网时代的到来，个人计算机屏幕上的大千世界被微缩到平板电脑和手机上，显示屏幕和操作界面的缩小，更凸显了用户体验的重要性，可谓在方寸之间尽显用户体验的魅力（见图 5-5）。如何优化页面以突出重点，如何构建交互逻辑以引导用户，如何让用户在“袖珍”界面上操作自如，等等，无一不体现着用户体验从业者的智慧。

图 5-5 适于移动设备（智能手机、上网本、平板电脑、笔记本电脑）屏幕的响应式网页设计

5.6 雅各布互联网用户体验定律（2000 年）

雅各布互联网用户体验定律（Jakob's law of Internet user experience）是由可用性专家雅各布·尼尔森（Jakob Nielsen，1957—，就是《尼尔森十大可用性原则》的提出者）在 2000 年提出的[1]，其原话译成中文是："用户将大部分时间都花在其他网站上。这意味着用户更希望你的网站与他们已熟悉的所有其他网站以同样的方式运行。"该定律描述了用户基于他们从其他网站积累的经验而对网站设计惯例产生期望的趋势。

雅各布互联网用户体验定律告诉我们：①用户会将他们对一个熟悉产品的期望转移到另一个看起来相似的产品上；②通过利用现有的心智模型，我们可以创造卓越的用户体验，让用户可以专注于他们的任务，而不是学习新的模型；③在进行产品版本变更时，应允许用户在一定的时间内继续使用熟悉的版本，从而最大限度地减少用户的不适。

雅各布互联网用户体验定律是一种人性法则，它告诉我们：用户体验从业者应多研究揣摩当下流行的产品，对前沿设计趋势保持直观的感受。而且，要进行必要的用户研究、行业研究和竞品分析，适当遵循通用设计惯例，以确保产品能合理地沿用用户的常见行为路径和交互操作习惯，减少用户的学习及使用成本，让用户能更多地关注网站的内容、信息及操作任务本身。同时，它还告诫我们，要慎重使用另类设计，避免让用户感到困惑和沮丧，并产生负面评价（见图 5-6）。

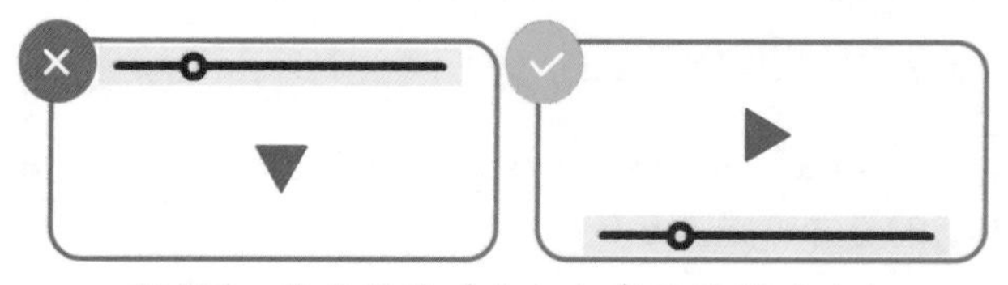

图 5-6　另类设计（左）与常见设计（右）

雅各布互联网用户体验定律是一个指导性原则，提醒用户体验从业者要利用用户以前的经验来帮助他们理解新的功能。用户体验从业者应将产品设计建立在用户现有的心智模型上，以此避免用户额外花时间理解当前产品的运行机制，要让用户能轻松地将从其他产品上学到的知识和经验运用到当前产品上，由此产生的熟悉感能让用户专注于重要的事情，并提高效率。只有当产品设计与用户心智模型一致时，才可能产生卓越的用户体验。

用户体验从业者面临着一个挑战——要缩小自身心智模型与用户心智模型的差距。为此，可使用一对一深度访谈、焦点小组、卡片分类等方法。这样，既能了解用户的目标和需求，还能了解用户通过使用其他产品已形成的心智模型，从而将其融入当前产品的设计中。如果产品是按照用户熟悉的方式运行的，符合用户心智模型，那么用户就会觉得该产品容易上手，可以顺畅使用，这意味着用户能以低认知负荷的状态使用该产品，无须在如何操作、如何与界面进行交互上费脑筋，这样就更有助于用户聚焦于自己的任务，高效地达成自己的目标。

要减少用户使用产品时的学习成本并不意味着所有与用户的“摩擦”都是坏事——事实上有些摩擦甚至是必要的。我们只是要消除没有价值的摩擦，消除的方法是遵循通用的设计规范、惯例和协议。雅各布互联网用户体验定律给出的建议是：设计要从常见的模式和惯例出发，只有在有意义时才与用户进行摩擦。如果用户体验从业者能提出一个令人信服的理由来改进产品的核心用户体验，这肯定值得探索。如果用户体验从业者采用非传统的方式来进行产品设计，那么就一定要请用户测试该设计，以确保用户能理解这个新产品是如何工作的。

雅各布互联网用户体验定律并不是说所有网站和 App 页面统统要设计成一模一样，而是说具有相同功能的页面，应尽量在信息展示、内容布局、控件操作等方面保持相似性。其实，这在用户界面设计领域已得到了比较好的遵循，比如中国各电商平台对商品详情页的设计就大同小异——上方是图片，中间是描述，底部是悬浮的操作区域，这是中国用户最熟悉、最容易接受的排版布局方式。

雅各布互联网用户体验定律只是给用户体验从业者提出了一些建议，不应该被僵化、极端地看待。如果所有网站和 App 都遵循完全相同、一成不变的既有设计规范，那么将会给用户带来一个索然无味的产品世界。该定律并不是说用户体验从业者不应创造全新的互联网产品，而是给大家进行了必要的提醒：要尽量遵循设计惯例，减少用户的挫折感和学习成本；要考虑用户的实际需求、使用环境和技术限制，综合地确定最佳设计方案，以实现卓越的可用性。

用户体验从业者应适度运用雅各布互联网用户体验定律，但不能过度解读。用户确实更熟悉和理解遵循设计惯例的普通常规设计模式，但他们对这些司空见惯的设计不见得真心喜欢。越来越多的研究证明，新奇的设计模式往往能给用户带来全新的体验，这有助于用户对该产品形成深刻的记忆效果。所以如果你的目标是打造一款令用户难忘的产品，而且希望给用户留下积极正面的印象，那么就请你努力在可用性和新奇性之间寻找平衡点吧。

5.7 《用户体验的要素》（2002 年）

用户体验是系统、产品或服务带给用户的感知和反应。要想弄清系统、产品或服务是如何与用户发生联系并发挥作用的，就必须对用户体验进行全方位的拆解、剖析，而《用户体验的要素》（全称是《用户体验的要素：以用户为中心的网络设计》，*The Elements of User Experience: User-Centered Design for the Web*）一书就是这方面的经典著作。

图 5-7　杰西·詹姆斯·加勒特

《用户体验的要素》一书的作者是用户体验设计师杰西·詹姆斯·加勒特（Jesse James Garrett，见图 5-7）。加勒特在加拿大安大略省渥太华出生，在美国佛罗里达州长大，后来在美国洛杉矶和旧金山发展[1]。从 1995 年开始，他先后尝试了作家、界面开发人员、界面设计师和信息架构师等职业角色。2001 年，他创立了 Adaptive Path 公司，帮人们解决用户体验问题[2]。2005 年，他在《Ajax：网络应用的新方法》（"Ajax: A New Approach to Web Applications"）一文中[3]，首创"Ajax"一词，描述异步 Javascript 和 XML 技术以及由此带来的用户体验，即通过消除整个页面的重新加载，实现无中断浏览[4]，加勒特因此被誉为"Ajax 之父"。

2000 年，加勒特发表了名为《用户体验的要素》（"The Elements of User Experience"）的图表（diagram）[5]，在网络设计界大受欢迎。该图表于 2002 年出版成书，就是本文所介绍的《用户体验的要素》这本书[6]，描述了一个以用户为中心的设计的概念模型，其最初用于网页设计，后来也被软件开发和工业设计所采用[7]。《用户体验的要素》这幅图表提纲挈领地列出了作者对用户体验要素的理解和总结，并在《用户体验的要素》这本书中做了详述，共分 5 层（即五要素）：战略层、范围层、结构层、框架层和表现层。

（1）战略层主要包括产品目标和用户需求，一般由企业或团队高层负责战略层的整体制定。其中，产品目标包括商业目标、品牌识别和成功标准，可由产品经理负责。用户需求包括用户细分、可用性、用户研究和人物角色，可由用户体验研究员负责。

（2）范围层主要包括功能规格和内容需求，本质上就是把“虚无缥缈”的需求变成踏实可见的功能。其中，功能规格是指产品所包含的功能和流程。内容需求是指产品中需要运营支持的内容信息。

（3）结构层主要包括信息架构和交互设计，要点是为产品划分层级结构。其中，信息架构主要分为：线性结构、层级结构、矩阵结构。该书的交互设计和现今的互联网交互设计有一定不同：该书认为交互设计应关注用户行为，聚焦于为网站用户提供卓越的用户体验；而现今的互联网交互设计却聚焦于信息架构和界面设计。如果说战略层确定了要实现哪些目标，范围层限定了要做哪些功能，那么结构层就是为这些功能划分层级、建立流程。

（4）框架层主要包括界面设计、导航设计和信息设计。其中，界面设计要做的全部事情就是选择正确的界面元素，包括下拉菜单、多选菜单、单选框、复选框、文本框、按钮等网站设计常用控件。导航设计就是引导用户在网站中前往目的板块的指引线索的设计，比如面包屑导航和分类导航等。信息设计的要点就是信息排序和分类整理。

（5）表现层主要的工作就是感知设计，包括创建感知体验、视觉焦点、对比和一致性、配色方案和排版。其中，创建感知体验时要考虑用户能接触到的所有感官体验，其中视觉体验占比最大。视觉焦点要考虑人类的视觉焦点会随着界面元素不断移动。对比和一致性是视觉领域中常用的概念。网站的整套配色方案应和品牌形象相结合。

在《用户体验的要素》一书出版时，互联网世界远没有现今这么纷繁复杂，用户可挑选的互联网产品并不多，那时的设计师往往重视产品的功能特色、忽视用户的真实需求。后来互联网产品越来越多，企业需要在“红海”中争抢用户，才越发重视用户的真实需求。而加勒特在 20 多年前就在书中用战略层指出了用户需求的重要性，并且推荐了“以用户为中心”的设计方法论，认为用户体验就是商机，这些内容使他的书颇具前瞻性。

《用户体验的要素》一书的内容是围绕着网站这种互联网早期产品形态来构建的，我们应考虑该书出版时的历史背景和科技发展水平，将该书内容“活学活用”到现今的互联网与移动互联网产品（如 App、H5 页面、公众号、小程序）上。实际上，该书所述的分层理论，是一套高屋建瓴的用户体验研究与设计方法论，放在今天也不过时。

《用户体验的要素》只是一本薄薄的小册子，篇幅并不长，但内容比较抽象，内涵和外延极其丰富。该书的出版可谓生逢其时，21 世纪初正是“用户体验”一词提出不久、含义和范围尚需完善之时，在这个时候出版这样一本既结合了丰富的从业经验、又对产品逻辑和设计方法有精辟见解的书籍，难怪一经出版，就风靡用户体验界，而且经久不衰。

5.8
净推荐值
（2003 年）

图 5-8　贝恩公司位于波士顿的总部

图 5-9　弗雷德·雷克海尔德

净推荐值（NPS，即 net promoter score）是一个市场研究指标。2003 年，贝恩公司（Bain Company，见图 5-8）的合伙人弗雷德·雷克海尔德（Fred Reichheld，1952 年—，见图 5-9）在《哈佛商业评论》（*Harvard Business Review*）上发表了一篇题为《你需要增长的一个数字》（“The One Number You Need To Grow”）的文章[1]，创造了净推荐值理论。雷克海尔德与贝恩公司及 Satmetrix 公司共同拥有 NPS 的注册商标[1]。

净推荐值基于一个单一的调查问题，要求每位受访者（公司的客户）对他们向朋友或同事推荐一家公司及其产品或服务的可能性给出评分。评分为整数，从 0 分到 10 分共有 11 档分值可供受访者选择[2]。根据受访者给出的评分，可以把受访者（respondents）细分为“推荐者”（promoters，给出的评分是 9 分或 10 分）、“被动者”（passives，给出的评分是 7 分或 8 分）和“贬损者”（detractors，给出的评分是 6 分或更低）。

然后，就可以计算净推荐值了。净推荐值的定义范围为−100 至 +100[3]。净推荐值的计算公式是：净推荐值（net promoter score）= 推荐者所占百分比的分子部分（the molecular portion of the percentage of promoters）− 贬损者所占百分比的分子部分（the molecular portion of the percentage of detractors）。比如，一共有 100 名受访者，其中 20 名是推荐者，10 名是被动者，70 名是贬损者，那么推荐者所占百分比（20%）的分子部分就是 20，贬损者所占百分比（70%）的分子部分就是 70，这二者相减得到的净推荐值就是 −50。

关于净推荐值，有 3 点需要注意：①净推荐值通常表示为整数而不是百分比；②净推荐值可以是负数，比如上面的例子中净推荐值就是 –50；③净推荐值基于一个单一的调查问题“你有多大可能推荐？”，但几乎总是伴随着一个开放式的问题“为什么？”，有时还会伴随着所谓的“驱动因素”问题（“driver” questions）[4]。

净推荐值通常被解释为预测客户忠诚度（customer loyalty）和客户忠诚率（customer loyalty rates）的指标[2,5]。净推荐值方法旨在根据受访者对单一调查项目的回答，推断客户对产品、服务、品牌或公司的忠诚度（通过再次购买和推荐来证明）[6-7]。除此之外，净推荐值还能预测收入留存率（revenue retention rates）和客户留存率（customer retention rates），并提供有价值的客户洞察。在某些情况下，净推荐值被认为与一个行业内相对于竞争对手的收入增长相关[8]，尽管也有证据表明，不同行业的净推荐值差异很大[9]。

净推荐值代表对单个调查项目的回应，因此净推荐值的有效性（validity）和可靠性（reliability）最终都取决于从单个用户那里收集到的大量评分。然而，市场研究调查（market research surveys）通常通过电子邮件发送，近年来此类调查的回复率在持续下降[10-11]。

净推荐值有一个变体——员工净推荐值（eNPS，即 employee net promoter score），用于衡量员工对工作场所的感受。研究表明，对于某些行业，特别是基于年金的（annuity-based）企业对企业的（business-to-business）软件和服务行业，贬损者（detractors）倾向于留在公司，而被动者（passives）则更有可能离开[12]。

净推荐值在学术界和市场研究界引起了一些争议[13]，人们对净推荐值是否能可靠地预测公司成长提出了质疑[14]。一些研究人员注意到，没有经验证据表明“推荐的可能性”（likelihood to recommend）问题比其他客户忠诚度问题（如总体满意度、再次购买的可能性等）更能预测业务增长，而且“推荐的可能性”问题与其他传统的忠诚度相关问题并无不同[15]。

面对质疑与批评，净推荐值方法的支持者声称，“推荐”（“recommend”）问题与其他指标具有类似的预测能力，但与其他更复杂的指标相比，净推荐值方法具有许多实际好处[13]。净推荐值的支持者还认为，基于第三方数据的分析不如公司对自己的客户群体进行的分析，而且这种方法的实际好处（包括调查时间短、沟通概念简单、公司能够跟进客户）超过了其他指标在统计上可能存在的优势[16]。净推荐值方法的支持者还声称，净推荐值得分可以用来激励组织更加专注于改进产品和服务[17]。

尽管存在许多批评意见，但净推荐值在实践中得到了广泛的应用，它的流行和广泛使用归功于其简单和透明的方法[13]。净推荐值在企业高管中颇受欢迎，并被认为是在实践中广泛使用的衡量客户忠诚度的工具。目前，净推荐值已被《财富》500 强企业（Fortune 500 companies）和其他组织广泛采用[13,18]。截至 2020 年，有 2/3 的《财富》1000 强企业（Fortune 1000 companies）都在使用净推荐值[13]。

5.9
《通用设计法则》
（2003 年）

无论是市场营销活动、博物馆展览、电子游戏设计，还是复杂控制系统的构建，人们所看到的设计都是来自于不同学科的众多概念和实践相融合的结晶。但是没有人能够成为所有领域的专家，所以设计师们为了获取信息、灵感和诀窍，就总是不得不在各个领域里搜寻和借鉴。

正是在这样的背景下，2003 年，美国用户体验、人因与工效学、工程心理学、设计学领域的专家威廉・立德威尔（William Lidwell）、克里蒂娜・霍顿（Kritina Holden）和吉尔・巴特勒（Jill Butler）共同出版了《通用设计法则》（全称是《通用设计法则：提高可用性、影响感知、增加吸引力、做出更好的设计决策以及通过设计进行教学的 100 种方法》，*Universal Principles of Design: 100 Ways to Enhance Usability*，*Influence Perception*，*Increase Appeal*，*Make Better Design Decisions*，*and Teach Through Design*）一书[1]，这是第一本跨学科的设计参考书，力求为各种类型的设计师提供一站式的设计参考与资源宝典（见图 5-10）。

图 5-10 《通用设计法则》

从学术教科书式的封面来看，人们可能会忽略这本书，或者认为它的内容枯燥无味，但实际上，它是一本学术书籍不假，但其内容新颖丰富，可读性很强。最大的亮点是，在该书中设计被视为具有全球原则的整体学科，而不是局限于某个子领域（如图形或工业设计）中。三位作者在书中总结了人机交互、航空、生物学、数学和格式塔心理学等领域的一百多条不同的设计原则，主题范围从定性（如一致性、框架、相似性）到定量（如黄金比例、费茨定律、希克定律）一应俱全，且都适用于各种设计场景。

《通用设计法则》一书就像一把关于设计知识的瑞士军刀，它图文并茂、简单易读，将重要的设计知识与应用原则体现在实践中的直观实例上。具体内容上，从 80/20 法则（80/20 Rule）到分块设计（chunking），从娃娃脸偏差（baby-face bias）到奥卡姆剃刀（Occam's razor），从自相似性（self-similarity）到讲故事（storytelling），《通用设计法则》对一百多个设计概念进行了定义和图解，帮助读者（主要的目标读者为用户体验设计师、工程师、建筑师，以及拓展和提高设计专业知识的学生）有效地拓展知识面。

《通用设计法则》一书行文风格相对简洁。它不是一本教授如何操作的书，并且假设读者已经有知识和技能来对书中的建议进行实践，但是该书引用了许多原则和效应的参考资料，供读者进一步阅读，更重要的是，该书提供了引人注目和多样化的例子来说明每一个原则。这种来自人类经验的多样性和平衡性在其他书籍中是很少见的——大多数其他书籍都倾向于专注某个特定的领域，如大数据或人工智能。

尤其值得一提的是，该书的内容和插图很好地结合在一起，而排版格式是它最大的优势之一——上百条原则中的每一条都有两页的篇幅，按字母顺序排列，左页提供描述性信息、指导方针和参考资料；右页提供代表性案例的插图。这种易于理解的结构使它可以作为特定主题的参考，也可以作为设计思维的入门读物。

作为一名设计师，可能会更加聚焦在设计标的本身上，而忽略了专业设计词汇量的积累，这可能会导致在与其他人尤其是与跨部门甚至跨行业的朋友交流时，难以准确表达自己的设计观点。而阅读《通用设计法则》一书就可以使读者在这方面得到有效提升——该书通过逐条介绍一百多个与用户体验设计相关的原理、效应，可以极大地丰富读者的设计词汇量，比如“曝光效应”“认知失调”等。相信很多读者阅读之后，其设计词汇量会有显著提升，很多术语都会成为读者日常设计语言的一部分。

《通用设计法则》一书是各类设计师不可或缺的实战指南，它将锐化设计师的设计思维，提供宝贵的参考路径，并拓展设计师对设计的感觉。该书的文字与配图相得益彰，方便浏览、易于理解，既有对设计概念的清晰解释，又有这些概念在实践中应用的直观实例，无论是内容还是表达，它都是一本关于一般设计和可用性原则的好书。所以，该书自 2003 年出版以来，受到全世界 30 多个国家上百万名读者的信赖，成为用户体验相关交叉学科领域里的一本经典畅销书。有时间的话，建议各位用户体验从业者都读读这本书，充分感受一下它的有用和有趣。

5.10 用户体验传入中国（2003年）

进入21世纪，在2003年前后，“用户体验”这个概念像一阵风似的从美国刮到了中国，但当时并没有获得广泛的社会关注。在中国不温不火地发展了几年之后，2007年，随着苹果公司推出“把用户体验做到极致”的iPhone[1]，并使“用户体验”的概念风靡全球，用户体验终于在中国国内得到了比较广泛的关注，并在此后几年逐渐成为一个热门词语。

2010年之后，移动互联网和3G至5G通信技术在中国国内得到普及，中国网民数量大增。在大数据、云计算、虚拟现实、增强现实、区块链、新能源、物联网、3D打印、自动驾驶、人工智能等新兴技术的助推下，中国国内各行业呈现出欣欣向荣的局面，踊跃借助网络渠道进行产品升级、服务创新和市场拓展。

在这样的大背景下，交互设计、视觉设计、人因与工效学设计、品牌体验、客户体验、用户研究、客户/用户满意度、体验质量与评测、体验管理等与用户体验相关的需求被陡然放大，很多中国领先的商业企业争相成立了用户体验部门，设立了用户体验相关岗位，纷纷把用户体验研究员和用户体验设计师（主要包括交互设计师和视觉设计师）等专业人才招至麾下。这样，中国国内的用户体验从业人员规模自2010年以来持续增加，用户体验理论与方法也在实践中不断发展，用户体验咨询公司、设计公司、评测公司以及实验设备制造公司等专业服务机构也纷纷建立，用户体验的学科领域基本确立，用户体验的应用场景也基本成形，用户体验在中国的发展步入了一个崭新的阶段[2]。

时至今日，用户体验在中国经过20多年的发展，已基本形成了企业内部用户体验部门、用户体验咨询机构、用户体验专业设备公司、开设用户体验相关课程的高校院所以及用户体验行业组织等5种行业形态[2]。

尤其值得一提的是，中国很多高校院所顺应用户体验快速发展的大趋势，陆续开设了用户体验相关课程。在心理学领域，北京师范大学心理学部、中国科学院心理研究所、北京大学心理与认知科学学院、清华大学社会科学院心理学系、浙江大学心理与行为科学系、华东师范大学心理与认知科学学院等已经建立与用户体验相关的研究和教学专业。其中，北京师范大学心理学部于2015年开设了我国第一个用户体验（UX）方向专业硕士课程（见图5-11）。在设计领域，浙江大学计算机科学与技术学院工业设计系、同济大学设计创意学院、江南大学设计学院、湖南大学设计艺术学院也陆续开设了与用户体验相关的本科及研究生专业[2]。

图 5-11 北京师范大学心理学部用户体验专业方向

除了用户体验在中国国内发展的上述宏观情况，笔者还发现了一个有意思的现象：作为世界用户体验发源地的美国，其用户体验的发展从早期至今，都基本是由各相关学科领域的理论专家来推动的，主要涉及人因与工效学家、心理学家（尤其是工程心理学家与认知心理学家）、人类学家、社会学家、计算机学家（尤其是人机交互科学家）和电子工程学家。因为是由各领域的学界巨擘与科技精英担纲引领者，所以美国的用户体验从起始至今，一直颇具理论素养。

而中国的情况恰好相反，用户体验在中国发展早期，走在前沿的主要是 IT 与互联网公司的从业者，以界面设计师为主要代表，可以说，当时中国的用户体验考虑的仅仅是人机界面的视觉效果。与具有深层次人因学与心理学等交叉知识背景的美国同行相比，中国用户体验的早期开拓者堪称“草莽”，却在中国用户体验的发展上作出了卓越的贡献。

后来中国各大 IT 与互联网公司意识到只是表层地考虑界面设计或美工是远远不够的，起码也应该加上对界面的交互逻辑环节，于是各家公司纷纷建立自己的交互设计团队，但当时基本还只是停留在界面与交互的表象上思考问题，直到后来陆续发展出用户研究、交互设计、视觉设计等具体分支，才算是基本打造出了中国用户体验理论与实践体系的雏形。

尤其值得一提的是用户体验研究，从事这项工作的用户体验研究员可以说是真正的“用户体验的化身”，因为他们往往具有人因与工效学、心理学、人类学、社会学等“人性化学科”的深厚知识底蕴，有些用户体验研究员甚至兼具文科、理科（主要是心理学）与工科（主要是计算机、电子工程、自动化以及工业工程）的复合交叉学科背景，能潜移默化地把用户体验理论运用到 IT 与互联网公司的产品立项、产品构建、产品设计、产品开发、用户研究、用户运营、用户增长、市场营销、传播推广、客户服务等各个实践环节中，能在真正意义上基于人性化层面进行深度思考、洞察与实践。有了用户体验研究员对用户体验理论及实践体系的“布道”与“穿针引线”，中国用户体验从业者才终于与美国同行走到了相同的职业高度上。

5.11 Web 2.0 (2004 年)

1989 年—2004 年是万维网（world wide web）发展的第一阶段，这是互联网最早的雏形，被称为 Web 1.0，也被称为“只读网络”（read-only web），因为它缺乏我们今天在互联网上所享有的视觉效果、控件和交互性。Web 1.0 旨在帮人们更好地搜索数据、查找信息，这时的内容创造者很少，绝大多数用户都只是内容消费者 [1]——由少数几人创建网页，供大量访客获取信息。在这一时期，由静态页面组成的个人网页很常见。

Web 1.0 网站的常见设计元素包括 [2]：①静态页面而不是动态 HTML[3]；②从服务器文件系统而不是关系数据库管理系统提供的内容；③使用服务器端 Includes 或公共网关接口构建的页面，而不是用动态编程语言（如 Perl、PHP、Python 或 Ruby）编写的 web 应用程序；④使用 HTML 3.2 时代的元素（如框架和表格）来定位和对齐页面元素（与间隔动图结合使用）；⑤专有的 HTML 扩展，如〈blink〉和〈marquee〉标签；⑥在线留言板；⑦ GIF 按钮、网络浏览器、操作系统、文本编辑器；⑧通过电子邮件发送的 HTML 表格。

后来，随着科技的发展，万维网逐渐从 Web 1.0 过渡到了 Web 2.0。Web 2.0 也称为参与式网络（participative web 或 participatory web[1]）和社交网络（social web），是指强调用户生成内容（user-generated content）、易用性、参与式文化和终端用户互操作性（即与其他产品、系统和设备的兼容性）的网站。“Web 2.0”一词是网页设计师、信息架构顾问和用户体验专家达西 · 迪努奇（Darcy DiNucci）在她 1999 年的文章《支离破碎的未来》（“Fragmented Future”）中创造出来的 [4-5]。但直到 2002 年，Web 2.0 一词才重新出现 [2-3,6]。当时，亚马逊、推特和谷歌等公司使人们可以轻松地进行在线联系和交易。Web 2.0 引入了新功能，如多媒体内容和交互式网络应用程序 [7]。Web 2.0 的标签云，如图 5-12 所示。

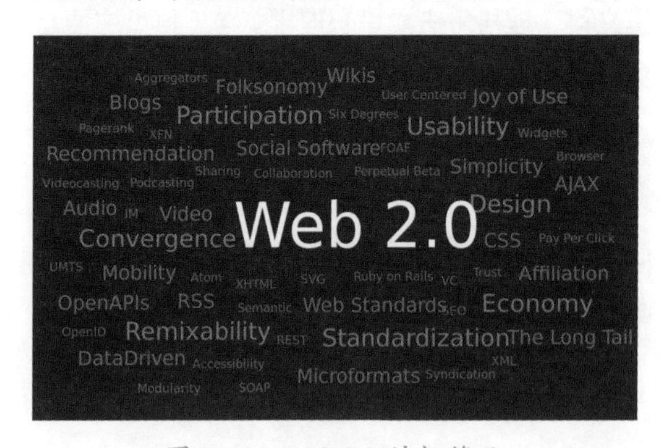

图 5-12　Web 2.0 的标签云

后来在 2004 年，在美国 O'Reilly Media 公司和 MediaLive 公司共同主办的第一届 Web 2.0 大会上，由蒂姆 · 奥莱利（Tim O'Reilly）和戴尔 · 多尔蒂（Dale Dougherty）

正式将 Web 2.0 这一术语推广开来[8-10]。在开场白中，约翰・巴特尔（John Battelle）和奥莱利概述了他们对“网络即平台”（web as platform）的定义，即软件应用程序建立在网络上，而不是桌面上。他们认为，这种迁移的独特之处在于“客户正为你构建业务”[11]，可以“利用”用户生成内容（想法、文字、视频或图片等）的活动来创造价值。

巴特尔和奥莱利对比了 Web 1.0 与 Web 2.0，存在以下两点不同：① Web 1.0 的网景公司专注于开发软件、发布更新和修复错误，并将其分发给最终用户；而 Web 2.0 的谷歌公司并没有专注于生产终端用户软件，而是提供基于数据的服务，利用用户生成的内容，通过其“PageRank”算法提供基于声誉的网络搜索。② Web 1.0 的在线大英百科全书依靠专家撰写文章并定期在出版物中发布；而 Web 2.0 的维基百科则依靠对社区成员的信任来不断撰写、编辑和更新内容。其实，有些 Web 2.0 功能在 Web 1.0 时期就已存在了，只是实现方式不同。例如，Web 1.0 网站可能有一个留言簿页面供访客评论，而不会像 Web 2.0 网站那样在每个页面末尾都有一个评论区。

Web 2.0 并不表示万维网本质上的变化[12]，而只是描述了交互式网站激增，使原始万维网中古老而静态的网站黯然失色的情况。在 Web 1.0 时代，人们只能被动地浏览内容，而在 Web 2.0 时代，用户不再只是阅读网站内容，而是应邀对其发表评论，或在网站上创建账号以提高参与度。在 Web 2.0 网站上，用户可提供数据，并对他们分享的内容行使一定的控制权[9][13]。

澳大利亚媒体与传播学者、悉尼大学媒体与传播系数字传播与文化教授泰瑞・弗卢（Terry Flew）在其著作《新媒体》（*New Media*）中将从 Web 1.0 到 Web 2.0 的转变描述为“从个人网站转向博客和博客网站聚合，从发布转向参与，从作为大量前期投资成果的网络内容转向持续的互动过程，从内容管理系统转向基于使用关键字对网站内容进行标记的链接”。弗卢认为，这些因素形成了 Web 2.0 热潮的发展趋势[14]。知名学者白斯特（Best）在其 2006 年发表的论文中指出[15]，Web 2.0 的特征是丰富的用户体验、用户参与、动态内容、元数据（metadata）、万维网标准和可扩展性（scalability），而开放、自由[16]和用户参与的集体智慧[17]等特征也可被视为 Web 2.0 的基本属性。大英百科全书（*Encyclopaedia Britannica*）将许多人眼中理想的 Web 2.0 平台描述为“一个平等的环境，在这个环境中，社交软件网络将用户融入他们的现实和虚拟工作场所”[18]，并称维基百科（Wikipedia）为“Web 2.0 的缩影”。

随着 Web 2.0 一词的流行，以及博客、维基和社交网络技术的日益普及，涌现出了一系列的 2.0 概念[19]，包括图书馆 2.0、企业 2.0、课堂 2.0[20]、出版 2.0[21]、政府 2.0[22] 等，这些 2.0 中的许多都将 Web 2.0 技术作为各自学科和领域中新版本的来源。自 2004 年以来，Web 2.0 会议每年举行一次，吸引了大批企业家、大公司代表、技术专家和技术记者参加。2006 年，Web 2.0 的流行得到了《时代》周刊评选出的“年度人物（你）”[23] 的认可。

5.12
社交网络服务
（2004 年）

社交网络服务（SNS，即 social networking service）是一种在线社交媒体服务，人们通过它与其他拥有相似个人目标、职业方向、兴趣、活动、背景或现实生活联系的人建立社交网络或社交关系[1-2]。社交网络服务可以整合一系列新的信息（包括数码照片、视频、在线日记和博客等）和通信工具，在台式机、笔记本电脑、平板电脑和智能手机等设备上运行[2]。提供社交网络服务的平台被称为“社交媒体平台”（social media platform）、“社交网络站点”（social networking site）或“社交网站”。“社交媒体”（social media）一词最早出现在 2004 年，通常用来描述社交网络服务[3-4]。

社交网络服务已走过了几十年的发展历程。Usenet[5]、ARPANET、LISTSERV 和 BBS 等早期在线服务，都通过以计算机为媒介的通信技术来支持社交网络服务。万维网上的早期社交媒体平台以通用在线社区形式出现，如 1994 年建立的 Geocities、1995 年建立的 Theglobe.com[6] 和 Tripod.com。早期在线社区常用聊天室将人们聚在一起进行互动，并以易用的发布工具和免费的网络空间，让用户通过个人网页分享信息和想法。20 世纪 90 年代后期，用户档案（user profiles）成为社交媒体平台的核心功能，用户可以编制好友名单，并搜索兴趣相投的其他用户。20 世纪 90 年代末，新的社交媒体功能应运而生，可供用户与好友互动[7]，如在线日记社区 Open Diary，就发明了好友专享内容和读者评论这两个对用户互动非常重要的社交媒体功能[8]。

随着 1997 年 SixDegrees[2]、1998 年 QQ、1999 年 Mixi[9]、2000 年 Makeoutclub[10-11]、2001 年 Cyworld[2,12]，以及 2002 年 Hub Culture 的出现，新一代社交媒体平台开始蓬勃发展[13]，QQ 和 Cyworld 还成为首批从虚拟商品销售中获利的公司[14-15]。此后，MySpace、LinkedIn、Friendster 和 Nexopia 于 2003 年推出，Facebook 和 Orkut 于 2004 年推出，Bebo 于 2005 年推出。至此，在全球范围内，社交媒体平台的受欢迎程度迅速上升。2005 年，MySpace 的页面访问量超过了谷歌[16]。2009 年，Facebook 开始成为全球最大的社交媒体平台[16]。一些流行的社交网络服务的图标，如图 5-13 所示。

现今，社交网络服务的成功体现在各社交媒体平台的主导地位上。根据 Statista 的调查，2023 年 10 月，全球月活跃用户数最多的 15 个社交媒体平台依次为[17]：Facebook、YouTube、WhatsApp、Instagram、微信、Tiktok、Facebook Messenger、Telegram、Snapchat、抖音、快手、X/Twitter、新浪微博、QQ 和 Pinterest，其中，Facebook 拥有 30.30 亿月活跃用户，位居世界第一；微信拥有 13.27 亿月活跃用户，位居世界第五、中国第一。

图 5-13　一些流行的社交网络服务的图标

社交媒体平台改变了人们获取新闻的方式[18]，据 2015 年的一项研究，美国有 63% 的 Facebook 或 Twitter 用户认为这些平台是他们主要的新闻（尤其是娱乐新闻）来源。社交媒体平台也改变了人们进行决策的方式，据 2015 年的一项研究，美国有超过 65% 的 55 岁及以上的用户仍旧依赖口碑进行购买决策，但 85% 的 18~34 岁的用户已经在使用社交媒体平台进行购买决策[19]。人们还使用社交网络平台来结识新朋友，寻找老朋友，或找到与他们有相同问题或兴趣的人，形成所谓的“利基网络”（niche networking，即针对特定小群体的网络）。越来越多的人际关系和友谊在网上形成，然后转移到线下。

基于互联网的社交网络服务能跨越政治、经济和地理边界，将具有共同兴趣和活动的人联系在一起[20]，将原本分散的行业和没有资源的小型组织与更多感兴趣的用户联系在一起[21]，为人们提供不同的数字化交流方式，允许大家分享信息和想法。根据“使用与满足的传播理论”（Communication Theory of Uses and Gratifications），越来越多的人希望通过互联网和社交媒体来满足认知、情感、个人整合、社会整合和放松等方面的需求，而互联网技术又反过来影响着人们的日常生活，包括人际关系、学校、家庭和娱乐[22]。然而，社交网络服务也有一些负面影响。有些学者认为，它是传统的面对面社交互动的贫乏版本，只进行在线交流会削弱社区、家庭和其他社会群体之间的互动[23]，会给完全依赖社交网络的用户带来孤独和抑郁。

社交网络服务在我们的日常生活中扮演着日益重要的角色，作为一名用户体验专业人士，应该对它有比较深入的了解：①它是为交流而生的，所以应该让用户通过它能随时随地轻松交流；②没有人只用它来进行纯粹的交流，所以它应提供更多有用的功能来吸引人；③成功的社交网络服务往往基于用户生成的内容，所以应鼓励用户生成各种内容；④它的大多数用户都是技术水平不高的人，所以不会轻易切换到最新版本，也不会浏览他们所见之外的复杂设计方案；⑤大多数用户不愿意花时间去学习社交网络服务如何运作，而更愿意花时间做一些有趣的事情，参与到网络中去；⑥用户对社交网络服务的运行惯例有一定了解，所以用户体验设计师应在惯例与创新之间保持平衡——照搬现有方案会让用户觉得缺乏新意，而过于创新又会让用户感到困惑。

5.13 用户体验蜂巢框架（2004 年）

彼得·莫维尔（Peter Morville）是一位来自美国弗吉尼亚州斯科茨维尔（Scottsville）的信息架构师和用户体验设计师，是信息架构和用户体验领域的先驱。他出版了多部畅销书，包括《万维网的信息架构》（*Information Architecture for the World Wide Web*）、《交织》（*Intertwingled*）、《搜索模式》（*Search Patterns*）和《环境可查找性》（*Ambient Findability*）。自 1994 年以来，莫维尔在世界各地的会议上发表了很多关于信息架构和用户体验的演讲，并通过他的公司 Semantic Studios 为许多财富 500 强公司提供咨询。当莫维尔把兴趣从信息架构扩展到用户体验时，他发现需要用一个新的框架来说明用户体验的各个方面，以帮助客户理解为什么不能只关注可用性。于是，2004 年，莫维尔提出了用户体验蜂巢框架（User Experience Honeycomb Framework）[1]（见图 5-14）。

图 5-14　用户体验蜂巢框架

用户体验蜂巢框架包括了指导用户体验团队创造卓越用户体验的 7 个方面：①有用的（useful）：我们所提供的系统、产品或服务必须有用并能满足用户的愿望或需求；②可用的（usable）：我们所提供的系统、产品或服务必须简单易用，其设计应让用户熟悉易懂，用户的学习曲线应尽可能短且无痛苦；③合意的（desirable）：我们在追求效率的同时，必须重视形象、身份、品牌及其他情感化设计元素的力量和价值；产品、系统或服务必须具有吸引人的视觉美感；用户体验设计应简约切题；④可查找的（findable）：我们必须设计出可导航的网站和可定位的对象，导航结构应合理，以使信息易于查找，当用户遇到问题时，应让他们能快速找到解决方案；⑤可访问的（accessible）：我们的系统、产品或服务应方便残疾人（超过总人口的 10%）访问，让残疾用户也能“无障碍”地获得与其他用户相同的用户体验；⑥可信的（credible）：我们的系统、产品或服务必须值得信赖，我们需要了解哪些设计元素会影响用户对我们的信任度；⑦有价值的（valuable）：我们的系统、产品或服务必须带来价值，我们应突出它的独特性，讲明它将如何为客户增添价值。

用户体验蜂巢框架是一个很好的工具，它可以将对话推进到可用性之外，帮助人们理解确定优先事项的必要性。当我们根据环境、内容和用户对每个系统、产品或服务的细节进行权衡时，这种权衡最好是明确地做出，而不是无意识地做出。这时只要我们牢记用户体验蜂巢框架提到的这些要点，就能更容易地确定优先事项，做出合理的权衡。这对于帮助公司分解任务，制定实现最终目标的战略至关重要。例如，重新设计一个完整的网站是一项艰巨的任务，可能耗资巨大。通过查看用户体验蜂巢框架，主创团队可以确定最重要的方面，并从高层次的优先事项开始入手，从而使企业能够彻底重新定义用户体验，改善用户体验。

用户体验蜂巢框架支持模块化的设计方法。比方说，我们想改造一个网站，但缺乏预算和时间来进行一次全方位的彻底改造，那么我们就可以根据用户体验蜂巢框架指出的各个方面，来分阶段地对该网站进行改造。例如，我们当前打算聚焦在提高该网站的可信性上，那么就可以先查找关于这个方面的知识和资料，比如《斯坦福大学网站可信性指南》（*Stanford Guidelines for Web Credibility*）就提到了 10 条准则 [2-3]，我们就可以将其作为评估和提高网站可信性的一种资源，基于这种资源来对网站可信性进行重新设计。

用户体验蜂巢框架的每个方面都可以作为一个独特的观察镜，改变我们对自己工作的看法，使我们能够超越传统界限进行探索。用户体验蜂巢框架可以帮助我们关注对创造卓越用户体验来说非常重要的各个方面，并可进一步深入细分。对于我们的系统、产品或服务来说，更重要的是合意性还是可访问性？是可用性更重要还是可信性更重要？我们是否需要提高市场信誉？诸如此类，不一而足。

设计用户体验战略和采用最佳实践可能会让人不知所措和困惑。在规划用户体验战略时，用户体验蜂巢框架是一个很好的起点。它涵盖了用户体验设计的基础知识，并列出了在设计网站或应用程序以向客户推销产品或服务时需要考虑的事项。以用户体验蜂巢框架作为指南，还能使用户体验的各个方面之间取得平衡。在用户体验设计过程中，一步一个脚印，确保每一步都经过精心策划和充分开发，从长远来看会让事情变得更容易。利用用户体验蜂巢框架的 7 个方面，可以帮助企业主、开发人员和营销人员确定用户体验的重点，从而创造出可靠、明智的用户体验。融入用户体验蜂巢框架的原则将确保用户体验设计具有凝聚力和用户友好性，进而提高网站或应用程序等产品、系统或服务的成功率。

5.14 热冷共情鸿沟（2005 年）

共情鸿沟（empathy gap），也被称为共情偏差（empathy bias）、同理心偏差，是认知偏差的一种，指共情（识别、理解和分享他人思想和情感的能力，也称为“同理心”）的崩溃或减弱，而这种能力原本是可以预期发生的。共情鸿沟的产生可能是由于共情过程中的失败[1]，或者是由于稳定的个性特征[2-4]，还可能是由于共情能力或动机的缺乏。共情鸿沟可以是人际间的（interpersonal，即对他人），也可以是自我内心的（intrapersonal，即对自己，例如预测自己未来的偏好）。共情鸿沟有 3 种类型：认知共情鸿沟、情感共情鸿沟和热冷共情鸿沟。

认知共情鸿沟（cognitive empathy gaps），即认知共情（cognitive empathy，也称为“换位思考”，perspective-taking）失败，有可能源于认知偏差（这种偏差会削弱一个人理解他人观点的能力[5]），也有可能是能力不足造成的。人们认知共情的能力可能会受到当前情绪状态的限制。人们可能无法准确预测自己的偏好和决定（自我内心共情鸿沟），也可能无法考虑他人的偏好与自己的偏好有何不同（人际间共情鸿沟）[6]。例如，没有拥有某物品的人，会低估他人在拥有该物品时对该物品的依恋程度[7]。认知共情失败还可能是由于缺乏动机[8]。例如，人们不太可能站在与自己意见相左的外群体成员（outgroup members）的角度考虑问题。

情感共情鸿沟（affective empathy gaps 或 emotional empathy gaps）可以描述观察者和目标对象没有体验到相似情绪的情况[9]，或者观察者没有体验到对目标对象的预期情绪反应，如同情与怜悯[10]。某些情感共情鸿沟可能是由于分享他人情感的能力有限造成的。人们也可能因为害怕付出情感代价而避免对他人的情感产生共鸣。例如，根据巴特森的共情模型（C.D. Batson's model of empathy），对他人的共情可能导致共情关心（empathic concern，即对他人的温暖和关心）或个人痛苦（personal distress，即他人的痛苦给自己带来痛苦）[11]。与共情关心相比，经历个人痛苦的可能性会促使人们避免与他人共情、减少帮助行为。

热冷共情鸿沟（hot-cold empathy gap）也是共情鸿沟的一种[12]，指的是人们会低估本能驱动力（visceral drives）对自身态度、偏好和行为的影响，分别处于不同状态中的双方，会很难理解对方的想法及感受[13]。这里提到的本能驱动力涉及“本能因素”（visceral factors）的概念。本能因素是指一系列影响因素，包括饥饿、口渴、爱情、性兴奋、身体疼痛和复仇欲望等。这些因素导致的驱动力会对人们的决策和行为产生不成比例的影响：当人们受到本能因素的影响（即处于亢奋状态）时，往往会忽略所有其他目标，以努力安抚这些影响。这种状态会让人们“失控”，做出冲动的行为[14-16]。

图 5-15 乔治·洛温斯坦

2005 年，热冷共情鸿沟由卡内基梅隆大学经济学和心理学教授、心理学大师弗洛伊德的曾外孙乔治·洛温斯坦（George Loewenstein，1955 年—，见图 5-15）在论文《热冷共情鸿沟与医疗决策》（“Hot-Cold Empathy Gaps and Medical Decision Making”）中首次提出[17]。热冷共情鸿沟概念中最重要的一点是，人类的理解是依赖于状态的。例如，甲方情绪愤怒、乙方情绪平稳；或者甲方盲目爱上乙方，但乙方对甲方没感觉，此时甲乙双方都难以感同身受，难以体谅对方的心情。要紧的是，在医疗环境中（例如，当医生需要准确诊断病人的身体疼痛时），如果医生不能尽量缩小与病人在共情方面的差距，就可能导致医疗事故[17]。

热冷共情鸿沟可分为两种[17]：①从热到冷（hot-to-cold）的热冷共情鸿沟：受处于“热状态”的本能因素影响的人并不能完全理解他们的行为和偏好在多大程度上受到他们当前状态的影响，他们反而会认为这些短期目标反映了他们的总体偏好和长期偏好。②从冷到热（cold-to-hot）的热冷共情鸿沟：处于“冷状态”的人也很难想象自己处于热状态时的样子，从而无法将本能冲动的动机强度降到最低，这使其在本能力量不可避免地出现时毫无准备。

热冷共情鸿沟还可根据它们与时间（过去或未来）的关系以及它们是发生在自我内心中还是人际之间来分类[17]：①发生在自我内心预测时的（intrapersonal prospective）热冷共情鸿沟：人们无法有效预测自己处在不同状态下的未来行为[18]。②发生在自我内心回顾时的（intrapersonal retrospective）热冷共情鸿沟：人们无法有效回忆或理解之前自己处在不同状态下发生的行为。③发生在人际间的（interpersonal）热冷共情鸿沟：一方无法有效评价与自己处于不同状态的另一方的行为或偏好。

近年来，在用户体验领域，大家达成了共识，认为用户体验设计师应具有共情的能力，掌握这种能力与掌握设计工具一样重要。用户体验设计师应始终抱着这样一种心态，即要设计出既能解决用户需求，又能满足用户情感的产品和服务，而要做到这一点，就必须具有共情能力，它让用户体验设计师能感同身受地理解用户、换位思考，从而打造出卓越的设计方案。

5.15
《简单法则》
（2006 年）

2006 年，美国著名的平面设计师、视觉艺术家、计算机科学家和交互式动态图形（interactive motion graphics）的先驱之一约翰·前田（John Maeda，1966 年—，见图 5-16）出版了一本对用户体验、交互设计、视觉设计等领域都颇具影响的著作《简单法则》（全称为《简单法则——设计、技术、商业、生活》，*The Laws of Simplicity—Design*，*Technology*，*Business*，*Life*）[1]。

图 5-16　约翰·前田

前田 1966 年出生于美国华盛顿州西雅图市[2]。他从麻省理工学院获得学士学位和硕士学位后，又从日本筑波大学艺术与设计学院获得了设计学博士学位。前田曾在麻省理工学院媒体实验室（MIT Media Lab）担任研究教授达 12 年之久，在计算设计（computational design）[3-4]、低代码/无代码（low-code/no-code）[5-6]和创意商业（creative commerce）等方面均取得了研究进展[7]。2008 年—2013 年，前田曾担任世界设计领域顶尖院校罗德岛设计学院（RISD，即 Rhode Island School of Design）的院长。此后，他在风投公司凯鹏华盈（Kleiner Perkins Caufield & Byers）担任设计合伙人。前田现为微软公司设计和人工智能副总裁，他的工作探索商业、设计和技术的融合，为人文主义技术专家创造空间[8-9]。

在《简单法则》一书中，前田将自己的真知灼见提炼为简化商业和生活中复杂系统的《约翰·前田简单十法则》及“三个关键”。其中，第 1 ~ 3 条法则是关于基本的简单性的，或如何思考设计，这包括从产品设计到家居布局。第 4 ~ 6 条法则是关于中间的简单性的，或设计中简单的微妙之处。第 7 ~ 9 条法则是关于深层次的简单性的，涉及必须深入考虑的复杂权衡或概念。第 10 条法则是综合上述 9 条法则的总法则。

《约翰·前田简单十法则》的具体内容为：①缩减（Reduce），实现简单的最简单方法就是进行深思熟虑的缩减，当可以在不造成重大损失的情况下减少系统功能时，就实现了真正的简化。②组织（Organize），组织可以使复杂的系统显得更简单。③时间（Time），节省时间会让人感觉很简单。例如，医生打一针，如果打得快，伤害就小。④学习（Learn），知识使一切变得简单。⑤差别（Differences），要平衡简单与复杂，这二者是相辅相成的，市场越是复杂，更简单的东西就越能脱颖而出。⑥上下文（Context），简单的边缘绝对不是边缘。⑦情感（Emotion），多一点情感总比少一点好。⑧相信（Trust），我们相信简单。⑨失败（Failure），有些事情永远无法变得简单，复杂也可以很美。比如，花朵具有深邃之美——注意从花朵中心散发出的许多细丝，以及即使是最简单的白色花朵也会出现的色调渐变。⑩去零留一（The One），简单就是减去显而易见的东西，并且增加有意义的东西。

前田还在《简单法则》一书中提出了在技术领域实现简化的"三个关键"：①移开（Away），只要把它移得远远的，"多"就像"少"；②开放（Open），开放简化了复杂性；③控制力（Power），使用更少，收获更多。此外，该书还汇集了前田的一些独到观点：①科技让我们的生活变得更充实，但同时我们也变得不舒服地"充实"；②最优秀的设计师会将形式与功能相结合，创造出让用户一看就懂的直观体验，好的设计在某种程度上依赖于灌输一种即刻熟悉感的能力；③增加空白空间所失去的机会，可以通过加强对剩余空间的关注而重新获得。更多的空白空间意味着展示的信息更少，反过来，我们也会相应地更关注那些较少的信息。

对于前田的这些法则、"关键"和观点，我们可以单独运用，也可以结合起来运用，以达到事半功倍的效果。虽然这些理念主要与商业和技术有关，但我们也可以将它们用于日常生活中。前田作为数字媒体界的传奇艺术家，擅长将计算机程序的数字性与艺术的优雅性完美结合，他通过《简单法则》一书为实现设计的简单性提供了一个极好的框架，也为我们带来理解和改善生活的新想法——这些想法整合了在商业、技术和设计中平衡简约与复杂的观点，教我们如何做到"需要更少而实际上得到更多"。《简单法则》一书让我们认识到简单等于理智，也让我们懂得了应抵制过于复杂的技术、菜单过多的播放器以及附带厚厚使用说明书的软件。

前田在 2006 年撰写并出版《简单法则》这本 100 页的英文版书籍时，iPod 刚刚起步、iPhone 尚未问世，转眼间十几年过去了，这本书已被翻译成超过 14 种不同的语言。在这期间，世界上的科技与人文环境发生了巨大变化，一方面，新的环境为我们的工作和生活提供了更多选择；另一方面，它也给我们增添了杂乱和复杂。我们可以用《简单法则》一书提出的方法来简化我们的业务、技术、产品设计和生活。《简单法则》一书中富有哲理的设计方法论仍然适用于现今的用户体验设计，值得大家仔细品味、用心掌握、合理运用。

5.16
iPhone
（2007 年）

iPhone 是指苹果公司（Apple Inc.）生产的一系列智能手机，使用苹果 iOS 移动操作系统。iPhone 是第一款使用多点触控技术（multi-touch technology）的手机[1]。自 iPhone 发布以来，它获得了更大的屏幕尺寸、视频录制、防水和许多无障碍功能。根据乔布斯 1998 年的说法，“iPhone”（以及“iMac”“iPod”和“iPad”）中的“i”字母代表互联网、个人、指导、信息和激励（internet，individual，instruct，inform，inspire）[2-3]。

1984 年 1 月 24 日，第一台 Macintosh 计算机由苹果公司 CEO 史蒂夫 · 乔布斯（Steve Jobs，1955 年—2011 年）推出，它是第一台在商业上获得成功的个人计算机，具有鼠标、内置屏幕和图形用户界面。从此之后，苹果公司一直是用户体验的真正创新者，从 2001 年 10 月的第一款 iPod 到 2007 年 1 月的第一代 iPhone，再到 2010 年 1 月的第一代 iPad，苹果公司引领了时代风潮，极大地推动了用户体验的发展。

iPhone 的开发始于 2004 年，当时苹果公司召集了一个 1000 人的团队，由硬件工程师托尼 · 法德尔（Tony Fadell）、软件工程师斯科特 · 福斯特尔（Scott Forstall）和设计官乔尼 · 艾夫（Jony Ive）领导[4]，致力于高度机密的“紫色计划”（Project Purple）[5-6]。当时的苹果公司 CEO 史蒂夫 · 乔布斯将最初的焦点从平板电脑（即后来的 iPad 形式）转向了手机[7]。苹果公司在与 Cingular Wireless（后来更名为 AT&T Mobility）公司的秘密合作中创造了 iPhone，估计开发成本为 1.5 亿美元，耗时 30 个月[8]。

2007 年 1 月 9 日，苹果公司 CEO 史蒂夫 · 乔布斯在美国旧金山莫斯科尼中心（Moscone Center）举行的 Macworld 2007 大会上向公众发布了第一代 iPhone，称其为“跨越式产品”，并承诺它会比市面上任何智能手机都要易用[9]。iPhone 采用 3.5 英寸多点触控显示屏，几乎没有硬件按钮，并运行 iPhone OS（即 iOS）操作系统，具有触摸友好界面。作为 Mac OS X 的一个版本[10]，iPhone 于 2007 年 6 月 29 日在美国上市[11]。实际上，第一代 iPhone 不仅兑现了乔布斯在易用性方面的承诺，还彻底改变了智能设备领域的格局，也使苹果公司登顶成为世界上市值最高的公司。

2008 年 7 月 11 日，在苹果公司的全球开发者大会“WWDC 2008”上，苹果公司宣布了 iPhone 3G，并最终在 70 个国家和地区发布[12-13]。iPhone 3G 推出了更快的 3G 连接[14]。事实证明，它在商业上很受欢迎，在 2008 年底取代摩托罗拉 RAZR V3 成为美国最畅销的手机[15]。

其继任型号 iPhone 3GS 于 2009 年 6 月 8 日在“WWDC 2009”上发布，并引入了视频录制功能[16]。乔布斯在 2010 年介绍 iPhone 4，如图 5-17 所示。在推出 iPhone 8 和 8 Plus 之前，iPhone 的前面板上只有一个带有 Touch ID 指纹传感器的按钮。自 iPhone X 以来，iPhone 机型已经改用几乎无边框的前屏设计，带有 Face ID 面部识别功能，并通过手势激活应用程序切换。

图 5-17　乔布斯在 2010 年介绍 iPhone 4

iPhone 运行的是 iOS 系统[17]，它基于 macOS 的 Darwin 和它的许多用户 API（即应用程序接口），Cocoa 被 Cocoa Touch 取代，AppKit 被 UIKit 取代。图形堆栈（graphics stack）运行在 Metal——苹果的底层图形 API 上。iPhone 自带一套由苹果公司开发的捆绑应用程序[18]，并支持通过 App Store（苹果公司的应用程序商店）下载第三方应用程序[19]。苹果公司提供免费的 iOS 无线升级，或者通过电脑上的 Finder 和 iTunes 进行升级[20]。从历史上看，iOS 的主要发布总是伴随着新款 iPhone 的发布[21-22]。尽管 iOS 的市场份额远低于 Android，但 iOS 的应用生态系统更加优越，拥有更高质量的应用，以及更多 iOS 专属版本[23]。

iPhone 被描述为手机行业的“革命”，从 2007 年第一代 iPhone 发布开始，苹果公司每年都会发布新型号的 iPhone 和 iOS 更新，其中大部分都收获了广泛好评[24]。iPhone 的成功促成了智能手机和平板电脑的普及，并为智能设备创造了一个巨大的市场，引发了“应用程序经济”（App economy）。截至 2013 年 10 月，苹果公司的应用下载量已超过 600 亿次[25]。截至 2016 年 9 月，App Store 的应用下载量已超过 1400 亿次[26]。截至 2017 年 1 月，App Store 拥有超过 220 万个 iPhone 应用程序[27-28]。截至 2018 年 11 月 1 日，iPhone 的销量超过 22 亿部。截至 2022 年，iPhone 占全球智能手机市场份额的 15.6%[29]。

iPhone 凭借其独特的设计、创新的技术、卓越的硬件性能、高品质的软件应用以及强大的生态圈，为用户打造了一个无与伦比的智能手机体验，因而赢得了全球用户的认可。iPhone 成功地融合了性能优越的软、硬件系统，借助革命性的电容触摸屏而非传统的物理键盘来同用户进行交互。可以毫不夸张地说，从第一代起，iPhone 所提供的用户体验，一直远远优于同时代的任何其他手机，这也在无意中让智能设备的软硬件研发和相关领域将重心放到用户体验上来。苹果公司强调他们是通过提供出色的用户体验赢得市场成功和无上荣誉，这吸引了其他智能设备厂商紧跟它的步伐，走在重视用户体验的道路上。

5.17 区块链

（2008 年）

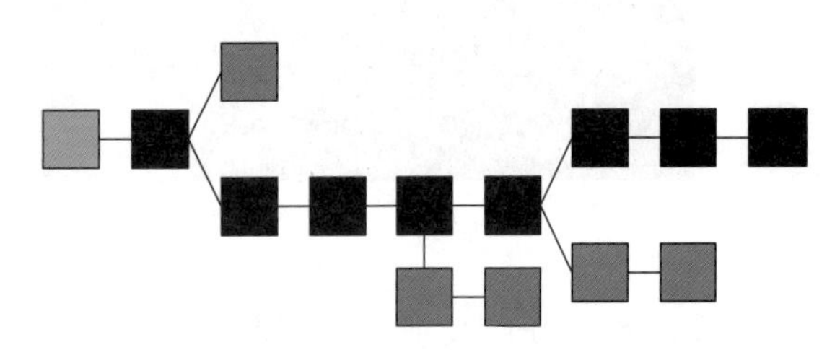

图 5-18 区块链示意图，主链（黑色）由从创世区块（绿色）到当前区块的最长区块系列组成；孤块（紫色）存在于主链之外

区块链（blockchain，见图 5-18）是一种去中心化的（decentralized）、分布式的（distributed）公共数字账本（ledger），由区块（block）组成，用于记录跨多台计算机的交易。区块不断增加，并且每个区块都包含前一个区块的加密哈希值（hashes）、时间戳（timestamp）和交易数据[1-4]——通常表示为梅克尔树（Merkle tree），其中数据节点由叶子表示。由于每个区块都包含前一个区块的信息，这就形成了一个链，使区块链交易不可逆，因为一旦被记录，任何给定区块中的数据都无法在不改变后续区块的情况下被追溯更改[3,5]。

区块链通常由点对点计算机网络和分布式时间戳服务器进行自主管理，用作公共分布式账本，节点集体遵守共识算法协议，以添加和验证新的交易区块。区块链消除了数字资产无限复制的特性，它被描述为一种价值交换协议[6]，可以维护所有权，因为在适当设置交换协议细节时，区块链提供了一种强制提供和接受的记录。区块链可被视为一种支付轨道[7]，它能确保每个价值单位只被转移一次，从而解决了长期存在的双重支付（double-spending）问题。使用区块链技术的比特币（bitcoin）成为第一个解决双重支付问题的数字货币，其设计启发了其他应用[2-3]和公众可读的区块链，并被加密货币（cryptocurrency）广泛使用。

1982 年，密码学家戴维·乔姆（David Chaum）在《由相互怀疑的群体建立、维护和信任的计算机系统》（“Computer Systems Established，Maintained，and Trusted by Mutually Suspicious Groups”）一文中首次提出了类似区块链的协议[8]。1991 年，斯图尔特·哈伯（Stuart Haber）和斯科特·斯托内塔（W. Scott Stornetta）进一步研究了加密安全的区块链[4,9]。他们想要实现一个文档时间戳无法被篡改的系统。1992 年，哈伯、斯托内塔和戴夫·拜尔（Dave Bayer）在设计中加入了梅克尔树，通过将多个文档证书收集到一个区块中，提高了效率[4,10]。

2008 年，自称日裔美国人、名字（或化名）为中本聪（Satoshi Nakamoto）的一个人（或一群人）在域名为 metzdowd.com 的密码学邮件列表上发表了一份标题为《比特币：点对点电子现金系统》（*Bitcoin: A Peer-to-Peer Electronic Cash System*）的白皮书[11-13]，描述了一种数字加密货币，并提出了世界上第一个去中心化区块链的概念，这对于区块链及加密货币的发展具有划时代意义。中本聪原本是将“block”（块）和“chain”（链）分开使用的，但 2016 年这二者被普及为一个词，即“blockchain”（区块链）[14]。

中本聪的贡献基于哈伯、斯托内塔和拜尔的工作[15]，并使用类似哈希现金算法的方式为区块打上时间戳，而无须可信方对区块进行签名，同时引入难度参数来稳定区块添加到链上的速度[4]。2009 年，中本聪将这一改进后的设计作为加密货币比特币的核心组件，并将区块链作为网络上所有比特币交易的公共分布式账本[3]。同年，中本聪在 SourceForge 上发布了比特币软件 0.1 版，并通过定义比特币的创世区块（genesis block，即加密货币区块链中的第一个区块，或者说编号为 0 的区块）启动了该网络，该区块的奖励为 50 个比特币。

2014 年 8 月，包含网络上发生的所有交易记录的账本（即比特币区块链文件）大小达到 20GB[16]。到 2020 年初，账本大小已超过 200GB[17]。根据埃森哲（Accenture）公司的数据，2016 年区块链在金融服务领域的采用率达到了 13.5%，因此已进入“早期采用者阶段”（early adopters' phase）[18]。区块链技术和加密货币颠覆了传统金融，正在改变我们对金融交易的认知和处理方式。截至 2022 年 1 月，全球有 6500 万人使用区块链，预计这一数字在未来 5 年内将翻两番。

虽然市场日趋成熟，但仍有一些明显的障碍使区块链无法被大规模采用，并导致许多区块链企业的发展停滞不前。其中，用户体验差是最大的障碍。在这个数字创新时代，用户体验的作用比以往任何时候都更重要。过去，区块链公司可以跳过用户研究及设计，专注于低费用的产品和独特的服务。但现今，区块链公司要想进一步发展，就必须考虑用户体验因素，这事关许多加密货币项目的价值。很多区块链 App 在外观和感觉上都不像面向用户的应用程序，而更像控制面板，存在着大量用户体验问题，主要包括：①专业术语和专有名词过多；②上链困难；③没有流程说明；④安全警告过于模糊；⑤财务报表和费用信息不明确。

区块链和加密货币正处于蓬勃发展的阶段，用户体验在这一阶段中扮演着举足轻重的角色。通过用户体验专业人士的努力，可以确保更多的用户能自信地驾驭这一令人兴奋的数字领域。区块链和加密货币中的用户体验不仅仅是技术问题，更是让所有人都能获得金融赋权（financial empowerment）的问题。随着区块链技术的不断成熟和被更广泛地接受，它所提供的用户体验必将在塑造未来金融方面发挥更关键的作用。

5.18
福格行为模型
（2009 年）

图 5-19　布莱恩·杰弗里·福格

2009 年，福格行为模型（fogg behavior model）由美国社会科学家、心理学家、斯坦福大学行为设计实验室（Behavior Design Lab）主任[1]布莱恩·杰弗里·福格（Brian Jeffrey Fogg，1963 年—，见图 5-19）在《说服性设计的行为模型》（*A Behavior Model for Persuasive Design*）一文中首次提出[2]。它被用于分析和设计人类行为，描述了人类行为发生（即从“什么也不做”到“做点什么”）所需的 3 个条件：动机、能力和提示器[2]。

（1）动机（motivation），能力高但动机低的用户需要提升动机，以跨过行为激活的门槛。福格认为动机共分 3 类：①快乐 / 痛苦（pleasure/pain），该动机几乎不需要思考或预期，是一种直接的、原始的反应，在饥饿、性及其他与自我保护和基因繁殖有关的活动中发挥着作用。②希望 / 恐惧（hope/fear），该动机的特点是对结果的预期，希望是对好事发生的预期，恐惧是对坏事发生的预期。该动机有时比快乐 / 痛苦更强烈，如人们有时会接受痛苦（比如，注射流感疫苗），以克服恐惧（比如，预期会得流感）。希望和恐惧一直是说服性技术（persuasive technology）的强大动力，比如人们在希望的驱使下加入交友网站，在恐惧的驱使下安装杀毒软件。福格认为希望可能是最道德、最有力量的动机。③社会接受 / 排斥（social acceptance/rejection），描述的是我们心中的被他人接受的愿望，该动机控制着我们的许多社会行为，从穿衣服到使用语言。人们力求赢得社会认可，避免被社会排斥。

（2）能力（ability），往往对应着完成目标行为的简单性和成本。用户最在乎的是成本，与其用更多的诱惑增加用户做一件事的动机，不如思考如何降低用户做这件事的成本。人们从根本上是懒惰的，所以通常会抵触教学和培训，不愿付出努力，那些需要人们学习新鲜事物的产品通常都会失败。为了提高用户的“相对”能力、设计者必须要让用户的行为变得更容易做到、成本更低。好的设计在很大程度上依赖于简单的力量、低成本的力量。

简单性与成本会受到诸多因素影响：①时间（time），简单性的第一要素是时间。如果目标行为需要花费很多时间，即时间成本高昂，那么该行为就不简单。②金钱（money），对于财力有限的人来说，如果目标行为需要花费很多金钱，即金钱成本高昂，那么该行为就不简单，在金钱这个环节，很容易导致“简化链”（simplicity chain）断裂。而对于富裕的人来说，这个环节很少会断裂，事实上，有些人甚至会用金钱来节省时间，从而简化自己的生活。③体力（physical effort），需要付出大量体力（即体力成本高昂）的行为就不简单。④大脑周期（brain cycles），让我们费力思考（即大脑周期成本高昂）的行为就不简单。⑤社会偏差（social deviance），如果一种目标行为需要我们破坏社会规则（即社会成本高昂），那么这种行为就不简单。⑥非常规（non-routine），非例行公事、做的时候在熟悉度方面成本很高的行为就不简单。

（3）提示器（prompts），有很多类似的名称：触发器（triggers）、导火索、线索（cues）、行动号召（calls to action），等等。提示器就是告诉人们现在应做出的某种行为。

提示器主要有 3 种：①刺激（spark），适于低动机、高能力。当一个人缺乏实施目标行为的动机时，就应该设计一个提示器，与动机元素结合在一起，福格把这种提示器称为“刺激”。②促进因素（facilitator），适于高动机、低能力。福格把这种提示器称为“促进因素”。这种类型的提示器适用于动机强烈但能力不足的用户。“促进因素”的目标是触发行为，同时使行为更容易实现。③信号（signal），适于高动机、高能力。福格把这种提示器称为“信号”。当人们既有能力又有动机去实施目标行为时，这种触发方式最有效。

福格行为模型认为，行为的发生必须同时具备 3 个要素：让人有足够的动机、让人有能力（简单而低成本地）完成、给人以适当的提示。如果一种行为没有发生，那么这 3 个要素中至少缺少一个。福格行为模型使我们更容易理解一般的行为。曾经模糊的心理学理论，现在通过福格行为模型来看，会变得有条理和具体化。

福格行为模型对用户体验从业者具有一定的实践指导价值，无论你是在构建哪种产品，从证券交易软件到知识付费 App，再到短视频产品以及网络游戏，都可以在这个模型里找到一些促进用户行为达成的灵感。此外，福格行为模型还有助于团队的高效合作，因为这种模式为人们提供了一种关于行为改变的共同思维方式。

5.19 HEART 框架（2010 年）

2010 年，谷歌公司研究团队的凯瑞·罗登（Kerry Rodden）、希拉里·哈钦森（Hilary Hutchinson）和傅欣（Xin Fu 的音译）在《CHI 2010 会议论文集》（*Proceedings of CHI 2010*，ACM Press）中发表了《大规模度量用户体验：网络应用程序的以用户为中心的度量指标》（"Measuring the User Experience on a Large Scale: User-Centered Metrics for Web Applications"）一文，提出了 HEART 框架（HEART Framework，见图 5-20 中的左图）[1]。HEART 框架不仅是一种度量用户体验质量和确定项目目标的工具，还是一种使用态度度量（愉悦度）来预测接受度和使用统计数据（参与度、留存率和任务完成度）的方法。

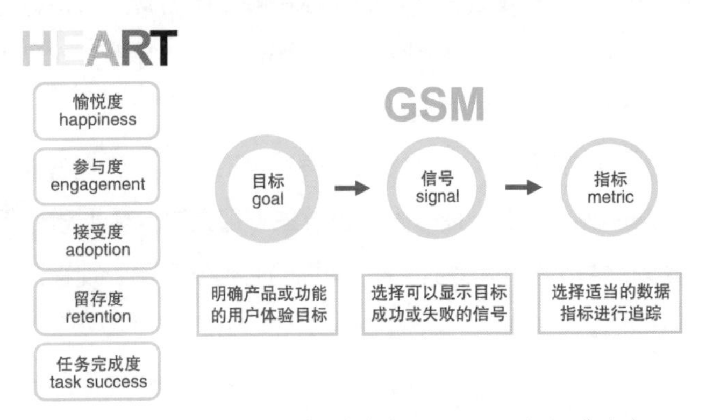

图 5-20　HEART 框架（左）和 GSM 流程（右）

罗登等人认为，越来越多的产品和服务被部署到网络上，这为大规模度量用户体验带来了新的挑战和机遇。网络应用程序亟须以用户为中心的度量指标，用于度量关键目标的进展情况，并推动产品决策。实际上，小规模度量用户体验的框架很常见，也相对容易实施——观察用户、与之交谈、向其提问，并获得反馈。但是，大规模度量用户体验的框架并不常见。因此，罗登等人提出了以用户为中心的 HEART 框架来大规模度量用户体验（在小规模层面也同样有用），并将产品目标映射到这些度量指标上，以帮助产品团队做出既以数据为导向又以用户为中心的决策。HEART 框架包含了 5 个用户体验度量指标：

（1）愉悦度（happiness），用来描述态度。该指标与用户体验的主观方面（如满意度、视觉吸引力、推荐可能性和感知易用性）有关，可通过问卷调查、收集用户反馈和用户行为数据等方式来度量。

（2）参与度（engagement），指用户对产品的参与程度，通常指的是行为方面的指标，如一段时间内互动的频率、强度或深度。例如，每个用户每周的访问次数，或每个用户每天上传的照片数量。一般来说，以每个用户的平均值而不是总数来报告参与度指标更为有用，因为总数的增加可能是用户数量增加的结果，而不是使用量增加的结果。参与度可以通过收集用户行为数据、进行用户调查等方式来度量。

（3）接受度（adoption），追踪在给定时间段内有多少新用户开始使用产品。它是度量新业务在吸引用户方面是否成功的指标，它短期可能取决于营销活动，长期肯定取决于用户体验。接受度可以通过收集用户行为数据、进行用户调查等方式来度量。

（4）留存率（retention），追踪有多少用户在以后的某个时间段内仍在使用产品。与参与度一样，留存率也可以在不同的时间段内进行度量——对于某些产品，你可能需要查看每周的留存率，而对于其他产品，查看每月或 90 天的留存率可能更合适。留存度可以通过收集用户行为数据（如用户的回访率、忠诚度和使用时长等）来度量。

接受度和留存率都提到“使用”产品，在有些情况下，只要访问网站或 App 就算“使用”；而在其他情况下，只有成功完成关键任务，才算“使用”了产品。对于新产品和新功能或正在重新设计的产品，接受度和留存率往往特别有用；而对于更成熟的产品，除了季节性变化或外部事件外，接受度和留存率往往会随着时间的推移而趋于稳定。

（5）任务完成度（task success），包括几个传统的用户体验行为指标，如效率、有效性和错误率。任务完成度可以通过收集用户行为数据、进行用户调查等方式来度量。

罗登等人指出，并非所有项目都需要所有的度量指标，应根据实际情况来选择度量指标。例如，在企业环境中，参与度的度量价值有限，因为许多用户并不是自己想使用某个系统，而是他们的工作要求他们使用该系统。因此，在研究这类系统时，参与度的度量价值就不大。

无论一个指标如何以用户为中心，它在实践中都不太可能有用，除非它明确地与目标相关，并可用于追踪实现该目标的进度。罗登等人提到一个简单的流程，可帮助团队通过阐明产品或功能的目标，然后识别表明成功的信号，最后在仪表板上建立特定的指标来进行跟踪，这就是“目标 – 信号 – 指标”（GSM，即 Goals-Signals-Metrics）流程（见图 5-20 中的右图）：①目标，首先要确定产品或功能的目标（尤其是在用户体验方面）；②信号，接下来要思考目标的成败如何体现在用户的行为或态度上：有哪些行为能表明目标已实现，有哪些感觉或认知与成功或失败相关；③指标，最后要考虑如何将这些信号转化为适合在仪表板上长期跟踪的特定指标。

HEART 框架是一个有用的框架，因为它简单易懂。虽然该框架可能是为大型项目设计的，但并不妨碍它在小型项目中得到实施，只是收集数据的方法可能有所不同。HEART 框架可以帮助产品经理、用户体验研究员和设计师了解用户体验的关键方面，理解用户需求和感受，优化产品或服务设计，从而提高用户满意度和忠诚度，实现更好的用户增长和商业成功。

5.20
ISO 给出用户体验定义
（2010 年）

图 5-21　ISO 的标志

ISO（International Organization for Standardization，即国际标准化组织），成立于 1947 年，是世界上最权威的国际标准制定组织[1-3]（其标志见图 5-21）。所以，由 ISO 来给用户体验下定义，是一件非常重要的事情。

在 ISO 体系中，最早是在 1999 年的版本中给出了与用户体验相关的一些概念的定义。首先，ISO 13407:1999 在序言部分中详细介绍了“以人为中心的设计”（human-centred design）。然后，在术语和定义部分中，给出了与用户体验密切相关的“交互系统”（interactive system）、“原型”（prototype）、“可用性”（usability）、“有效性”（effectiveness）、“效率”（efficiency）、“满意度”（satisfaction）和“使用环境”（context of use）等 7 个术语的具体定义，但唯独没有给出“用户体验”的定义。

之后，ISO 13407:1999 被 2010 年发布的 ISO 9241-210:2010 所代替，ISO 9241-210:2010 是在 ISO 体系中最早给出用户体验定义的版本。ISO 9241-210:2010 的全称是“人 – 系统交互的工效学 – 第 210 部分：以人为中心的交互系统设计”（*Ergonomics of human-system interaction - Part 210: Human-centred design for interactive systems*）。ISO 9241-210:2010 是由“ISO/TC 159 工效学技术委员会”（Technical Committee ISO/TC 159, Ergonomics）下辖的“SC 4 人 - 系统交互的工效学分委会”（Subcommittee SC 4, Ergonomics of human-system interaction）编写的。

从结构与内容上看，首先，ISO 9241-210:2010 沿袭了 ISO 13407:1999 的规制，仍旧在序言部分中详细介绍了“以人为中心的设计”。然后在术语和定义部分中，首次给出了“用户体验”的英语定义：“person’s perceptions and responses resulting from the use and/or anticipated use of a product, system or service”，即用户体验是指“个人在使用和 / 或预期使用产品、系统或服务时产生的感知和反应”，并且紧随其后给出了关于“用户体验”术语的 3 条注释。

与 ISO 13407:1999 相比，ISO 9241-210:2010 在术语和定义部分中，给出了更多的与用户体验密切相关的术语和定义，算上“用户体验”的定义本身，共 18 个，包括：“无障碍性”（accessibility）、“使用环境”（context of use）、“有效性”（effectiveness）、“效率”（efficiency）、“工效学 / 人因研究”（ergonomics/study of human factors）、“目标”（goal）、“以人为中心的设计”（human-centred design）、“交互系统”（interactive system）、“原型”（prototype）、“满意”（satisfaction）、“利益相关者”（stakeholder）、“任务”（task）、“可用性”（usability）、“用户”（user）、“用户体验”（user experience）、“用户界面”（user interface）、“确认”（validation）和“验证”（verification）。

ISO 9241-210:2010 的后继者和迄今为止的最新版本是 ISO 9241-210:2019。ISO 9241-210:2019 的全称仍是“人 – 系统交互的工效学 – 第 210 部分：以人为中心的交互系统设计”。ISO 9241-210:2019 仍然是由“ISO/TC 159 工效学技术委员会”下辖的“SC 4 人 - 系统交互的工效学分委会”负责编写的。

ISO 9241-210:2019 还是在序言部分中详细介绍了“以人为中心的设计”，认为“以人为中心的设计是互动系统开发的一种方法，旨在通过关注用户、用户的需求和要求，并通过应用人的因素 / 工效学、可用性知识和技术，使系统变得可用和有用。这种方法可以提高效益和效率，改善人类福祉、用户满意度、可及性和可持续性，并抵消使用系统对人类健康、安全和性能可能产生的不利影响”。ISO 9241-210:2019 的术语和定义部分基本沿用了 ISO 9241-210:2010 的 18 个术语及定义，但是将“用户体验”的定义修改为“user’s perceptions and responses that result from the use and/or anticipated use of a system, product or service”，即用户体验是指“用户在使用和 / 或预期使用系统、产品或服务时产生的感知和反应”；紧随该定义有两条注释：①用户的感知和反应包括用户在使用前、使用中和使用后的情绪、信念、偏好、看法、舒适度、行为和成就。②用户体验是一个系统、产品或服务的品牌形象、表现形式、功能、系统性能、交互行为和辅助能力的结果。用户体验还来自用户的内部和生理状态，包括先前的经验、态度、技能、能力和个性，以及使用环境。

从 ISO 13407:1999 到 ISO 9241-210:2019，ISO 对“用户体验”这一术语从一开始的只字未提到后续版本的持续收录并不断完善，从一个侧面反映出用户体验在这 20 多年中的快速发展。ISO 给出用户体验定义，使用户体验摆脱了各国各界对用户体验自行表述、定义混乱的局面。此后，用户体验就有了正式的具有国际权威性的定义，大家提到用户体验时，就可以引用这一定义，大家理解用户体验时，就可以从这一定义出发。所以说，ISO 给出用户体验定义，有力地推动了用户体验这一学科领域的发展，是用户体验发展过程中的重要里程碑。

5.21
宜家效应
（2011 年）

图 5-22　一名男子正在组装宜家椅子

宜家效应（IKEA effect）是一种认知偏差（cognitive bias），指消费者会对自己投入劳动和情感而参与制作的产品给予过高评价（出现价值判断偏差）的现象。其中，“宜家”指的是瑞典家具和家居零售商宜家家居，它销售许多需要消费者自行组装的家具。如图 5-22 所示，一名男子正在组装宜家椅子。

其实，与宜家效应相关的“一个人在某件事上付出努力越多，就越重视这件事”的现象早就被许多学者发现了。在 1956 年沙因（Schein）提到的洗脑（brainwashing）以及 1985 年阿克塞姆（Axsom）和库珀（Cooper）提到的心理治疗（psychotherapy）方面都发现了该现象 [1]。1957 年利昂・费斯廷格（Leon Festinger）以及 1959 年阿伦森（Aronson）和米尔斯（Mills）的研究结果也反映了该现象。而且，产品设计师们也早就对该现象耳熟能详了 [2]，例如名为“制作一只熊”（Build-a-Bear）的产品就允许人们自己制作泰迪熊。

2011 年，哈佛大学商学院的迈克尔・诺顿（Michael Norton）、耶鲁大学的丹尼尔・莫崇（Daniel Mochon）和杜克大学的丹・阿里利（Dan Ariely）进行了 3 个不同的实验，以了解消费者是否会为需要自行组装的产品支付更高的价格 [3]。据此，他们共同发现并命名了宜家效应 [1]，认为劳动本身就足以让人对自己的劳动成果产生更大的好感：即使是建造一个标准化的办公室，一项艰巨而孤独的任务，也会让人们对自己的作品（通常是拙劣的作品）产生过高的评价。诺顿等人的 3 个实验具体如下：

实验一：一部分被试者被要求组装宜家家具，另一部分被试者则直接拿到同样家具的预制版本。然后，被试者被要求为这些物品定价。结果显示，亲自组装家具的被试者愿意为自己组装的家具支付的价格比直接拿到预制家具的被试者愿意为家具支付的价格高出 63%。

实验二：被试者被要求按照说明书制作折纸青蛙或纸鹤。然后，他们被询问愿意为自己的作品支付多少钱。随后，另一组没有参与折纸创作的被试者也被询问愿意为此前被试者制作的作品支付多少钱。接下来，这组非制作者欣赏了专家制作的折纸作品，并被询问愿意支付多少钱。结果发现，亲自参与制作者愿意为自己的作品支付的价格是未参与制作者的 5 倍左右。当被问及别人愿意为他们的作品支付多少钱时，制作者也给出了很高的价格，这表明他们认为自己制作的折纸作品具有很高的价值。制作者愿意为自己的折纸作品支付的价格与非制作者愿意为专家制作的折纸作品支付的价格竟然差不多。

实验三：涉及两组被试者。第一组被试者被要求完全组装一件宜家家具。第二组被试者也被要求组装一件宜家家具，但只是部分组装。然后，两组被试者都参加了这些物品的竞标。结果显示，完全组装好家具的人比只组装了一部分家具的人愿意支付更多的钱[1]。

诺顿等人的实验证明，自我组装会影响消费者对产品的评价。当人们自己组装产品时，即使组装得很差，他们的评价也会高于没有付出任何努力的情况[4]。诺顿等人发现，参与制作的被试者认为自己的业余作品与专家的作品价值相近，并希望其他人也能认可他们的观点，而且只有当劳动促使任务成功完成时，劳动才会带来爱；当参与者制作后又毁掉自己的作品，或者未能完成作品时，宜家效应就会消失。

产生宜家效应的一个原因是自行组装产品可能会让人们既感到自己有能力，又能证明自己有能力。而“购买需要组装的产品能省钱”的想法也会让人们觉得自己是精明的购物者[1]。此外，宜家效应还有其他解释，如对产品积极属性的关注，以及努力和喜欢之间的关系。宜家效应被认为是沉没成本效应（sunk cost effect）的成因之一，还与“不是在这里发明的”（not invented here，简称 NIH 或 NIH 综合征）有关，即管理者无视其他地方提出的好点子，而倾向于内部提出的（可能较差的）点子[3]。

宜家效应在与用户体验相关的众多领域中都有广泛应用。许多公司已从把消费者视为“价值的接受者”转变为“价值的共同创造者”，让消费者参与产品设计、营销和测试。有人建议计算机应用程序的设计者利用宜家效应，提供样本数据、预填默认值和可编辑模板，通过电子邮件让用户与这些内容互动，以降低用户在使用新产品时的恐惧感和挫败感，提高产品亲和力和认可度。此外，很多社交产品提供了定制主题皮肤、装扮个人空间的功能，这也是利用宜家效应，让用户付出劳动而对产品产生好感，从而提升用户活跃度、黏性和留存率。

对于用户体验从业者来说，要清醒地看到宜家效应虽然好用，但也要注意把握分寸，因为一旦产品中设计的用户任务让用户即使付出巨大努力都无法完成，那么宜家效应就不但会消失，还会产生“反噬”的效果，让用户对产品心生厌恶从而弃用产品。

5.22 第四次工业革命（2011年至今）

图 5-23 杂货店仓库里的机器人

“第四次工业革命”（Fourth Industrial Revolution），也称为“工业 4.0”（Industry 4.0）或“4IR”[1]，是描述 21 世纪科技飞速发展的新名词，是指发生在 2011 年至今的以石墨烯、纳米、生物、基因工程、大数据、云计算、虚拟现实、人工智能、机器人（杂货店仓库里的机器人，见图 5-23）、量子信息、大容量连接、物联网（IoT）、工业物联网、可控核聚变、清洁能源（太阳能、风能、波浪能等）、3D 打印（即增材制造）和全自动驾驶汽车等科技为突破口的工业革命[2]。

这些科技的融合使物理、数字和生物等领域之间界线模糊[3-4]，故被统称为“信息物理系统”（CPS，即 Cyber-Physical System），其特征包括独立做出分散决策的能力，达到高度自主[5]。利用信息物理系统监控物理过程，可设计出物理世界的虚拟副本。在科技融合的过程中，通过利用现代智能技术、大规模机器对机器通信和物联网，不断实现传统制造和工业实践的自动化，全球生产和供应网络的运作方式正在发生根本性转变。这种融合提高了自动化程度，改善了通信和自我监控，并使用了无须人工干预即可分析和诊断问题的智能机器[6]。

2011 年，术语“工业 4.0”起源于德国政府高科技战略中的一个项目[7]——“工业 4.0”刚提出时，涉及的是该项目政策，并不涉及更广泛的促进制造业计算机化的第四次工业革命概念[3][8]。同年，术语“工业 4.0”在汉诺威工业博览会（Hannover Fair）上被公开使用[7]。德国教授沃尔夫冈·瓦尔斯特（Wolfgang Wahlster）有时被称为“工业 4.0”一词的发明者[9]。2012 年，工业 4.0 工作组向德国联邦政府提交了一套工业 4.0 实施建议。工作组的成员和合作伙伴被公认为“工业 4.0 的创始者和推动者”。2013 年，“工业 4.0”工作组在汉诺威工业博览会上提交了最终报告。该工作组由罗伯特·博世（Robert Bosch）有限公司的齐格弗里德·戴斯（Siegfried Dais）和德国科学与工程院（German Academy of Science and Engineering）的亨宁·卡格曼（Henning Kagermann）领导[10]。

2015 年，世界经济论坛（WEF，即 World Economic Forum）创始人兼执行主席克劳斯·施瓦布（Klaus Schwab）在发表于《外交事务》（*Foreign Affairs*）杂志上的一篇文章中向公众介绍了“第四次工业革命”这一术语 [11]。2016 年，“把握第四次工业革命”（Mastering The Fourth Industrial Revolution）成为在瑞士达沃斯－克洛斯特斯（Davos-Klosters）举行的世界经济论坛年会的主题 [12]。同年，世界经济论坛宣布在美国旧金山开设第四次工业革命中心 [13]。

2016 年，施瓦布出版了新书《第四次工业革命》（*The Fourth Industrial Revolution*）[14]，将融合了硬件、软件和生物的技术（信息物理系统）纳入了第四次工业革命 [2]，并强调了在通信和连接方面的进步。施瓦布预计，在第四次工业革命时代，机器人、人工智能、纳米技术、量子计算、生物技术、物联网、工业物联网、去中心化共识、第五代无线技术、3D 打印和全自动驾驶汽车等领域的新兴科技将取得突破性进展 [15]。这些科技给每个国家几乎所有的产业都带来了改变，而这些改变的深度和广度则推动了整个生产、管理和治理系统的转型。

第四次工业革命代表着社会、政治和经济从 20 世纪 90 年代末和 21 世纪初的数字时代向嵌入式连接（embedded connectivity）时代的转变，其特点是技术在社会中无处不在（即元宇宙，metaverse），改变了人类体验和认识周围世界的方式 [16]。它假设，与人类的自然感官和工业能力相比，我们已经创造并正在进入一个增强的社会现实 [3]。

第四次工业革命的核心词汇是智能集成感控系统，而且是高度自动化的，可以主动排除生产障碍，这在《中国制造 2025》和《美国制造业振兴计划》中也都提到了。产业经济创新包括建构出一个有智能意识的产业世界，发展具有适应性、资源效率、人机协同工程的智能工厂，以贯穿供应链伙伴流程及企业价值流程，创造产品服务化与定制的供应能力。第四次工业革命将使人类社会进入“智能时代”（Age of Intelligence）。

第四次工业革命（工业 4.0）的目标与以前不同——不是为了创造新的工业技术，而是着眼于现有的与工业相关的技术，将销售与产品体验相结合，通过工业人工智能技术建立具有适应性和资源效率，符合用户体验及人因与工效学的智能工厂，并在商业流程及价值流程中充分考虑客户以及商业伙伴，为其提供完善的售后服务。其技术基础是智能集成感控系统及物联网。这样的架构虽然还在摸索阶段，但如果能陆续成真并且实际应用，那么终将构建出一个具有感知意识的新型智能工业世界，能通过分析各种大数据，直接生成可以充分满足客户需求的解决方案（需求定制），更可利用计算机预测，如天气预测、公共交通、市场调查数据等，及时精准生产或调度现有资源、减少多余成本与浪费（供应端优化）。

5.23
上瘾模型
（2014 年）

成功的公司如何创造出讨人喜欢的产品？为什么有些产品广受关注，而另一些产品却失败了？是什么让我们出于习惯而使用某些产品？技术吸引我们的背后是否存在某种模式？2014 年，斯坦福大学市场营销讲师、资深视频游戏和广告行业专家尼尔·埃亚尔（Nir Eyal）通过在《上瘾：如何打造习惯养成型产品》（*Hooked: How to Build Habit-Forming Products*）一书[1]中提出"上瘾模型"（Hook Model）而回答了上述这些问题。

图 5-24　上瘾模型

上瘾模型是一个聚焦于行为设计（behavioral design），解释人们如何对某事物产生兴趣或上瘾的心理模型，描述了一个四步循环策略，用于营销和产品设计（如社交媒体平台的设计）中，以保持用户参与度（见图 5-24）。上瘾的体验可以改变用户的行为习惯，用户使用某产品"上瘾"（hooked，即"被钩子钩住"）的次数越多，对该产品形成使用习惯的可能性就越大。

已有许多公司成功运用上瘾模型打造了循环流程，巧妙地鼓励用户行为。通过连续的"上瘾循环"，这些公司达到了吸引用户一次又一次回来的目标，而无须昂贵的广告。通过鼓励客户一次又一次地循环，客户忠诚度和欲望都会不断提高，直至上瘾。该循环基于美国社会科学家和心理学家布莱恩·杰弗里·福格（Brian Jeffrey Fogg）提出的福格行为模型（Fogg Behavior Model）[2]——显示了人们在改变行为和形成新习惯之前需采取的步骤。埃亚尔对福格行为模型进行了修改，得到了上瘾模型，用于解释客户对一种新产品上瘾的过程。

上瘾模型描述的一款设计成功的习惯养成型产品的循环流程分为 4 个阶段：①触发（trigger）：最初的行动召唤。外部触发因素（电子邮件、付费广告等）或内部触发因素（感觉或情绪）促使客户与产品互动。②行动（action）：要让客户上瘾，就必须让客户受触发因素激励而采取行动，并被赋予这样做的能力。③可变奖励（variable reward）：客户行为会得到奖励，如客户名字被添加到抽奖（可变）活动中。④投入（investment）：客户与产品互动，鼓励客户对产品进行投入，以获得更多回报。

那么如何应用上瘾模型呢？将上瘾模型应用于产品战略的 4 步方法如下：

（1）创建触发时刻（create trigger moments）：开发一个触发器（trigger），激发客户采取行动。这可以是外部触发因素（如电子邮件提醒、品牌广告、个人推荐等），也可以是内部触发因素（与思想、情绪和感觉有关，如孤独感可能会促使人们在社交媒体上与朋友联系）。最初，客户可能会被外部触发因素说服而使用你的产品。但在经过几次上瘾循环后，他们就会开始将你的产品与内部触发因素联系起来，每当有某种感觉时，就会求助于你的产品，随着时间推移，客户就会上瘾。从根本上说，使用你的产品将成为一种新习惯。

（2）让用户更容易采取行动（make it easy for users to act）：这需要动机和能力这两个关键因素。首先，鼓励人们采取行动的核心动机有 3 个：寻求快乐，避免痛苦；寻求希望，避免恐惧；寻求社会接纳，避免社会排斥。其次，要尽可能简化客户体验流程，让客户能采取行动。应想清楚客户与你的产品互动需要多少步骤，尽量减少摩擦或延迟的地方。

（3）慷慨地提供可变奖励（be generous with variable rewards）：可变奖励是建立客户忠诚度和吸引客户继续光顾的好方法，还能让用户体验更加激动人心和引人入胜。可使用 3 种类型的可变奖励：部落奖励（tribe rewards，是涉及与他人联系的社交奖励）、猎取奖励（hunt rewards，用户需要搜索这类奖励）和自我奖励（self rewards，是对掌握知识、能力和完成任务的内在奖励）。这 3 种类型的奖励可以重叠，例如一个学习应用程序可能会通过鼓励你寻找隐藏的信息（猎取）和与学习者社区（部落）分享知识来帮助你获得新技能（自我）。

（4）为投入创造机会（develop opportunities for investment）：既然客户已对你的产品感兴趣，你就需要让他们对你的产品进行投入（时间、金钱、精力或个人数据等），这可能包括向你的公司发送一条消息、填写详细个人资料或撰写评论等。但要让客户真正上瘾，你还需要利用客户的投入或反馈来改进产品，从而让客户再次使用你的产品。

现今的市场拥挤而嘈杂，但上瘾模型能帮助品牌在喧闹中脱颖而出，抓住并留住客户的注意力。创造能够养成习惯的产品，意味着客户更有可能与你的品牌互动和接触，并保持对它的忠诚度。客户经历的上瘾循环越多，与产品的联系就越紧密，也就越有可能“自我触发”（self-trigger）。这可以帮助你减少长期营销支出和硬性推销的需要。上瘾模型对用户体验工作很有启发意义，希望大家仔细品味、认真掌握。

5.24 直播带货

（2016 年初—2017 年末）

图 5-25 直播带货

直播带货（livestream shopping，见图 5-25）是一种融合了直播技术和电商交易的全新商业形态，是指在直播娱乐行业中，由主播在直播间里实时向粉丝展示和介绍产品，实现在线销售的一种电商形式。作为新兴的电商形式，直播带货已在中国、巴西、日本和韩国等国家的消费者日常生活中占据了重要地位。

随着移动互联网的快速发展，人们的在线购物方式也在悄然发生转变——从传统的在电商平台上购物转变为越来越多地在视频直播平台上购物；从使用计算机购物转变为使用手机购物。相应地，购物地点也从操作计算机的室内环境转变为移动环境和室外空间；购物时间也变得更加灵活自由，这些转变给人们带来了全新的用户体验。

2016 年初—2017 年末[1]，直播带货初露锋芒，以明星和网红为代表的主播开始在电商平台上通过直播形式向消费者推荐和销售产品。这时的直播带货尚处于萌芽阶段，参与的商家和消费者较少。

2018 年初—2020 年末，随着社交电商的发展和短视频平台的崛起，直播带货逐渐被更多商家和消费者所接受。这时的直播带货处于高速发展阶段，商业模式日趋成熟，各大电商平台和内容平台纷纷开始直播带货。同时，各国的相关政策法规也陆续出台。

从 2021 年初至今，随着 5G 网络的普及和短视频的流行，直播带货在消费者生活中的地位越发重要，逐渐成为人们购物的主要方式之一。这时的直播带货进入“井喷”式爆发增长阶段。同时，各国也对直播带货进行了更加严格的监管，以推动该行业健康发展。

直播带货的兴起，可以说是电商行业发展的必然趋势。随着移动互联网的发展[2]、5G 信号的普及、流量资费的降低，以及快递业的跟进，消费者对电商形式的选择越发多样化。传统电商平台上的商家只能被动接受选择与问询，而直播平台的商家能主动展示和介绍产品，引导消费者购物。直播带货带给消费者的用户体验更直观生动、简单高效，也更有说服力。随着竞争日趋激烈，如何提升用户体验越发被商家们所关注，笔者认为，商家可以有如下发力点：

（1）要客观、精准、全面地推介产品。商家应确保直播展示的产品和介绍的信息与实物一致，做到客观、精准、全面。为此，商家应“做好功课”，仔细了解该产品的材质原料、功能特点和使用方法，并充分运用插图、动画、视频来辅助展示，提高消费者（用户）对该产品的理解。

（2）要选择有亲和力的主播（anchor）。主播是直播带货的灵魂人物，既是所售产品的代言人，又是连接消费者与所售产品的桥梁，其形象和语言会直接影响消费者的购买决策[3]。所以商家应选择有亲和力和个人魅力、言谈举止不俗的主播。同时，商家还应培训主播以简单明了的语言推介产品，不使用过于专业或夸张的词汇，以减少消费者的困惑和怀疑。

（3）要精心营造充满购物氛围的直播间。商家应对直播间精心布局，选择合适的背景，使用专业灯光和音响设备，营造舒适、轻松的购物氛围，让消费者产生购买的欲望，而且直播间的产品展示应简洁明了、直观清晰，准确展现产品优点，不能过度装饰或杂乱无章地布局[3]。

（4）要设计有趣且参与度高的互动环节。商家应通过各种方式提高互动环节的趣味性，提高消费者参与度。可通过邀请消费者参与游戏、提供专属优惠码、设置抽奖环节等活动，鼓励消费者踊跃参与；还可通过互动、答疑、提供个性化推荐等方式，提高消费者积极性、购买欲和满意度，使消费者感到他们不仅是被推销产品的对象，更是可参与其中的主体。

（5）要设计简单便捷的购买流程。直播带货旨在促进消费者购买，因此购买流程应简单便捷。商家应提供清晰的购买链接或二维码，支持多样化的支付方式，并设置一键下单、分享购买等功能，让消费者能轻松完成购买流程并进行社交推荐。此外，商家还应给消费者提供高效的物流配送和周到的售后服务。

（6）要及时回应消费者的反馈。消费者反馈的意见和建议是非常宝贵的，应给予足够重视。对消费者的疑问，商家可在直播中统一回答；对消费者的意见和建议，商家应认真记录并仔细考虑。商家应通过积极地与消费者互动沟通，更好地了解消费者的需求。

如今，直播带货已成为电商领域的重要一环，不仅为消费者提供了更加直观、高效、便捷的购物体验，也成为了商家进行营销推介和终端销售的重要渠道。可以预见，未来，直播带货行业还将继续发展和演变，以适应科技的进步，满足消费者需求的变化，并不断提升售前、售中、售后各环节的用户体验。

第六章

普适期

（2019 年至今）

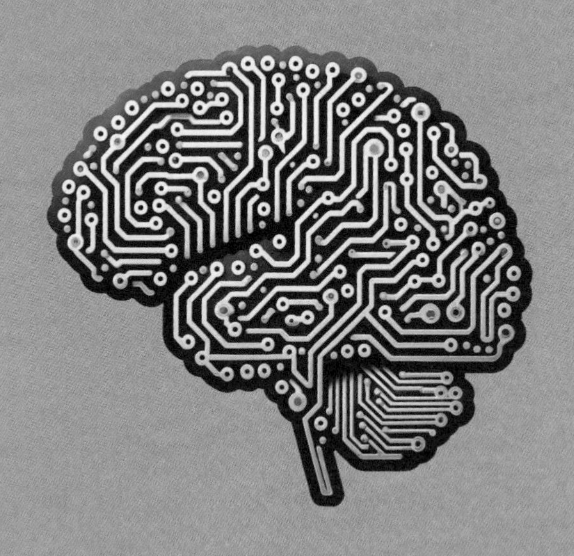

笔者把从 2019 年往后的时间命名为用户体验简史的“普适期”，其中 2019 年是新型冠状病毒感染疫情开始的年份。这本书写到这里已接近尾声，时间来到 2023 年 12 月。从既往的历史事实和趋势惯性来看，笔者认为一直到未来的 2045 年前后，用户体验的发展都会处于“普适期”中。

在这一时期，用户体验理论体系已相当成熟，实践经验已颇为丰富，人们开始把用户体验与各行各业进行普遍而深度地融合，从“泛用户体验”和“用户体验 +”的视角，把潜能转化为生产力，从而创造出更多的社会价值与经济效益。这时，要想让用户体验与各行各业“无缝衔接”、没有违和感，就需要大家采用广义用户体验的观点，从宏观角度考虑用户体验所处的交叉学科领域能给人类社会带来怎样的积极改变。

普适期发展至今，与用户体验相关的对世界影响至深的事件主要有两个：一个是突如其来的新型冠状病毒感染疫情，另一个是横空出世的 ChatGPT（以及 AIGC 概念）。以下，笔者给大家详细介绍。

6.1 新型冠状病毒感染疫情（2019 年末—2022 年末）

2019 年末—2022 年末，一场持续三年的新型冠状病毒感染疫情（COVID-19 pandemic）对世界产生了深刻的影响。

各国企业纷纷要求员工在家办公（work from home）。2020 年新春复工期间，在中国（黄冈送别山东援鄂医疗队的实况，如图 6-1 所示），有超过 1800 万家企业、共计超过 3 亿名用户采用了线上远程在家办公模式。2020 年 5 月，在美国，约 31% 的男性员工在家办公，而约 41% 的女性员工在家办公；在加拿大，约 31% 的男性员工在家办公，而约 43% 的女性员工在家办公[1]。在家办公使在线办公软件（如微信、腾讯会议、飞书、Zoom 和 Microsoft Teams）的渗透率大幅提升，并使很多企业尝试新型在线办公功能，如考勤签到、项目管理、在线审批等。各国员工对在家办公的环境和条件有了深刻了解，各国企业管理者也纷纷认识到业务流程自动化、智能化、线上化的重要性。

为了保障师生的健康，许多学校被迫转向线上教学，而各家在线教育平台也迅速崛起。线上教学的形式有着众多优势：①具有高度灵活性和便利性，打破了地域和时间限制，使学生可随时随地学习，也使教师能更方便地管理课程、作业和考试，跟踪学生的学习情况和进度，给学生提供个性化辅导。②可采用多媒体教学（视频、动画）、虚拟实验、互动讨论、人工智能辅助等教学方法和技术，让学生生动有趣地学习知识和技能。不过，线上教学也存在一些问题：①许多学生没有足够的设备和网络条件来进行在线学习。②这需要教师具备更高的技术能力和教学经验，以实施有效的远程教学和管理。③线上教育很难替代面对面的交流和互动，对学生的社交能力和情感发展会产生一定影响。

图 6-1　黄冈送别山东援鄂医疗队（2020 年 3 月 20 日）

线下商业活动受限使人们不得不转向线上购物。瑞银集团估计，2020年—2025年，电商销售额将占零售总额的25%，而2019年这一比例仅为15%。众多电商企业都因此获益，而获益最多的当属直播带货平台。直播带货并非一夜爆红，它起源于一些明星和网红通过直播平台展示自己的生活、时尚穿搭及美妆技巧，但真正让直播带货获得爆发式增长的正是新型冠状病毒感染疫情。疫情让人们不得不从线下逛街转向线上下单，而在家办公和线上教学又省去了人们的通勤时间，让人们有了更多闲暇时间来看直播，这为直播带货的崛起铺平了道路。而当人们发现直播带货可提供比实体店更直观生动、互动性更强的购物体验时，直播带货就最终在中国、日本和韩国等国家爆红。

新型冠状病毒感染疫情对人们的影响不只是工作、学习和购物等几个方面，而是方方面面的。对许多产品和服务来说，用户需求有所转变。很多团队都暂缓进行之前的用户研究项目，但实际上，疫情期间应加强研究，而非减少研究。用户研究是降低风险的一种方式，风险越大，就越需要降低风险。每个用户群体都是独一无二的，受疫情影响的程度也不尽相同。这就要求用户体验从业者努力追踪用户的行为转变（用户为避免感染病毒，并遵守法律法规，是否在进行与以往不同的活动）、心理转变（用户现在的关注点、焦虑和优先考虑事项是否有所不同）、用户群体变化（风险承受能力、年龄或生活环境等因素是否给用户行为带来了变化）、地区影响（地区因素对用户的影响）和时间影响（时间因素对用户的影响），并探究其背后的原因[2]。

新型冠状病毒感染疫情给用户体验工作带来了诸多挑战，使用户体验从业者作出了很多调整来应对。根据具体情况，疫情期间所面对的用户群与以往大不相同，这是很大的干扰变量，尤其是分析数据受到了很大影响。在解释数据时，用户体验从业者注意到了各种隐藏因素，也意识到在指标中看到的变化可能并不完全是设计决策造成的。用户体验从业者将定量数据与定性研究相结合，了解指标变化的原因。根据研究地点的不同，进行面对面研究的可能性也不同，各国用户体验从业者详细了解了其所在地的法规和标准。实际上，疫情期间最安全的研究方式是远程研究，除了实地研究之外，每种研究方法都可以远程进行。

新型冠状病毒感染疫情是一场全球性的灾难，但除了挑战，它也为一些用户体验团队提供了机会，为改善用户的生活进行赋能。例如，一位加拿大地方政府的工作人员表示，由于新型冠状病毒感染疫情，用户体验得到了大量的关注和资源。以前，数字化工具只是事后的想法，没有人关注它们。但疫情期间，地方政府有了巨大的动力来帮助人们在线完成任务，使人们无须走进实体办公室。突然之间，这些数字产品的易用性变得非常非常重要，甚至可能挽救生命。

经历了新型冠状病毒感染疫情，人们逐渐懂得，只有高度灵活、富有弹性的公司才能生存下来，只有能积极调整工作方式与实践方法的用户体验从业者才能在疫情期间和后疫情时代的产品和服务中创造出卓越的用户体验，而这一切都要从卓有成效的研究开始。

6.2
ChatGPT
（2022 年）

图 6-2　OpenAI CEO 萨姆·奥特曼

2022 年由美国 AI（人工智能）研究机构 OpenAI（OpenAI CEO 萨姆·奥特曼，见图 6-2）发布的聊天生成式预训练转换器（ChatGPT，即 Chat Generative Pre-trained Transformer）是一款聊天机器人程序，是生成式 AI（AIGC，即 Artificial Intelligence Generated Content）技术进展的成果（由 AIGC 生成的图片，见图 6-3），使 AI 不断取得前所未有的快速发展[1]。ChatGPT 是 AI 技术驱动的自然语言处理工具，能基于在预训练阶段所见的模式和统计规律来生成回答，还能根据聊天语境与人互动，像人类一样来交流，并能进行翻译以及撰写文案、论文、代码、视频脚本、电子邮件等。

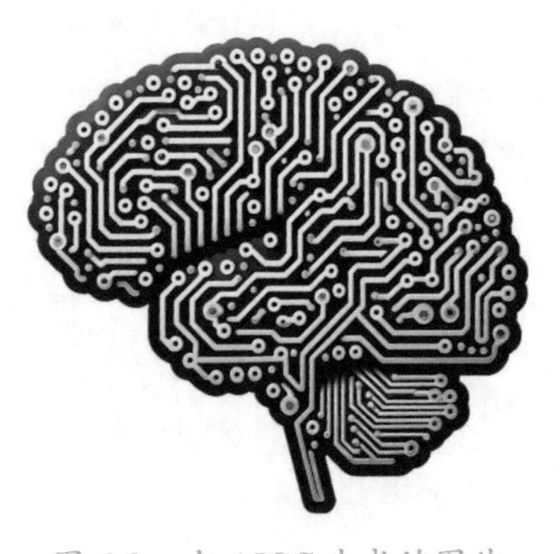

图 6-3　由 AIGC 生成的图片

ChatGPT 以大语言模型（large language model）为基础，使用户能根据所需的长度、格式、风格、详细程度和语言来完善和引导对话。连续的提示和回答，被称为提示（prompt）工程，在每个对话阶段都被视为一种上下文语境[2]。ChatGPT 拥有语言理解和文本生成能力，会通过连接大量的语料库（包含了真实世界中的对话）来训练模型，这使 ChatGPT 具备上知天文、下知地理并能根据聊天上下文语境进行互动的能力。

ChatGPT 基于 OpenAI 专有的两个生成式预训练转换器（GPT，即 generative pre-trained transformer）基础模型——GPT-3.5 和 GPT-4.0，以谷歌公司开发的转换器架构为基础[3]，并针对会话进行了微调[4-5]。微调过程被称为“基于人类反馈的强化学习”（RLHF，即 reinforcement learning from human feedback）[6-7]，同时利用了监督学习（supervised learning）和强化学习（reinforcement learning）两种方法，都采用了人类训练师来提高模型性能。在监督学习阶段，人类训练师扮演用户和人工智能助手。在强化学习阶段，人类训练师对模型在之前对话中创建的回复进行排名[8]，以创建“奖励模型”（reward models），并通过多次迭代的“近端策略优化”（PPO，即 Proximal Policy Optimization）进一步对模型进行微调 [3,6]。

ChatGPT 以免费研究预览版的形式被发布，因而广受欢迎，现在基于 GPT-3.5 的版本被提供给免费用户使用，而基于 GPT-4.0 的版本和更新功能则以“ChatGPT Plus”的商业名称被提供给付费用户使用。微软公司也推出了基于 GPT-4 的必应（Bing）聊天工具。

OpenAI 从 ChatGPT 用户那里收集数据，以进一步训练和微调 ChatGPT。用户可以支持或反对他们从 ChatGPT 收到的回复，并在文本字段中填写额外的反馈 [9-10]。ChatGPT 的训练数据包括软件手册页和关于网络现象的信息，如电子公告板系统（bulletin board systems），以及多种编程语言 [11]。维基百科（Wikipedia）也是 ChatGPT 训练数据的来源之一 [4,12]。

ChatGPT 最初使用的是微软公司的 Azure 超级计算基础设施，该基础设施由英伟达公司的 GPU 驱动，是微软公司专为 OpenAI 打造的，据称耗资“数亿美元”。随着 ChatGPT 的成功，微软公司于 2023 年大幅升级了 OpenAI 公司的基础设施 [13]。

ChatGPT 的发布刺激了谷歌公司的 Bard、人工智能实验室 Meta AI 的 LLaMA、Anthropic 公司的 Claude、xAI 公司（由埃隆・马斯克创建于 2023 年 3 月）的 Grok、百度公司的文心一言（Ernie Bot）、阿里云公司的通义千问，以及科大讯飞公司的星火等竞争产品的开发 [14]。

ChatGPT 是一种高效的工具，用户体验从业者已开始用它来完成各种任务，包括初步市场调研（ChatGPT 善于搜集、汇总、整理市场数据）、初步竞品分析（ChatGPT 善于搜集竞品功能特色信息）、初步用户研究（ChatGPT 善于了解用户的人口统计学、需求和偏好等因素）、准备项目文案（ChatGPT 善于编写问卷，撰写深度访谈和可用性测试等项目的提纲）、模仿用户角色（ChatGPT 可帮我们快速开发用户角色）、解释术语（ChatPGT 善于解释用户体验设计中的复杂术语）、学习设计理论（ChatGPT 有助于我们学习设计理论）、了解新兴趋势（ChatGPT 可帮我们快速了解新兴设计趋势）、产生创意构思（ChatGPT 能给我们出谋划策）、创建线框图（ChatGPT 善于设计线框图元素）、快速原型设计（ChatGPT 可帮我们快速制作原型）、生成乱数假文等占位符（ChatGPT 是生成乱数假文的能手）、设计系统文档（ChatGPT 可帮我们从零开始快速设计系统文档）、解读反馈意见（ChatGPT 可帮我们快速对用户反馈进行分类和总结）、打磨工具（ChatGPT 能扩充我们的用户体验资源库，包括工具和网站）。

随着我们逐渐掌握新的人工智能技术，某些方面的工作步伐正变得越来越快、越来越自动化。当我们使用 ChatGPT 进行用户体验设计时，情况就是如此。ChatGPT 作为一个简单的研究工具可以发挥巨大作用，可以简化一些以前比较费力的用户体验设计任务，可以从不同角度重新构思措辞问题和解决方案，还可以像一本便捷易用的百科全书来回答各种问题。ChatGPT 是一个有用的工具，它最具挑战性和最先进的功能或许是其创建和交付新材料和新产品的能力。虽然有点笨拙，但 AI 现在可以根据指令编写代码和创建产品组件，这对用户体验行业来说是一个令人兴奋的信号。

参考资料和图片来源

后　记

在时间上，本书上溯至中国古代的夏商时期，一路绵延至今，探索了用户体验发展的原始轨迹；在空间上，本书考察了世界范围内各国与用户体验发展相关的科学技术进步、学术理念更迭以及战争疾病影响。之所以从时间和空间两个维度进行探究，一方面，笔者希望通过记录用户体验过往的发展历程，指导现今的用户体验实践，起到“鉴于往事，有资于治道”的作用；另一方面，笔者也希望继往开来，启发大家，对用户体验未来发展进行展望。

谈到对用户体验的未来展望，笔者主要有以下 7 个观点，写在这里，作为本书的结束语，希望对大家有所启发：

1. 从 2019 年到 2045 年前后，都是用户体验的普适期

自 2019 年以来，用户体验学科已基本确立。一方面，用户体验理论与实践体系日臻成熟，与用户体验相关的观点、方法、技能都比较完善了。另一方面，与用户体验相关的实践探索、学术项目与商业案例也都比较丰富了。各行各业都逐渐意识到用户体验与本行业相结合所能迸发出来的巨大潜力，以及巨大的科研与商业价值。

同时，伴随着互联网红利的消失殆尽，跨行业综合互联网公司以及各垂直领域互联网公司已经纷纷崛起，下一步的竞争将由蓝海时期的增量竞争转变为红海时期的存量博弈，这就要求各家企业都更加注重精细化运营、注重用户体验及其所能带来的日活、月活、转化率、留存率、满意度、NPS 和口碑等数据。可以说，用户体验发展至此，已经进入普适期——用户体验学科已经做好拥抱各行各业的准备；各行各业也都到了谈论体验、践行体验的阶段。

此外，笔者认为，用户体验的理论具有一定的扩展和泛化潜力。不一定只有在传统的产品和服务中才存在用户体验，我们从用户体验的理论本质出发，在思维上稍作变换，就可以发现在生活中的方方面面、各种角色都与用户体验有着千丝万缕的联系。比如，在笔者写书并出版这件事上，笔者就可以被看作是类似于用户体验研究员、设计师、产品经理的用户体验专业人士，笔者用心设计、“生产”这本书，并不断完善、打磨细节，就是不断在做产品迭代，提升这个产品（这本书）的用户体验水平，而各位读者就是本书的用户。笔者写得是否通俗易懂、清晰无歧义，将在很大程度上影响各位读者（用户）的阅读体验与学习效果。

2. 人类不满足于现状的天性是用户体验发展的驱动力

笔者认为，人类不满足于现状的天性是用户体验发展的驱动力，而科技是人类提升用户体验的工具。用户体验发展历史上的每一个重要里程碑，都源自人性和科技的碰撞。回想一下，人类拨打着固定电话时，就憧憬着在移动状态下拨打电话的场景，这样才有了手机；人类不满足于黑白电视机的影像，积极探索彩色显像技术，这样才有了彩色电视机。

这样的例子还有很多。规律就是人类不满足于现状，所以进行科技革新，结果是革新后的产品与服务在用户体验方面得到显著提升。一方面，让人类使用起来能更便捷、更简单、更舒适，也更人性化；另一方面，产品从初始版本的“粗糙”状态被逐步迭代，变得越来越好用，直至成为具有极致用户体验水平的“傻瓜”产品，让人类可以不假思索地就能正确使用。

3. 要把用户体验封装到新的产品与服务中

未来仍要秉持着这样一种理念：只有把用户体验伴随着高新科技一起打包封装到新的产品与服务中，才能给用户带来切实的价值与愉悦的感受。

时代的巨轮催促着科技的进步。近年来，一大批科技概念登上历史舞台，有的是全新的概念，如纳米材料（nano materials）、大数据（big data）和区块链（block chain），也有的是已经存在大几十年甚至上百年的科技概念，但在今时今地又焕发了“第二春”，如人工智能（artificial intelligence）、电动汽车（electric vehicle）、虚拟现实（virtual reality）和增强现实（augmented reality）。

这些层出不穷的科技概念与实践成果，给人类社会的发展注入了新鲜的活力。相信在不久的将来，还会涌现出更多的高新科技与前沿理念，但这些高新科技与前沿理念绝不只是出来“走秀”这么简单——炒概念并不能产生实际价值，只有把它们封装成具体的产品与服务形态，才能真正给千家万户带来切实的价值。而提到封装成产品与服务，就不得不考虑到用户的文化习俗、使用习惯、美丑好恶等用户体验相关因素。只有把高新科技与前沿理念加上基于人性化考量的用户体验因素，一起封装、打造成完整的产品与服务体系，才能真正迎合大众的口味，使人们从心底里拥抱新生科技，毫无违和感地畅快使用，并留下愉悦的印象。

4. 高新科技一旦成熟，用户体验就该上场了

一种高新科技在发展初期，厂商肯定会把优势资源向技术研发倾斜，而一旦研发成功，用户体验上场的时机就成熟了，只有经过了用户体验对高新科技的“润滑”、“抛光”与“打磨”，才能迎接下一步的大规模生产，创造营收和净利润。

其实，很多人搞不清楚各种高新科技与用户体验的关系。比如，ChatGPT 从 2022 年 11 月 30 日横空出世以来，一年多的时间里风头无两，很多人都在持续关注 ChatGPT 与 AIGC，

而无暇顾及用户体验，甚至有人说用户体验已经过时了。但笔者认为，持这种观点的人根本就没有搞清楚各种科技成果与用户体验的关系——这二者是相辅相成的关系，而不是竞争互斥的关系。不是说 ChatGPT 与 AIGC 兴起了，用户体验就没落了，而恰恰相反，现今 ChatGPT 与 AIGC 的兴起只是标志着“人工智能 2.0”时代的到来，这只是一个开始。

我们可以看到，现今全世界范围内的各家人工智能厂商正在把精力和资源聚焦到大模型训练等基础技术环节上，而无暇顾及这些人工智能成果与产品及服务的对接。但在笔者看来，一旦大模型等技术基础趋于成熟，就会有大批厂商把优势资源转移到利用人工智能打造各行各业的原生应用上，从而把单纯发展高新科技转变成为人类造福、为人类服务。

再酷炫的高新科技，最后要想批量生产、获得营收和净利润，都离不开将其运用于产品与服务中，而在这个过程中不可避免地需要用到用户体验的理念、知识和实践经验。所以，笔者在此大胆预测，在与 ChatGPT 和 AIGC 相关的人工智能技术人员已经奋斗了一年多之后，“人工智能 + 用户体验”的专家组合就该登场了。

ChatGPT 与 AIGC 是如此这般，可以预见，未来其他高新科技成果的落地转化也会走出相似的路径——由高新科技成果转化而来的产品与服务，总要经过从用户体验角度的“打磨”，把用户体验因素“揉”进去，再呈现给消费者（用户），才能给人们带来切实的价值，从而为厂商带来营收和净利润，并赢得满意度与口碑。

5. 用户体验解决的是“最后一毫米”的问题

如果说纳米材料、大数据、区块链、人工智能、云计算、虚拟现实和增强现实等前沿科技是在解决为用户提供服务的“最后一米”的问题，那么用户体验就是在解决为用户提供服务的“最后一毫米”的问题。正是用户体验把各种前沿科技真正“送到人手里、放进人嘴里”，让人类真正“尝到”前沿科技的“甜头”，享受到前沿科技的美味果实。

有一个经典的案例。柔宇公司以柔性屏幕技术见长，但是其柔派 1 手机为了让屏幕的折痕不那么明显，选择了屏幕朝外折叠的方式，用户体验很糟糕。第一，暴露在外的屏幕非常脆弱，让用户在使用和存放时“战战兢兢”。第二，屏幕朝外折叠导致手机厚度过大——柔派 1 整机最厚部分达 8.25 毫米，携带很不方便。第三，为了屏幕外折，柔派 1 仅铰链部分就用了 100 颗螺丝钉（全机身用了 139 颗），总重量高达 346 克，相当于两个 iPhone13 手机的重量。第四，屏幕向外折叠时，极容易碰到屏幕上的应用而发生“误触”和闪退。

如果说柔性屏幕技术吸引了消费者（用户），离大家购买并使用柔派 1 手机只剩“最后一米”的距离，那么正是这部手机糟糕的用户体验最终阻止了用户购买，没有完成触达到用户的“最后一毫米”的任务，最后导致了这家公司在商业上的失败。

从这个例子可以看出，如果在用户体验方面缺乏考虑，那么厂商给用户提供的产品和服务就往往会显得生硬呆板、不够人性化。虽然努力去触达用户了，但是效果却往往不尽如人意，就好像与用户之间仍隔着一米的距离。只有考虑到用户体验因素，解决了各种前沿科技的实物产品与服务最后触达到用户时的各种细微环节中的用户身体与心理感受问题，才算是从根本上解决了为用户提供服务的“最后一毫米”的问题，从而使产品和服务最终触达到用户——送到了用户手上，也送到了用户心坎里。所以，从本质上说，用户体验与各种前沿科技并不矛盾，只有把各种前沿科技与用户体验相结合，才能带给用户更好的使用感受。

6. 用户体验能以不变应万变，不会被边缘化

用户体验关注的是人本身，追求的是在科技革新的同时，提升人类自身细微而敏感的身体感受和心理感觉。在一项前沿高新科技从诞生到应用的几年至几十年中，人类的身体结构和基本心理特征可以被看作是不变的：人类不可能在短短几年至几十年中就有很大的身体结构上的进化，也不大可能在基本心理特征上与之前有显著不同。

所以，如果用“以不变应万变”来形容用户体验与各种科技革新的关系的话，用户体验实际就是在以人类身体结构和基本心理特征的“不变”（从而相应的调研、设计、构建方法也就“不变”）去“应”各种科技革新的“万变”。在任何业态下，用户体验这个研究人类如何更舒适地使用产品、操控系统、享受服务的学科，都不会被边缘化，只会随着科技的更迭，与不同的前沿高新科技相结合，更好地为人类服务。

7. 高新科技归根结底要为人类（用户）服务，这使用户体验“永不过时”

随着 ChatGPT 和 AIGC 等人工智能技术大踏步向前发展，很多人都开始担心用户体验要过时了。其实，这种担心是没有道理的。试想一下，未来会不会出现这样一幕场景：几个机器人坐在客厅沙发上嗑着瓜子、看着电视？显然不会！

发展人工智能、云计算、虚拟现实和增强现实等技术的终极目标不是要给机器人提供更优质的服务，不是让机器人去悠闲地享受生活，而是要给人类提供更精准、更舒适的服务，让人类过上更幸福美满的日子。比如，日本丰田公司 2021 年公开了新研发的“巴士男孩”（Busboy）机器人，最大的强项就是给人类“做家务活”，为的是解决日本老年人的护工短缺问题。

既然我们要运用这些高新科技服务于人类，那么未来就还是要涉及各种科技、各种设备与人类打交道、相结合的问题，这中间就还会需要人机界面供人操作。因此，用于构建产品与服务体系、探寻用户心理轨迹、打造人机界面的用户体验理论也就不会过时。相反，笔者认为用户体验的理论与实践体系将会在未来新型人 – 机 – 环境系统中发挥更大的作用，从而给人类提供更优质的服务，让我们拭目以待吧！